图 纸 附 件

附件 3.2.1　B1_GJ_AR_办公室平面布置图纸

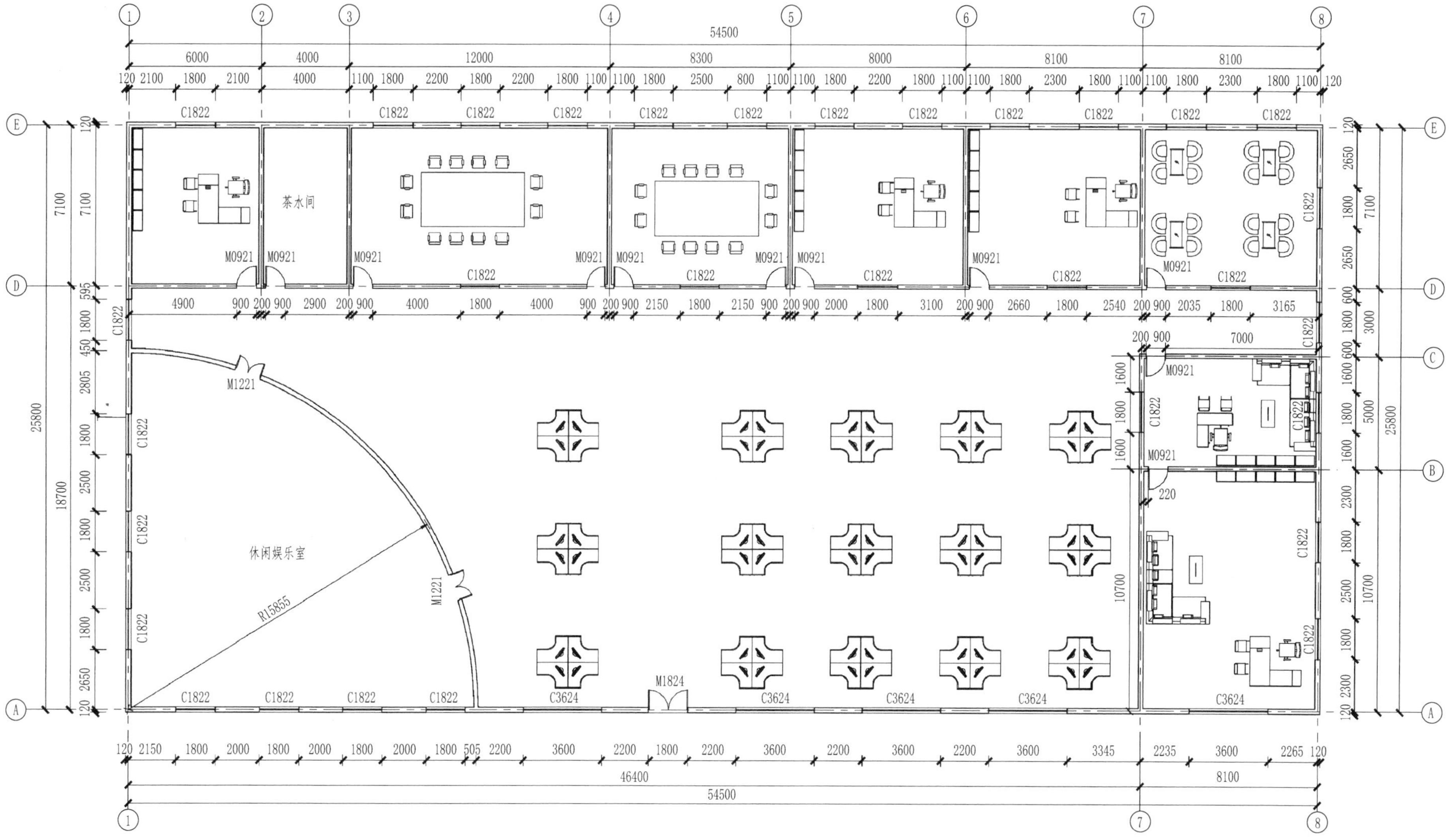

平面布置图1:100

门标记	尺寸		合计	说明
	宽度/mm	高度/mm		
M0921	900	2100	11	单嵌板木门1
M1221	1200	2100	2	双面嵌板玻璃门
M1824	1800	2400	1	双面嵌板玻璃门

门表

窗标记	尺寸		合计	说明
	宽度/mm	高度/mm		
C1822	1800	2200	31	推拉窗6
C3624	3600	2400	5	组合窗-双层四列(两侧平开)-上部固定

窗表

实训案例		B1_GJ_AR 办公室平面布置图		
班　级	×××	办公室平面布置图	图号	A01
学　生	×××		图别	建施
指导教师	×××		日期	22/01/01

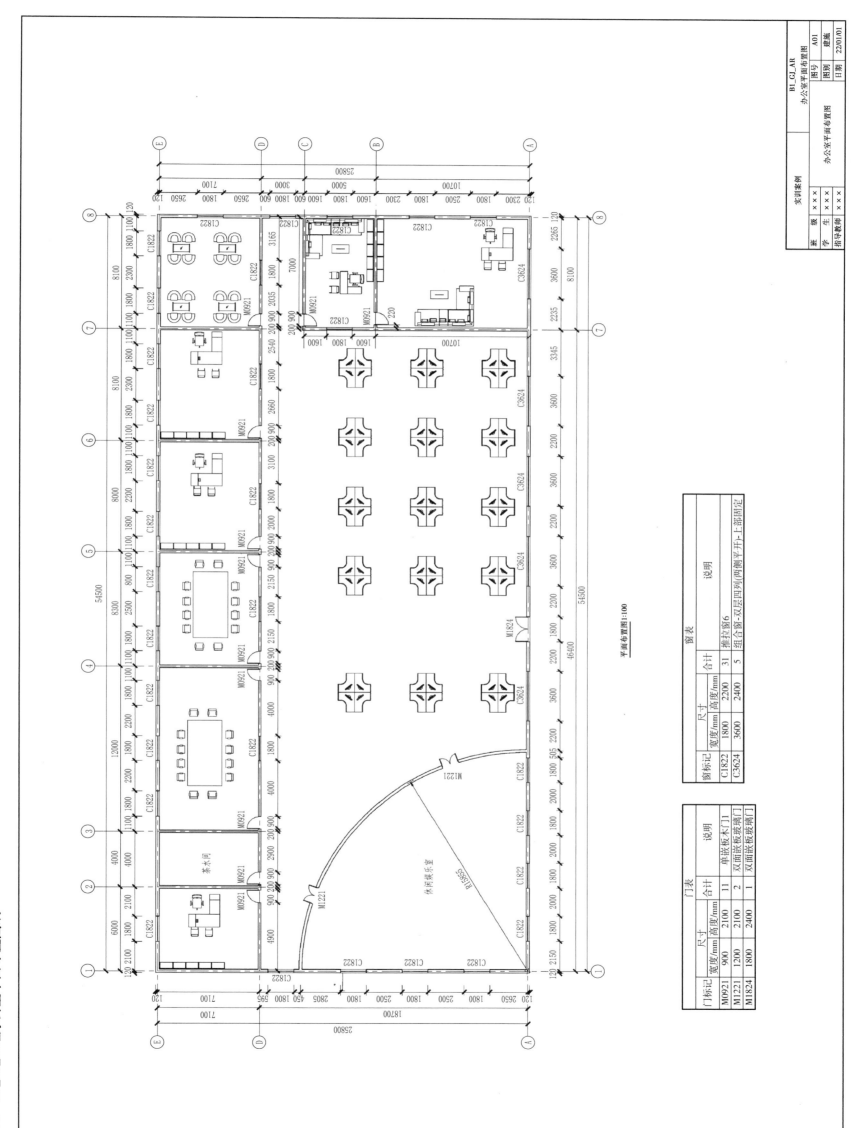

附件 3.2.2　B2_GJ_AR_L 形办公室平面布置图纸

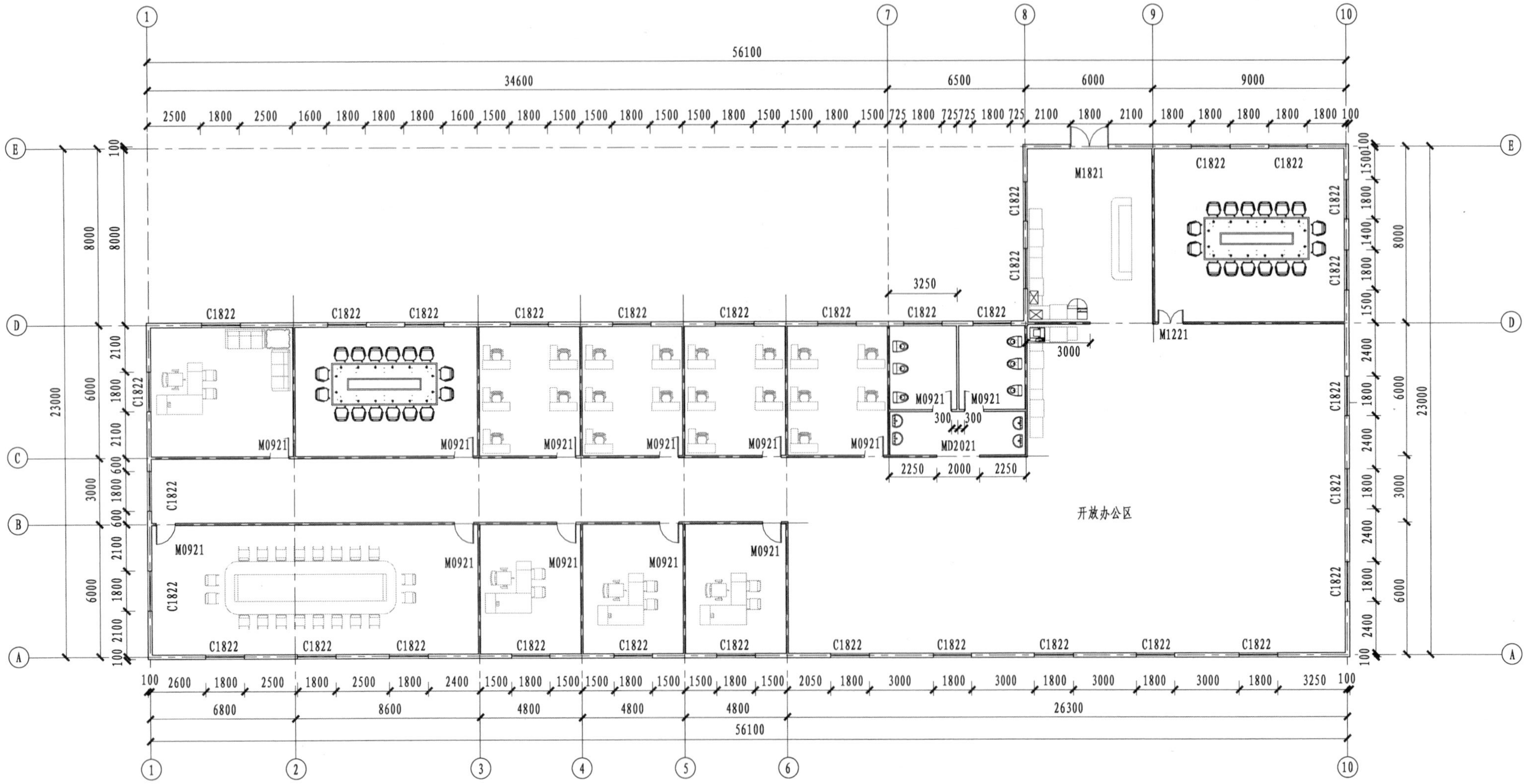

平面布置图1:100

门表				
门标记	尺寸		合计	说明
	宽度/mm	高度/mm		
M0921	900	2100	13	单嵌板格栅门
M1221	1200	2100	1	双面嵌板格栅门1
M1821	1800	2100	1	双面嵌板格栅门1
MD2021	2000	2100	1	门洞

窗表					
窗标记	尺寸		底高度/mm	合计	说明
	宽度/mm	高度/mm			
C1822	1800	2200	600	32	推拉窗6

实训案例			B2_GJ_AR L形办公室平面布置图	
班　级	×××	L形办公室平面布置	图号	A01
学　生	×××		图别	建施
指导教师	×××		日期	22/01/01

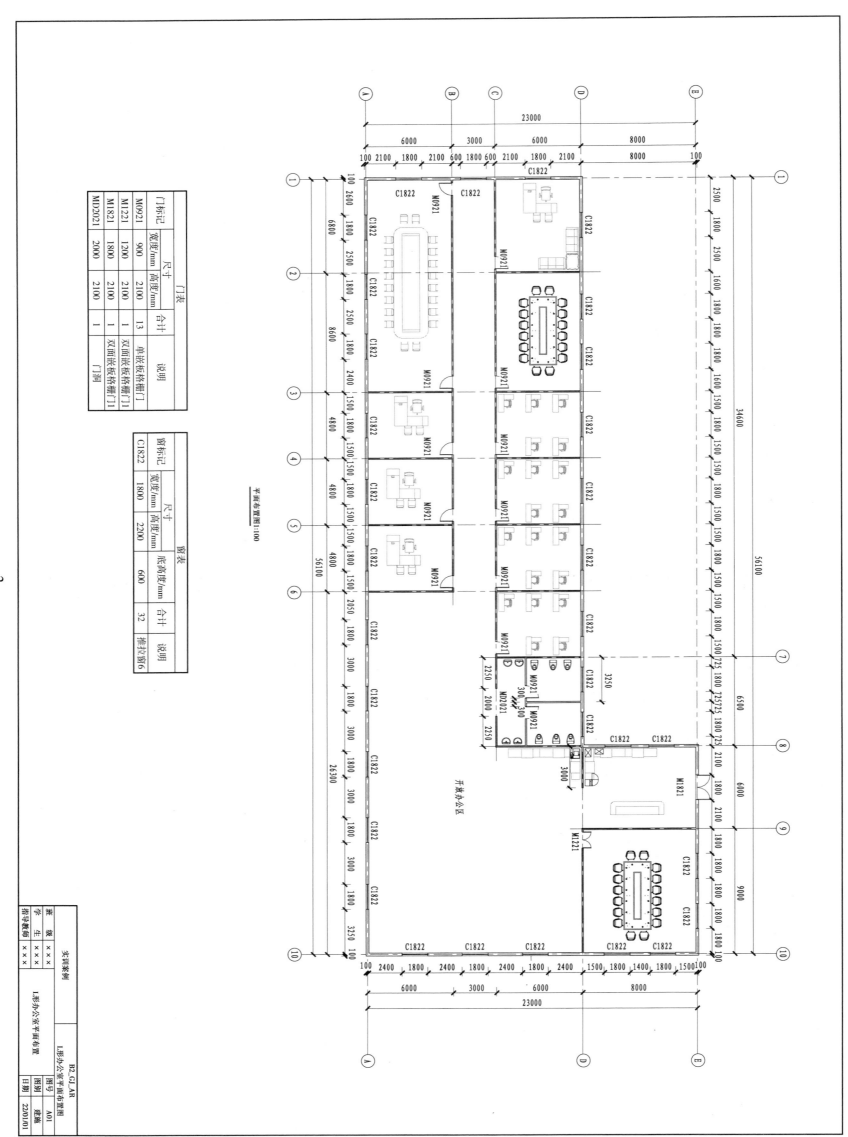

附件 3.2.3　B3_GJ_AR_圆角弧形办公室平面布置图纸

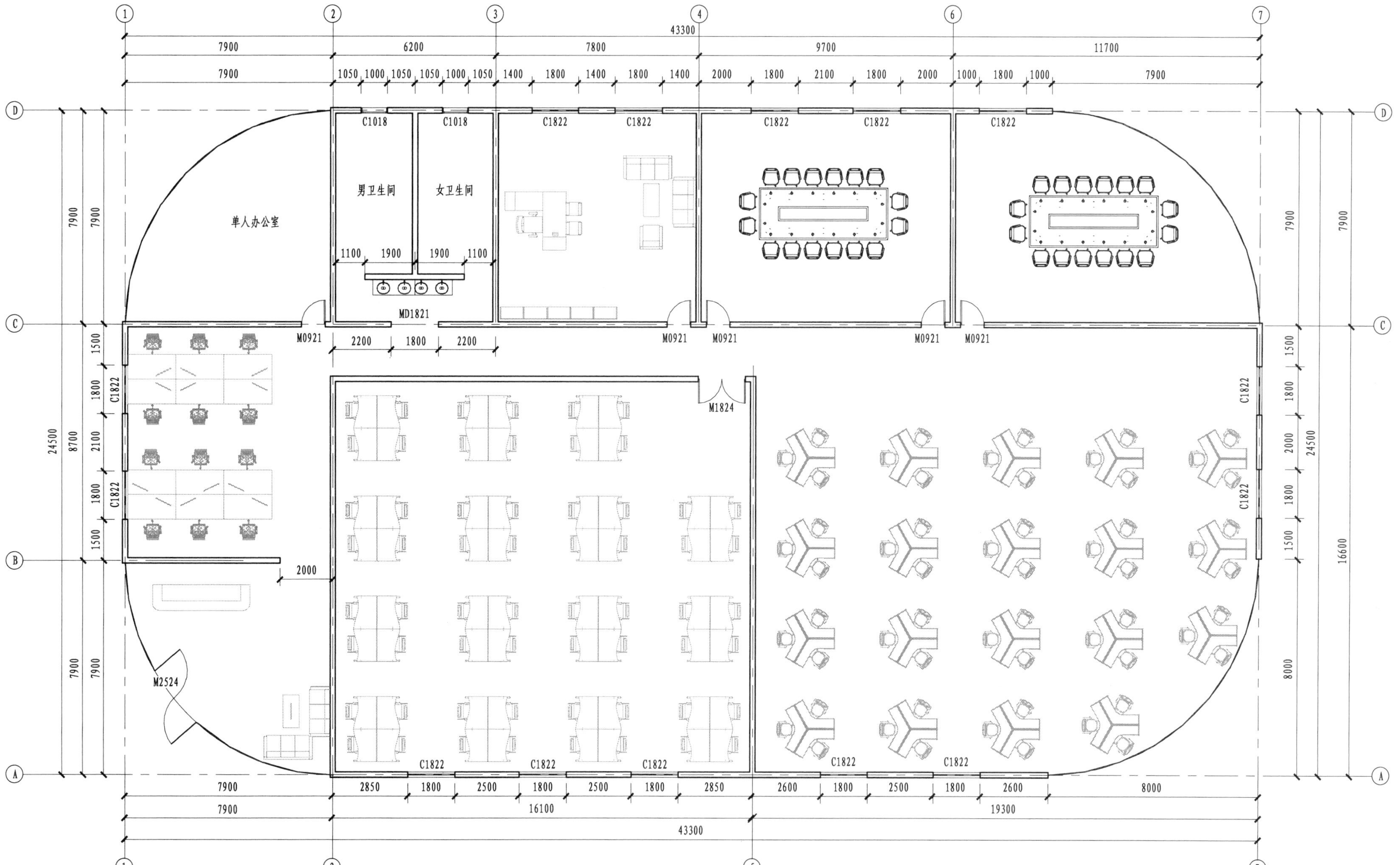

平面布置图1:100

门表				
类型标记	洞口尺寸		合计	说明
	宽度/mm	高度/mm		
M0921	900	2100	5	单嵌板格栅门
M1824	1800	2400	1	双面嵌板格栅门1
M2524	2500	2400	1	门嵌板_双扇地弹无框铝门
MD1821	1800	2100	1	门洞

窗表					
窗标记	洞口尺寸		底高度/mm	合计	说明
	宽度/mm	高度/mm			
C1018	1000	1800	900	2	固定
C1822	1800	2200	900	14	推拉窗6

实训案例		B3_GJ_AR 圆角弧形办公室平面布置图		
班　级	×××	圆角弧形办公室平面布置图	图号	A01
学　生	×××		图别	建施
指导教师	×××		日期	22/01/01

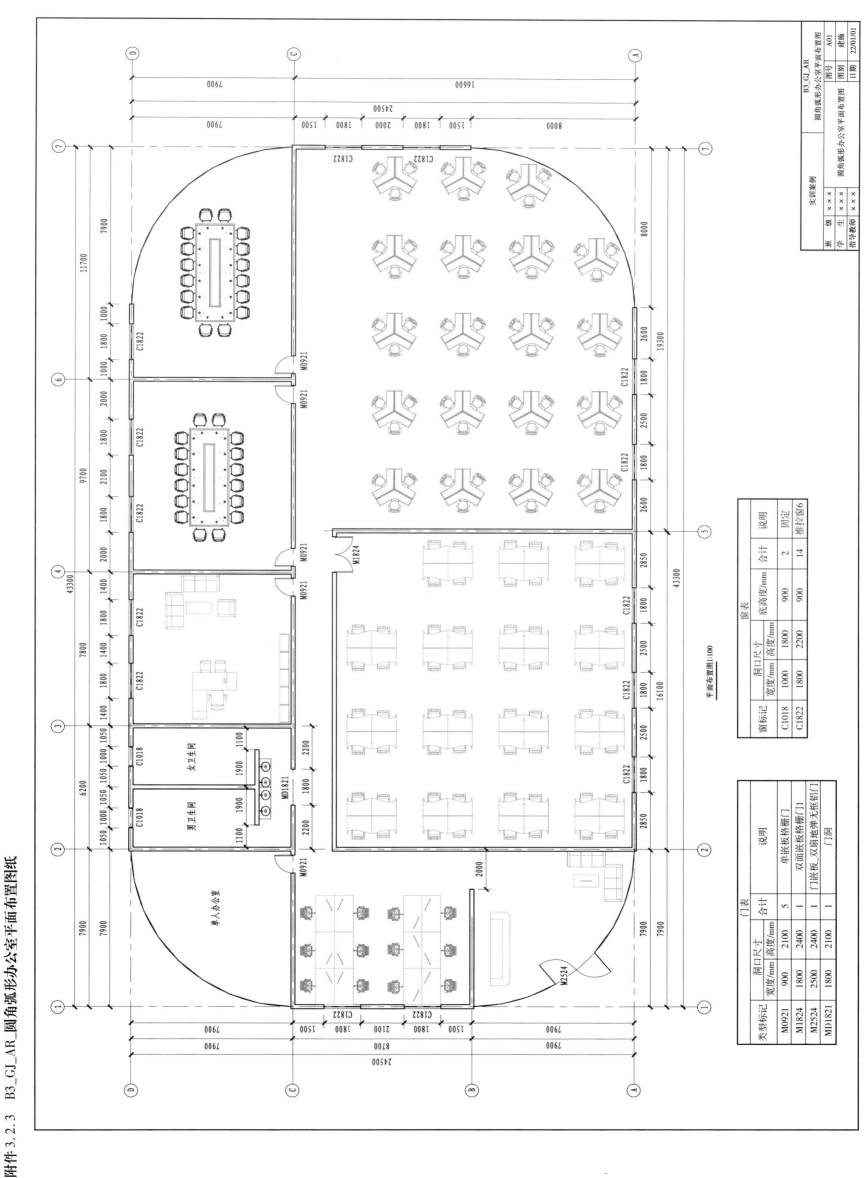

附件 3.2.4　B1_GJ_AR_**办公室平面布置图纸**

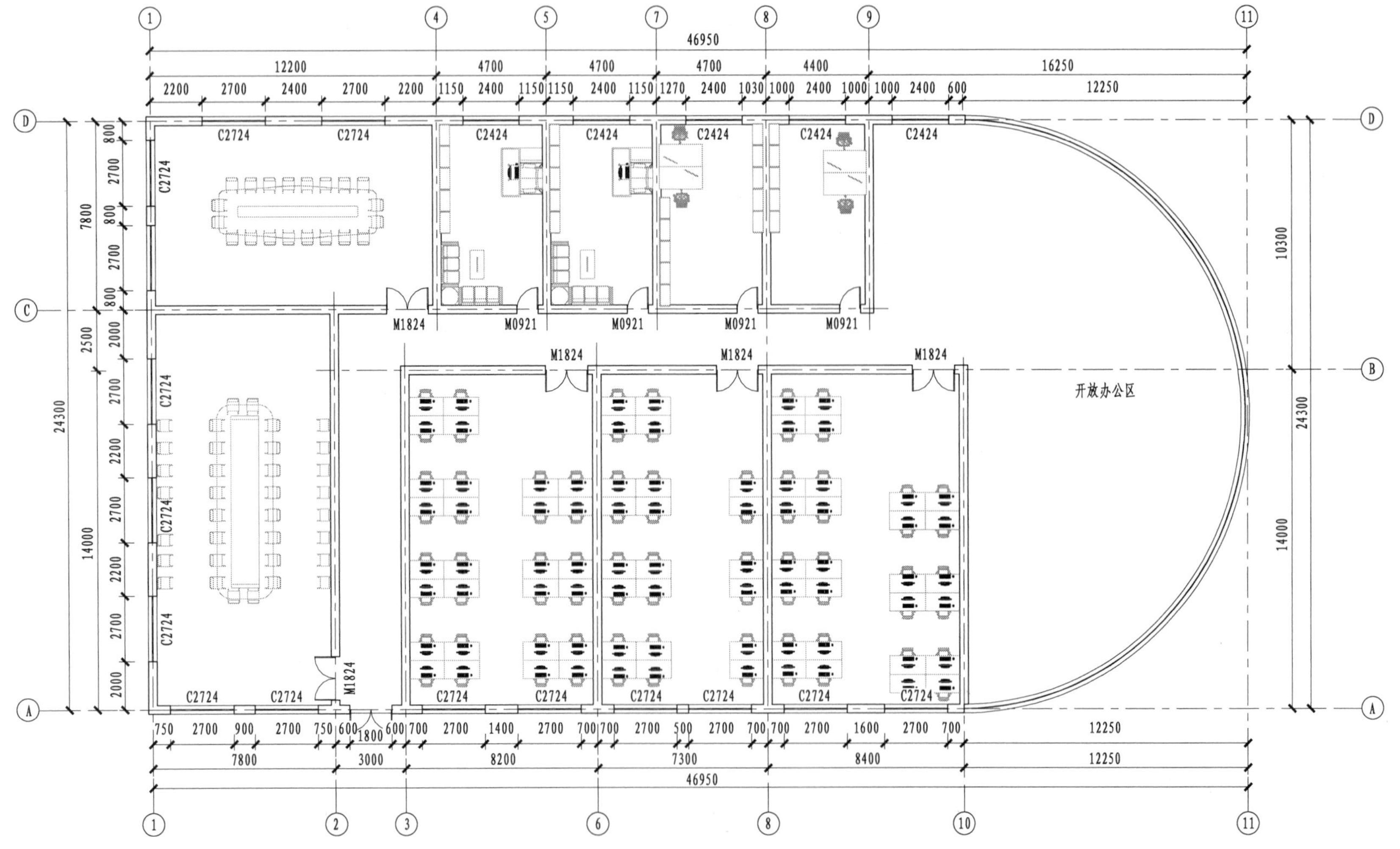

平面布置图1:100

门表				
门标记	门洞尺寸		合计	说明
	宽度/mm	高度/mm		
M0921	900	2100	4	单嵌板木门2
M1824	1800	2400	6	双面嵌板木门2

窗表					
窗标记	窗洞尺寸		底高度/mm	合计	说明
	宽度/mm	高度/mm			
C2424	2400	2400	900	5	组合窗-双层三列(三扇平开)-上部单扇
C2724	2700	2400	900	15	组合窗-双层三列(平开+固定+平开)-上部双扇

实训案例			B4_GJ_AR 办公室平面布置图	
班　级	×××	办公室平面布置图	图号	A01
学　生	×××		图别	建施
指导教师	×××		日期	22/01/01

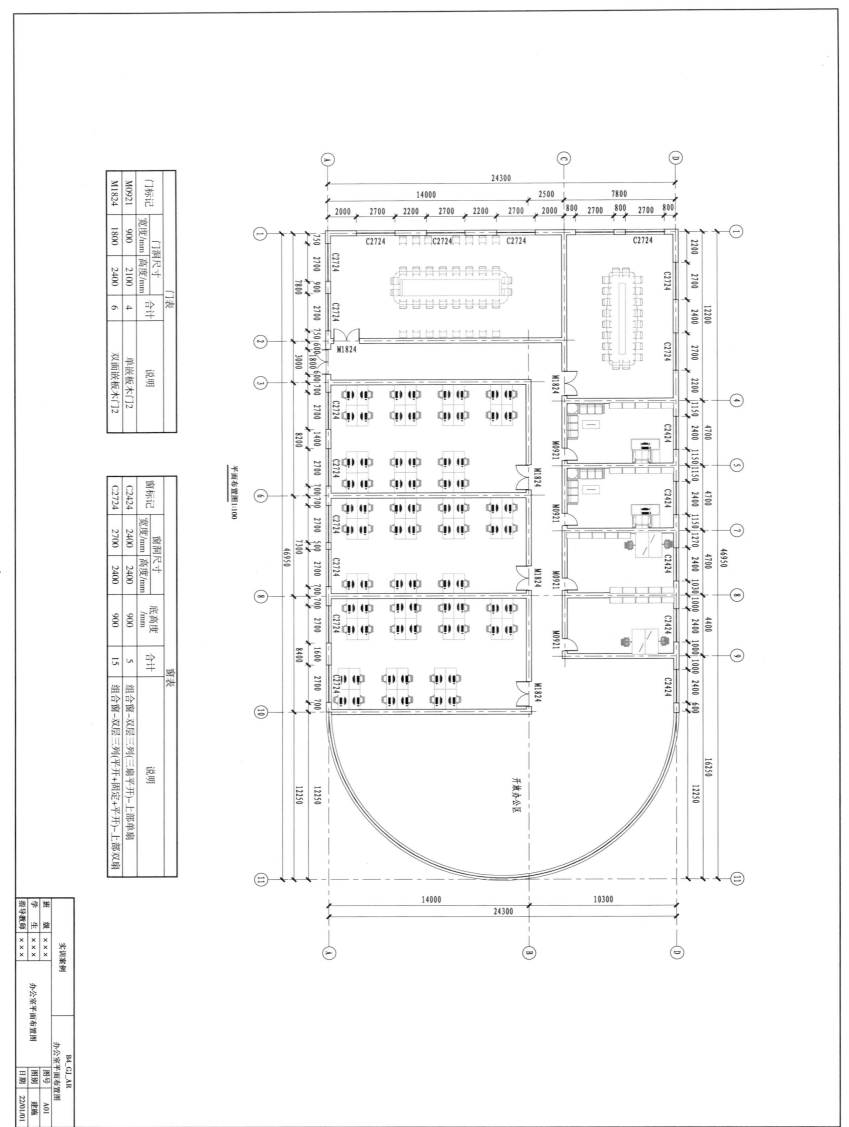

附件 3.2.5　B5_GJ_AR_常规办公室平面布置图纸

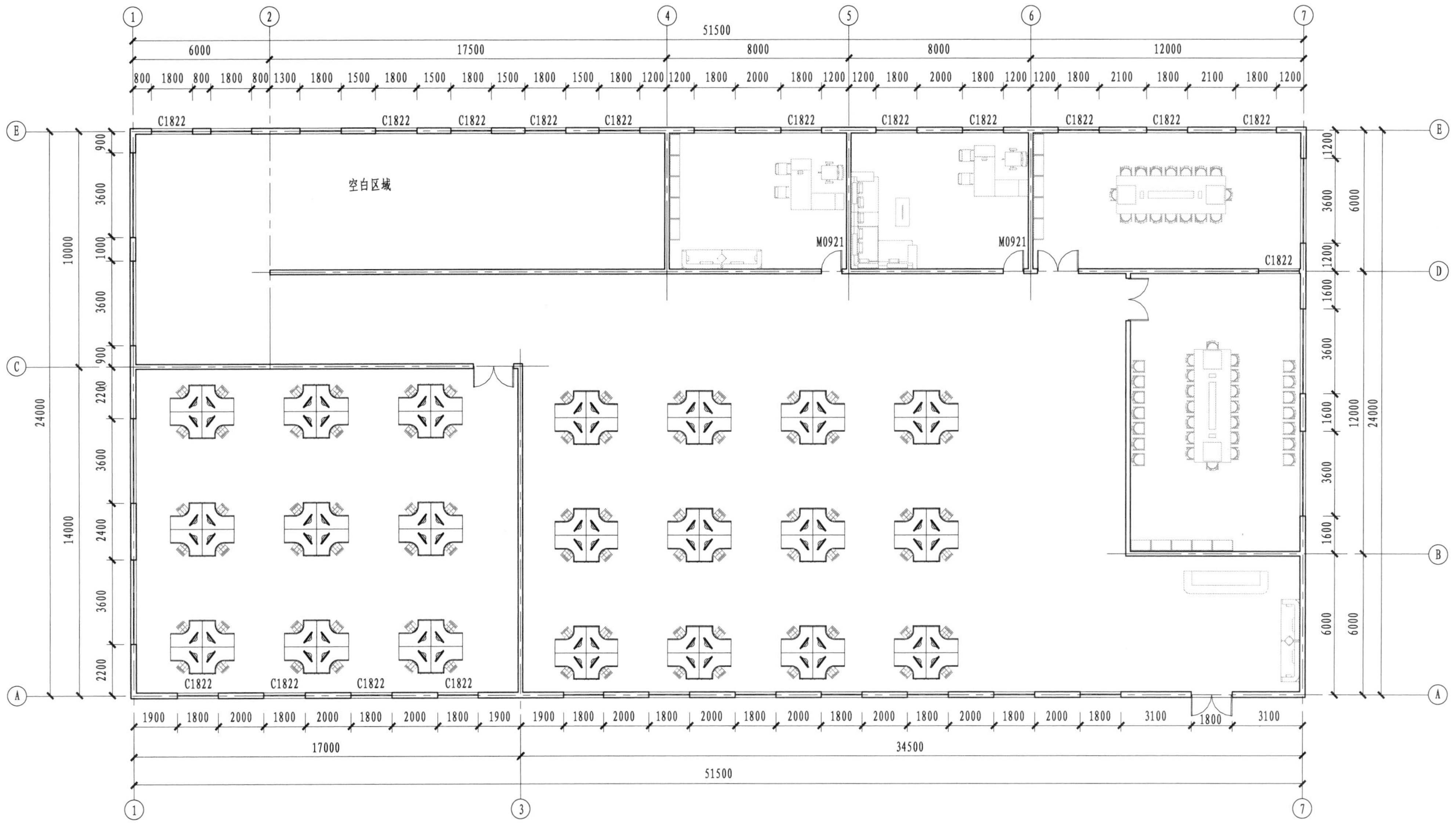

平面布置图1:100

门表				
门标记	尺寸		合计	族
	宽度/mm	高度/mm		
M0921	900	2100	2	单嵌板木门1
M1824	1800	2400	4	双面嵌板玻璃门

窗表					
窗标记	尺寸		底高度/mm	合计	说明
	宽度/mm	高度/mm			
C1822	1800	2200	600	26	推拉窗6
C3624	3600	2400	900	7	组合窗-双层四列(两侧平开)-上部固定

实训案例		B5_GJ_AR 常规办公室平面布置图		
班　级	×××	常规办公室平面布置图	图号	A01
学　生	×××		图别	建施
指导教师	×××		日期	22/01/01

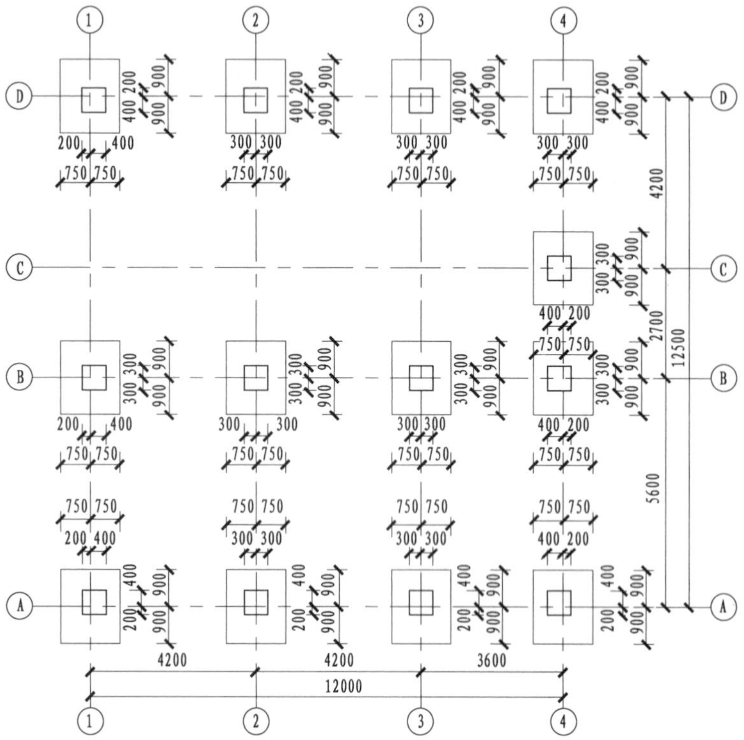

基础平面图1:100

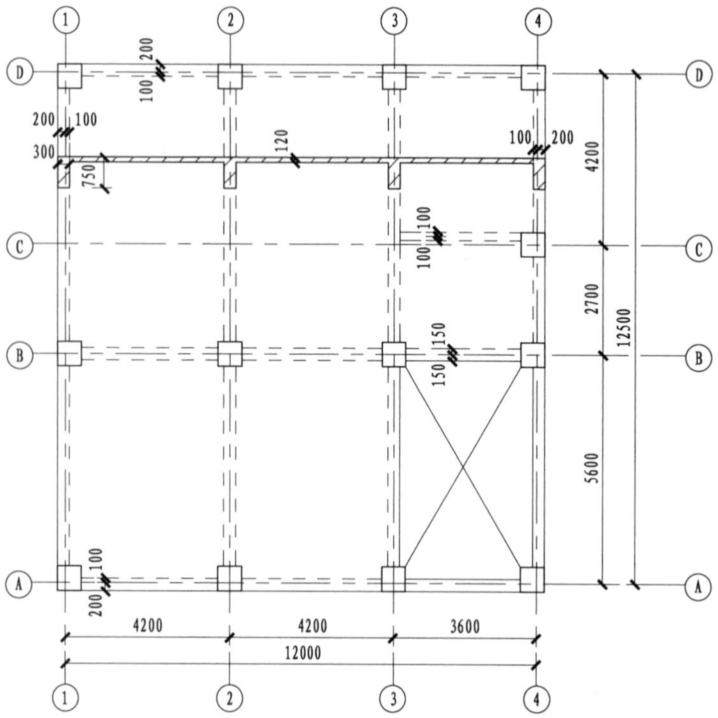

首层及二层结构平面图1:100

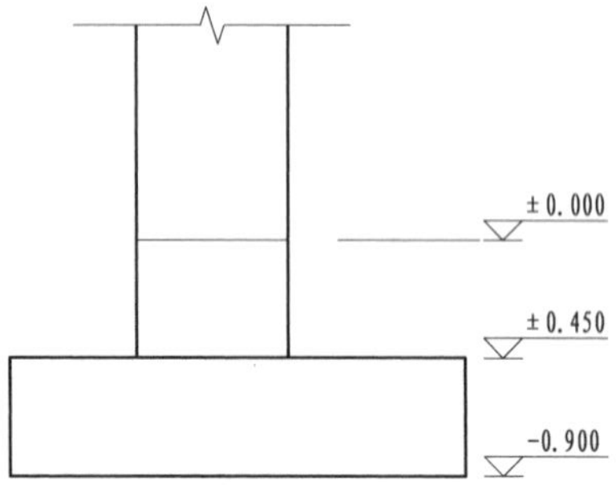

基础详图1:25

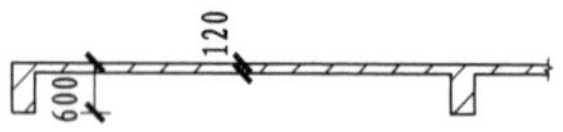

实训案例			B7_GJ_STR 三层框架结构(单阶独立基础)图	
班　级	×××	基础、首层及二层结构平面图	图号	A01
学　生	×××		图别	结施
指导教师	×××		日期	22/01/01

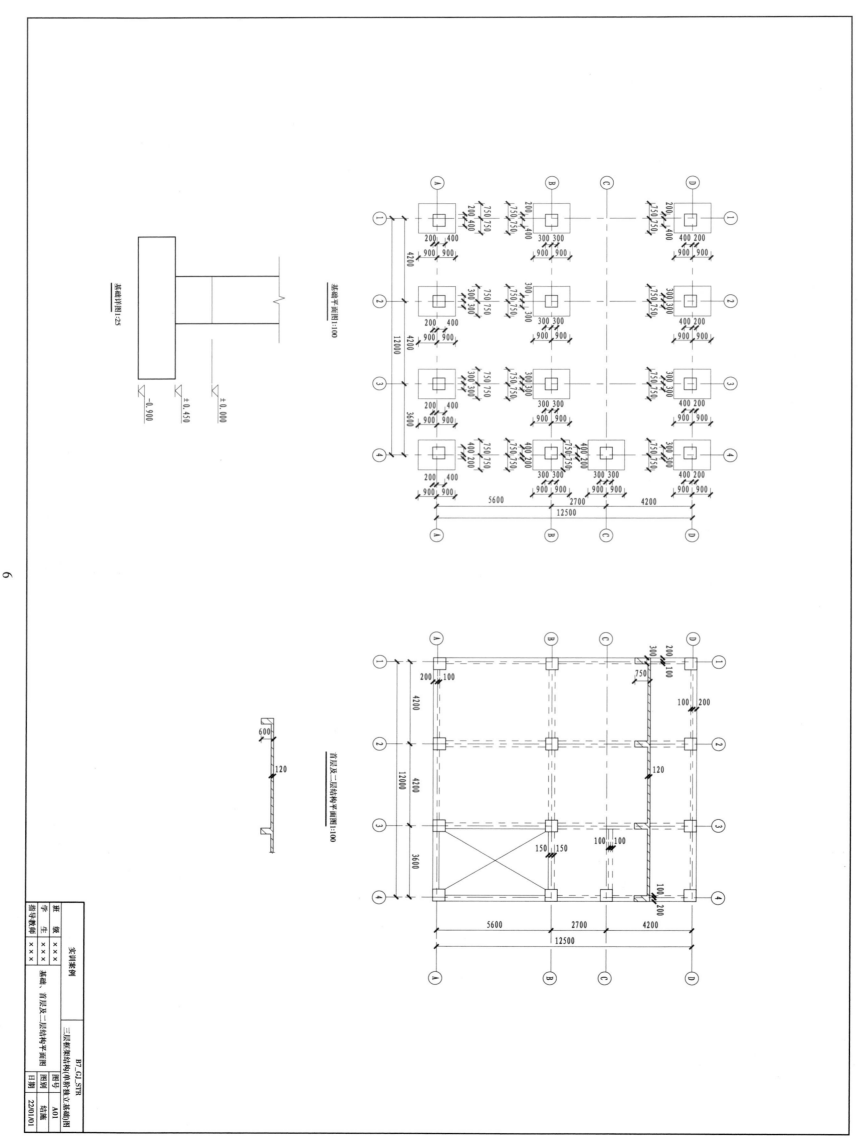

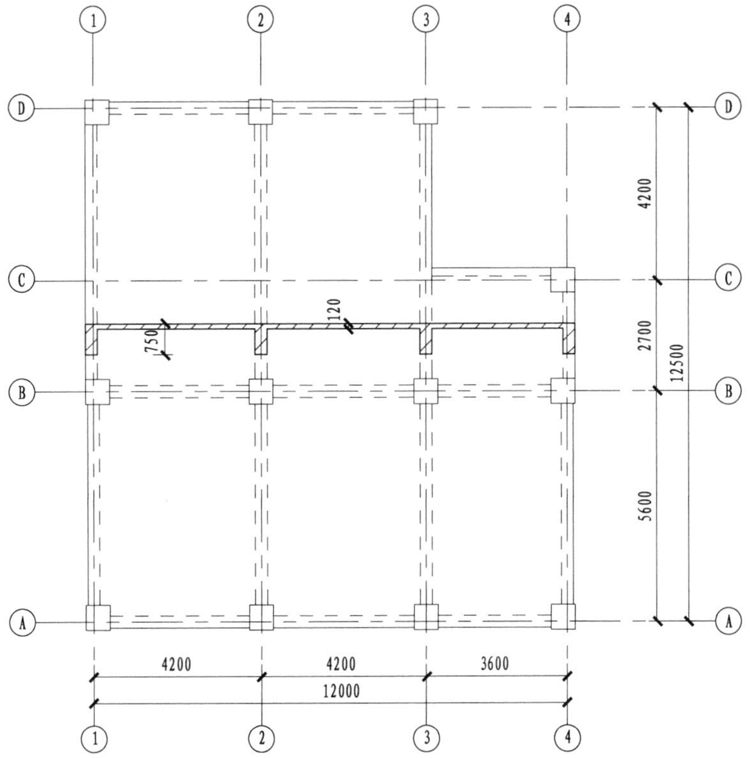

屋顶结构平面图1:100

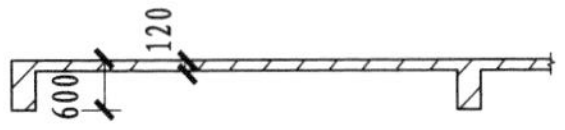

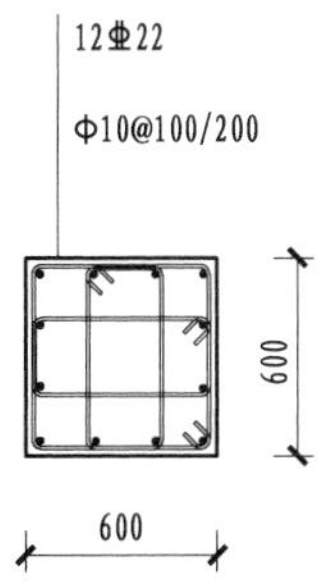

柱截面1:25

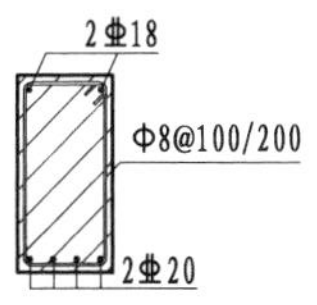

1—1 1:25

实训案例			B7_GJ_STR 三层框架结构(单阶独立基础)图	
班　级	×××	屋顶层结构平面及柱详图	图号	A02
学　生	×××		图别	结施
指导教师	×××		日期	22/01/01

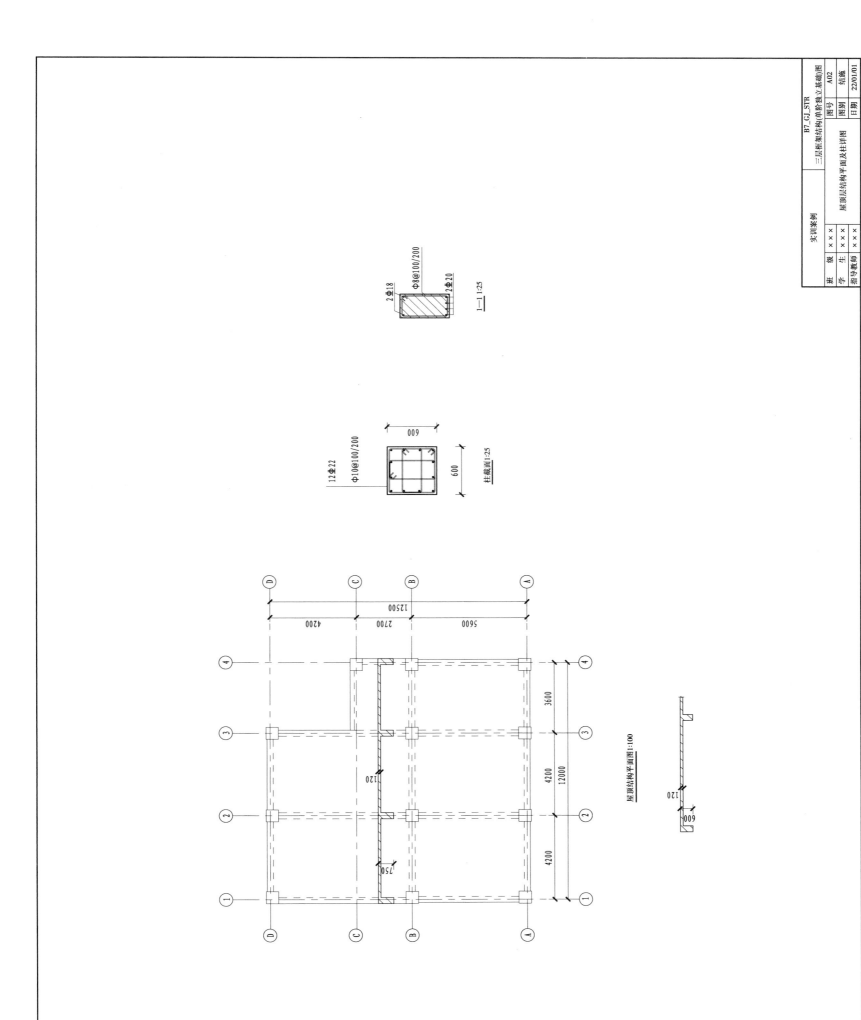

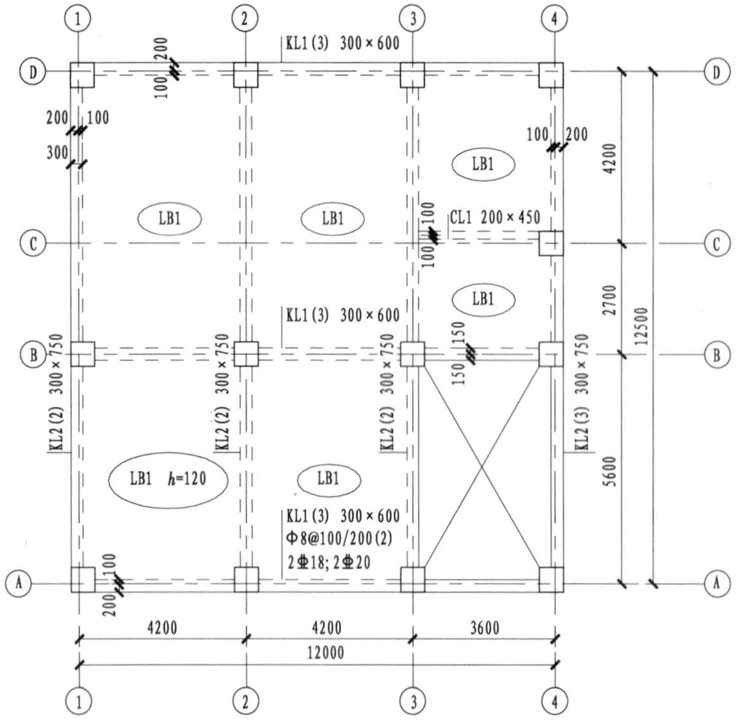

首层平面1:100

钢筋明细表

类型	钢筋长度/mm	数量/根
8 HPB300	15448	75
10 HPB300	77885	416
18 HRB400	13894	4
20 HRB400	13484	12
22 HRB400	172612	48
总计：86	293323	555

结构柱明细表

类型	底部标高	混凝土强度等级	体积/m^3
KZ_800×800	标高1	C35	18.95
KZ_800×800	标高2	C35	16.85
KZ_800×800	标高3	C35	15.55
总计：51			51.35

结构框架明细表

类型	参照标高	混凝土强度等级	体积/m^3
200 mm×450 mm	标高2	C30	0.27
200 mm×450 mm	标高3	C30	0.27
200 mm×450 mm	屋顶结构平面图	C30	0.27
300 mm×600 mm	标高2	C30	5.40
300 mm×600 mm	标高3	C30	5.30
300 mm×600 mm	屋顶结构平面图	C30	4.78
300 mm×750 mm	标高2	C30	9.86
300 mm×750 mm	标高3	C30	9.75
300 mm×750 mm	屋顶结构平面图	C30	9.01
总计：55			44.91

实训案例		B7_GJ_STR 三层框架结构(单阶独立基础)图		
班　级	×××	学生输出图纸及明细表示例	图号	A03
学　生	×××		图别	结施
指导教师	×××		日期	22/01/01

附件 3.2.8　B8_GJ_STR_三层框架结构(坡形独立基础)图纸

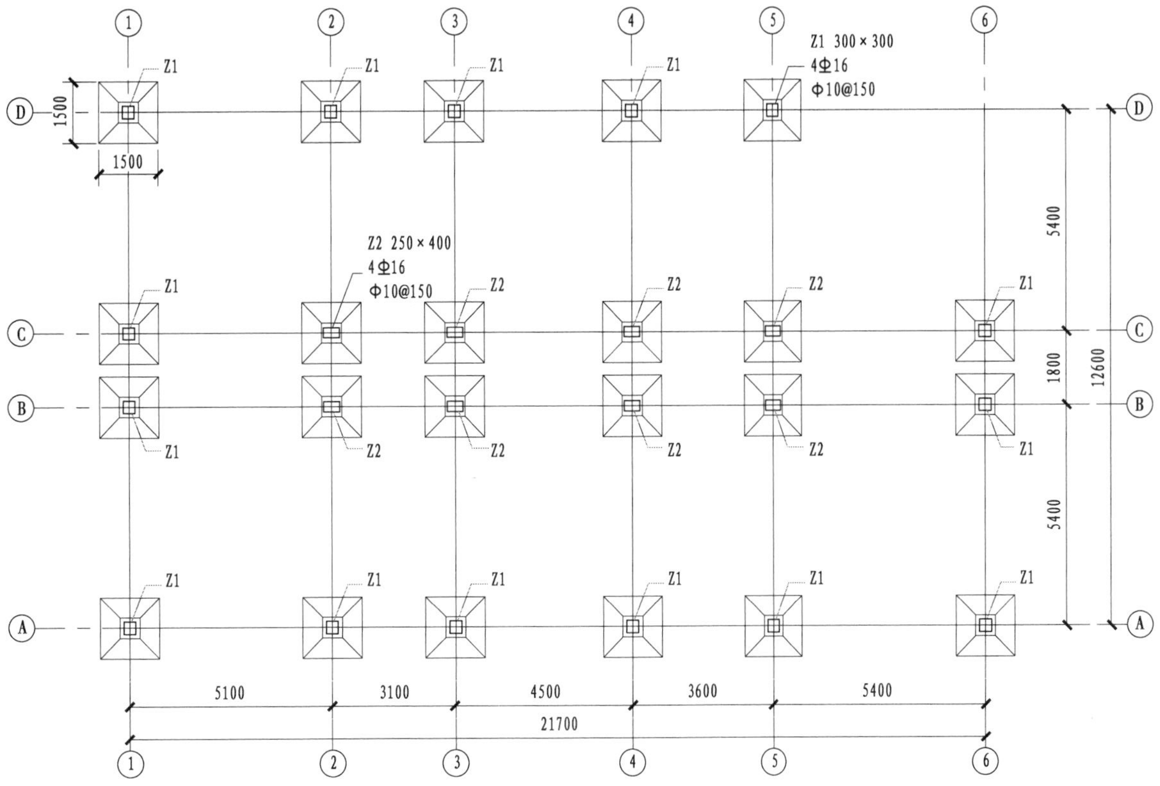

基础平面图1:100

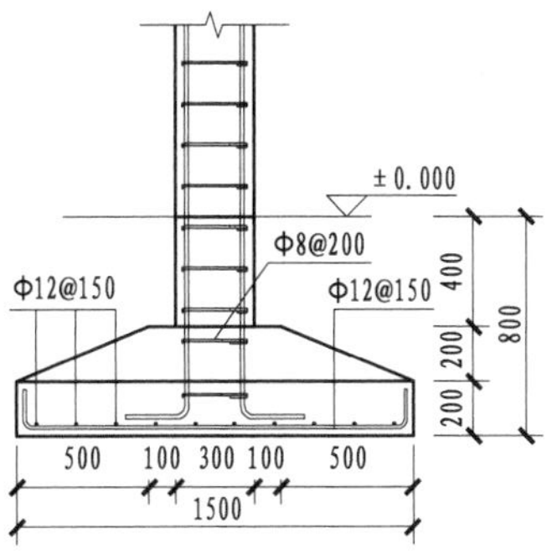

独立基础详图1:25

实训案例			B8_GJ_STR 三层框架结构(坡形独立基础)图	
班　级	×××	基础平面图	图号	A01
学　生	×××		图别	结施
指导教师	×××		日期	22/01/01

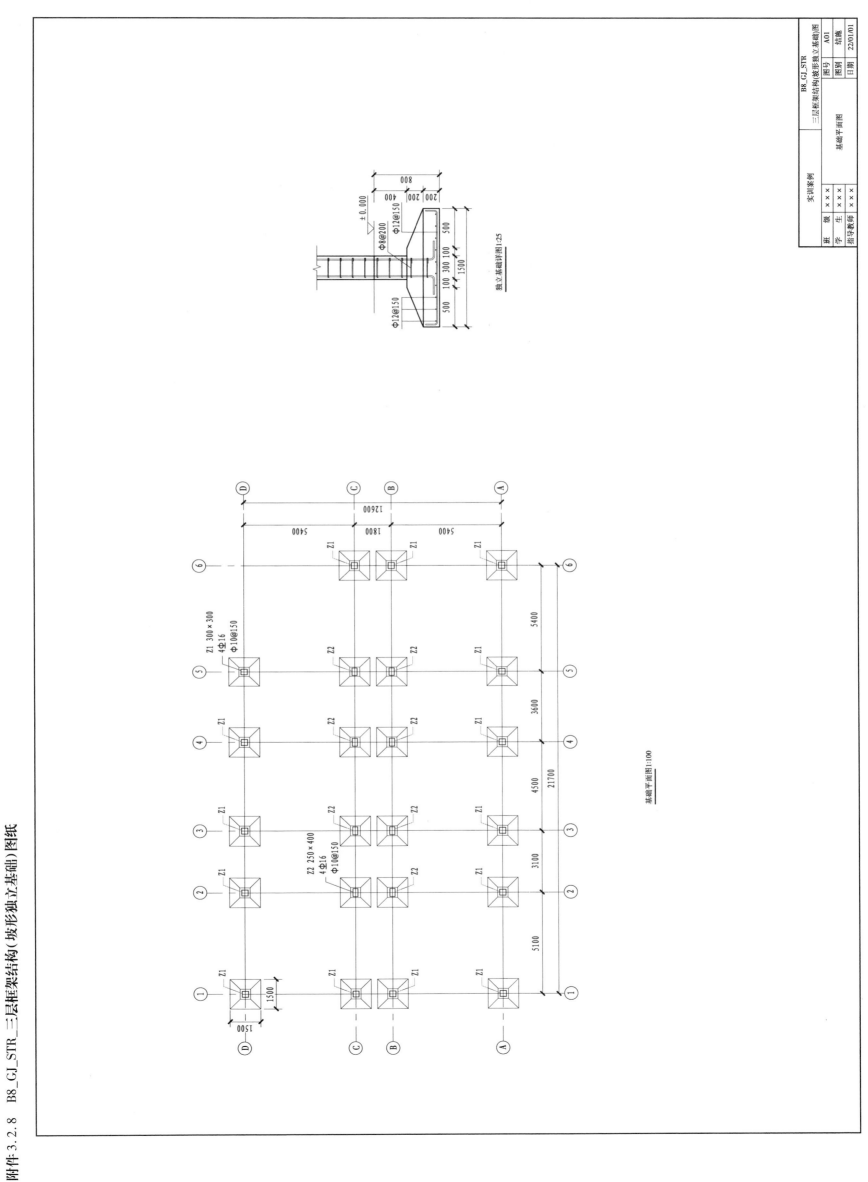

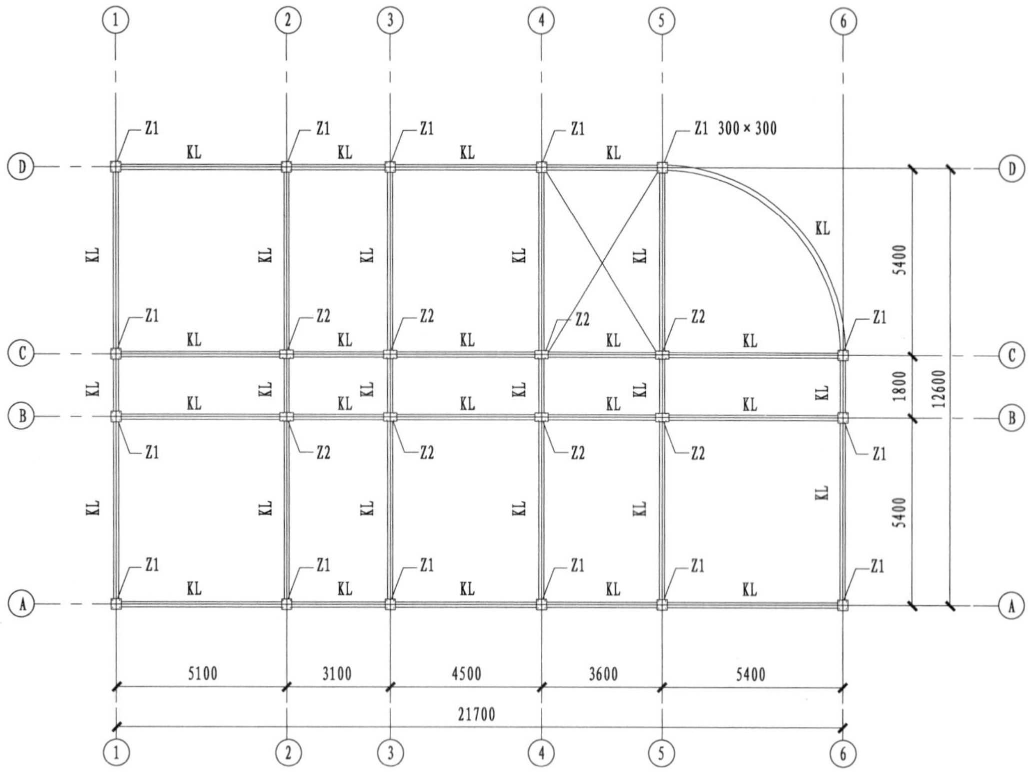

1—3层结构平面图1:100

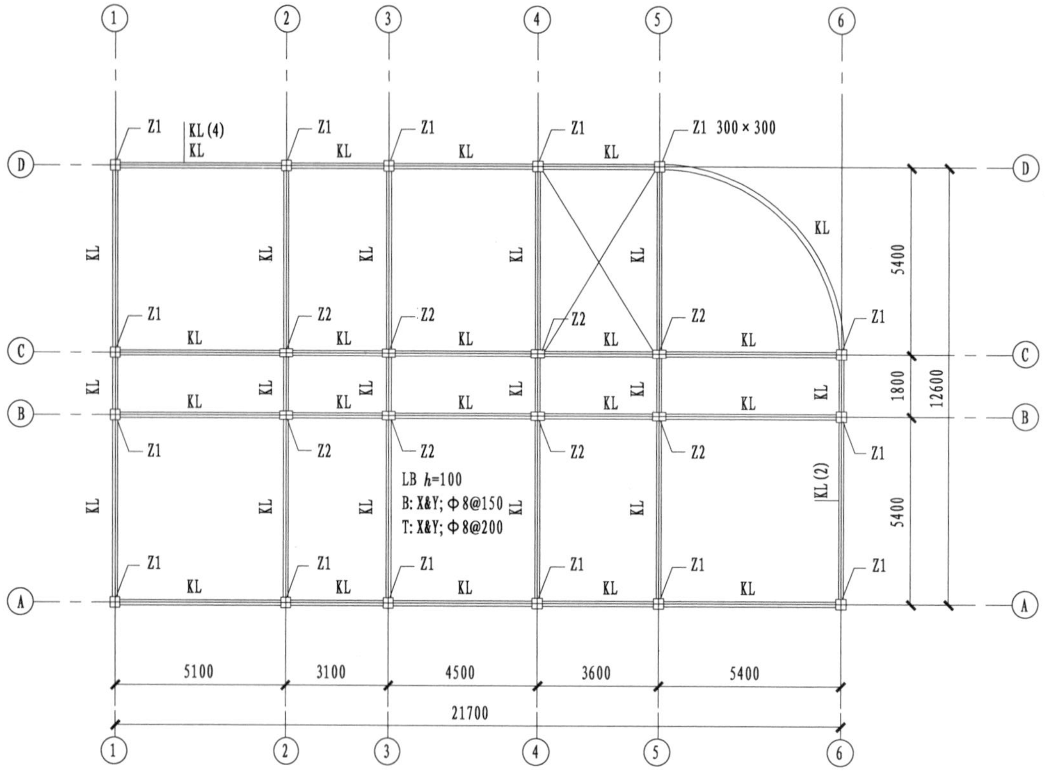

顶层结构平面图1:100

实训案例		B8_GJ_STR 三层框架结构(坡形独立基础)图		
班　级	×××	1—3层、屋顶结构平面图	图号	A02
学　生	×××		图别	结施
指导教师	×××		日期	22/01/01

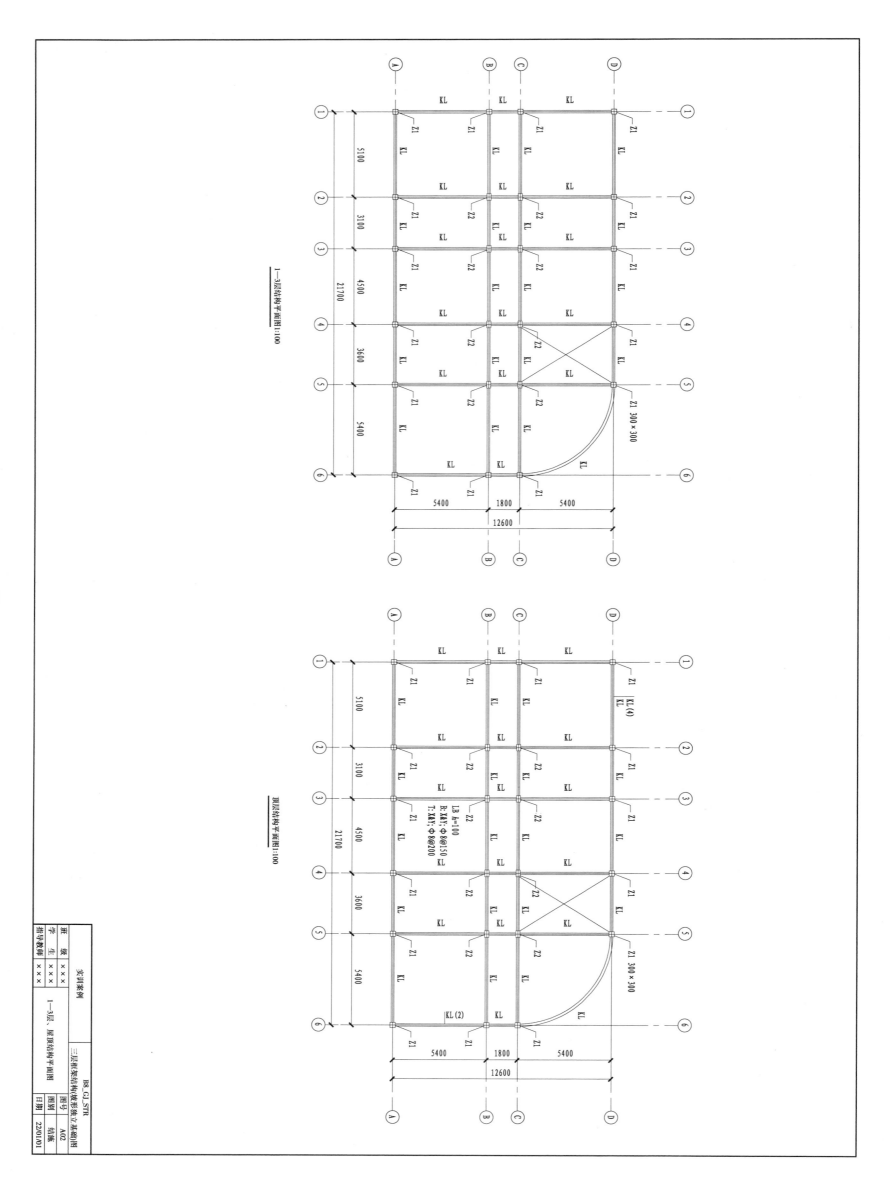

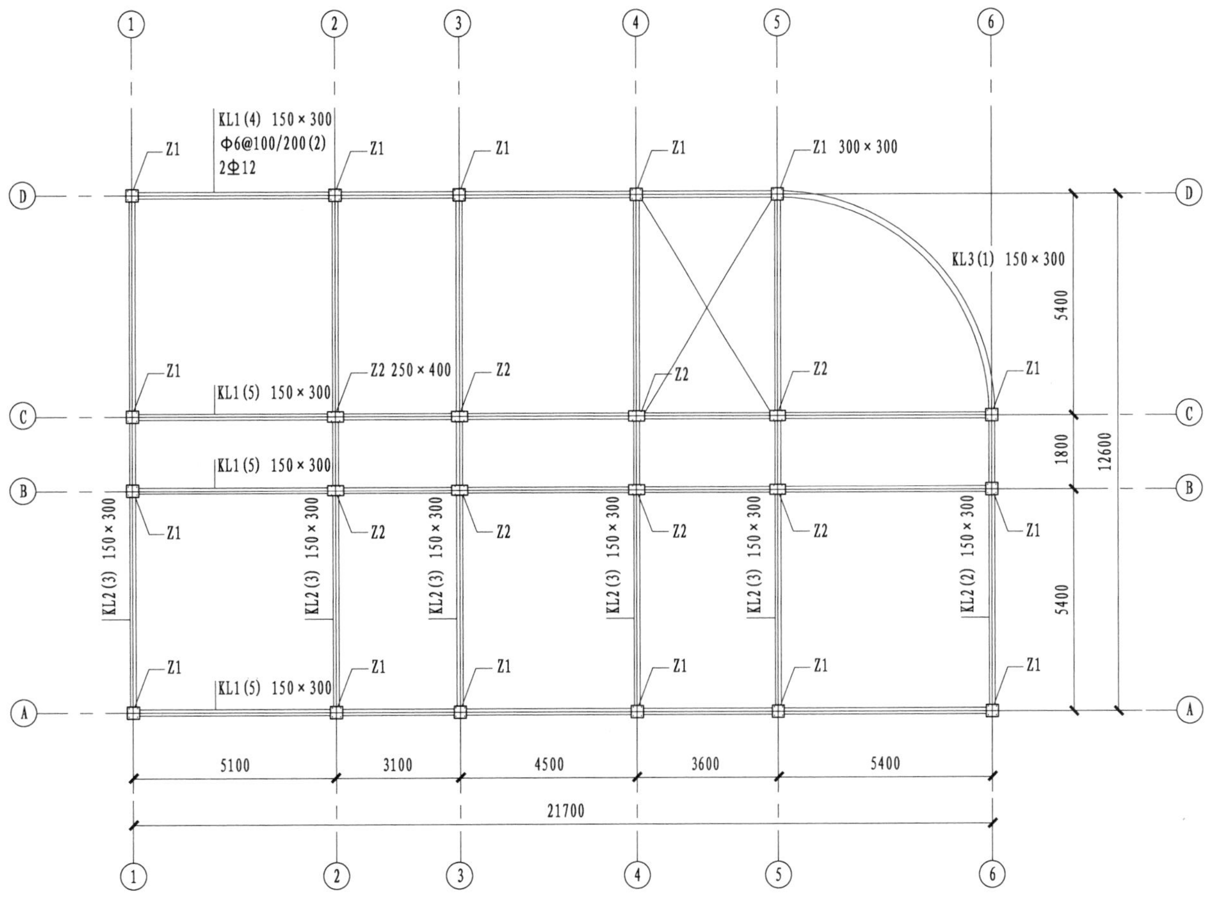

二层结构平面图1:100

结构基础明细表

类型	顶部高程/mm	体积/m³
独立基础-坡形截面	–400	15.33
总计：23		15.33

钢筋明细表

类型	钢筋长度/mm	数量/根
6 HPB300	11361	161
8 HPB300	108155	982
12 HPB300	77659	460
12 HRB335	63921	23
16 HRB335	496195	184
总计：313	757290	1810

结构柱明细表

类型	底部标高	体积/m³
KZ_250×400	标高1	3.20
KZ_300×300	标高1	5.40
KZ_250×400	标高2	2.88
KZ_300×300	标高2	4.86
KZ_250×400	标高3	2.88
KZ_300×300	标高3	4.86
总计：92		24.08

结构框架明细表

类型	参照标高	体积/m³
150mm×300mm	标高1	6.69
150mm×300mm	标高2	6.69
150mm×300mm	标高3	6.69
150mm×300mm	顶层	6.69
总计：148		26.74

楼板明细表

类型	顶部高程/mm	体积/m³
常规-120mm	0	29.77
常规-120mm	3600	27.60
常规-120mm	7200	27.60
常规-120mm	10800	29.77
总计：58		114.76

实训案例		B8_GJ_STR 三层框架结构(坡形独立基础)图		
班级	×××	学生输出图纸及明细表	图号	A03
学生	×××		图别	结施
指导教师	×××		日期	22/01/01

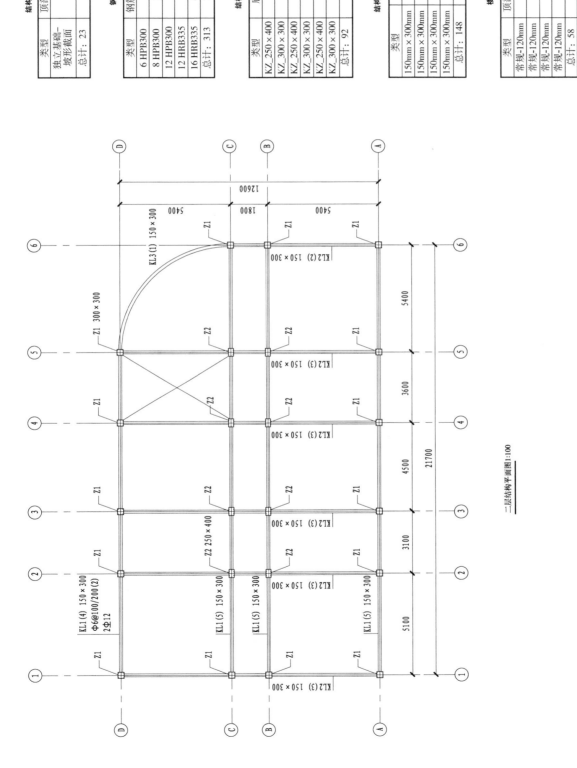

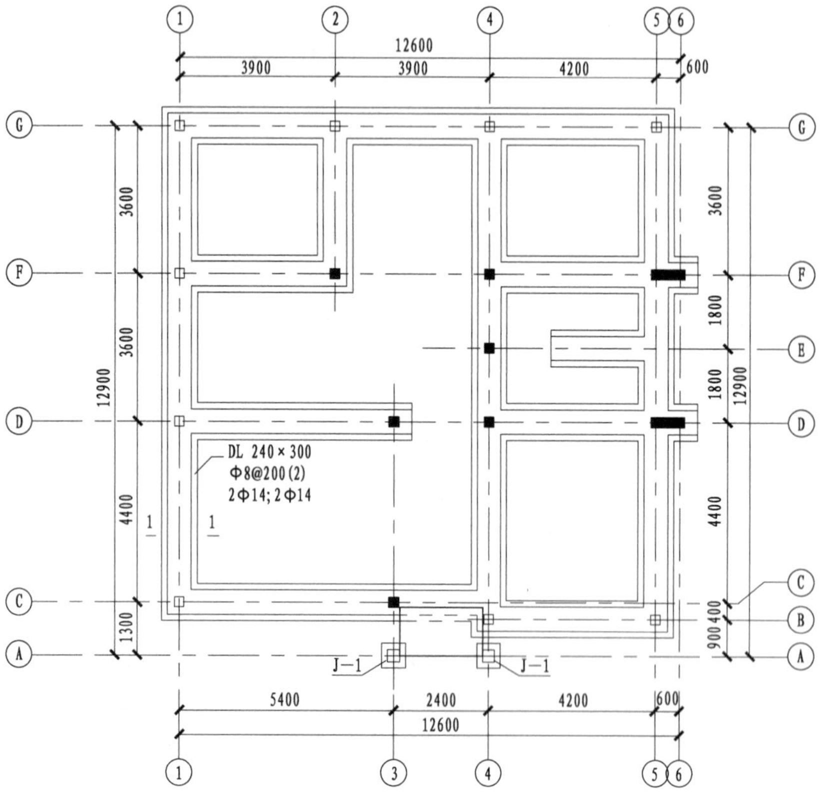

基础平面图1:100

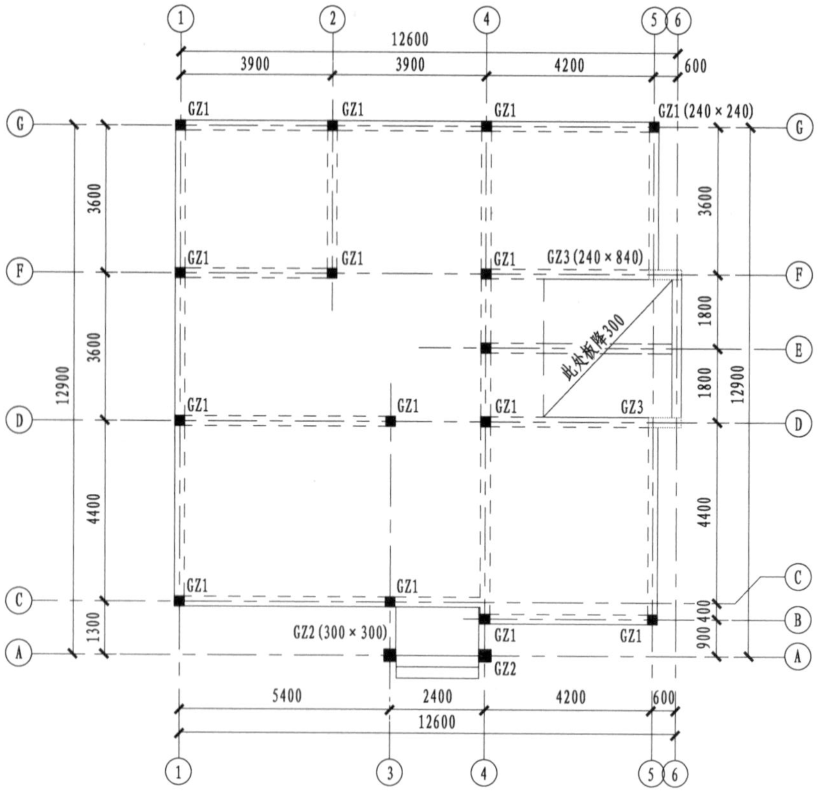

首层结构平面图1:100

说明:
1. 未注明部分板厚均为h=120 mm，梁截面均取240 mm×300 mm。
2. 除特别标明外，梁中线与轴线对齐，或梁边与墙、柱边线对齐，梁面标高与楼板标高一致。

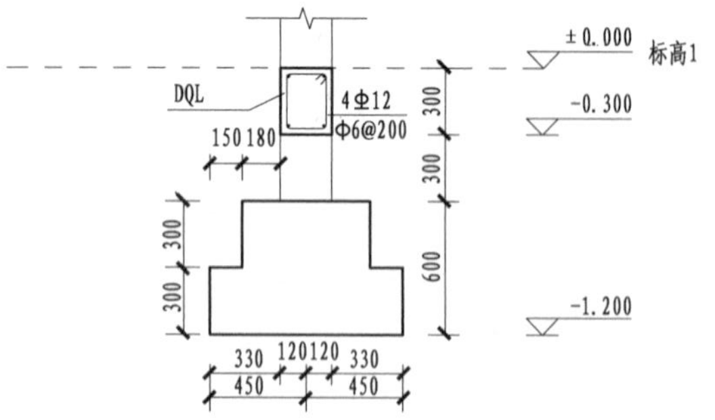

1—1 1:25

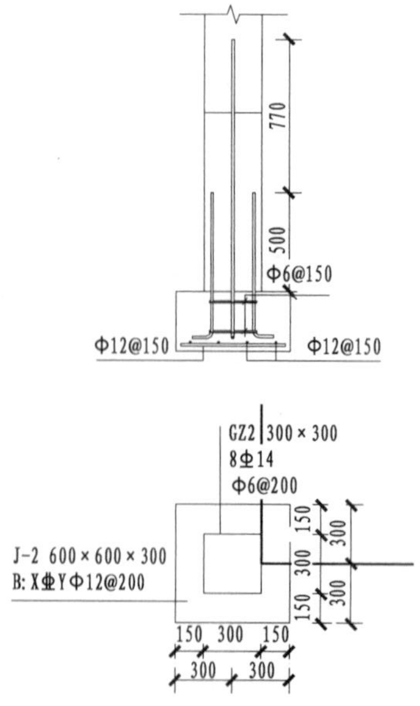

J—1 1:25

实训案例			B9_GJ_STR 二层小别墅	
班　级	×××	基础、首层结构平面图	图号	A01
学　生	×××		图别	建施
指导教师	×××		日期	22/01/01

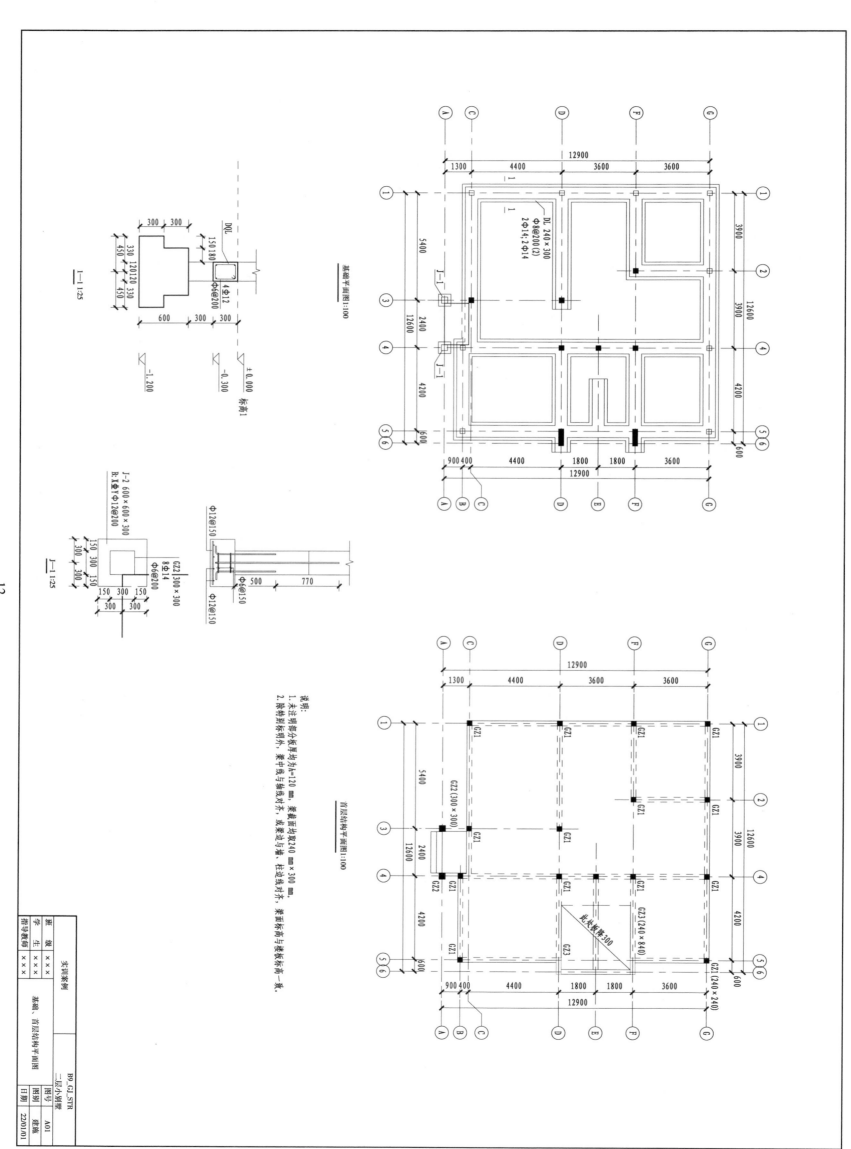

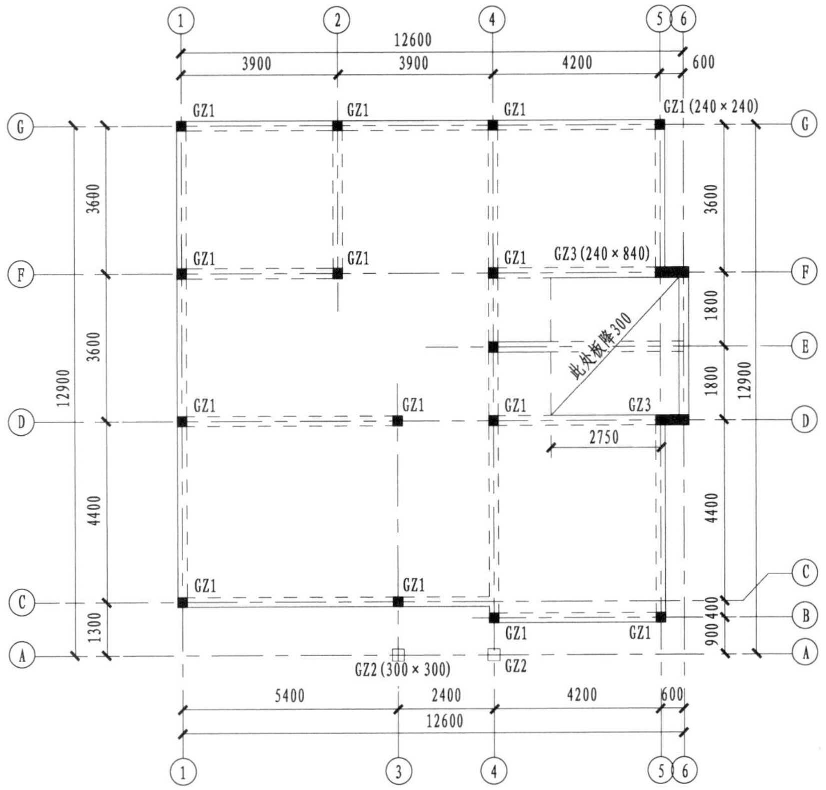

二层结构平面图1:100

说明:
1.未注明部分板厚均为h=110 mm，梁截面均取240 mm×300 mm。
2.除特别标明外，梁中线与轴线对齐，或梁边与墙、柱边线对齐，梁面标高与楼板标高一致。

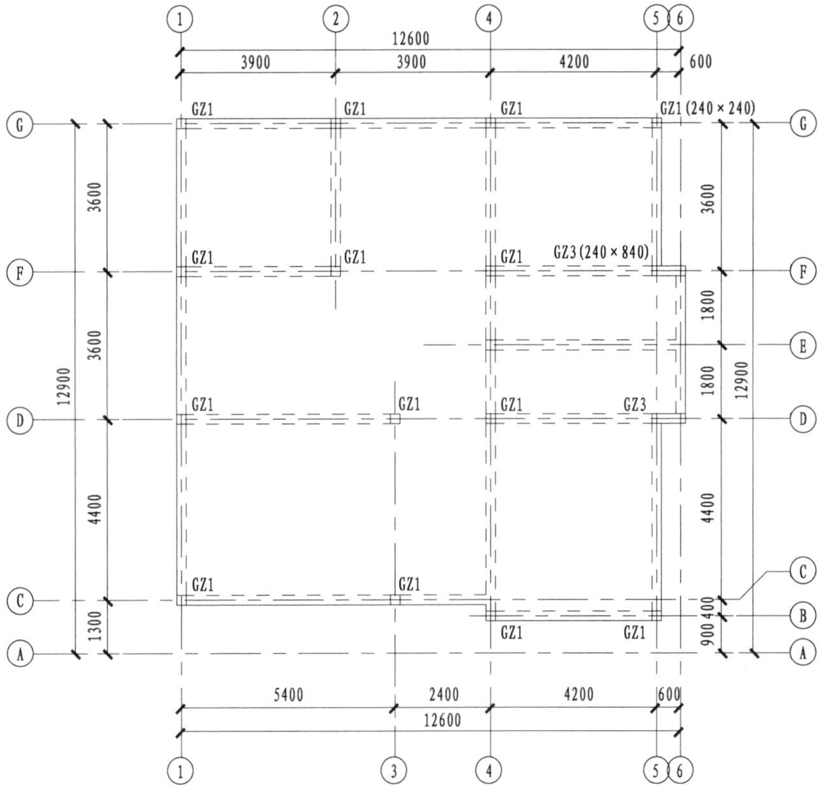

屋顶结构平面图1:100

说明:
1.未注明部分板厚均为h=100 mm，梁截面均取240 mm×300 mm。
2.除特别标明外，梁中线与轴线对齐，或梁边与墙、柱边线对齐，梁面标高与楼板标高一致。

实训案例			B9_GJ_STR 二层小别墅	
班　级	×××	二层、屋顶结构平面图	图号	A02
学　生	×××		图别	建施
指导教师	×××		日期	22/01/01

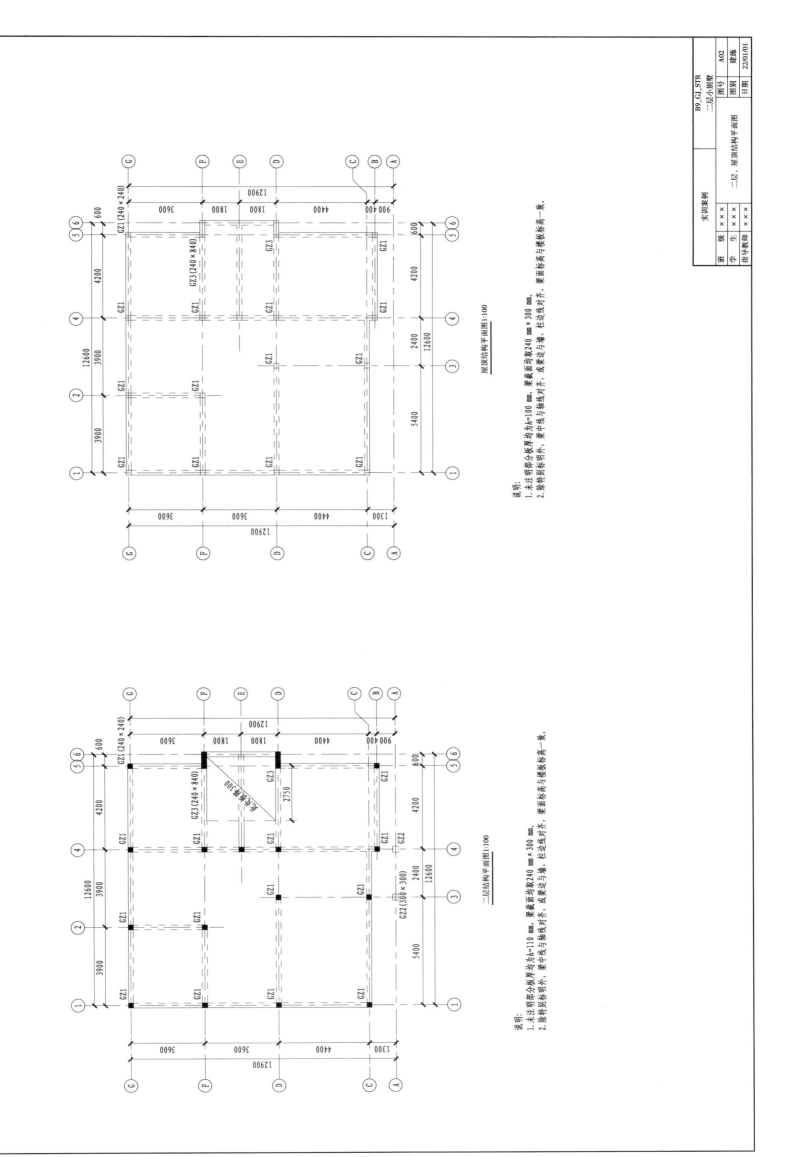

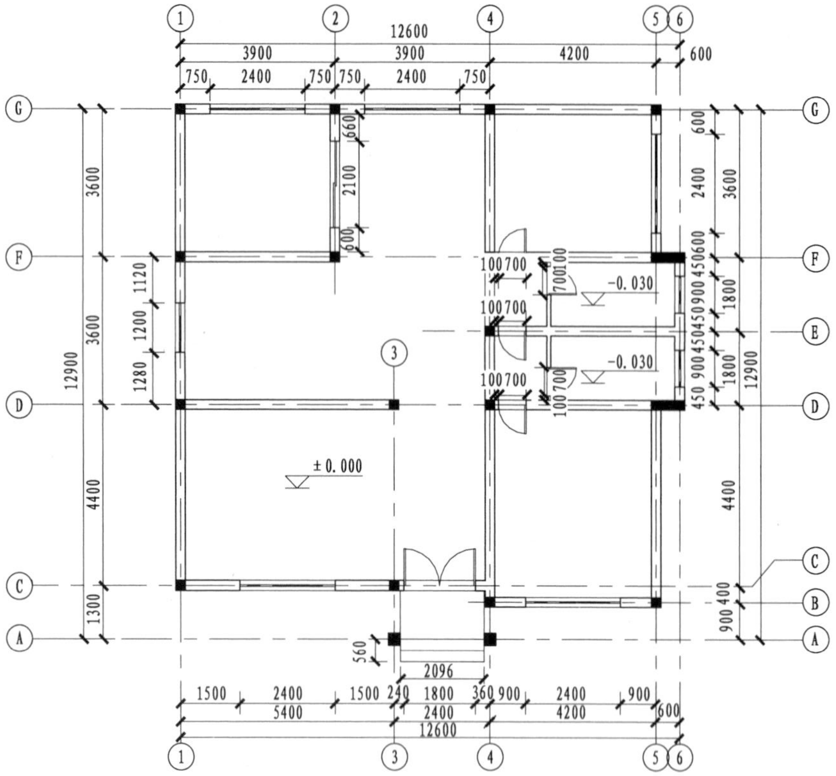

首层平面图1:100

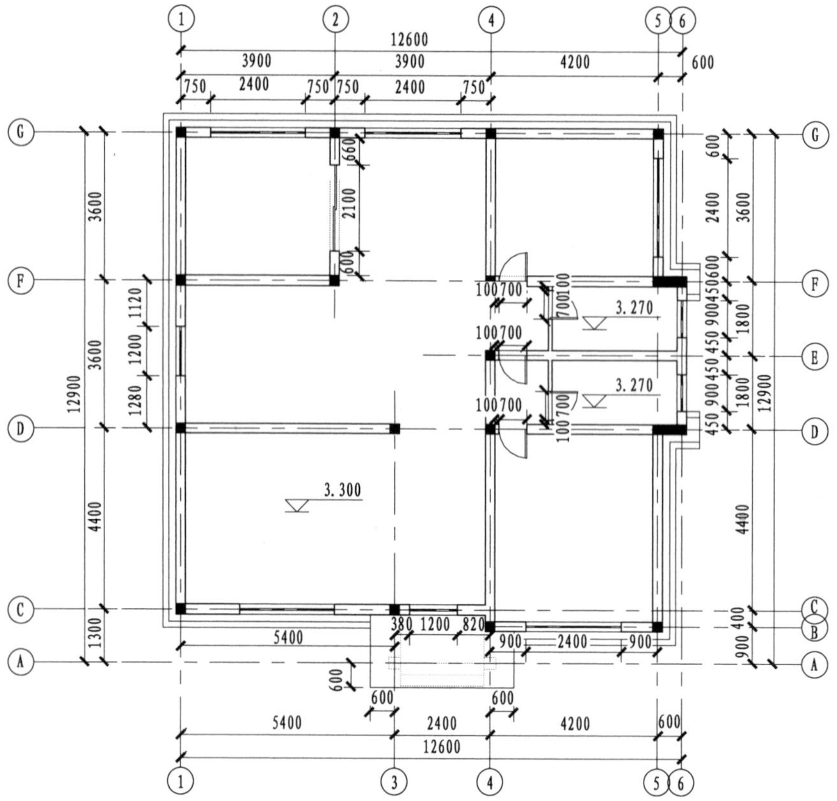

二层建筑平面图1:100

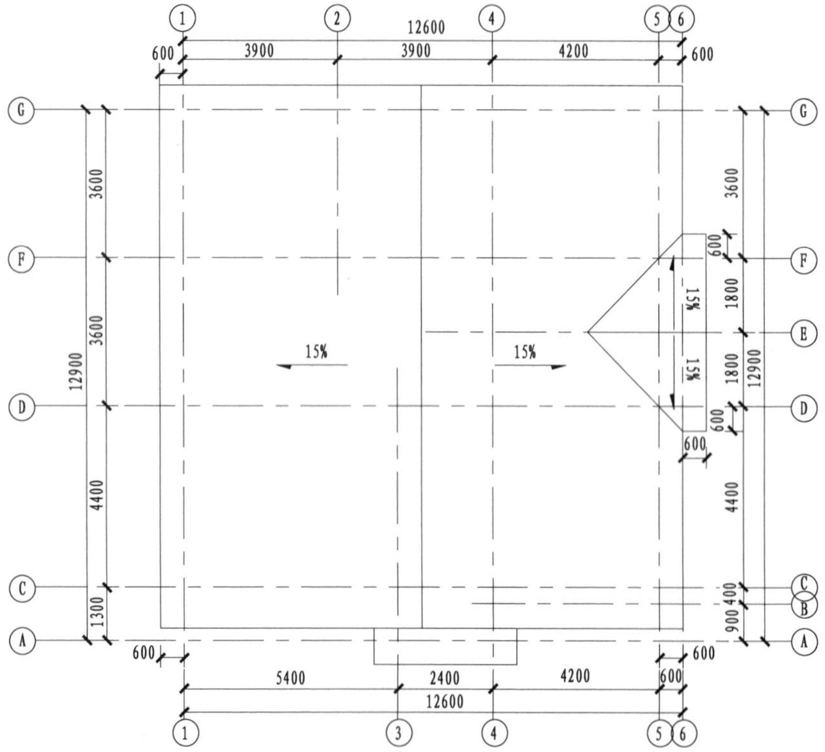

屋顶建筑平面图1:100

实训案例			B9_GJ_STR 二层小别墅	
班　级	×××	首层-屋顶建筑平面图	图号	A03
学　生	×××		图别	建施
指导教师	×××		日期	22/01/01

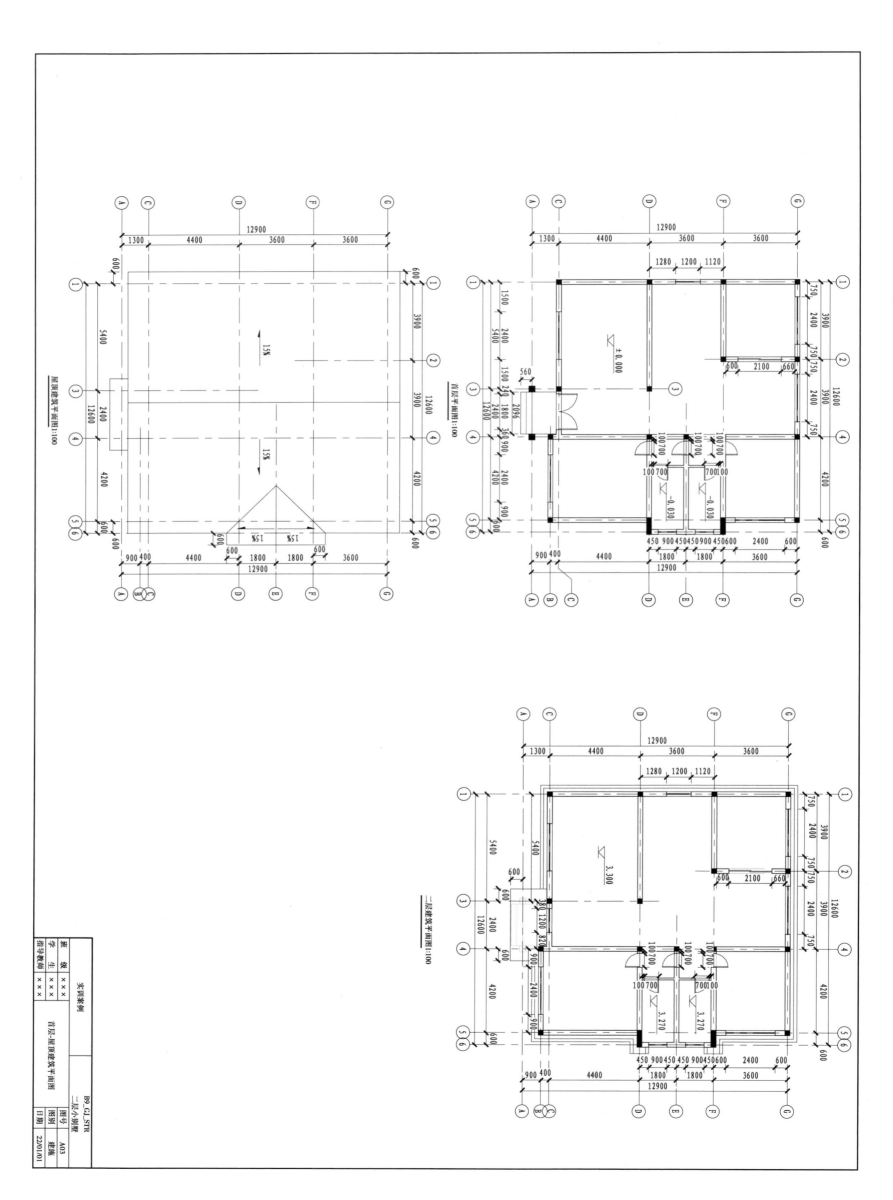

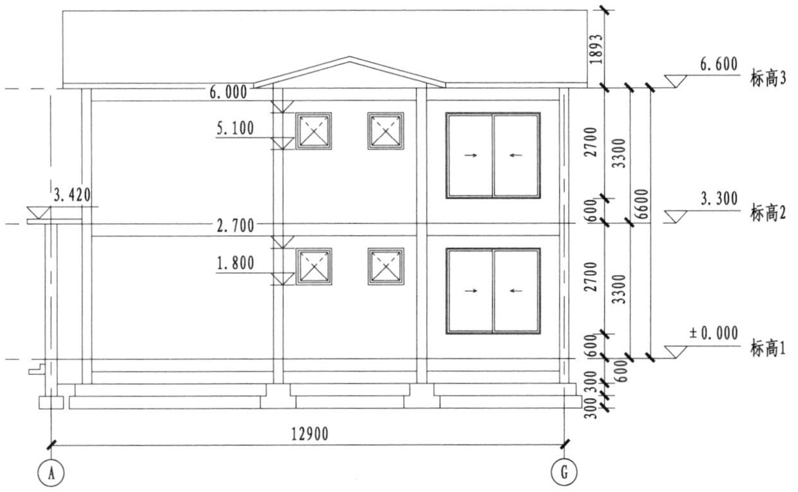

东立面图1:100

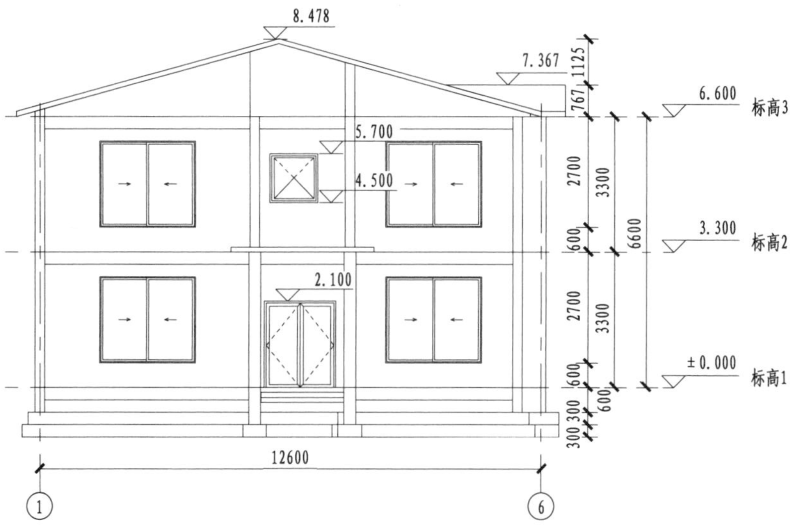

南立面图1:100

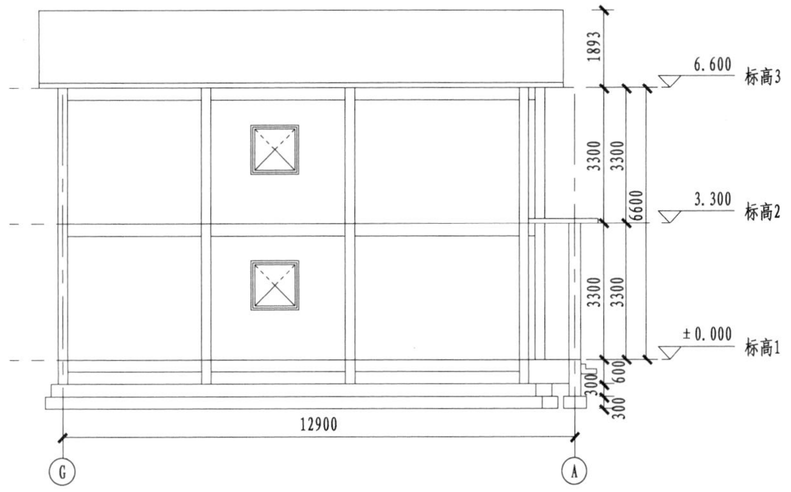

西立面图1:100

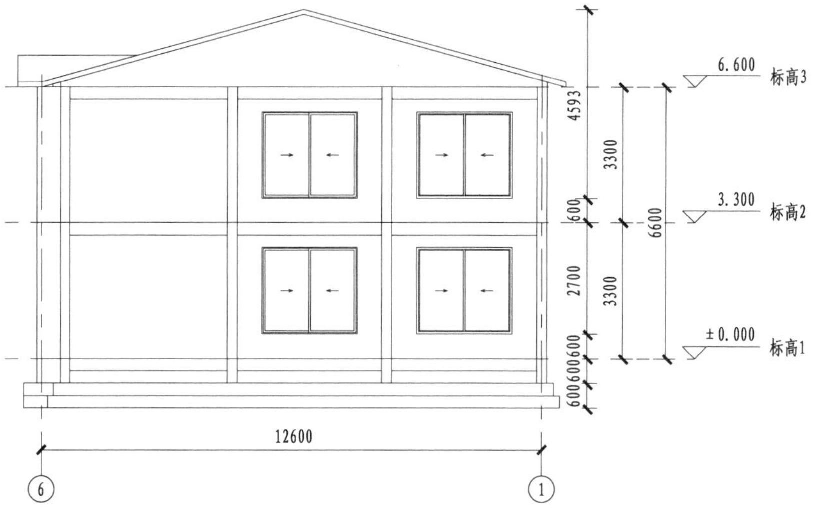

北立面图1:100

实训案例			B9_GJ_STR 二层小别墅	
班　级	×××	立面图	图号	A04
学　生	×××		图别	建施
指导教师	×××		日期	22/01/01

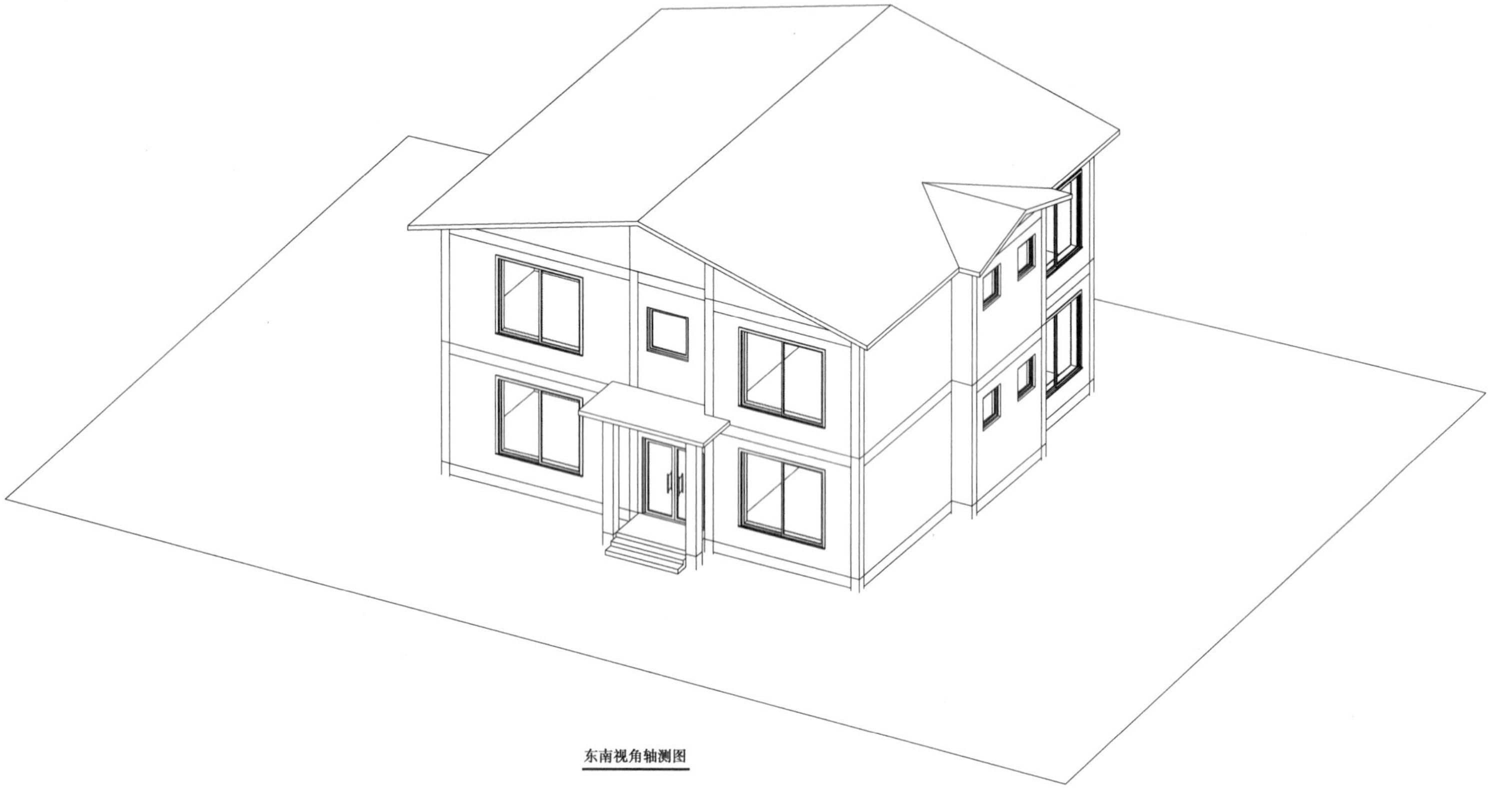

东南视角轴测图

结构基础明细表

类型	顶部高程/mm	基础厚度/mm	体积/m³
600 mm × 600 mm × 300 mm	-900	300	0.22
总计：2			0.22

钢筋明细表

类型	钢筋直径/mm	钢筋长度/mm	数量/根	钢筋体积/m³
6 HPB300	6	7042	101	2832.93
12 HPB300	12	2180	16	986.04
12 HRB335	12	25290	10	5720.56
14 HRB335	14	54747	32	11238.01
总计：40		89259	159	20777.54

楼板明细表

类型	标高	体积/m³
常规-600	标高1	1.49
常规-120	标高1	1.21
常规-120	标高1	14.20
常规-110	标高2	1.11
常规-110	标高2	13.02
常规-100	标高3	1.42
常规-100	标高3	11.42
总计：7		43.87

结构框架明细表

类型	顶部高程/mm	体积/m³
单步基脚	-600	36.64
240 mm × 300 mm	-300	0.23
240 mm × 300 mm	0	5.56
240 mm × 300 mm	3000	0.34
240 mm × 300 mm	3300	5.46
240 mm × 300 mm	6600	5.79
总计：80		54.02

结构柱明细表

类型	底部标高	体积/m³
240 mm × 240 mm	标高1	0.52
240 mm × 240 mm	标高1	2.85
240 mm × 840 mm	标高1	0.24
240 mm × 840 mm	标高1	1.33
300 mm × 300 mm	标高1	0.16
300 mm × 300 mm	标高1	0.59
240 mm × 240 mm	标高2	2.85
240 mm × 840 mm	标高2	1.33
总计：55		9.88

实训案例			B9_GJ_STR 二层小别墅	
班　级	×××	学生输出图纸及明细表	图号	A05
学　生	×××		图别	建施
指导教师	×××		日期	22/01/01

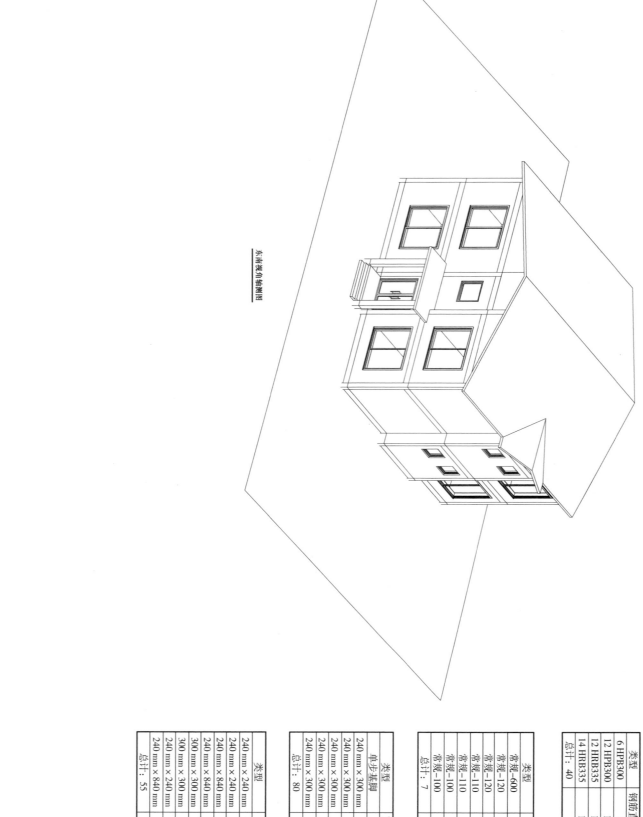

附件 3.2.10　B10_GJ_STR_二层框架剪力墙结构图纸

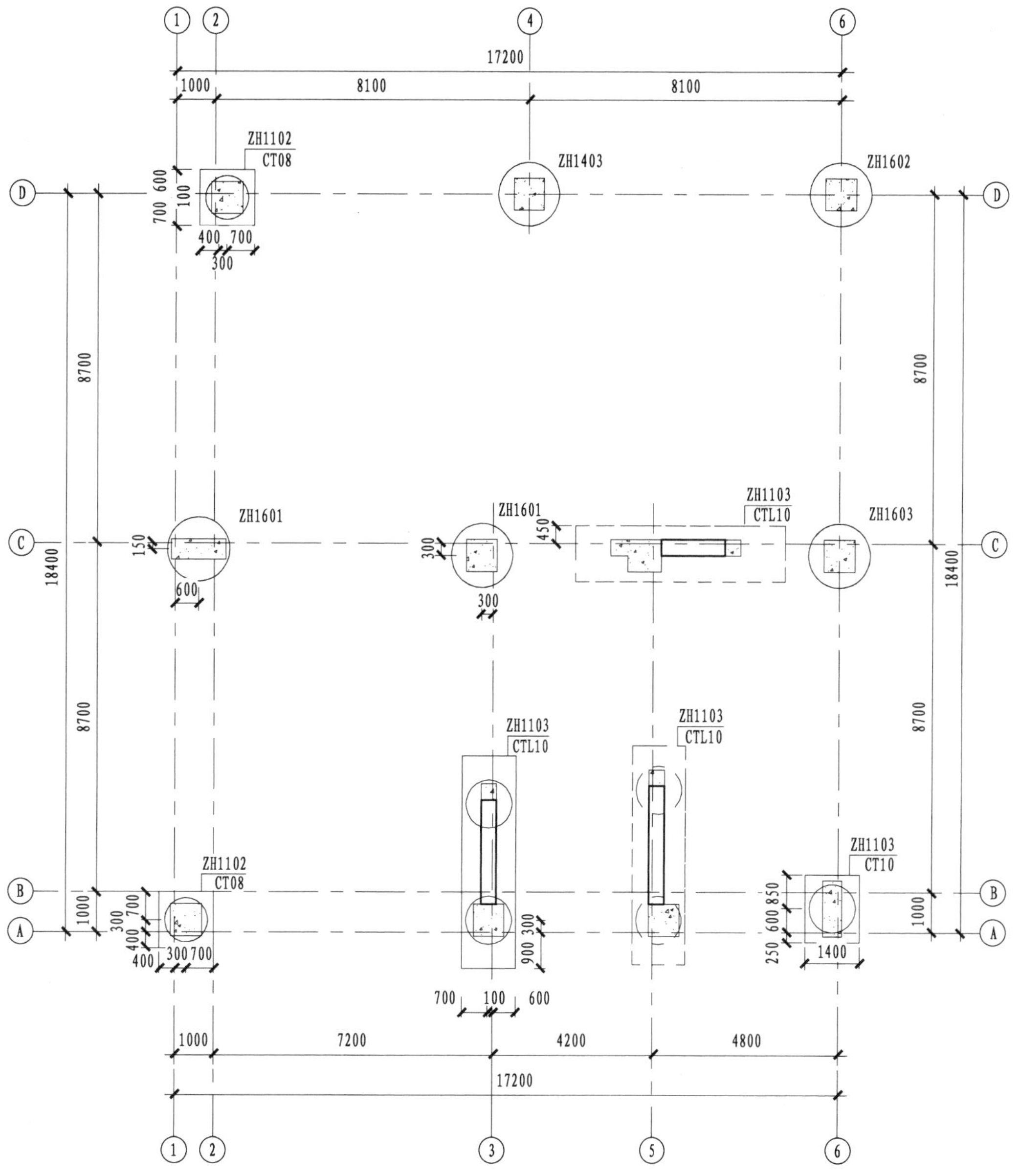

附注:
未特殊说明的基础顶标高均为-1.250 m。

基础结构平面布置图1:100

机械成孔旋挖灌注桩大样及配筋明细表

桩编号	桩身直径/mm	嵌岩深度/mm	纵筋	箍筋	加筋箍筋
ZH1102	1100	≥2200	$16\Phi^{R}14$	Φ8@100/250	Φ12@2000
ZH1103	1100	≥3300	$16\Phi^{R}14$	Φ8@100/250	Φ12@2000
ZH1403	1400	≥3300	$22\Phi^{R}14$	Φ8@100/250	Φ12@2000
ZH1601	1600	≥1600	$26\Phi^{R}14$	Φ8@100/250	Φ12@2000
ZH1602	1600	≥3200	$26\Phi^{R}14$	Φ8@100/250	Φ12@2000
ZH1603	1600	≥4800	$26\Phi^{R}14$	Φ8@100/250	Φ12@2000

注: 所有桩长取6 m。桩身钢筋保护层厚度为50 mm。

CTXX配筋参数表

编号	平面尺寸	h_c/mm	上部钢筋	下部钢筋	环向钢筋
CT08	详平面	800	Φ18@200	Φ18@200	Φ12@200
CT10	详平面	1000	Φ^{R}20@200	Φ^{R}20@200	Φ12@200

CTLXX尺寸

编号	B/mm	h_c/mm
CTL10	详平面	1100

实训案例			B10_GJ_STR 二层框架剪力墙结构图	
班　级	×××	基础结构平面布置图	图号	A01
学　生	×××		图别	结施
指导教师	×××		日期	22/01/01

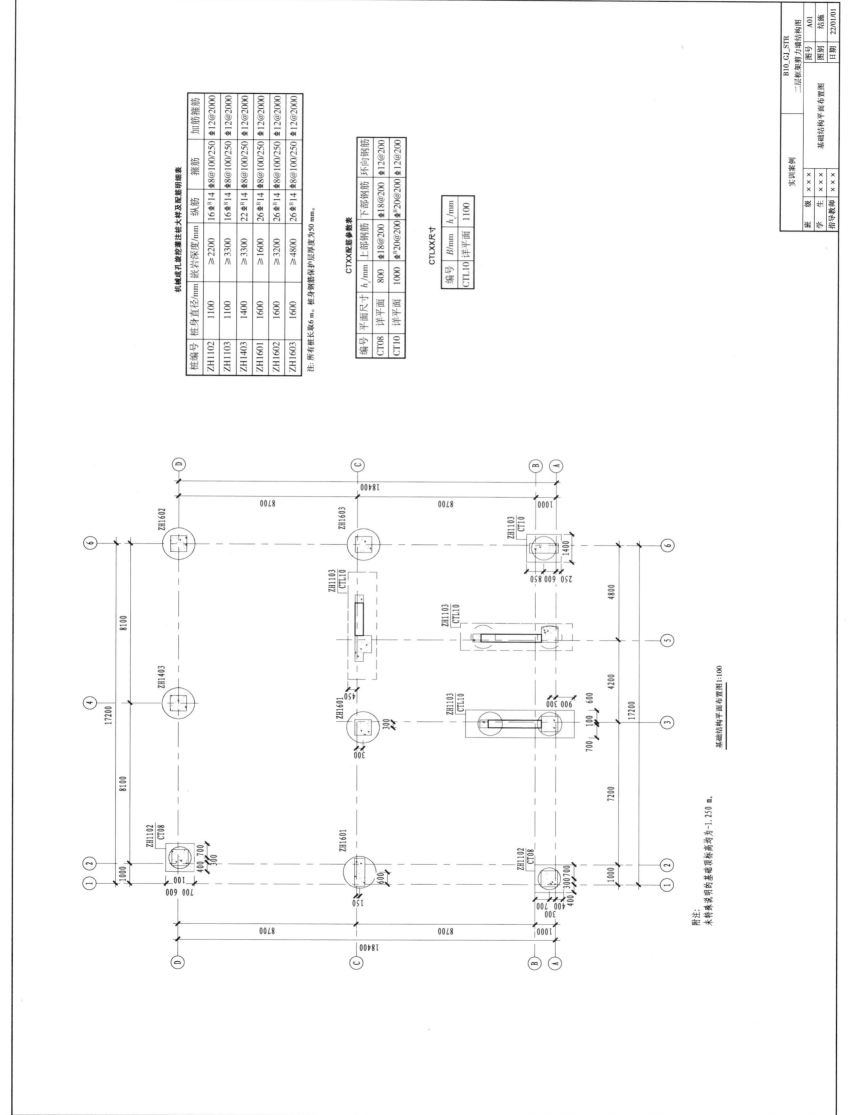

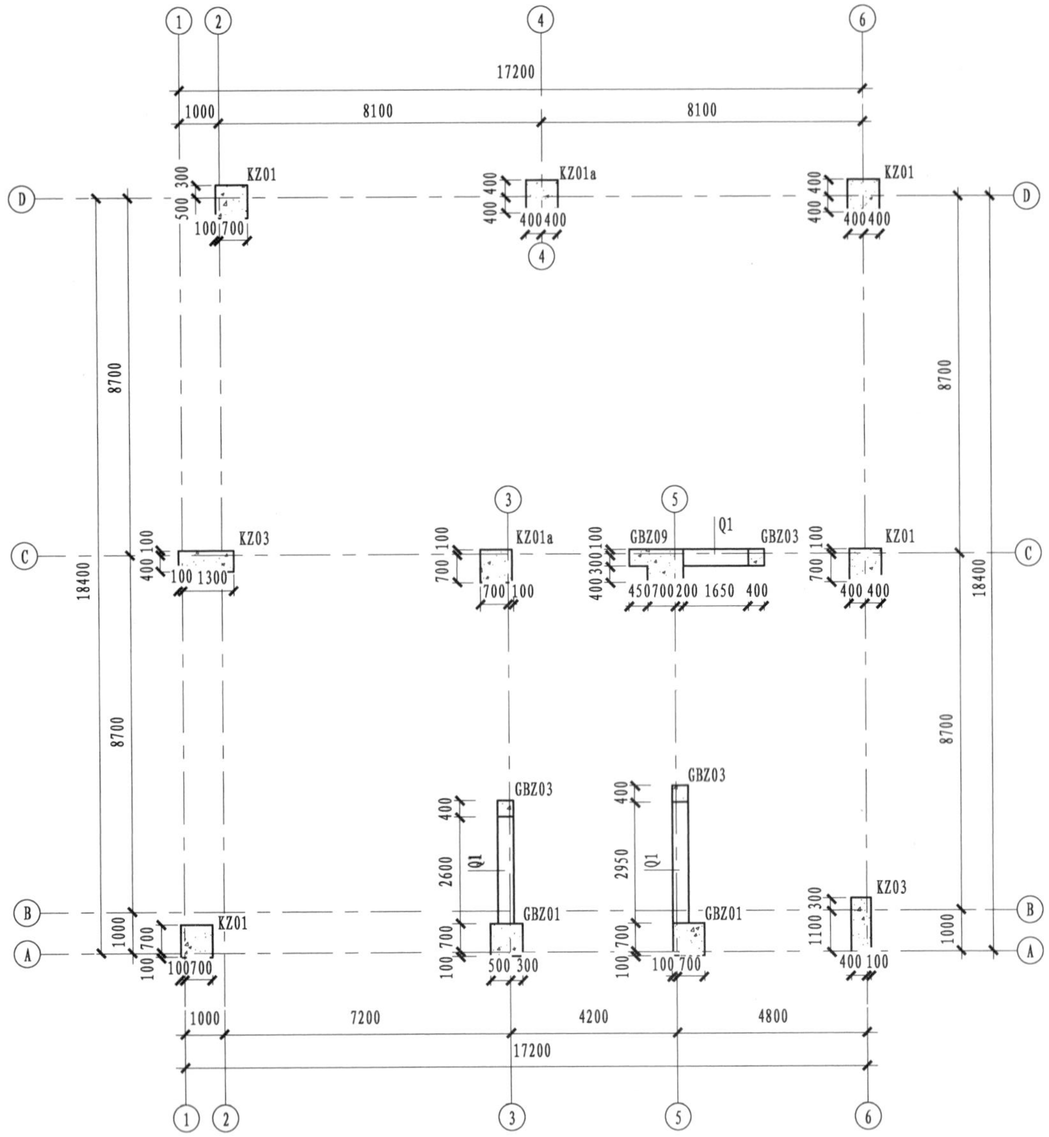

基础顶~7.950 m标高墙柱布置图1:100

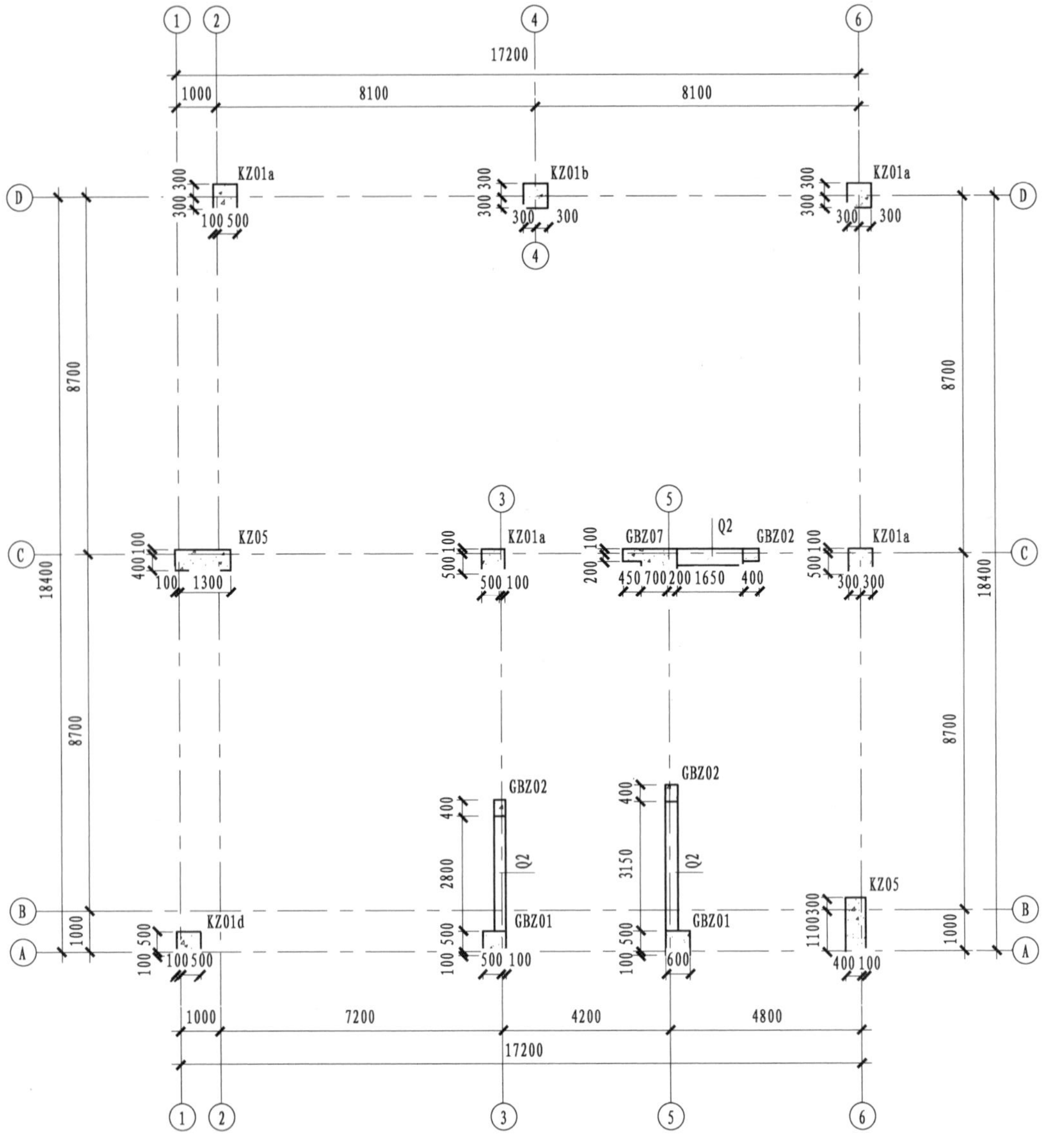

7.950~12.150 m墙柱布置图1:100

剪力墙身表

编号	标高	墙厚/mm	水平分布筋	水平分布筋	拉筋
Q1	-1.250~7.950	400	⌀10@200	⌀10@200	Φ8@400

注:基础顶部拉筋从第一排开始布置，在最后一排结束。

层高表

F3	12.150	
F2	7.950	4.200
基础顶/F1	-1.250	9.200
层号	标高/m	层高/m

实训案例			B10_GJ_STR 二层框架剪力墙结构	
班　级	×××	墙柱布置图	图号	A02
学　生	×××		图别	结施
指导教师	×××		日期	22/01/01

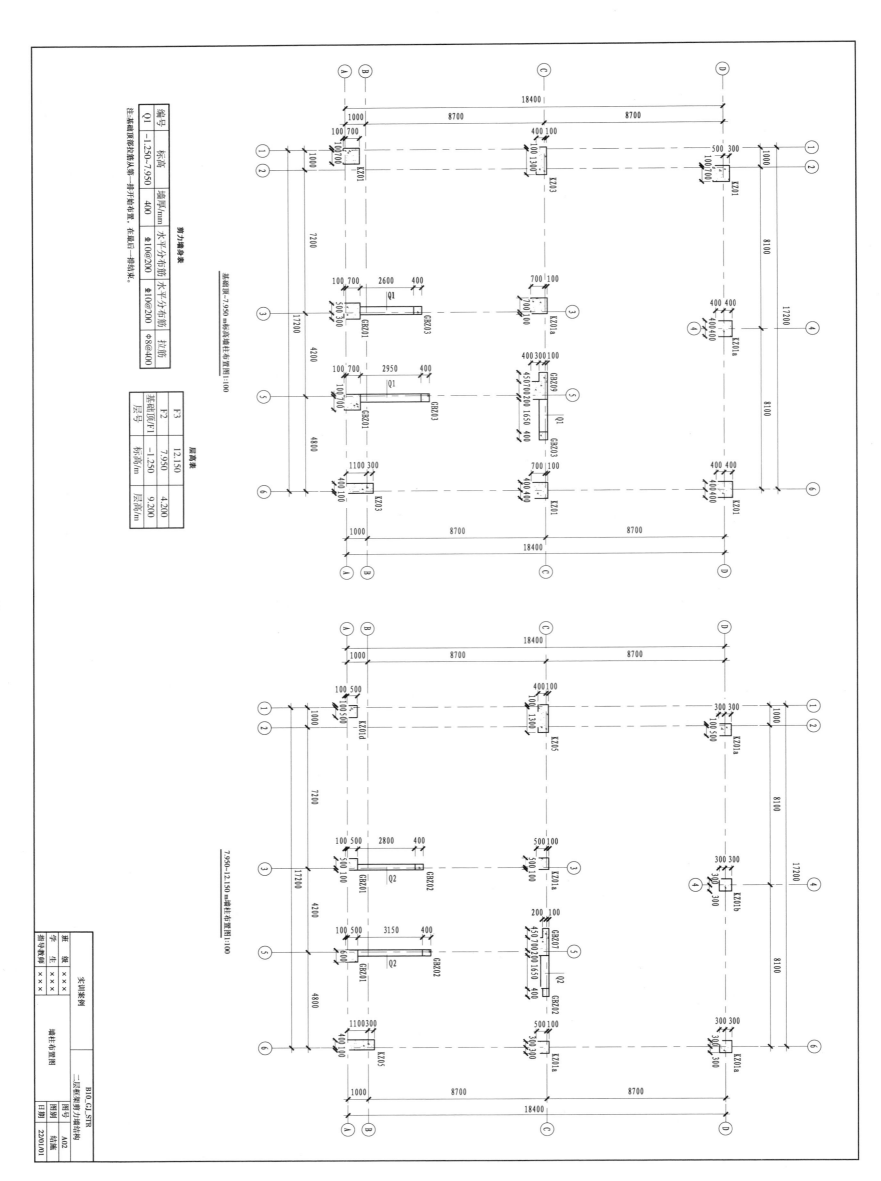

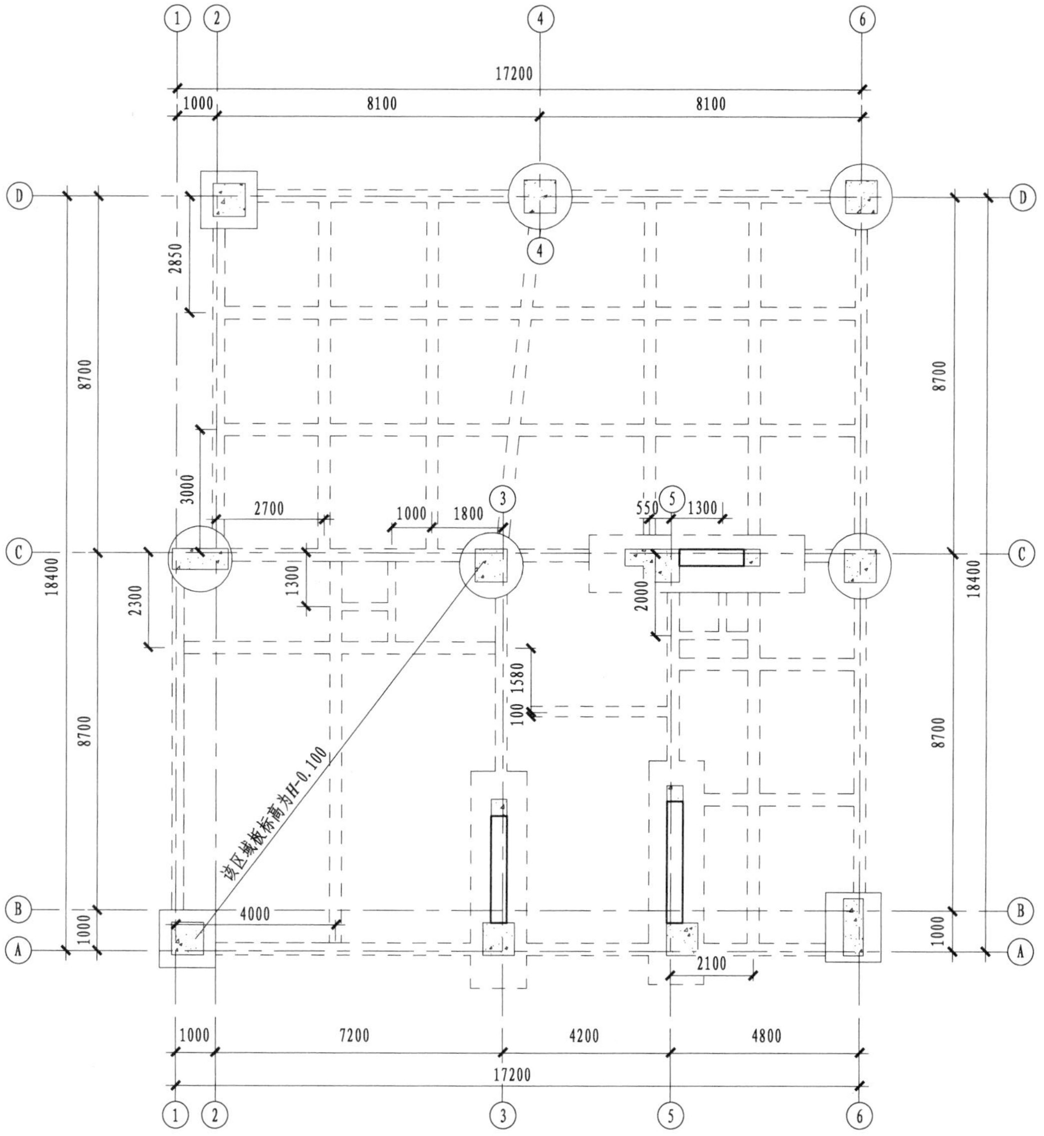

−1.250 m结构板平面图1:100

楼面附注:
1.未定位的梁为齐柱边或轴线居中。
2.未特殊说明的板厚均为180 mm,图中h表示板厚。

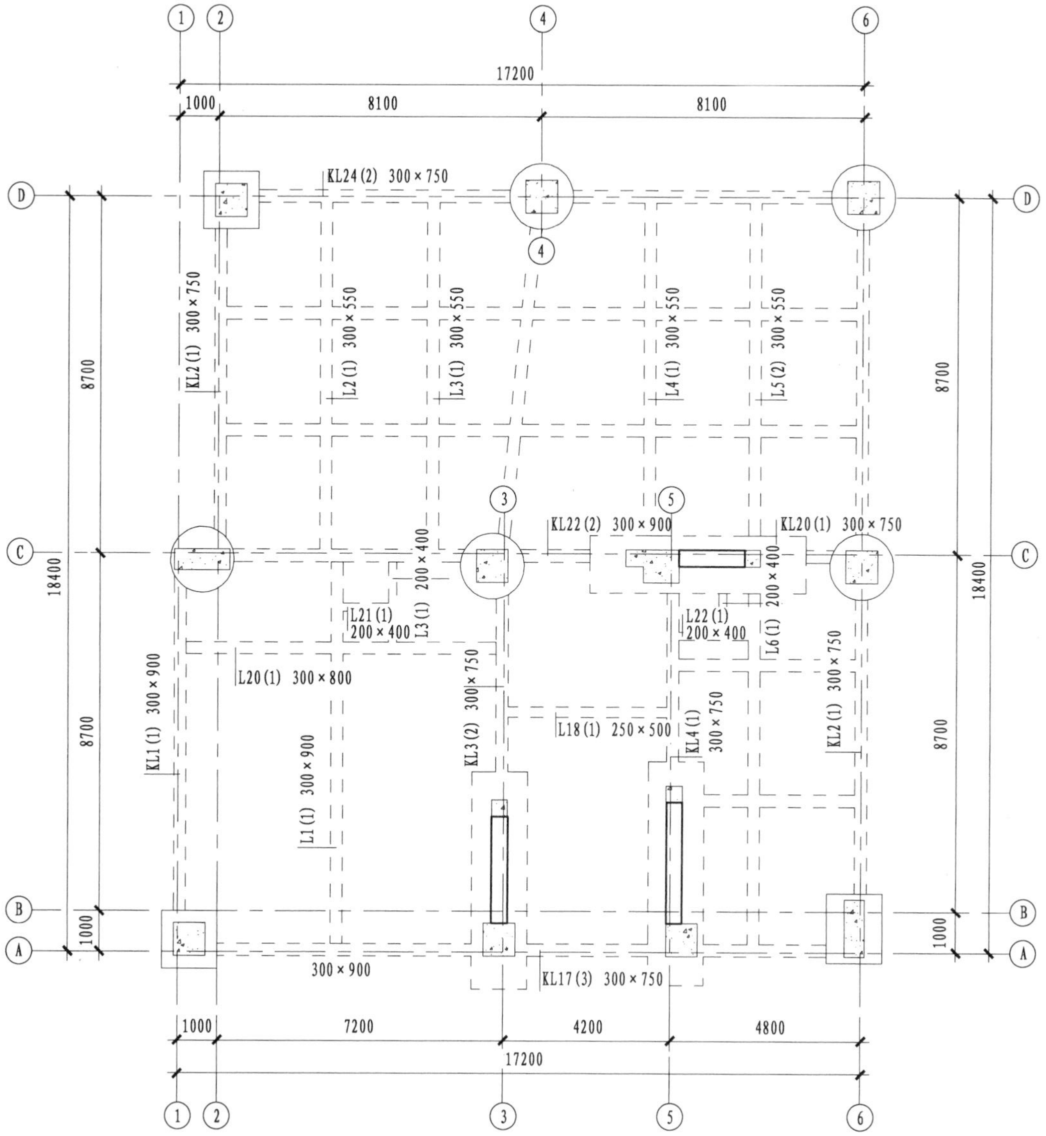

楼面梁附注:
未定位的梁为齐柱边或轴线居中。

−1.250 m梁平面图1:100

实训案例			B10_GJ_STR 二层框架剪力墙结构图	
班　级	×××	−1.250 m梁板平面图	图号	A03
学　生	×××		图别	结施
指导教师	×××		日期	22/01/01

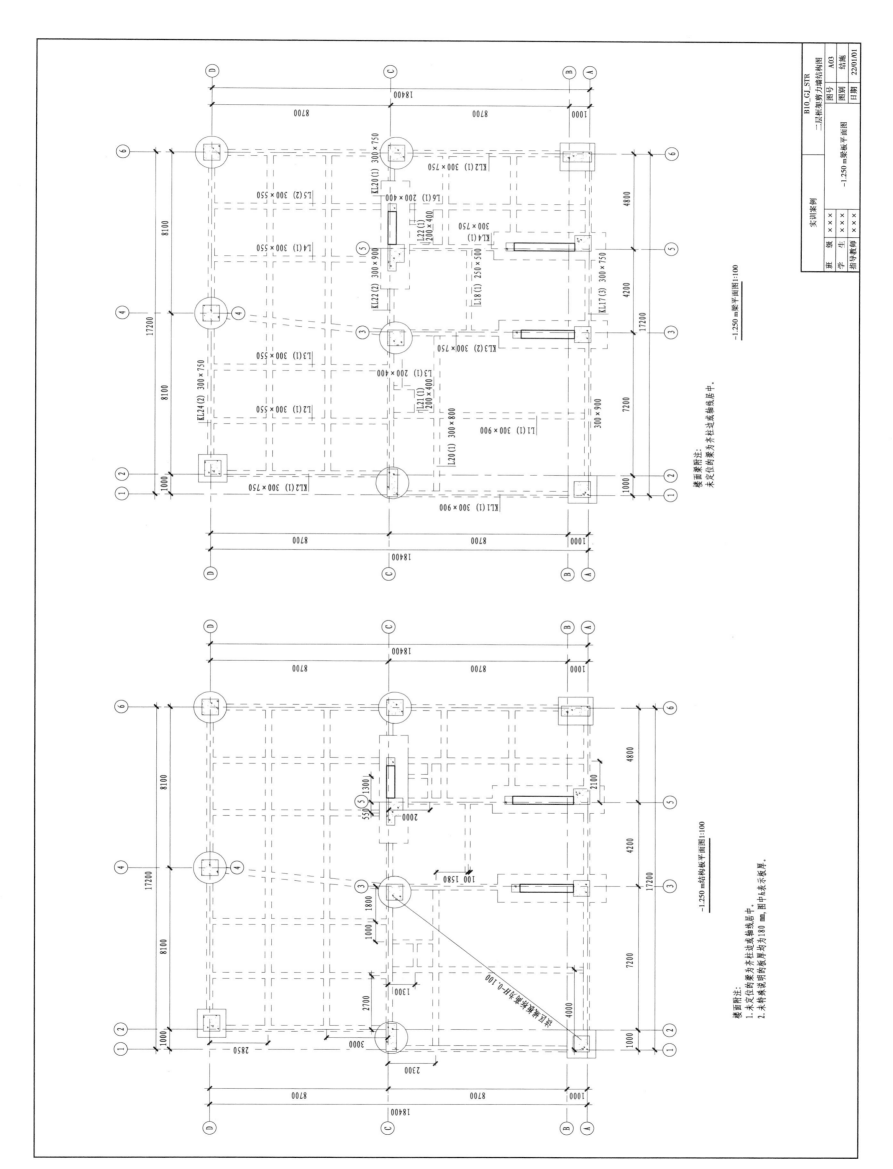

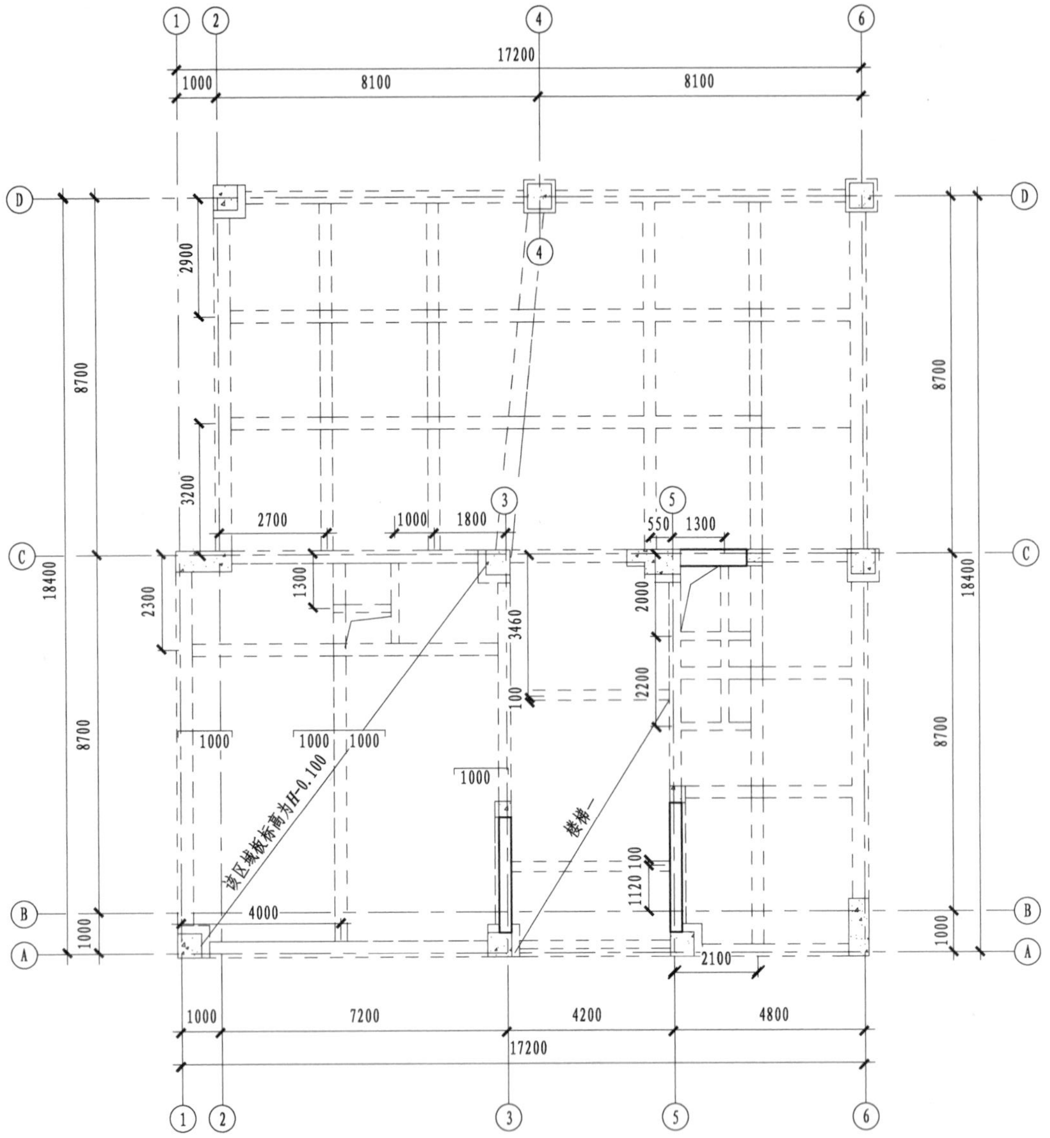

7.950 m/12.150 m结构板平面图1:100

楼面附注:
1.未定位的梁为齐柱边或轴线居中。
2.未特殊说明的板厚均为150 mm，图中h表示板厚。
3.板配筋:图中未画出的板顶钢筋为双向⌀10@200,图中画出的板顶钢筋均为支座附加筋，未注明的附加钢筋为⌀8@400;
未画出的底顶配筋为双向⌀10@200。

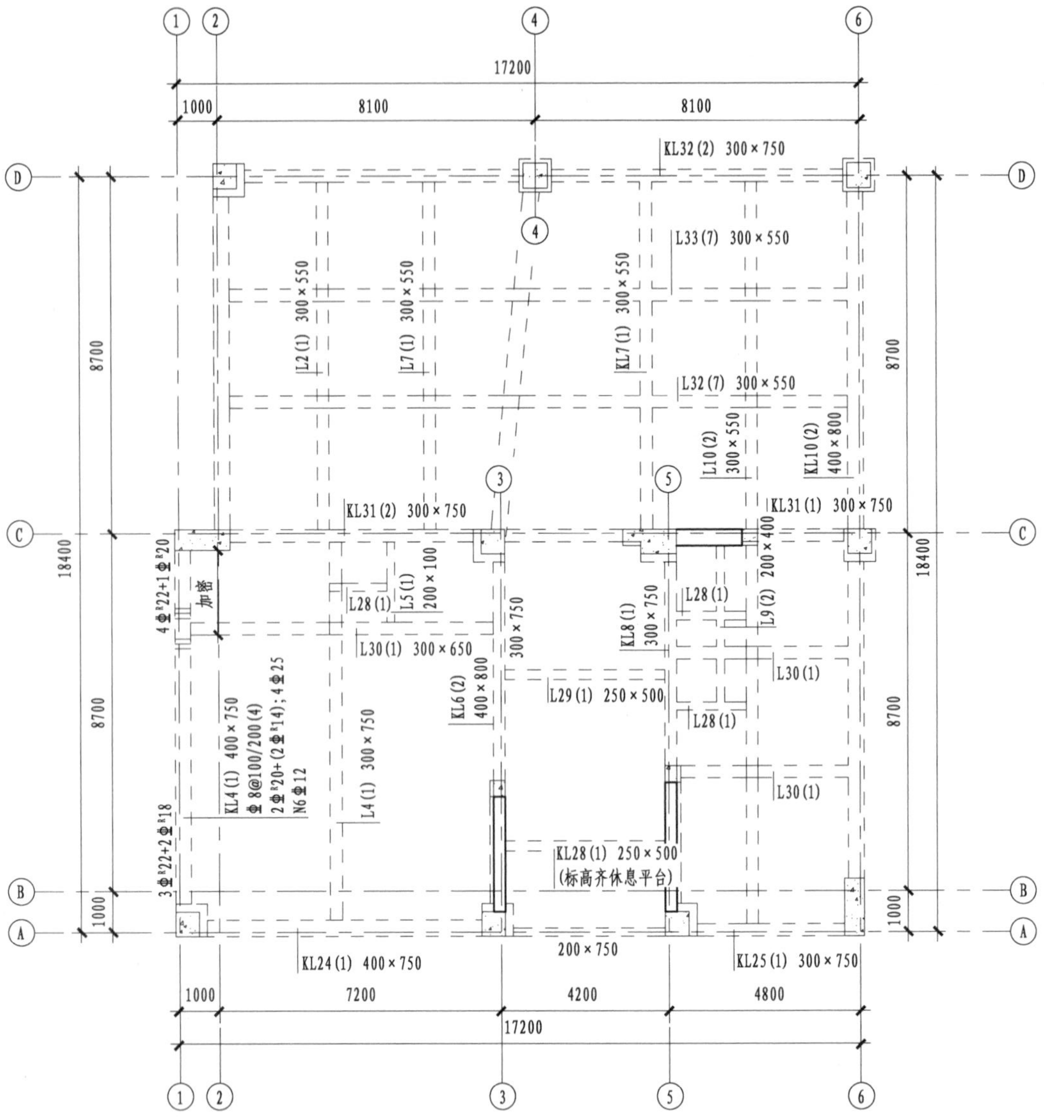

7.950 m/12.150 m梁平面图1:100

楼面梁附注:
1.未定位的梁为齐柱边或轴线居中。
2.图中未标注的吊筋为2⌀20。
3.除注明外梁附加箍筋直径同梁箍筋。
4.除注明外梁箍筋加密区为1.5h_b。

实训案例			B10_GJ_STR 二层框架剪力墙结构图	
班　级	×××	7.950 m/12.150 m梁板平面图	图号	A04
学　生	×××		图别	结施
指导教师	×××		日期	22/01/01

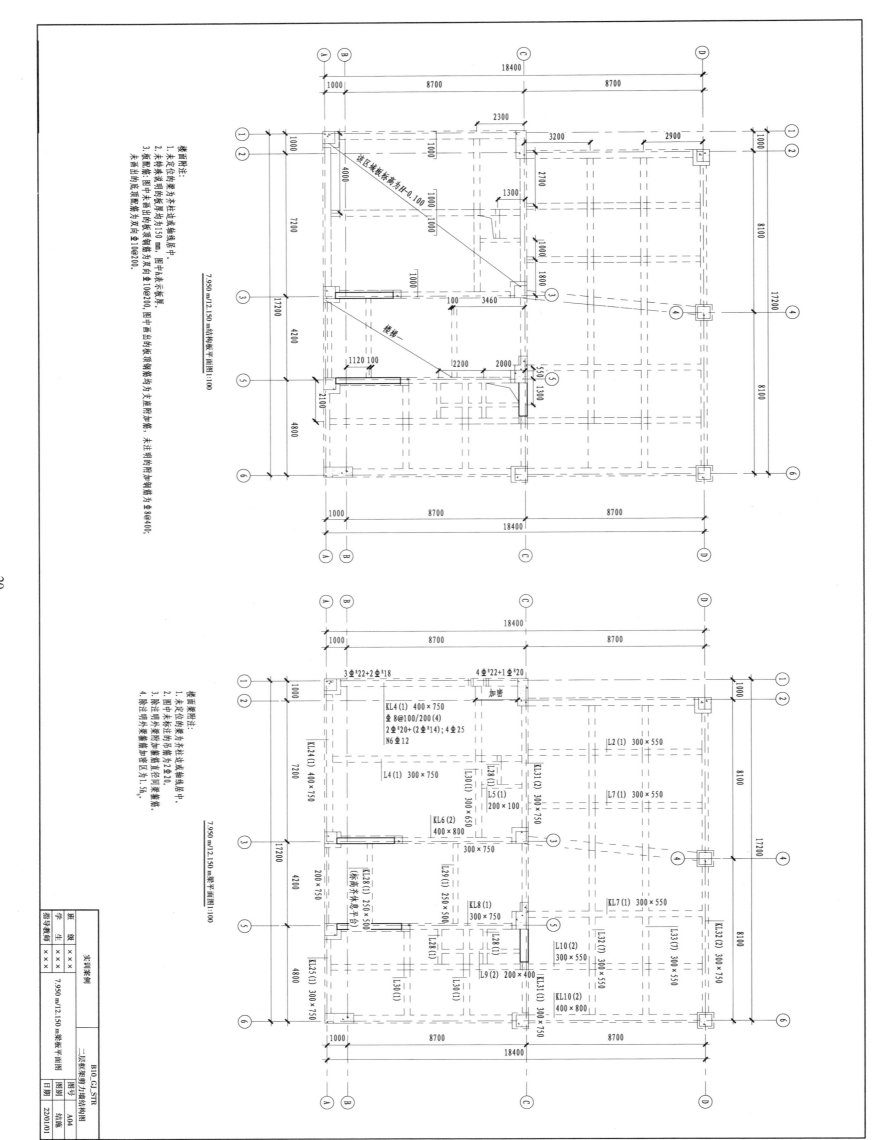

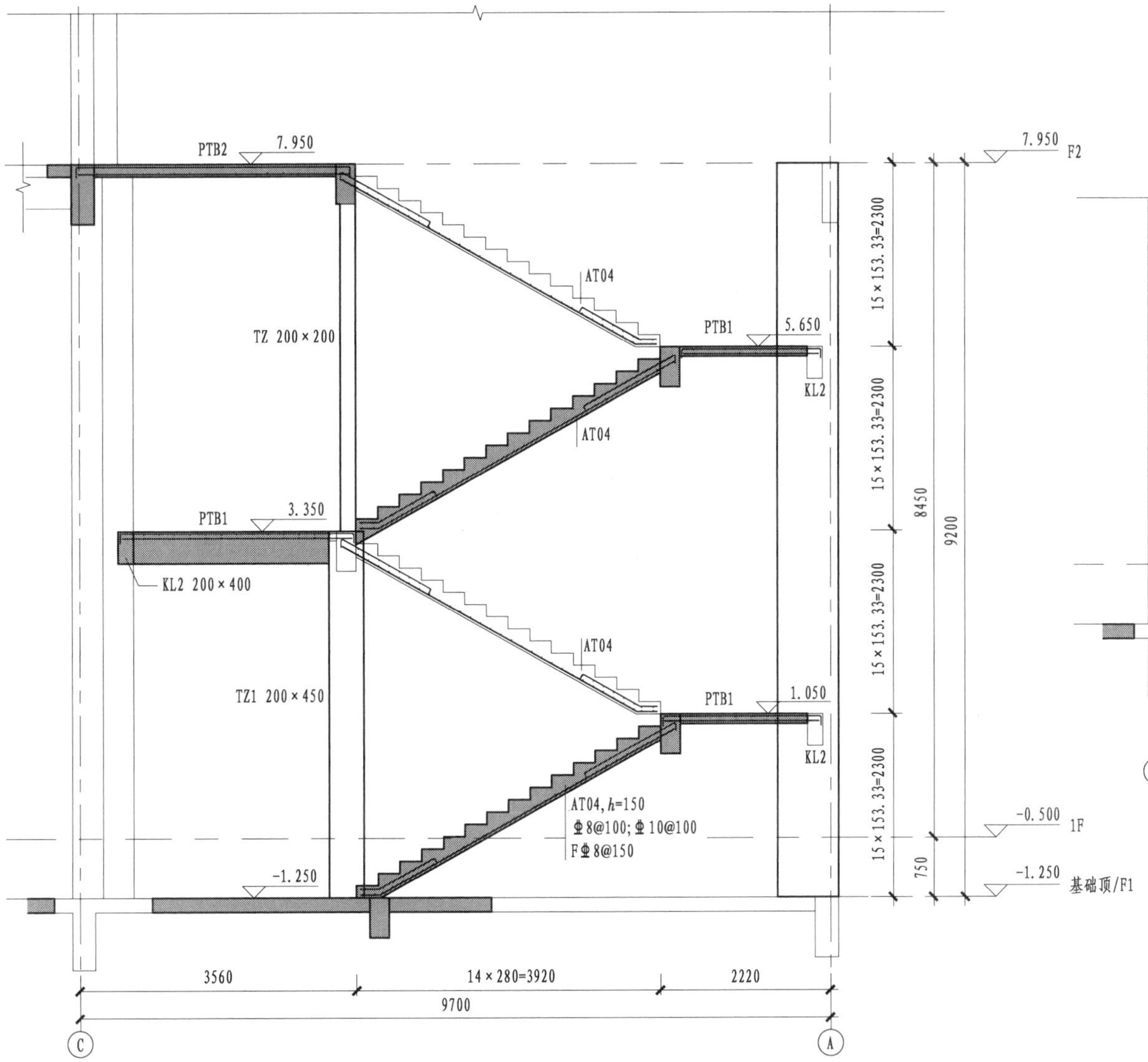

楼梯—施工图1:50

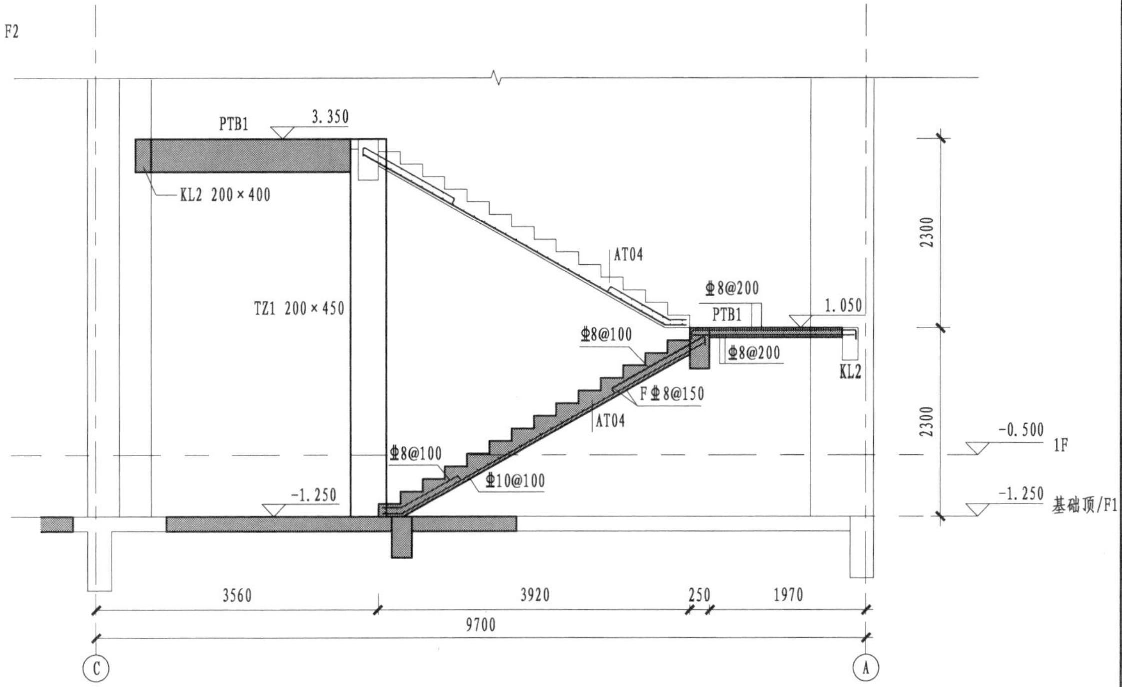

楼梯—梯板配筋构造1:50

楼梯附注：
1. 图中未标明的结构构件详见各层结构施工图且最终定位以本图所示为准。
2. 在任意平台以上对应梯柱位置应设置构造柱(GZ) 连接平台和上层框架梁。
3. PTB1板厚120 mm，配筋为双层双向⌀8@200，PTB2同相应楼板，PTB3板厚150 mm，配筋为双层双向⌀8@150。

实训案例		B10_GJ_STR 二层框架剪力墙结构图	
班　级	×××	图号	A05
学　生	×××	图别	结施
指导教师	×××	日期	22/01/01
	楼梯大样		

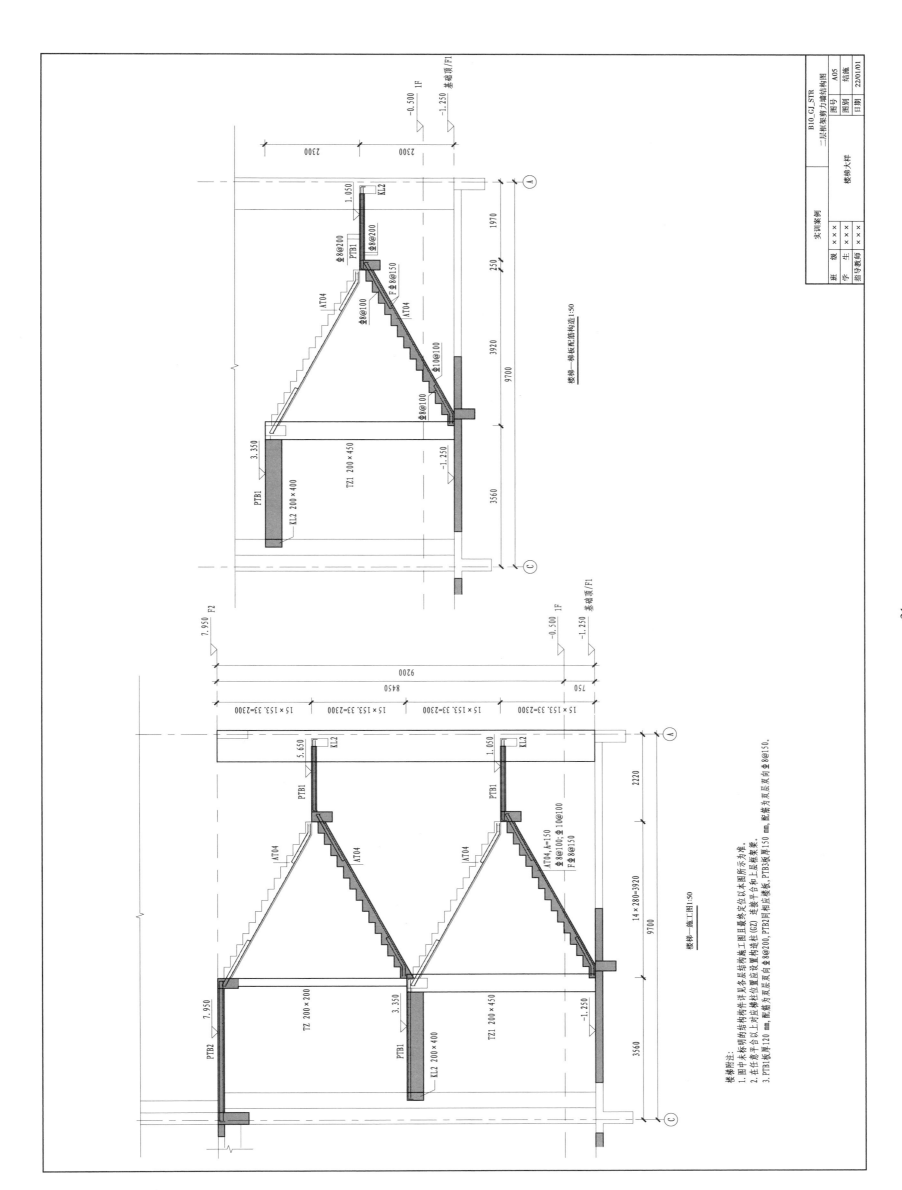

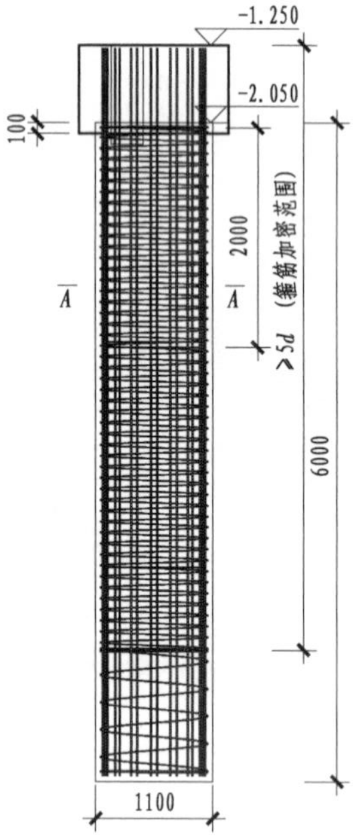

ZH1102 1:50

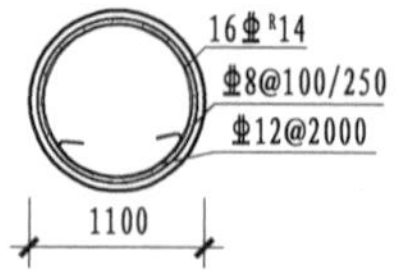

A—A 1:50

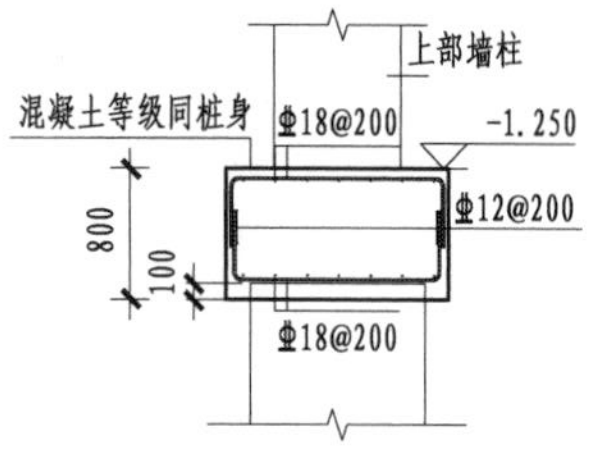

CT08 1:50

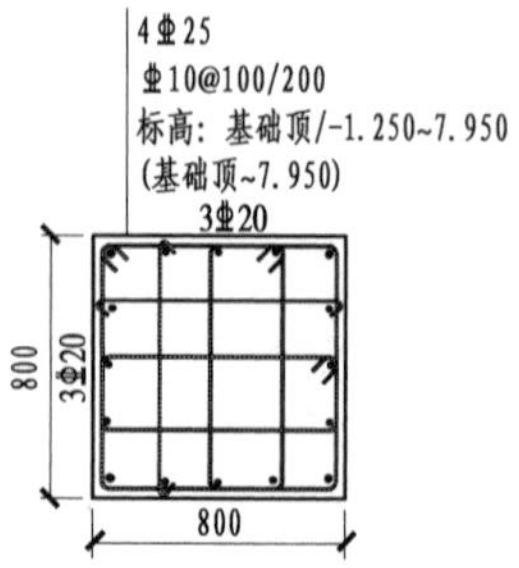

KZ01 1:25

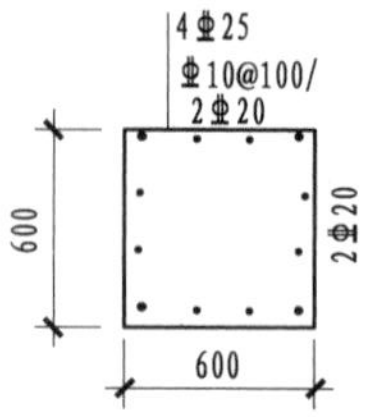

KZ01d纵筋信息 1:25

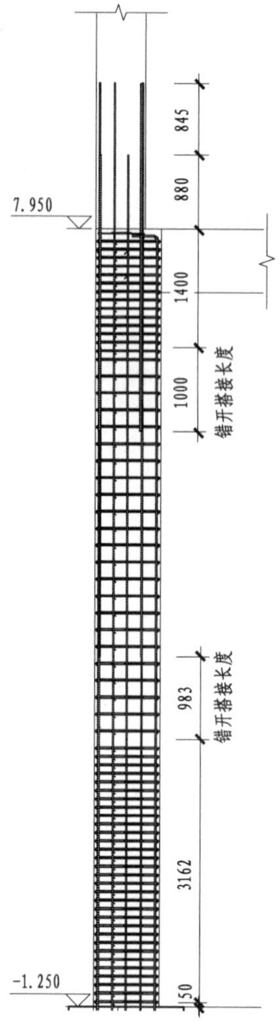

KZ01剖面 1:50

结构柱明细表

类型	底部标高	混凝土强度等级	体积/m³
GZ_200×200	基础顶/F1	C30	0.33
TZ_200×450	基础顶/F1	C30	0.83
混凝土L形柱-1349×800×900×400	基础顶/F1	C40	8.28
混凝土矩形柱-400×400	基础顶/F1	C40	4.41
混凝土矩形柱-800×800	基础顶/F1	C40	35.33
混凝土矩形柱-800×800	基础顶/F1	C40	11.78
混凝土矩形柱-1400×500	基础顶/F1	C40	12.88
混凝土L形柱- 1349×600×899×300	F2	C40	2.84
混凝土矩形柱-400×300	F2	C40	1.51
混凝土矩形柱-600×600	F2	C40	9.07
混凝土矩形柱-600×600	F2	C40	3.02
混凝土矩形柱-1400×500	F2	C40	5.88
总计: 32			96.16

钢筋明细表

类型	钢筋长度/mm	数量/根	钢筋体积/m³
8 HRB400	297156	642	76572.49
10 HRB400	116451	495	137573.86
12 HRB400	54911	13	10045.59
14 HRB500	109226	18	17318.97
18 HRB400	8446	28	15044.88
20 HRB400	133346	28	41891.81
20 HRB500	3542	1	1112.90
22 HRB500	19842	7	13613.89
25 HRB400	50809	11	24940.86
25 HRB500	10293	4	20211.08
总计:158	804023	1247	358326.34

实训案例			B10_GJ_STR 二层框架剪力墙结构图	
班　级	×××	配筋大样图	图号	A06
学　生	×××		图别	结施
指导教师	×××		日期	22/01/01

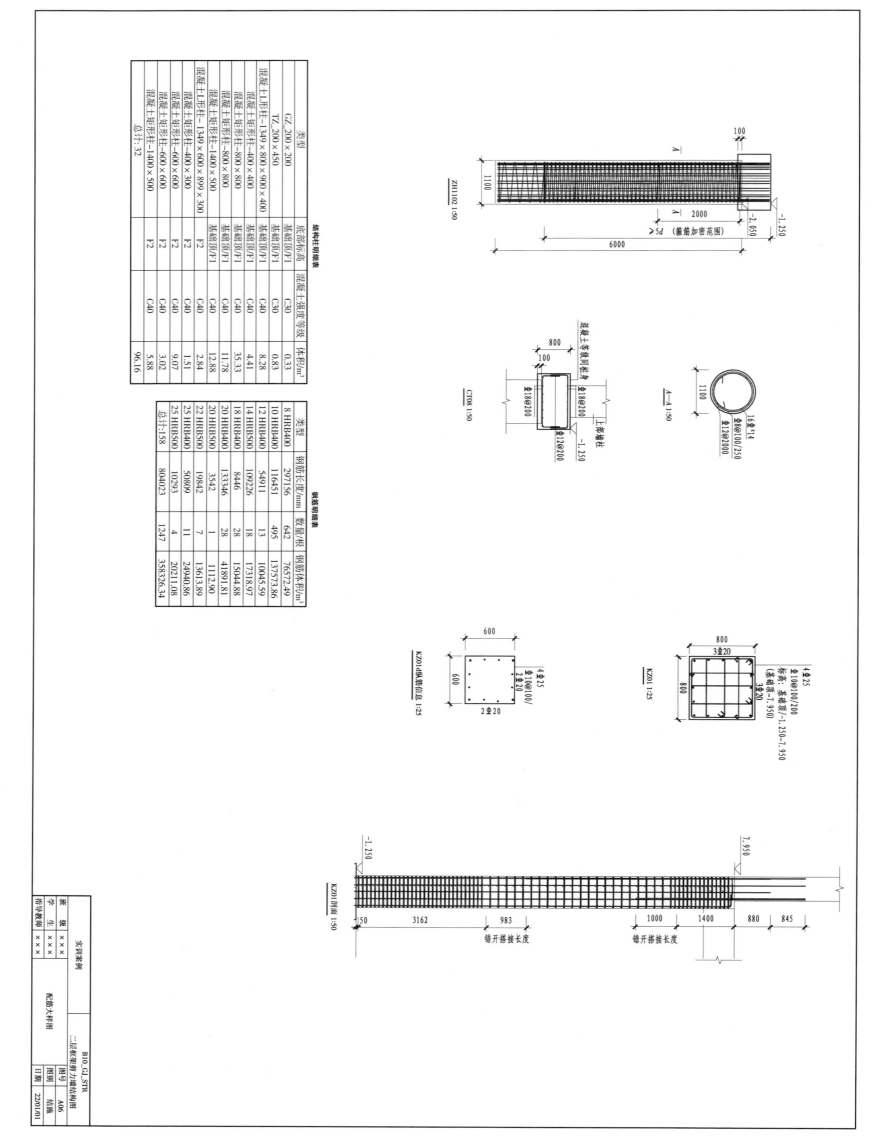

附件 3.2.11 B11_GJ_MEP_一层照明图纸

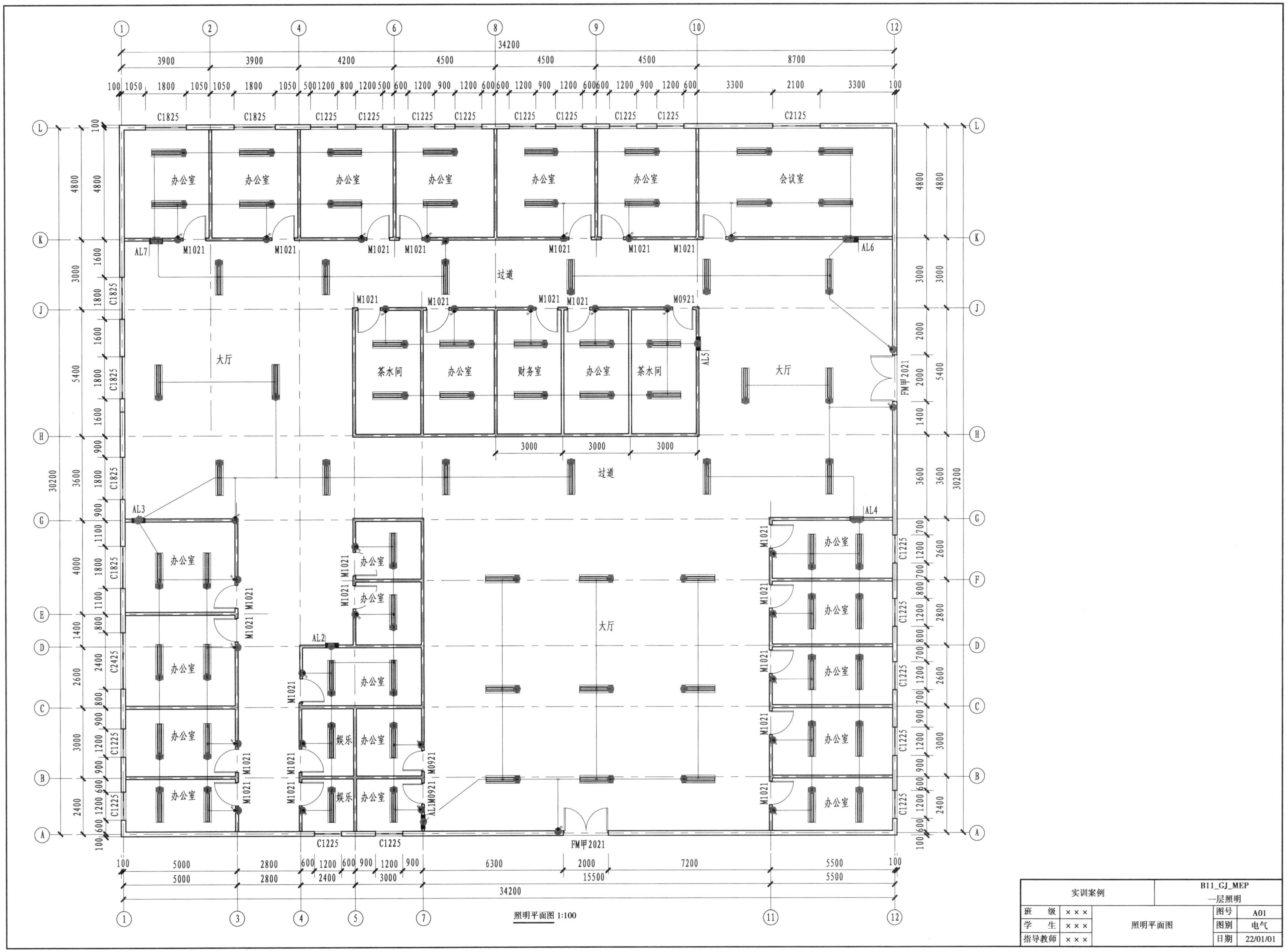

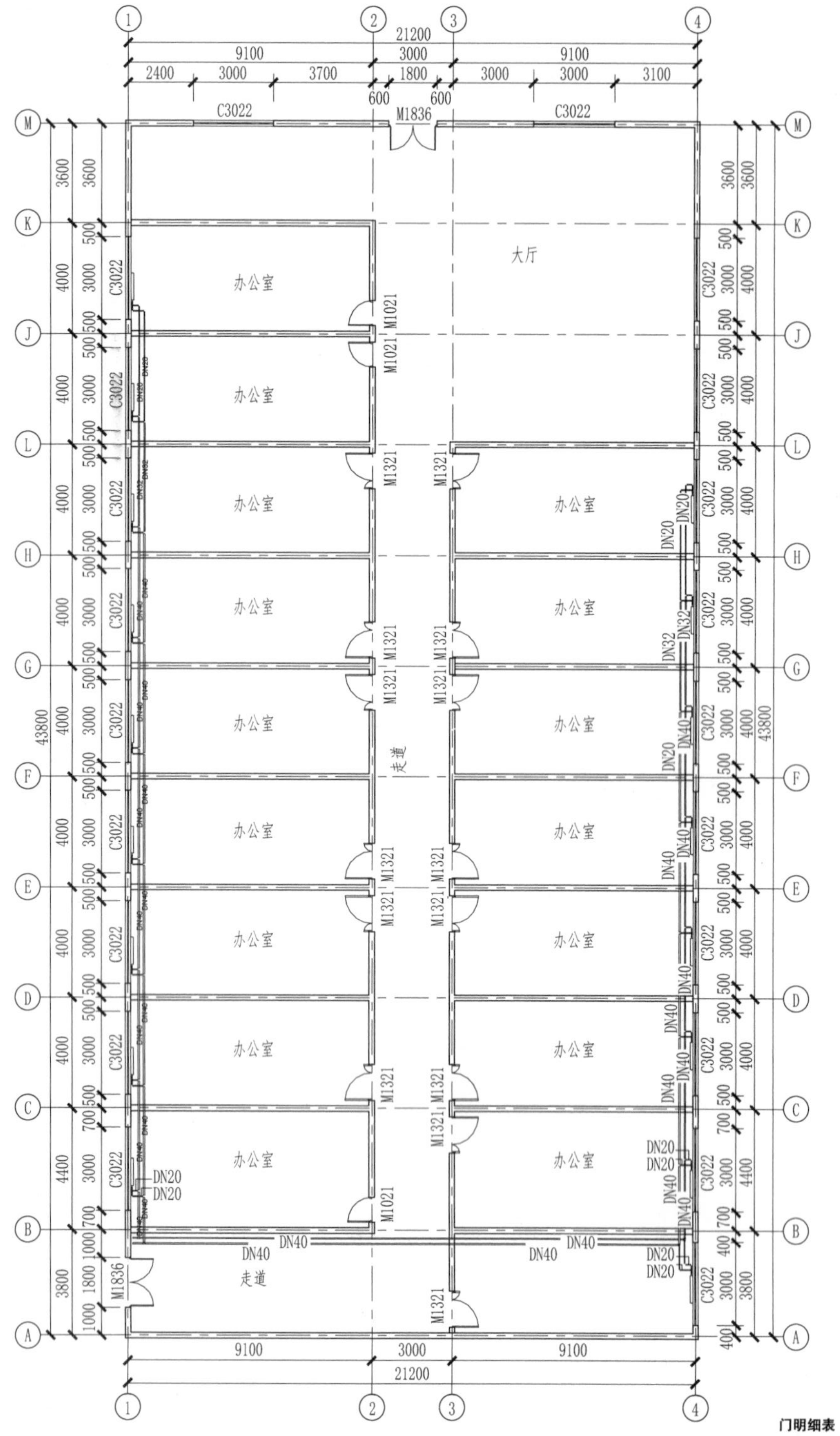

暖通平面图 1:100

门明细表

类型标记	宽度/mm	高度/mm	合计
M1021	1000	2100	3
M1321	1300	2100	14
M1836	1800	3600	2

窗明细表

类型标记	宽度/mm	高度/mm	底高度/mm	合计
C3022	3000	2200	900	21

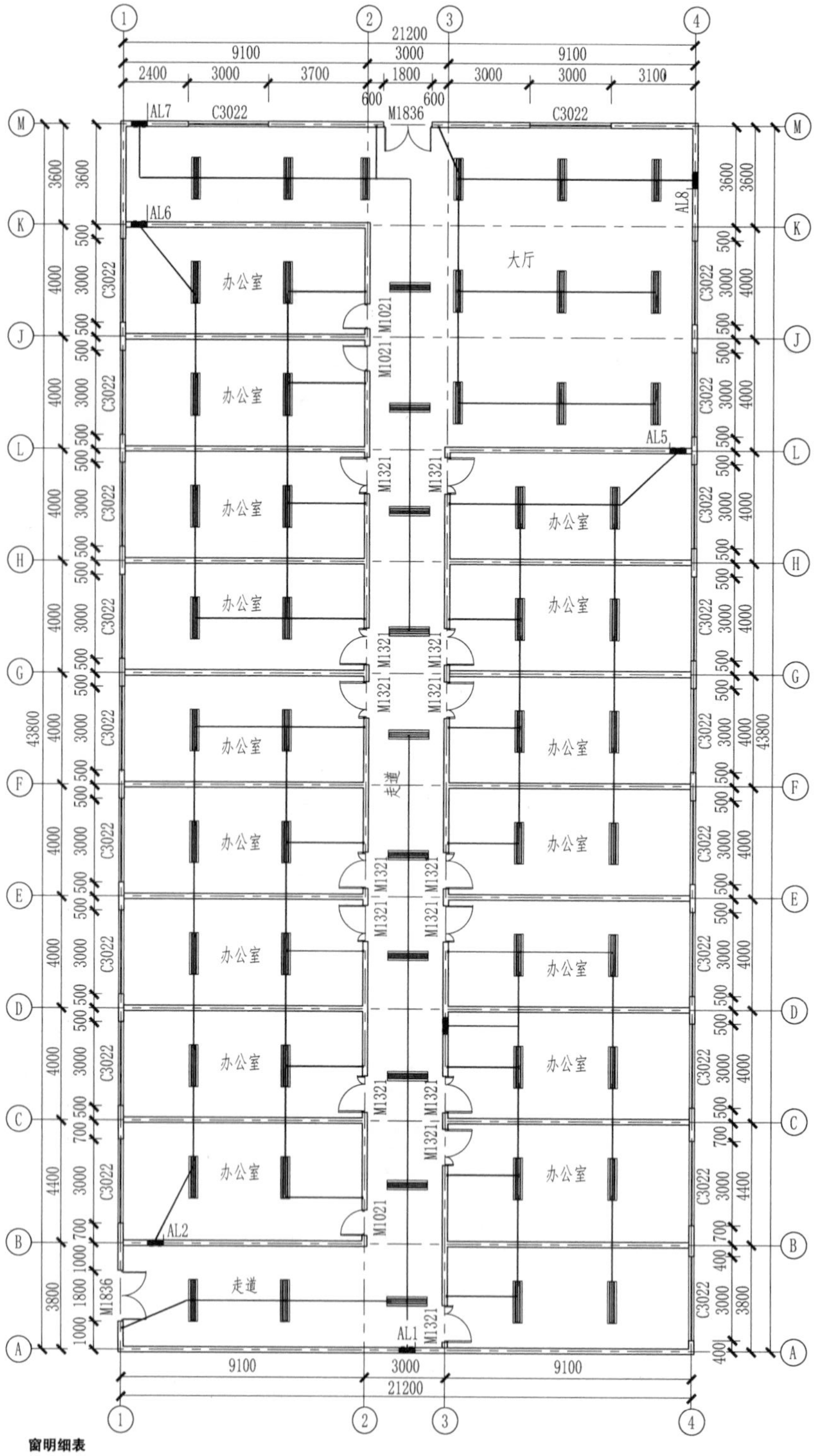

电气平面图 1:100

实训案例		B12_GJ_MEP 一层照明、暖通图		
班　级	×××	暖通、电气平面图	图号	A01
学　生	×××		图别	设备
指导教师	×××		日期	22/01/01

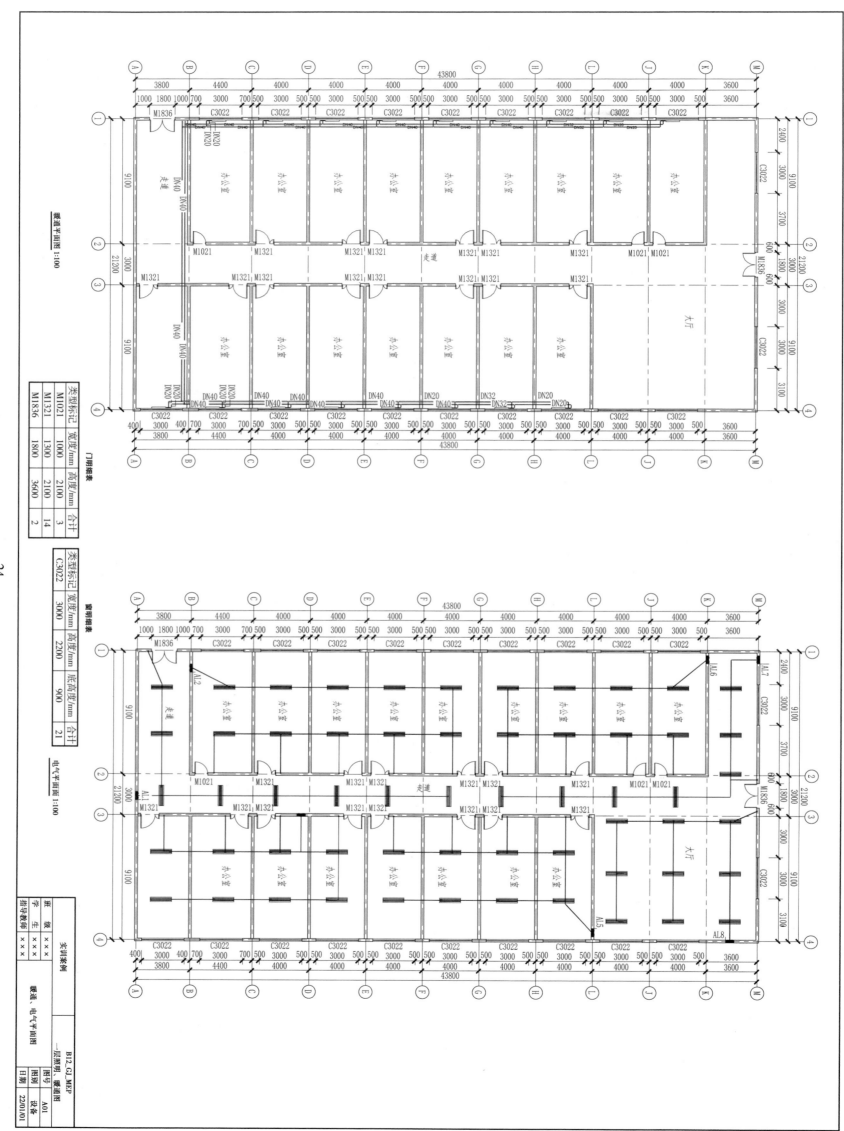

附件 3.2.13　B13_GJ_MEP_一层暖通图纸

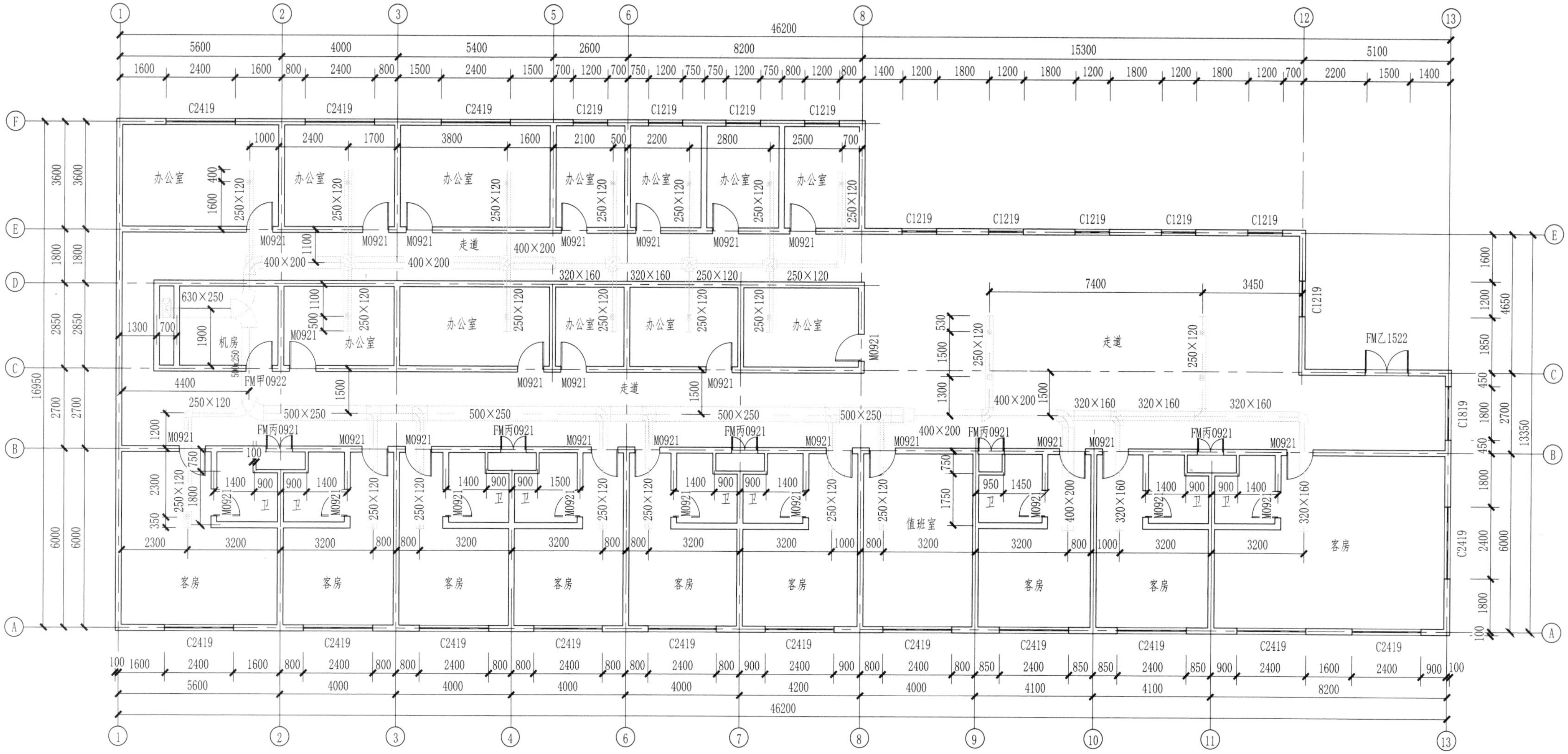

暖通平面图 1:100

窗明细表

类型标记	宽度/mm	高度/mm	底高度/mm	合计
C1219	1200	1900	900	10
C1819	1800	1900	900	1
C2419	2400	1900	900	15

门明细表

类型标记	宽度/mm	高度/mm	合计
FM丙0921	900	2100	5
FM乙1522	1500	2200	1
FM甲0922	900	2200	1
M0921	900	2100	31

实训案例			B13_GJ_MEP 一层暖通	
班　级	×××	暖通平面图	图号	A01
学　生	×××		图别	设备
指导教师	×××		日期	22/01/01

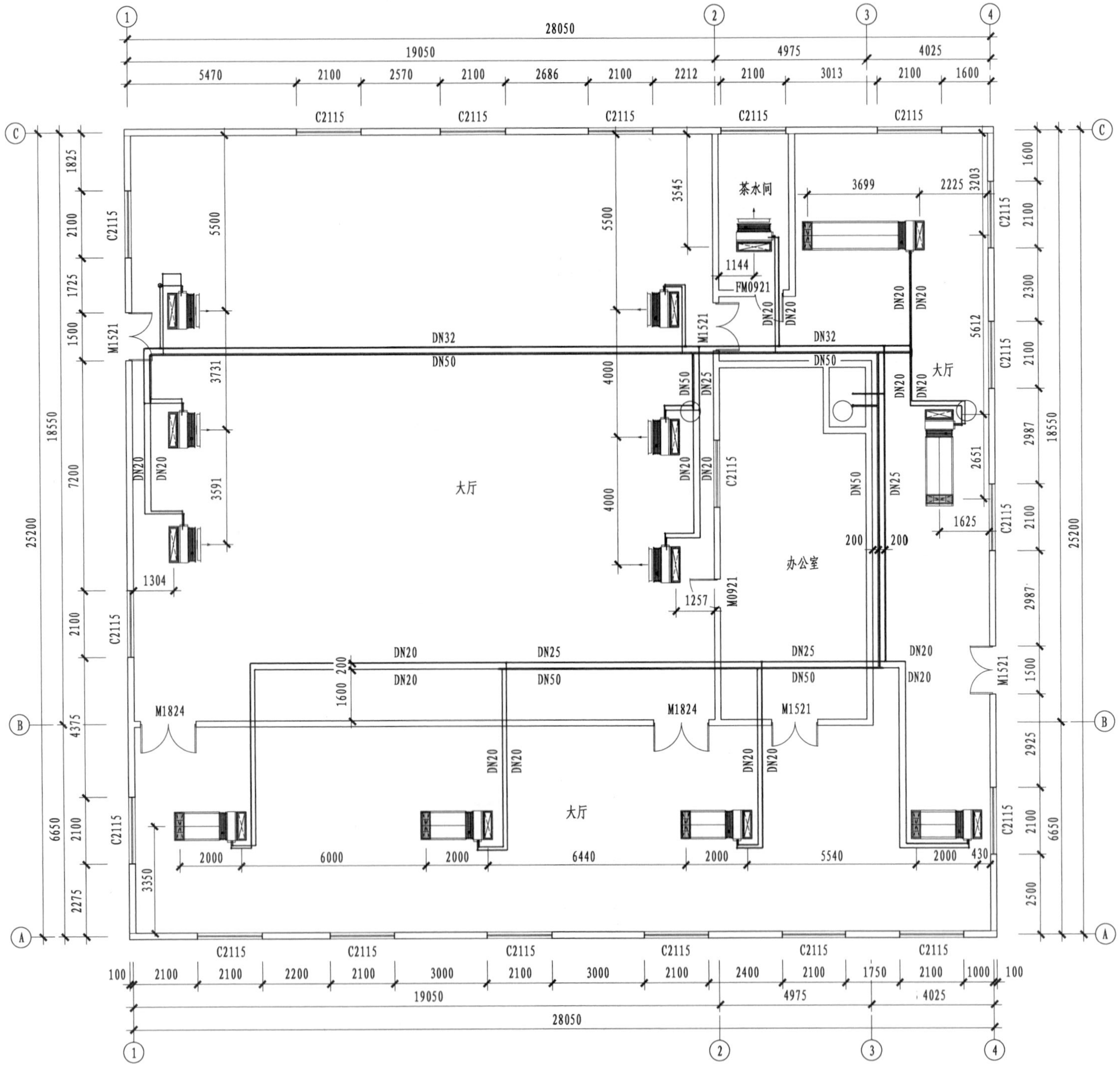

空调水平面图 1:100

实训案例		B14_GJ_MEP 一层空调水		
班　级	×××	空调水平面图	图号	A01
学　生	×××		图别	设备
指导教师	×××		日期	04/28/21

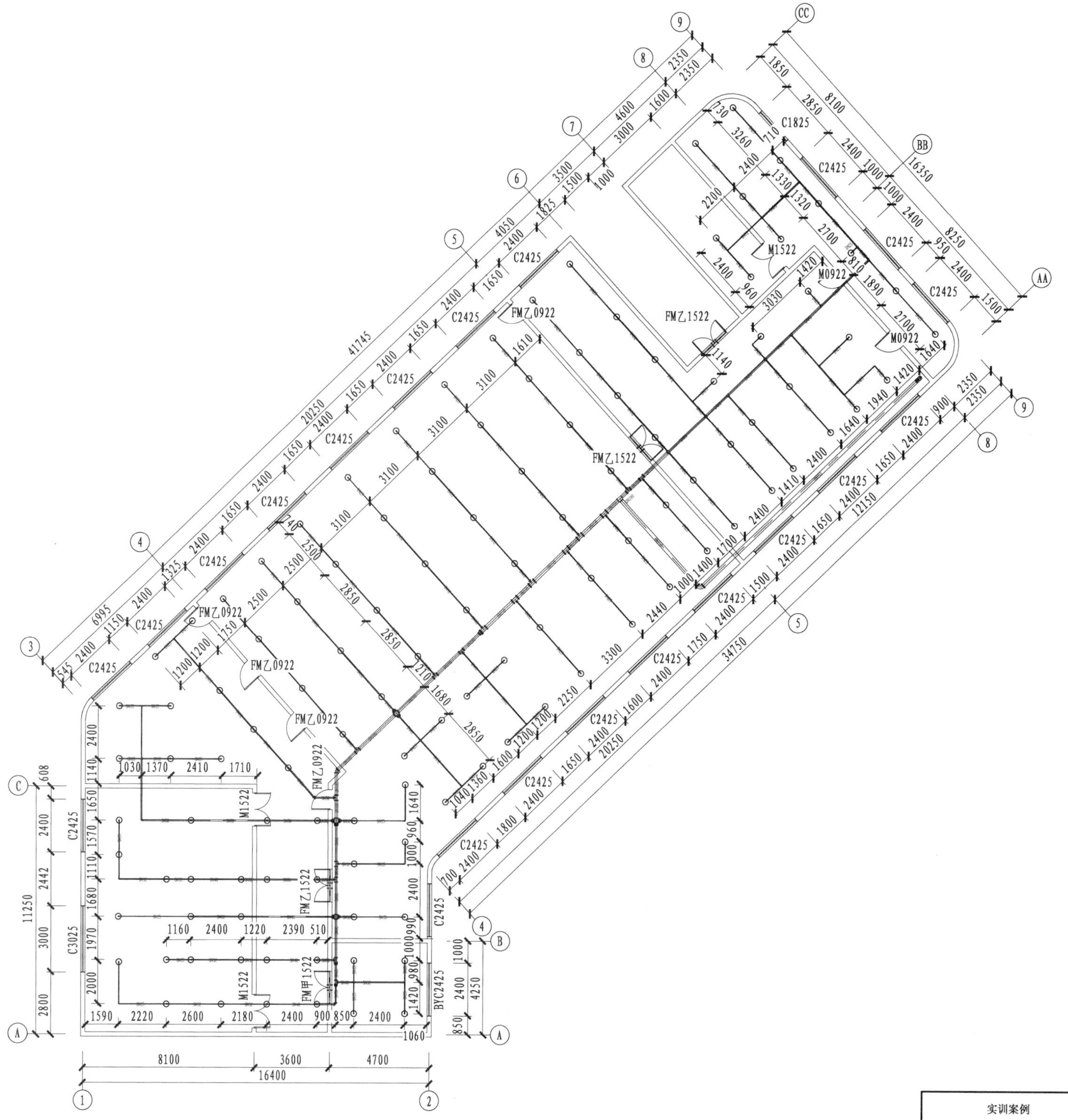

喷淋平面图 1:100

实训案例			B15_GJ_MEP 一层喷淋	
班　级	×××	喷淋平面图	图号	A01
学　生	×××		图别	设备
指导教师	×××		日期	04/28/21

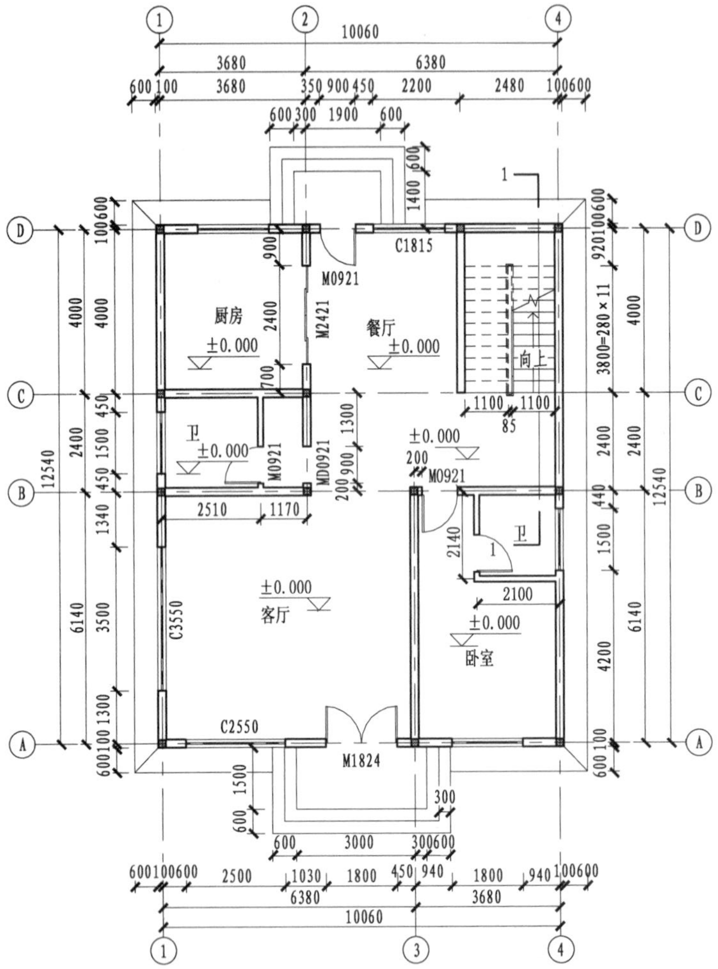

一层平面图1:100

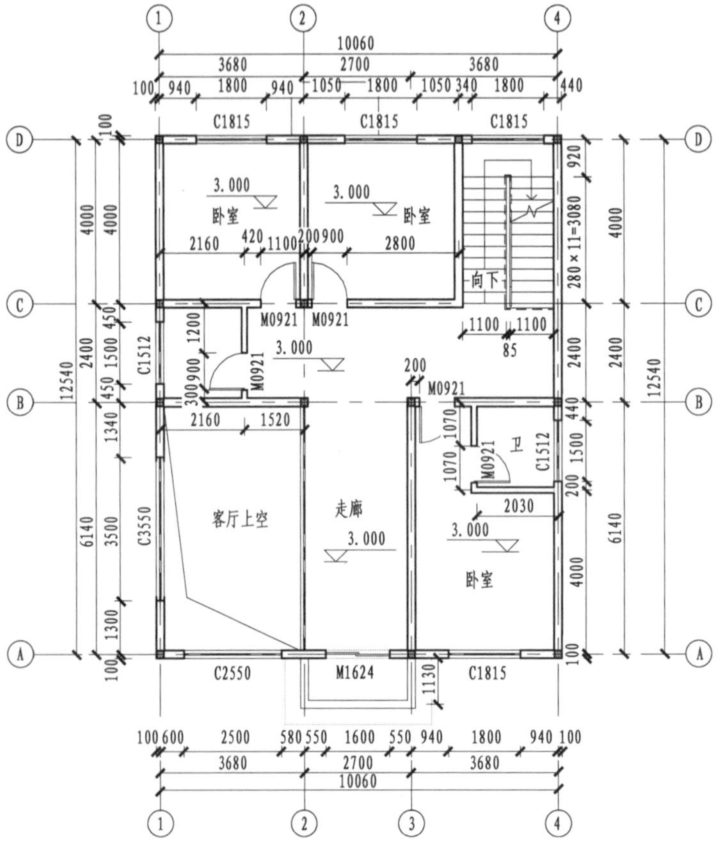

二层平面图1:100

门表

类型标记	宽度/mm	高度/mm	族
M0921	900	2100	单嵌板玻璃门1
M0921	900	2100	单扇-与墙齐
M1624	1600	2400	双扇推拉门2
M1824	1800	2400	双面嵌板镶玻璃门6
M2421	2400	2100	四扇推拉门2
MD0921	900	2100	门洞-椭圆拱

窗表

类型标记	宽度/mm	高度/mm	族
C1512	1500	1200	推拉窗6
C1815	1800	1500	推拉窗6
C2550	2500	5000	木格平开窗2
C3550	3500	5000	木格平开窗2

实训案例			A1_ZH_AR_3F 带玻璃斜窗屋顶住宅	
班　级	×××	一、二层平面图、门窗表	图号	J0-1
学　生	×××		图别	建施
指导教师	×××		日期	22/07/22

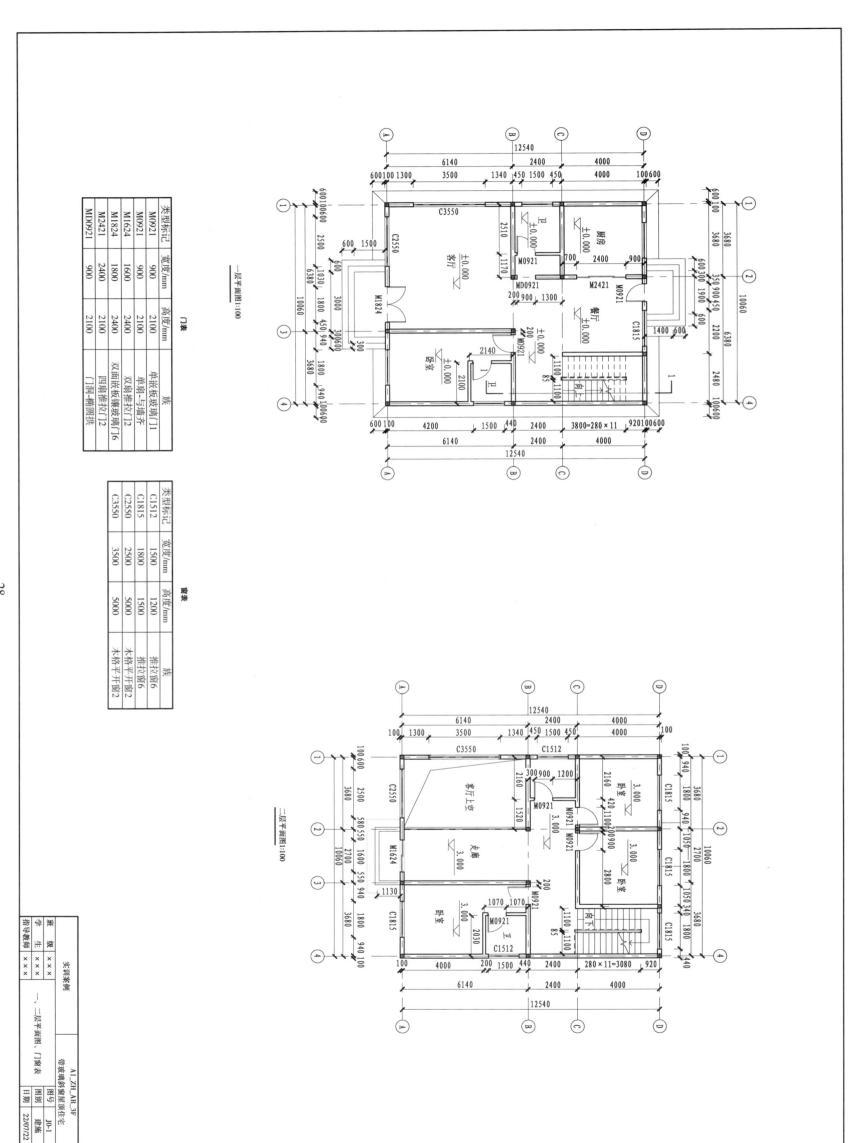

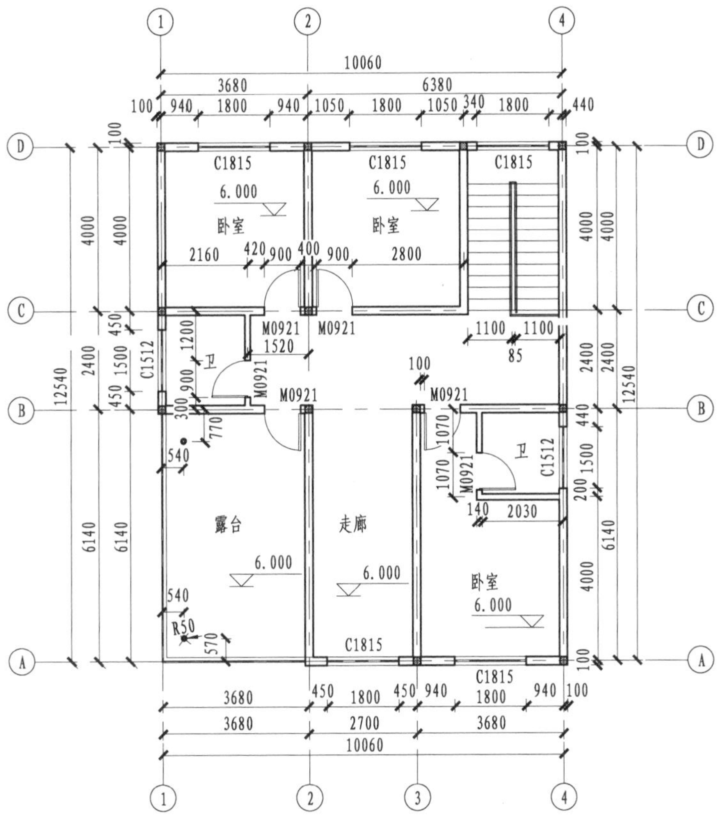

三层平面图 1:100

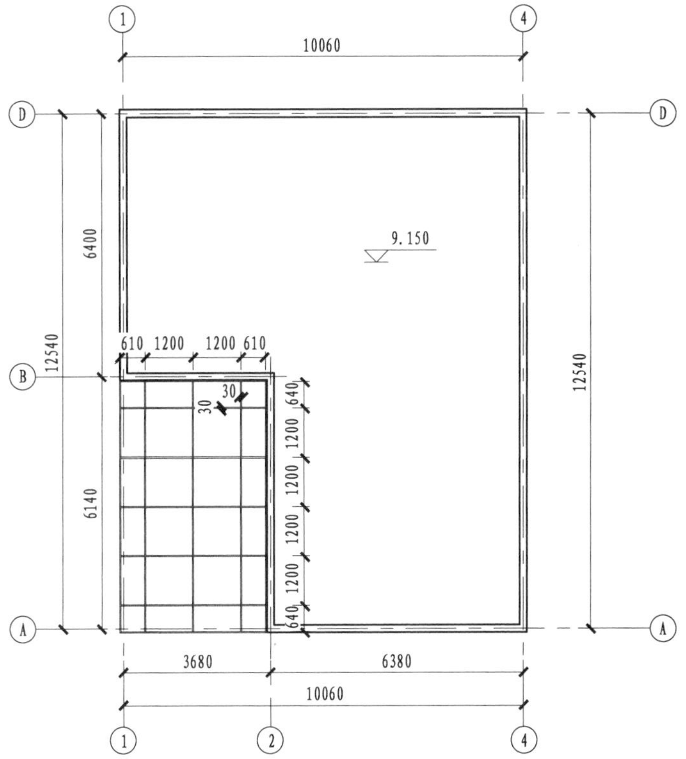

屋顶平面图 1:100

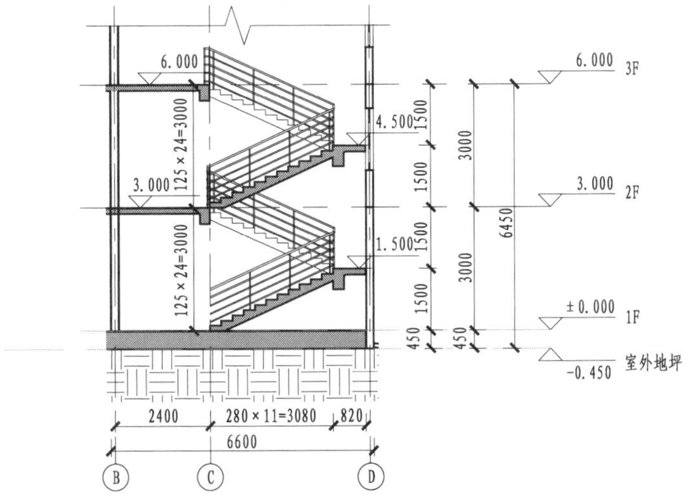

1—1楼梯剖面图 1:100

三维视图 1:1

实训案例			A1_ZH_AR_3F 带玻璃斜窗屋顶住宅	
班　级	×××	三层、屋顶平面图、楼梯剖面图	图号	J0-2
学　生	×××		图别	建施
指导教师	×××		日期	07/22/22

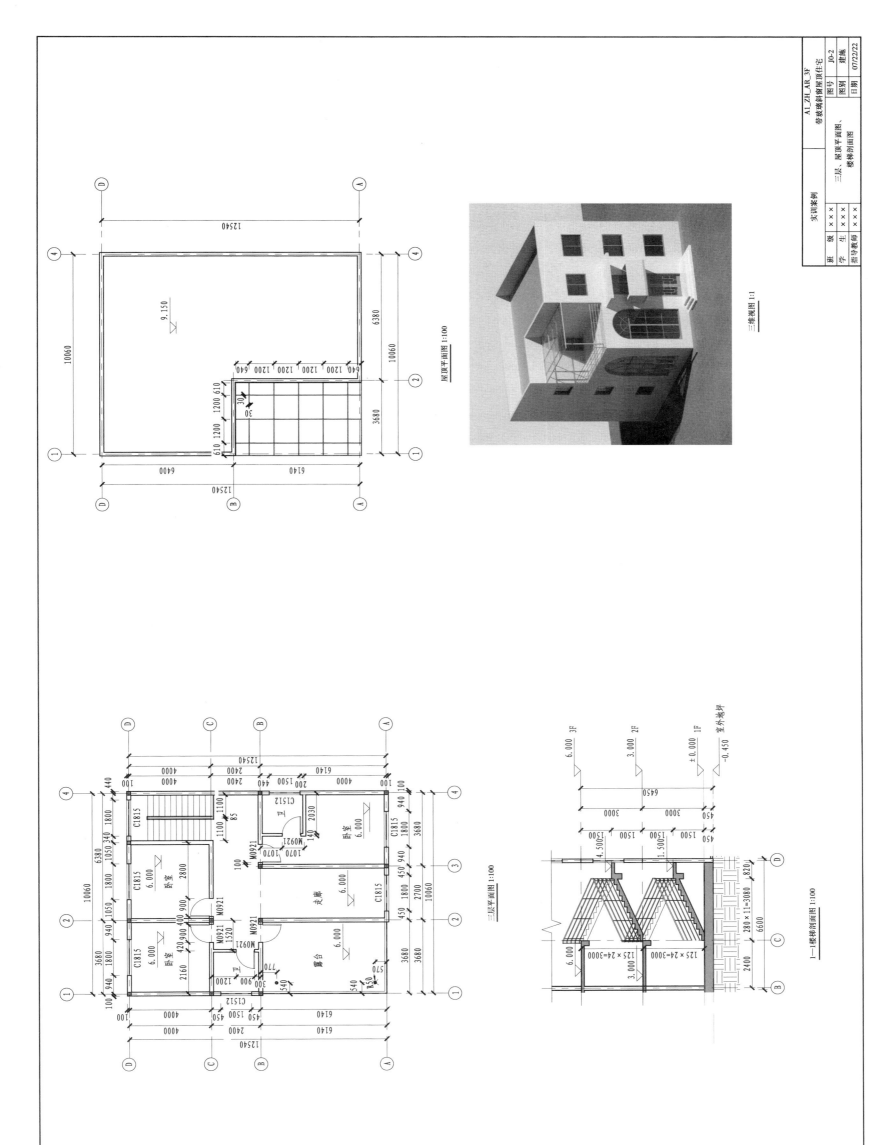

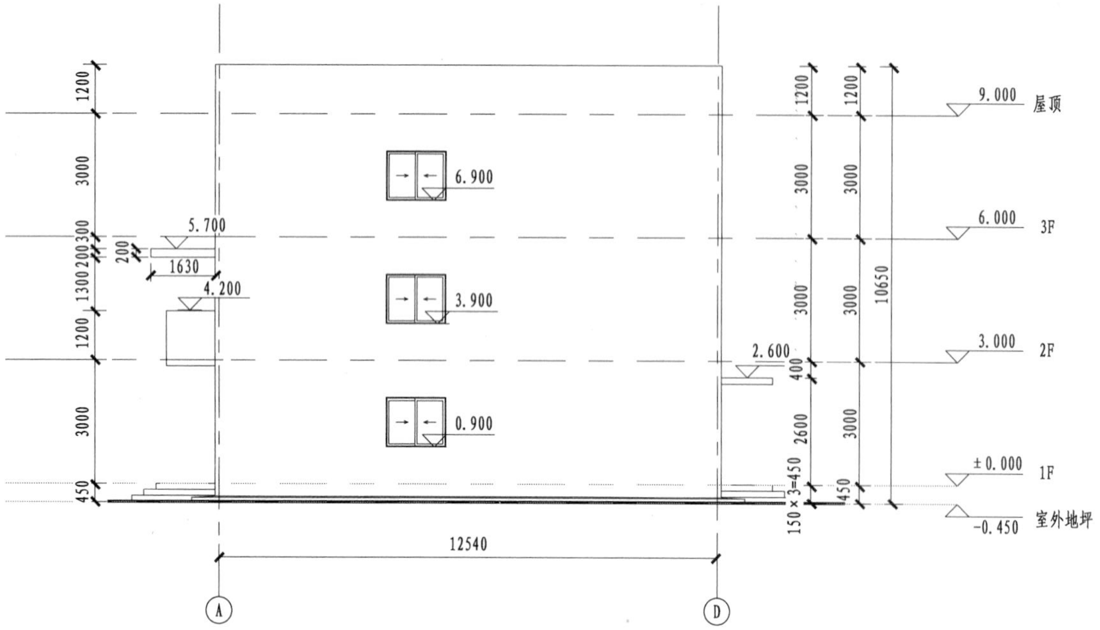

东立面图1:100

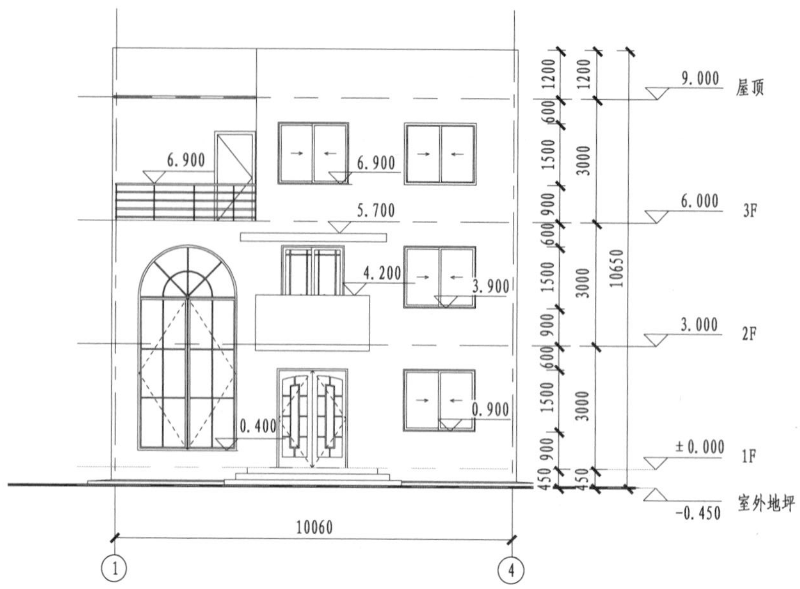

南立面图1:100

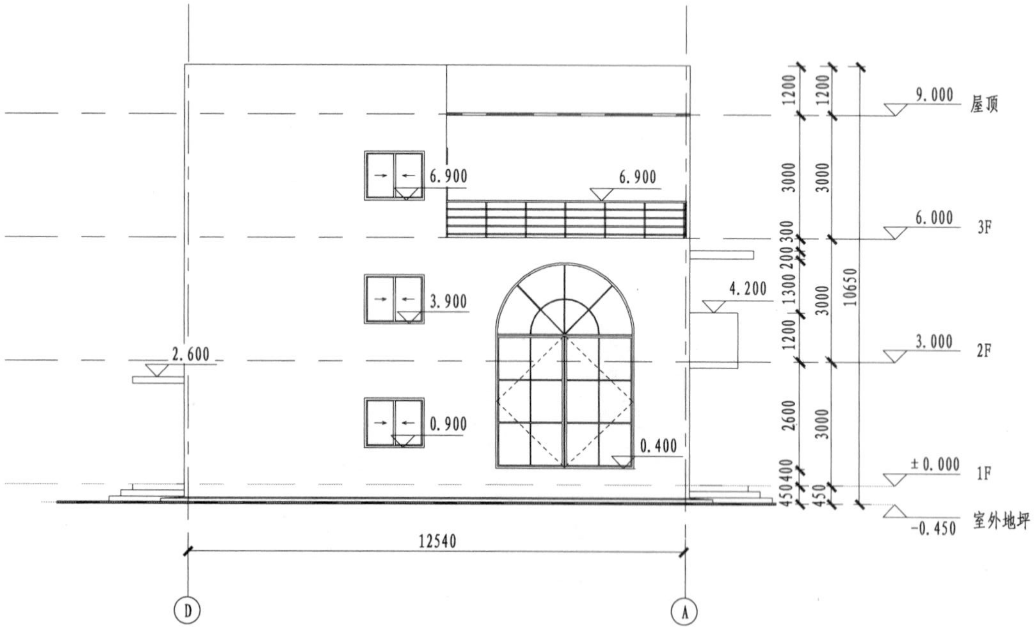

西立面图1:100

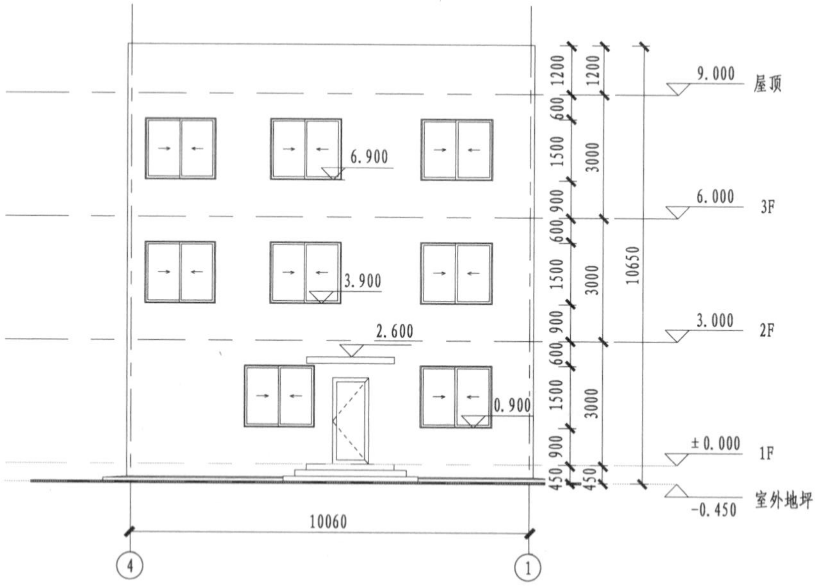

北立面图1:100

实训案例		A1_ZH_AR_3F 带玻璃斜窗屋顶住宅	
班　级	×××	立面出图	图号	J0-3
学　生	×××		图别	建施
指导教师	×××		日期	22/07/22

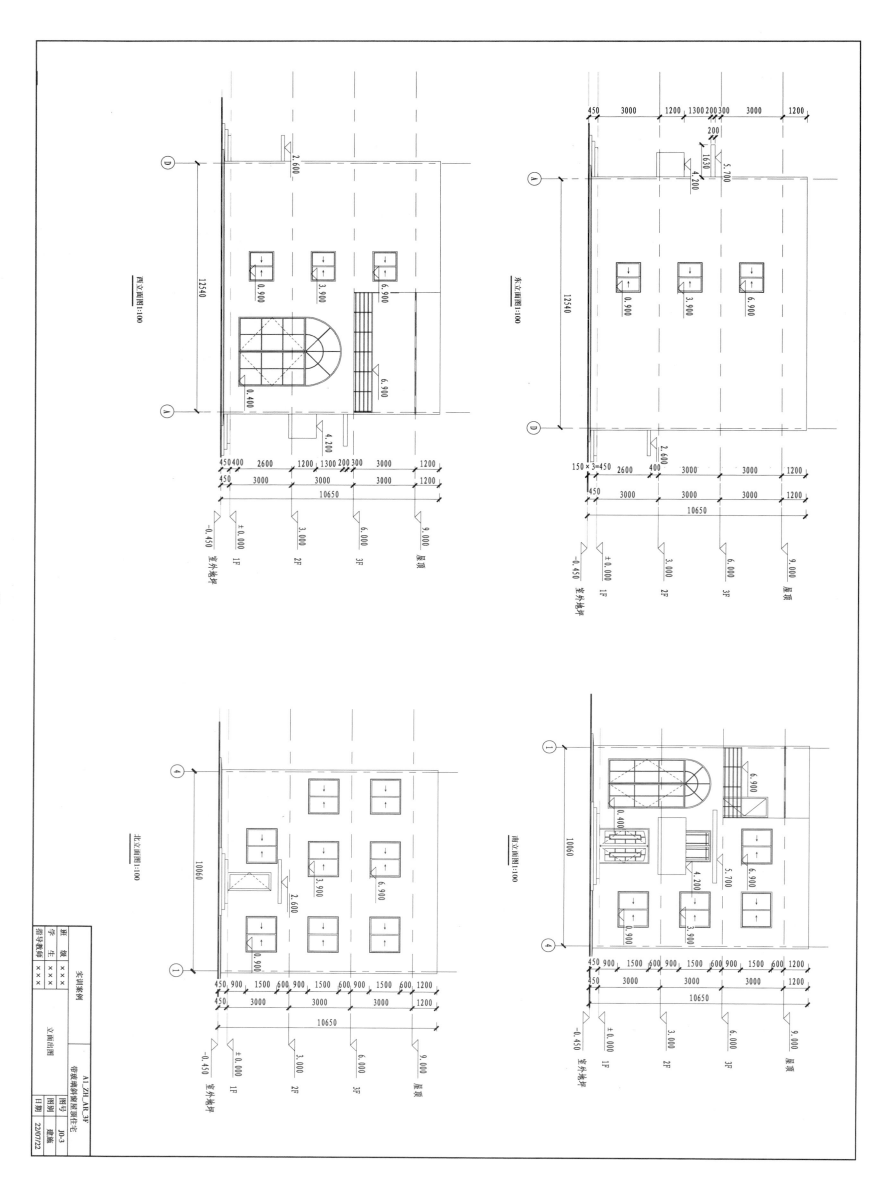

附件 4.1.2　A2_ZH_AR_3F_带双层露台平屋顶加坡屋顶住宅图纸

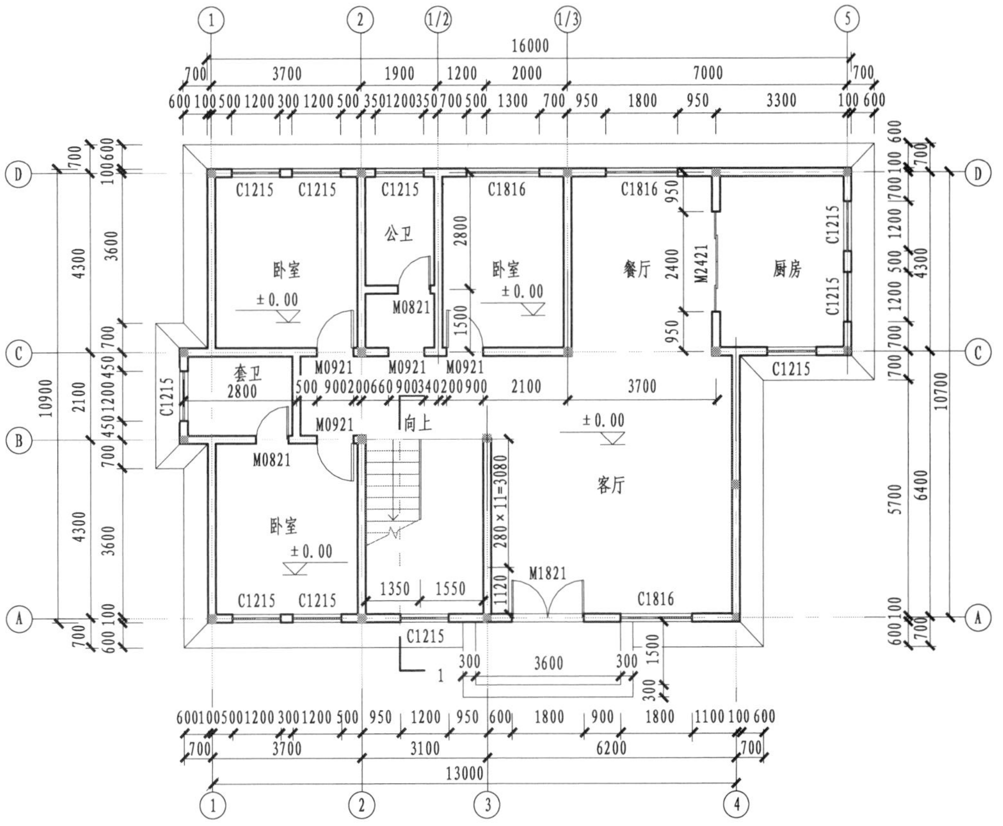

一层平面图1:100

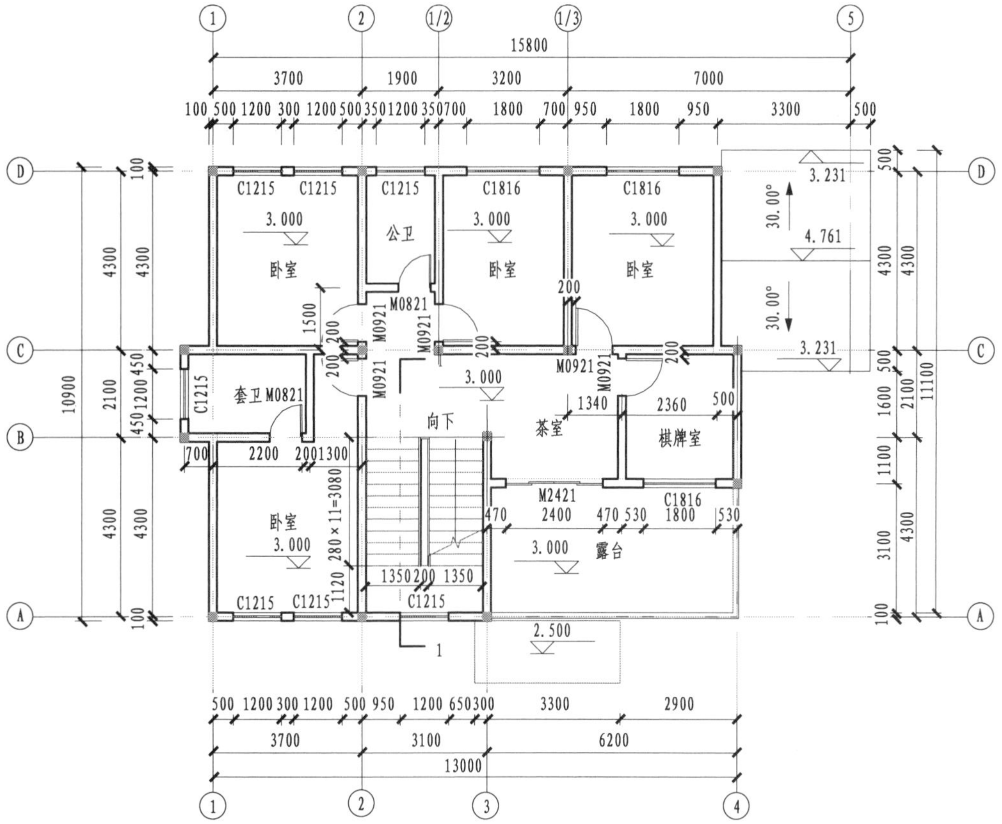

二层平面图1:100

三维视图1:1

门表

类型标记	宽度/mm	高度/mm	族
M0821	800	2100	单嵌板玻璃门1
M0921	900	2100	单扇-与墙齐
M0921	900	2100	门洞-椭圆拱
M1821	1800	2100	双面嵌板镶玻璃门5
M2421	2400	2100	四扇推拉门2

窗表

类型标记	宽度/mm	高度/mm	族
C1215	1200	1500	推拉窗6
C1816	1800	1600	推拉窗6

实训案例			A2_ZH_AR_3F 带双层露台住宅	
班　级	×××	一、二层平面图、门窗表	图号	A01
学　生	×××		图别	建施
指导教师	×××		日期	22/07/06

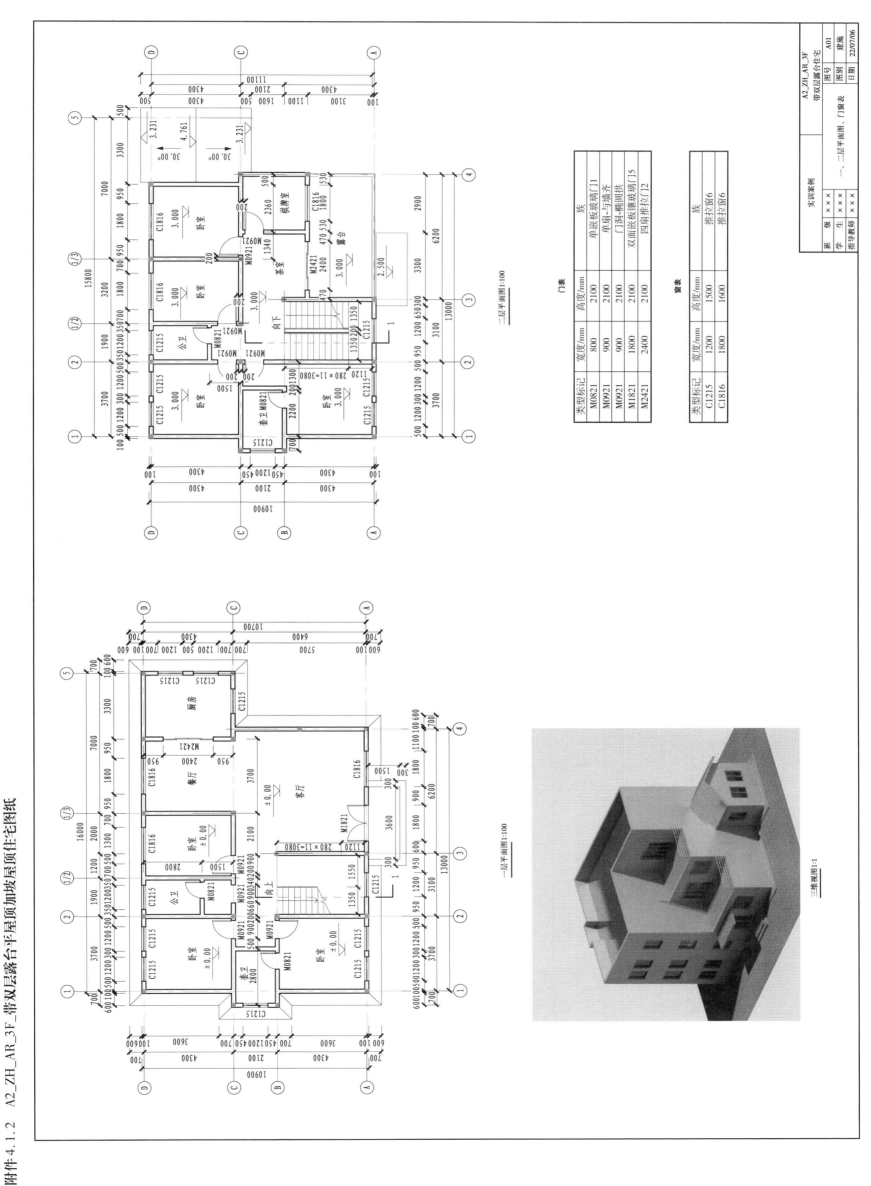

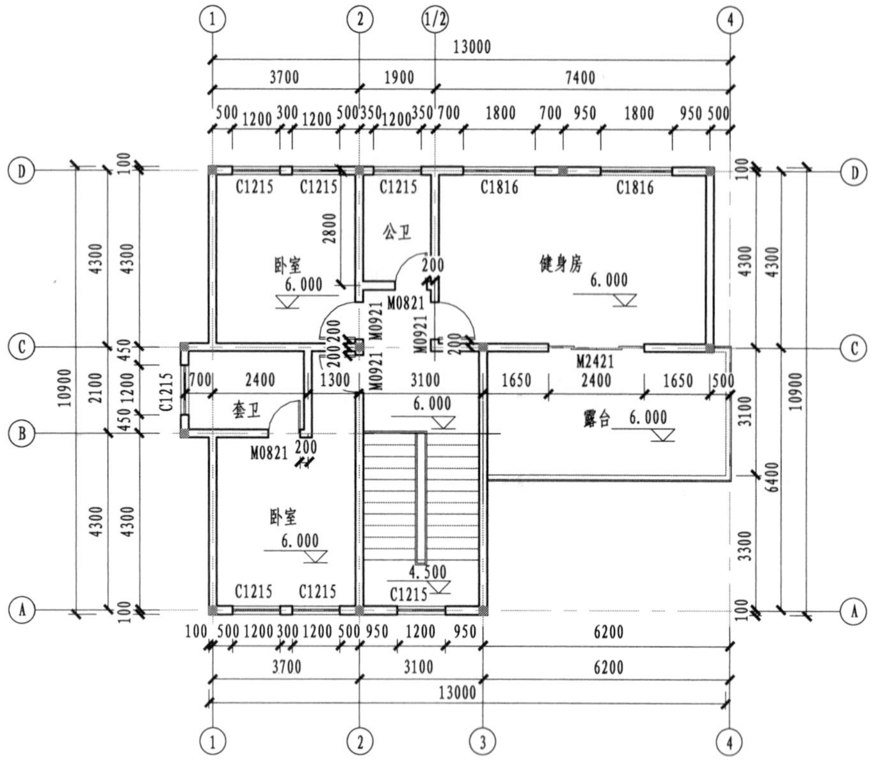

三层平面图1:100

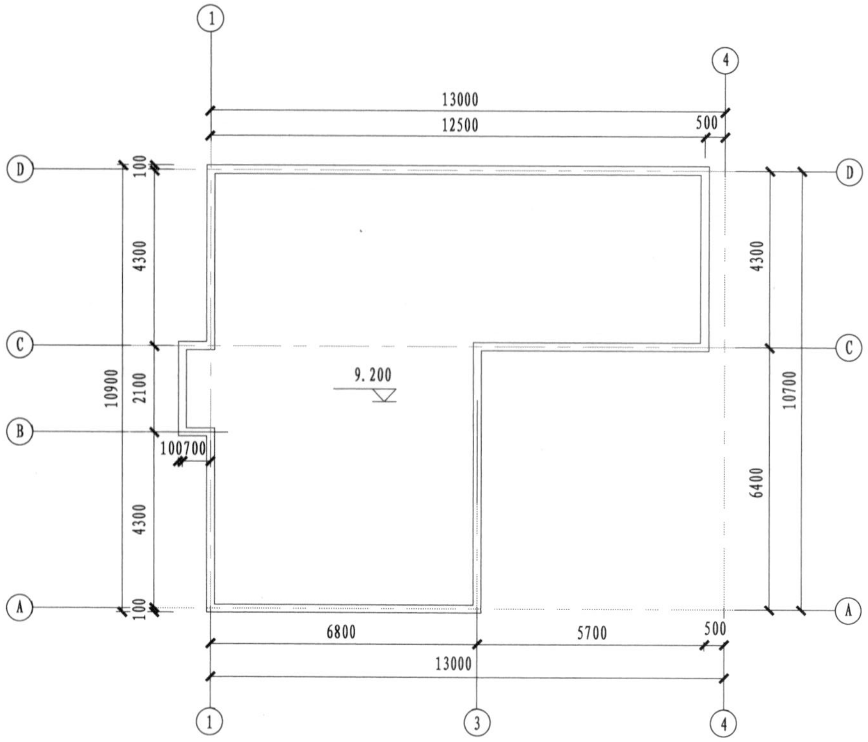

屋顶平面图1:100

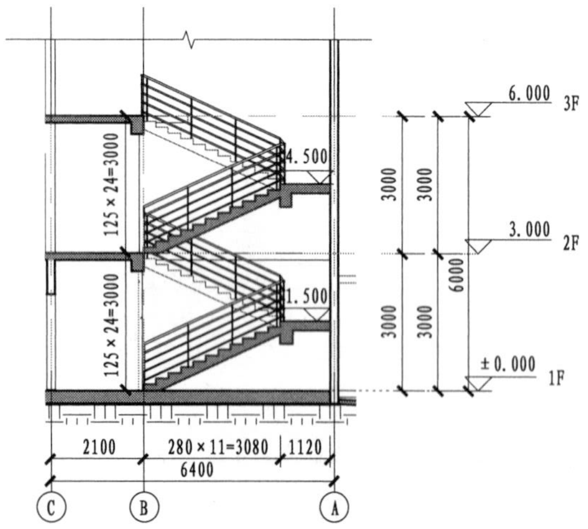

1—1剖面图1:100

实训案例			A2_ZH_AR_3F 带双层露台住宅	
班　级	×××	三层、屋顶平面图、楼梯剖面图	图号	A02
学　生	×××		图别	建施
指导教师	×××		日期	07/26/22

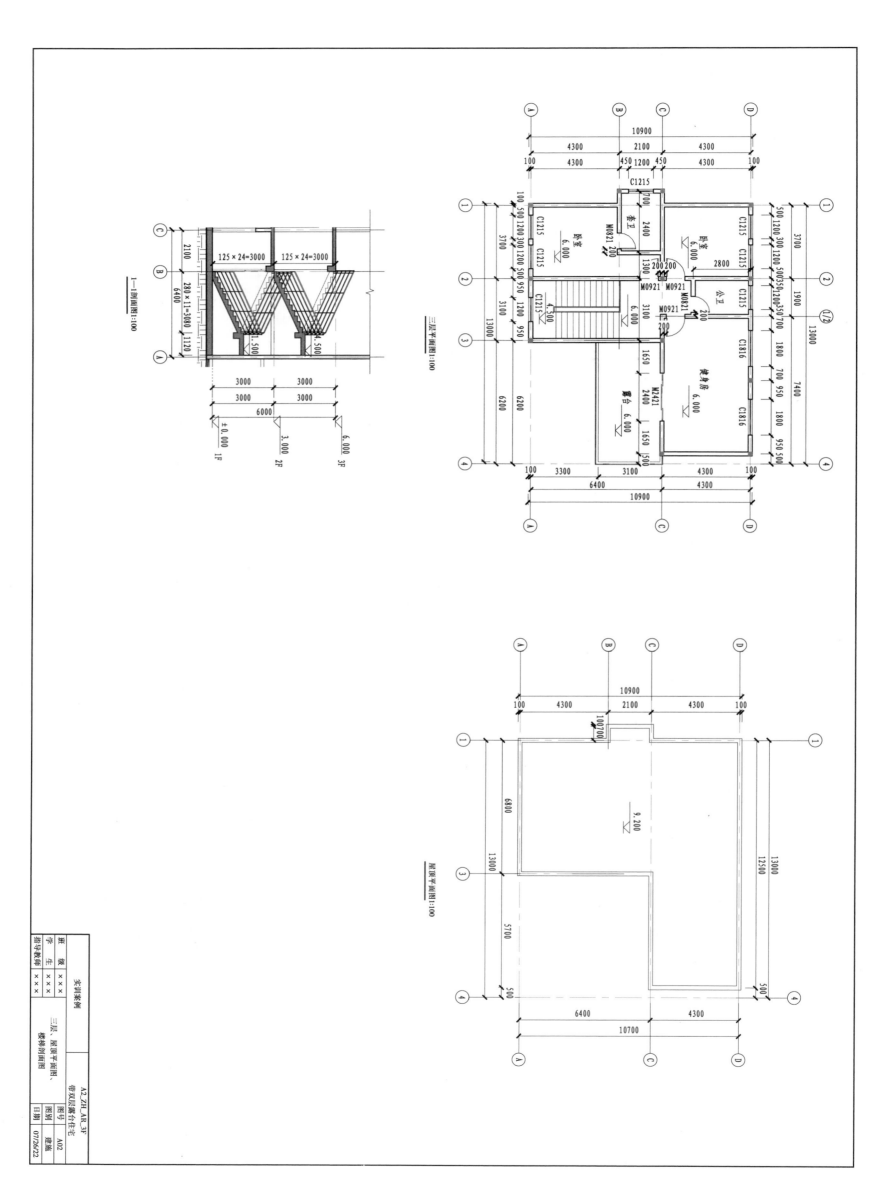

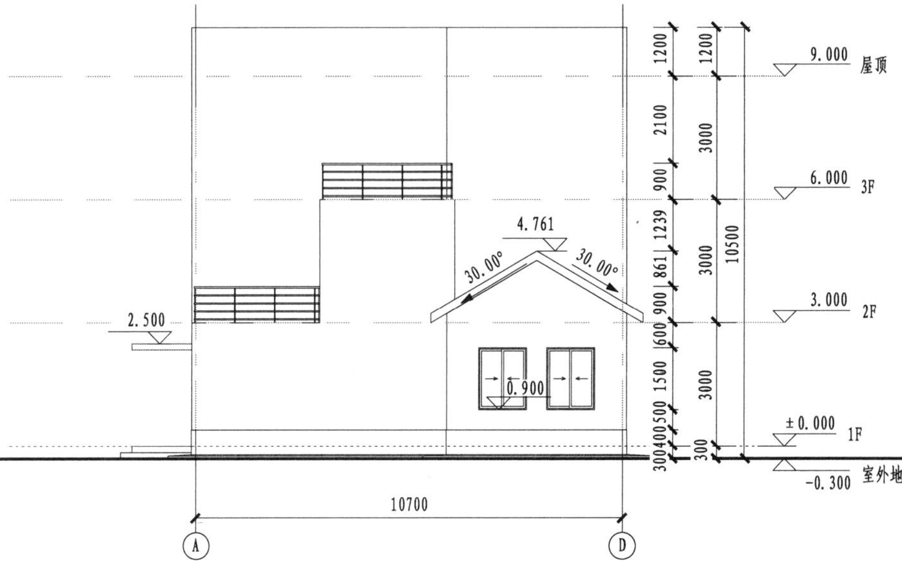

东立面图1:100

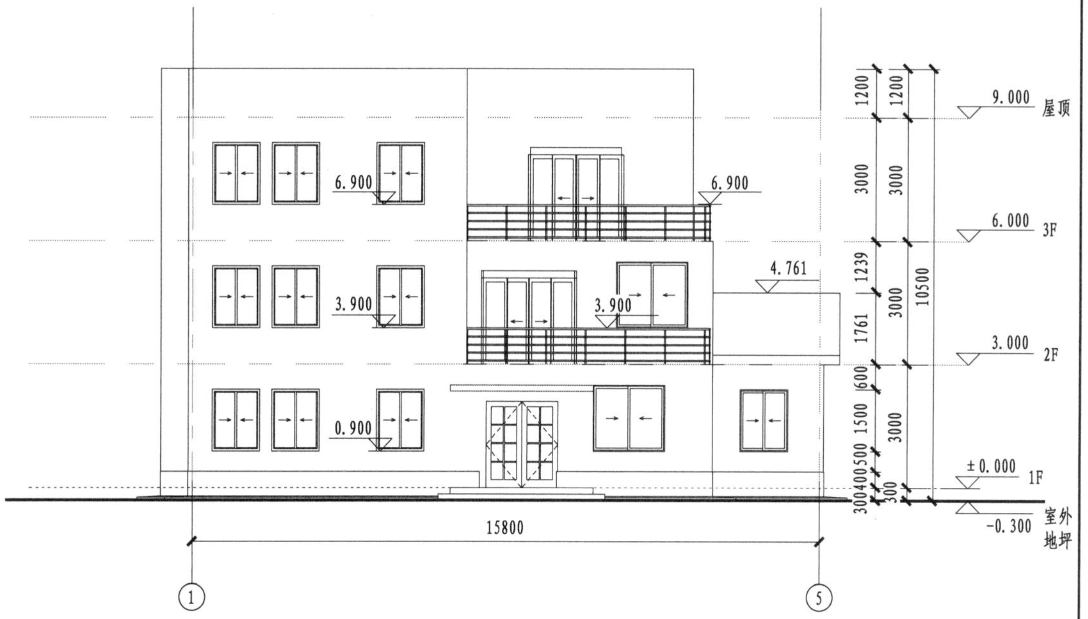

南立面图1:100

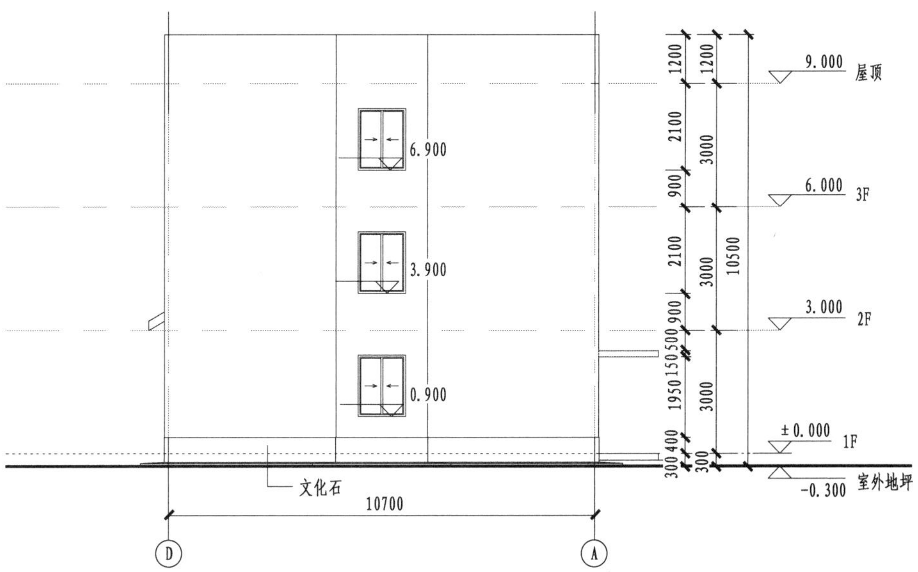

西立面图1:100

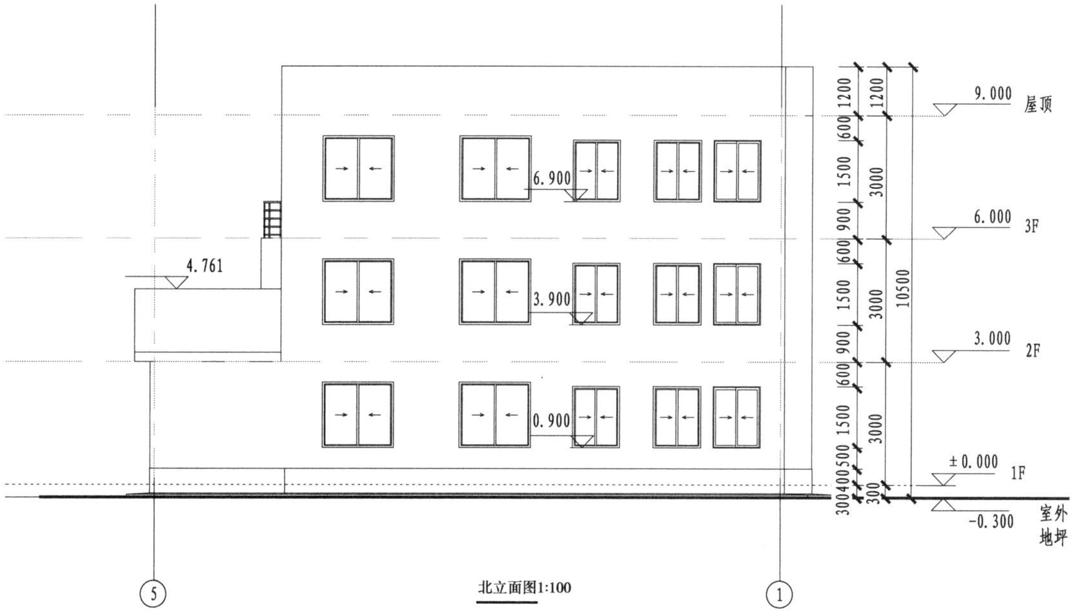

北立面图1:100

实训案例			A2_ZH_AR_3F 带双层露台住宅	
班 级	×××	立面图	图号	A03
学 生	×××		图别	建施
指导教师	×××		日期	01/18/21

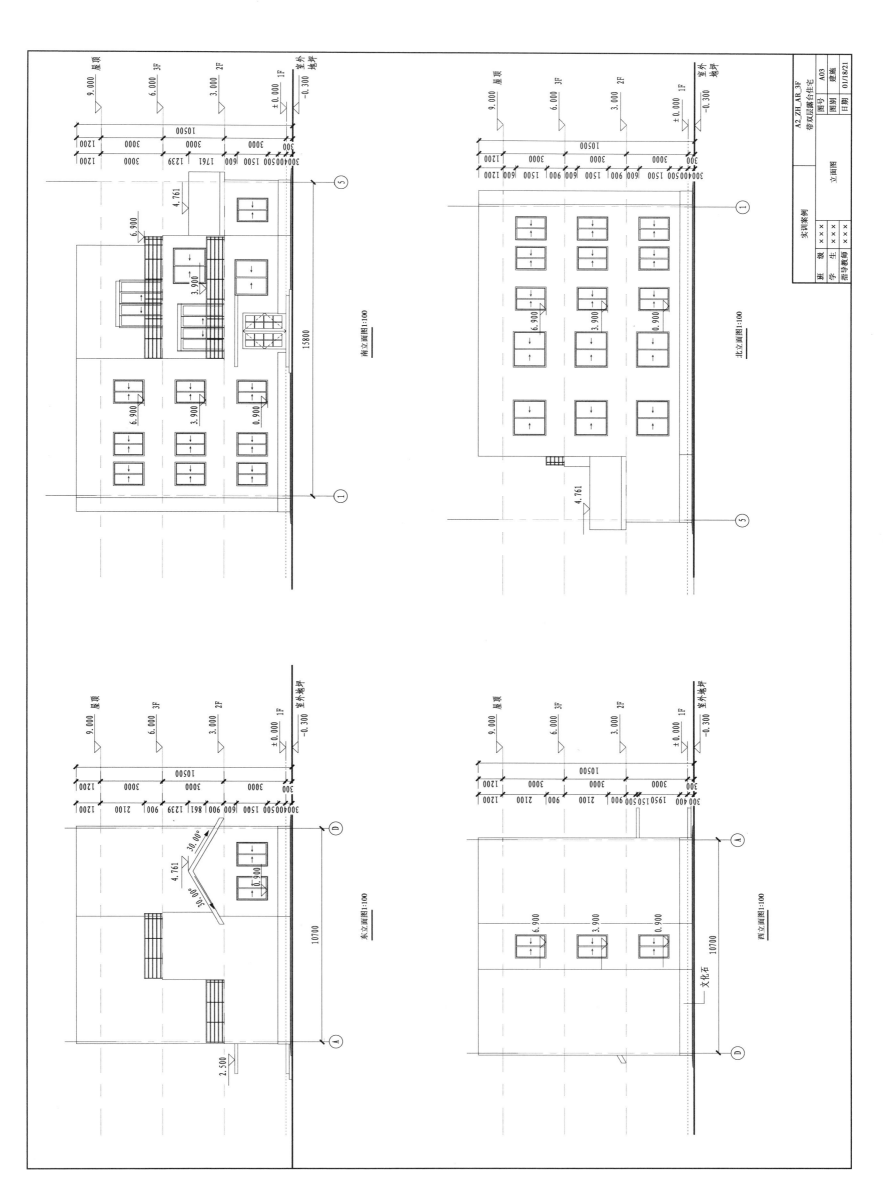

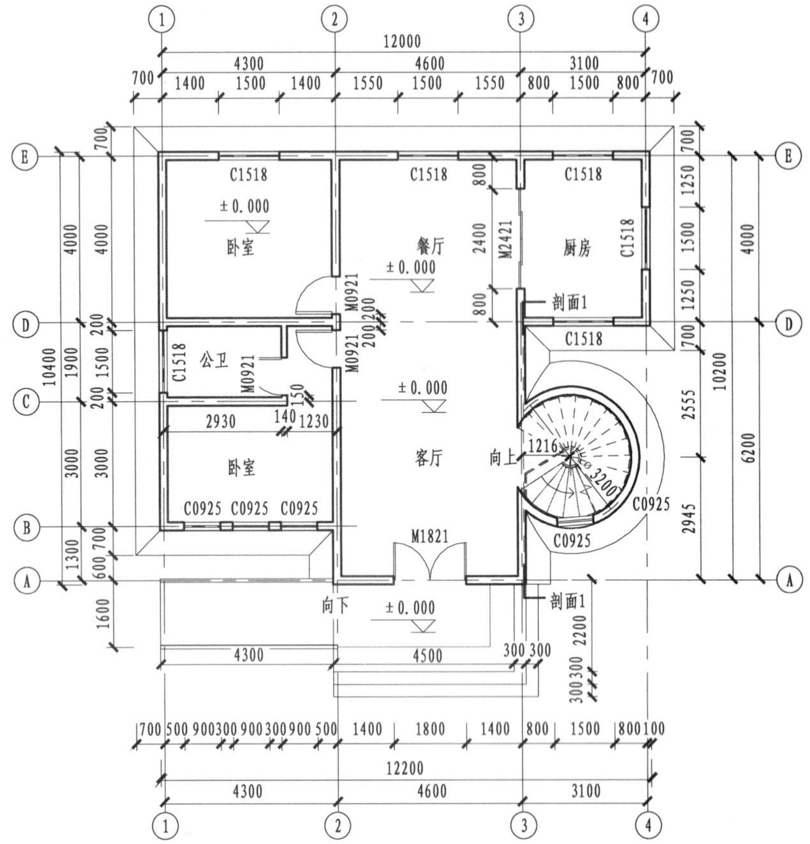

一层平面图1:100

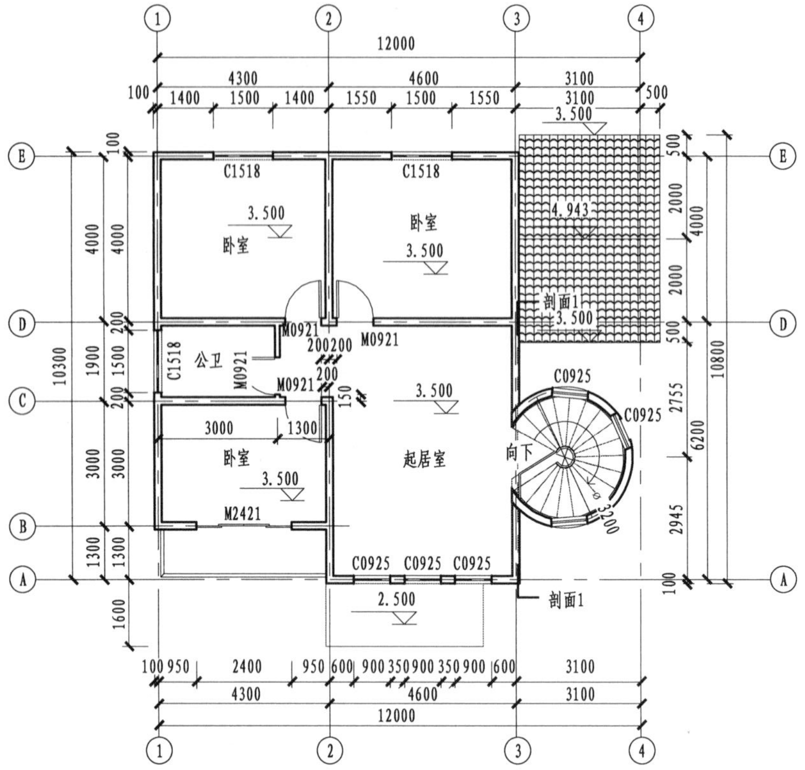

二层平面图1:100

三维视图 1:1

门表

类型标记	宽度/mm	高度/mm	族
M0921	900	2100	单扇-与墙齐
M1821	1800	2100	双面嵌板镶玻璃门 5
M2421	2400	2100	四扇推拉门2

窗表

类型标记	宽度/mm	高度/mm	族
C0925	900	2500	弧顶窗1
C1518	1500	1800	推拉窗6

实训案例			A3_ZH_AR_3F 圆坡屋顶别墅	
班　级	×××	一、二层平面、门窗表	图号	A01
学　生	×××		图别	建施
指导教师	×××		日期	22/07/28

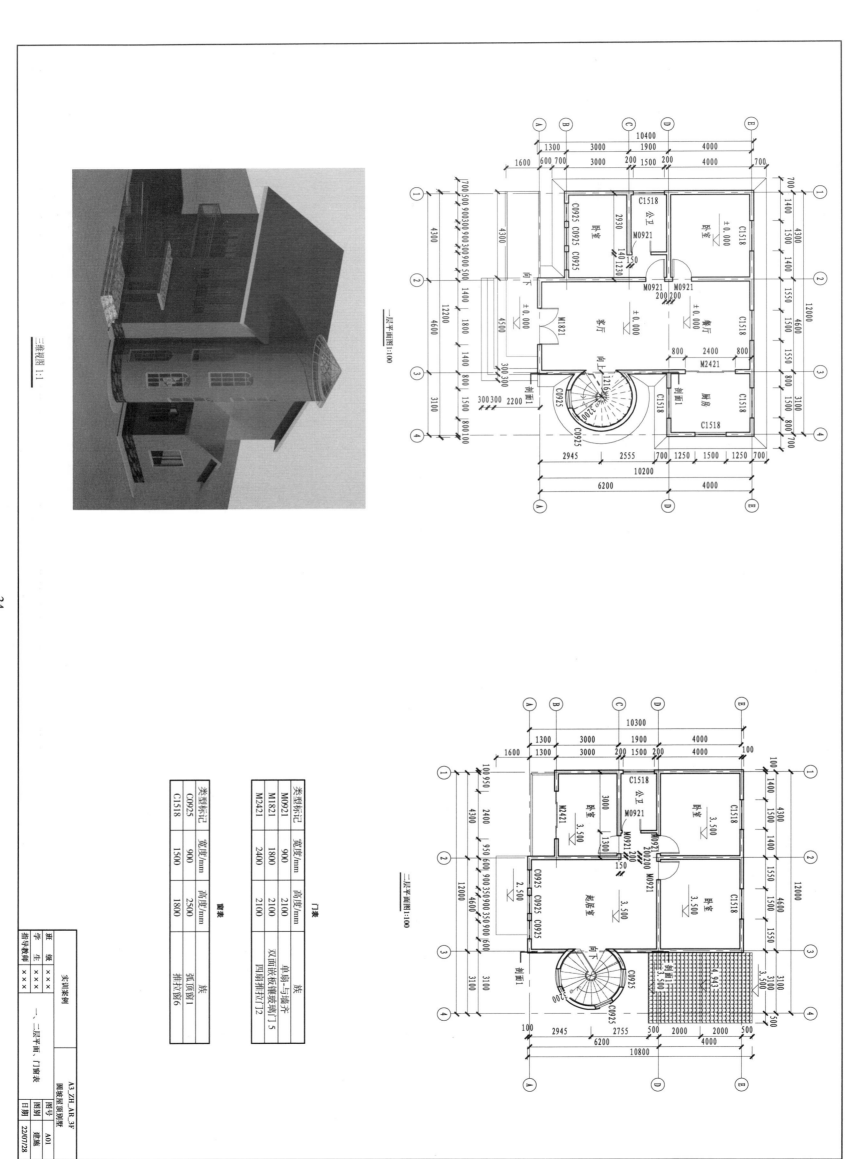

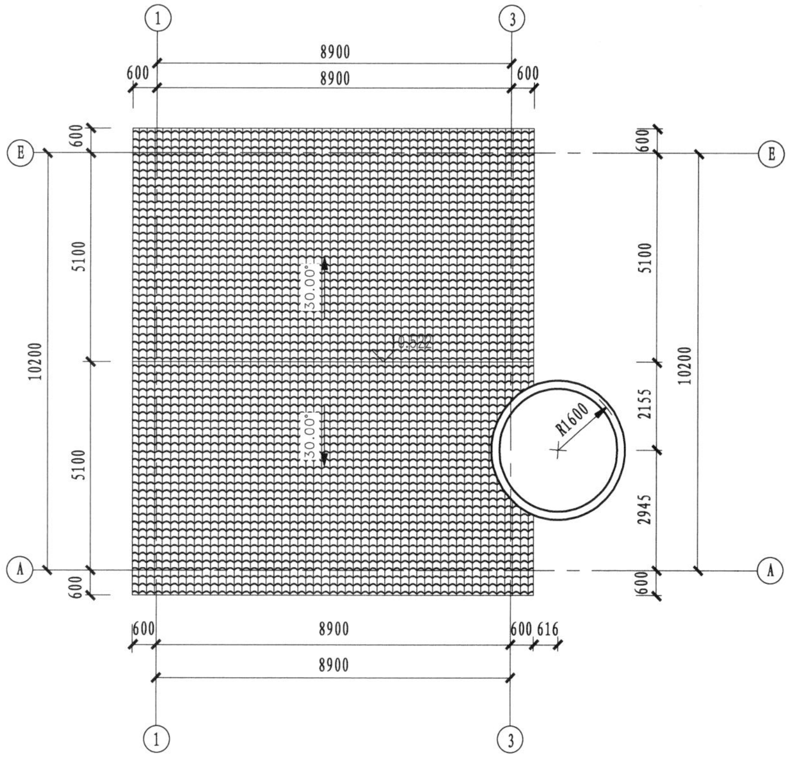

屋顶平面图1:100

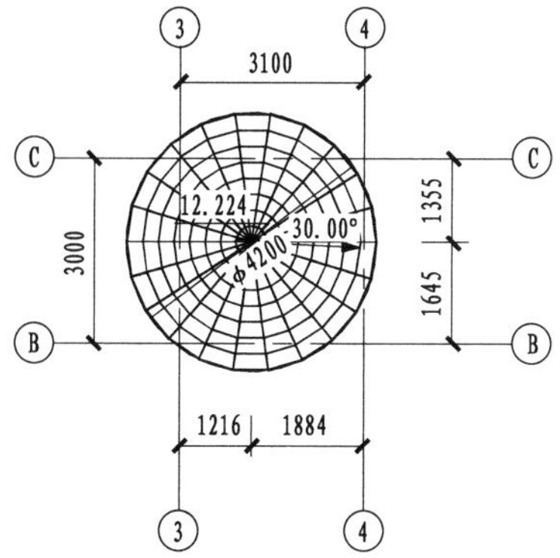

圆屋顶平面1:100

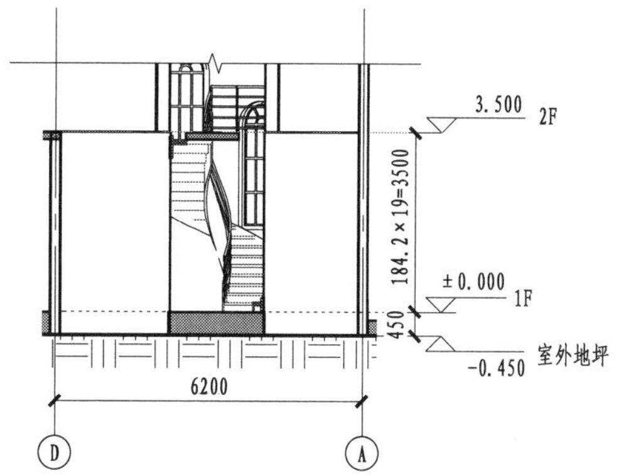

楼梯剖面图1:100

实训案例		A3_ZH_AR_3F 圆坡屋顶别墅		
班　级	×××	屋顶平面、楼梯剖面图	图号	A02
学　生	×××		图别	建施
指导教师	×××		日期	07/28/22

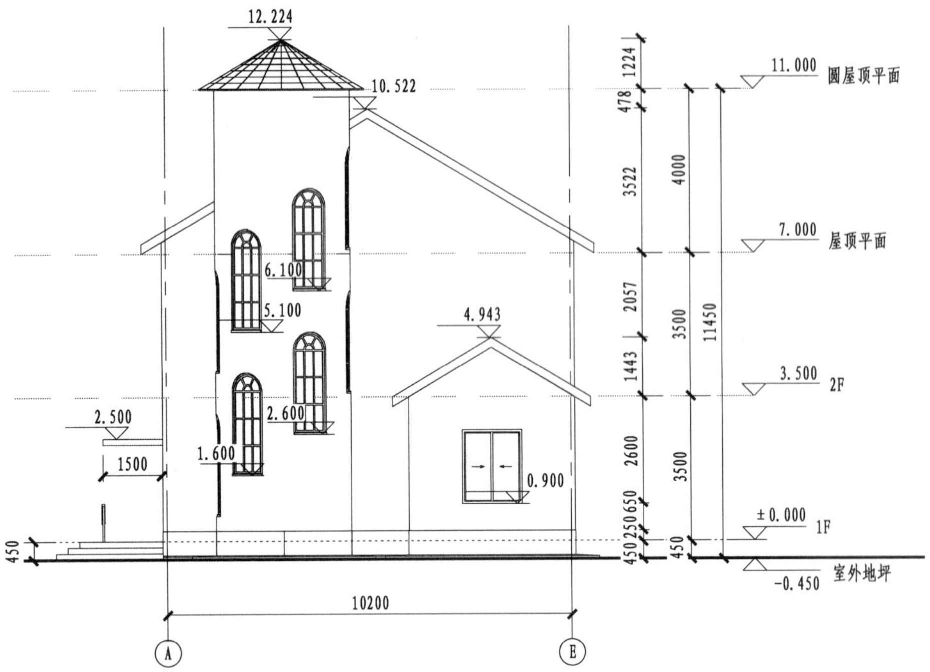

东立面图1:100

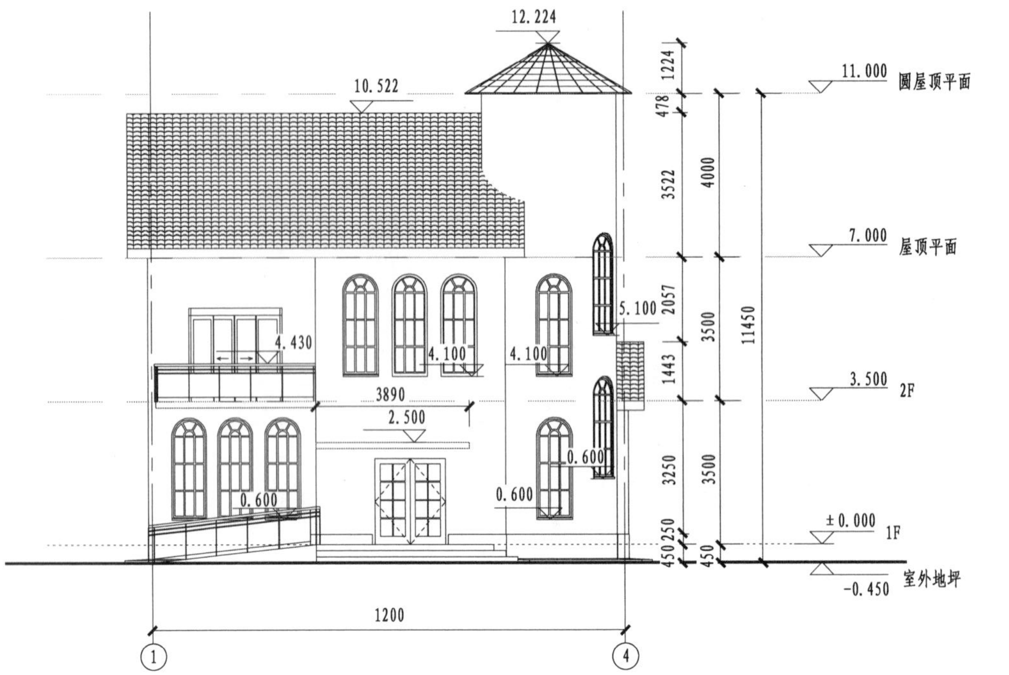

南立面图1:100

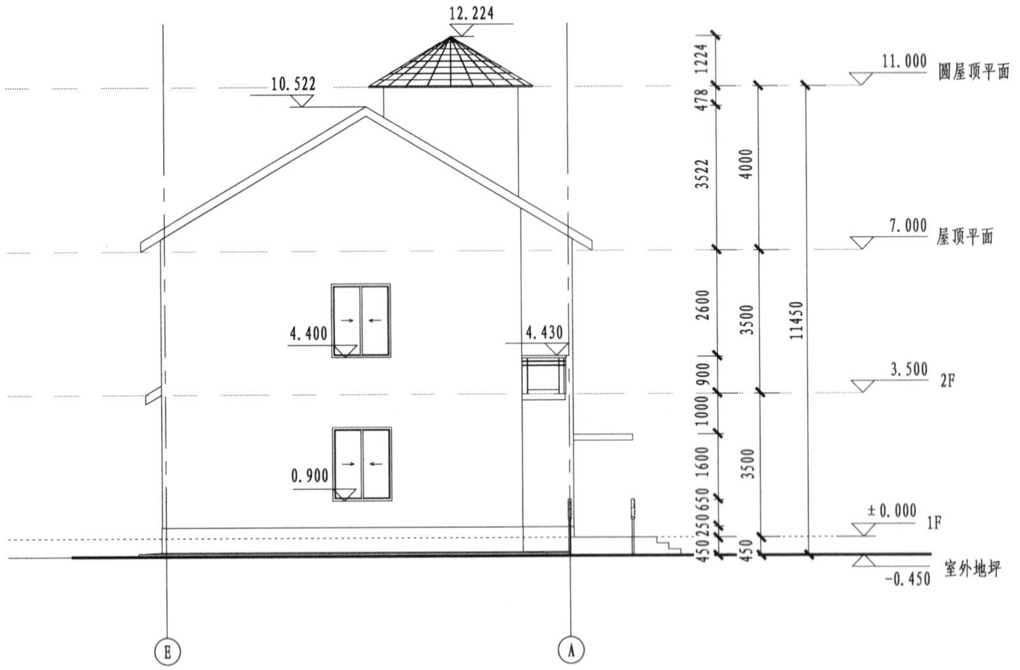

西立面图1:100

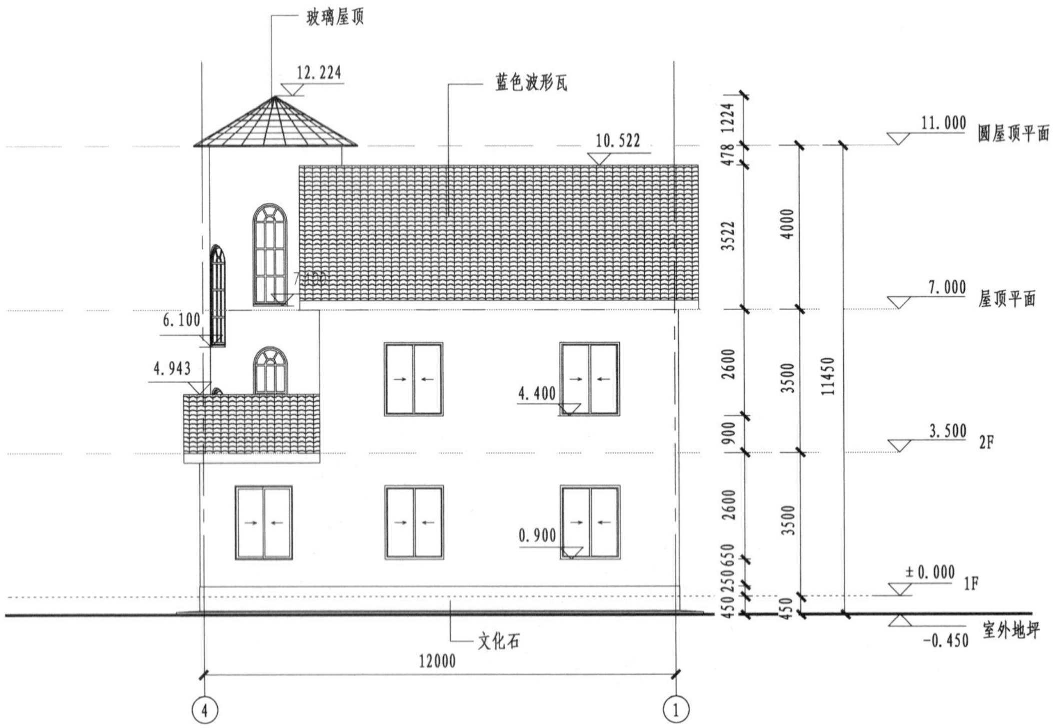

北立面图1:100

实训案例		A3_ZH_AR_3F 圆坡屋顶别墅	
班级	×××	立面图	图号	A03
学生	×××		图别	建施
指导教师	×××		日期	01/18/21

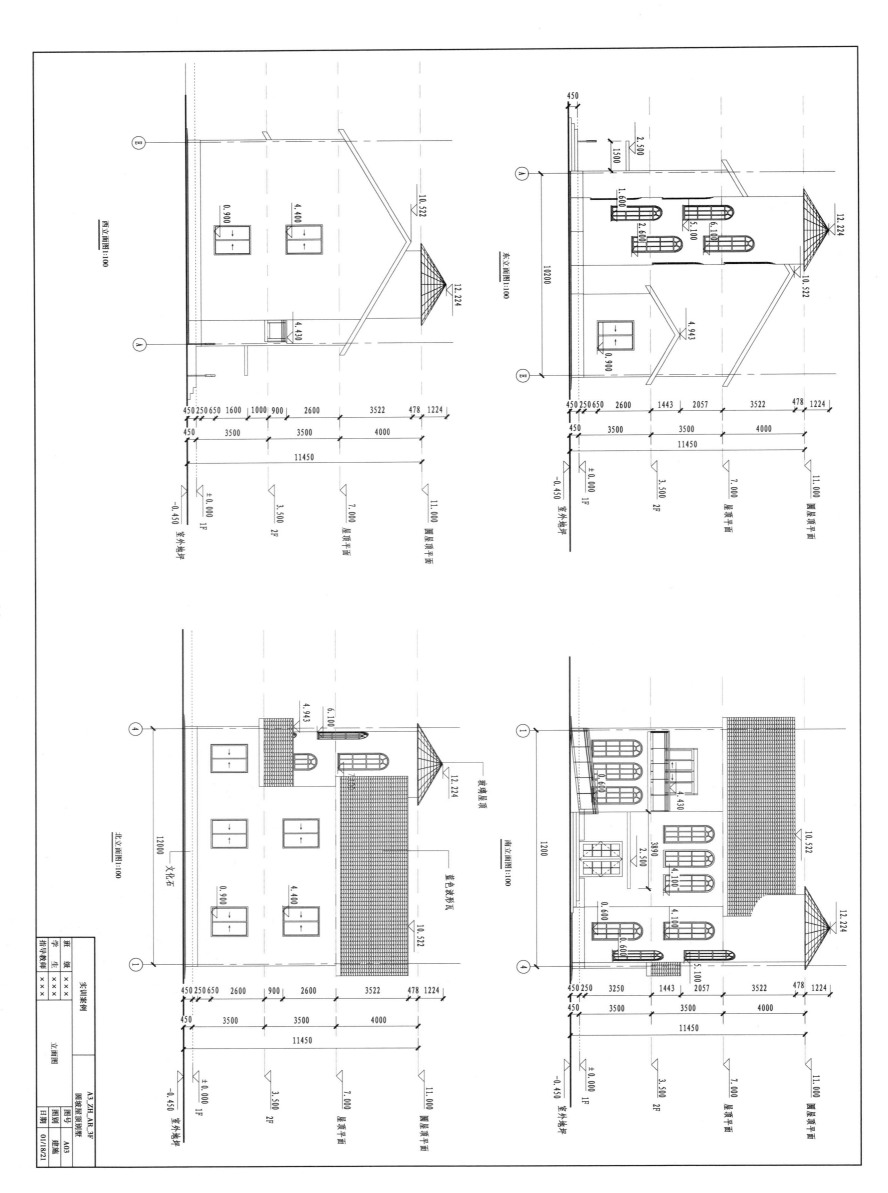

附件 4.1.4 A4_ZH_AR_3F_带双层露台坡屋顶别墅图纸

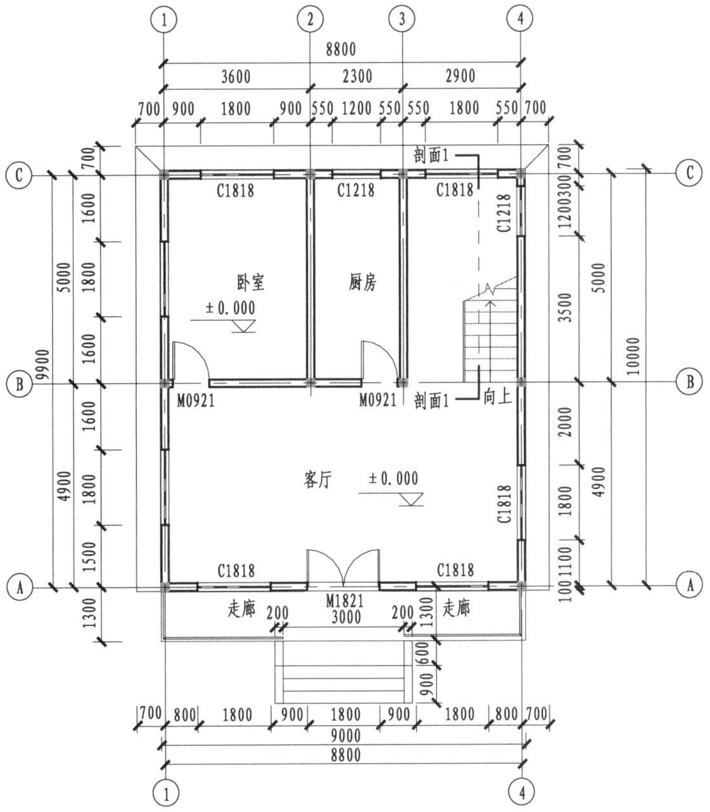

一层平面图1:100

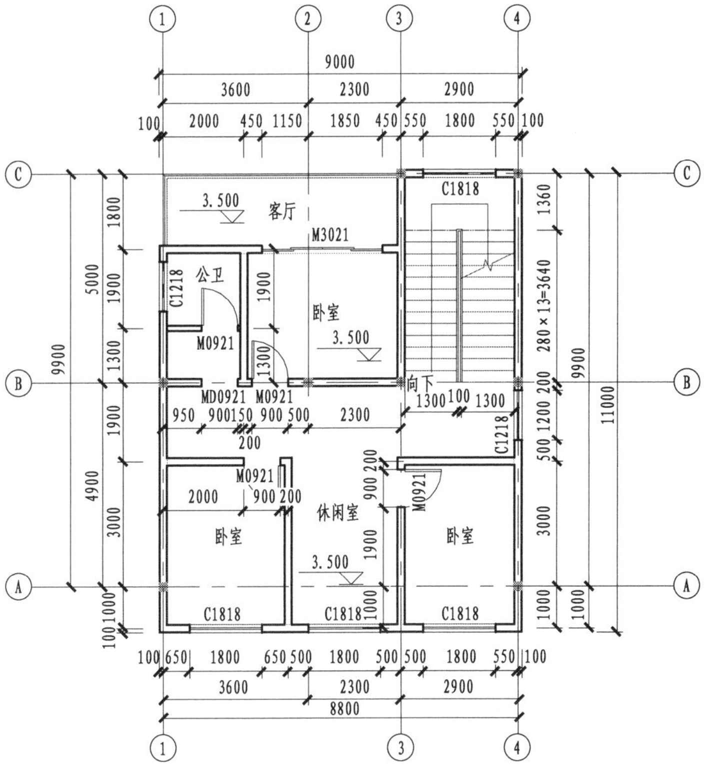

二层平面图1:100

三维视图1:1

门表

类型标记	宽度/mm	高度/mm	族
M0921	900	2100	单扇-与墙齐
M1821	1800	2100	双面嵌板镶玻璃门5
M3021	3000	2100	四扇推拉门2
M4821	4800	2100	四扇推拉门2
MD0921	900	2100	门洞-椭圆拱

窗表

类型标记	宽度/mm	高度/mm	族
C1218	1200	1800	推拉窗6
C1818	1800	1800	推拉窗6

实训案例		A4_ZH_AR_3F 带双层露台坡屋顶别墅		
班　级	×××	一、二层平面图、门窗表	图号	A01
学　生	×××		图别	建施
指导教师	×××		日期	22/07/29

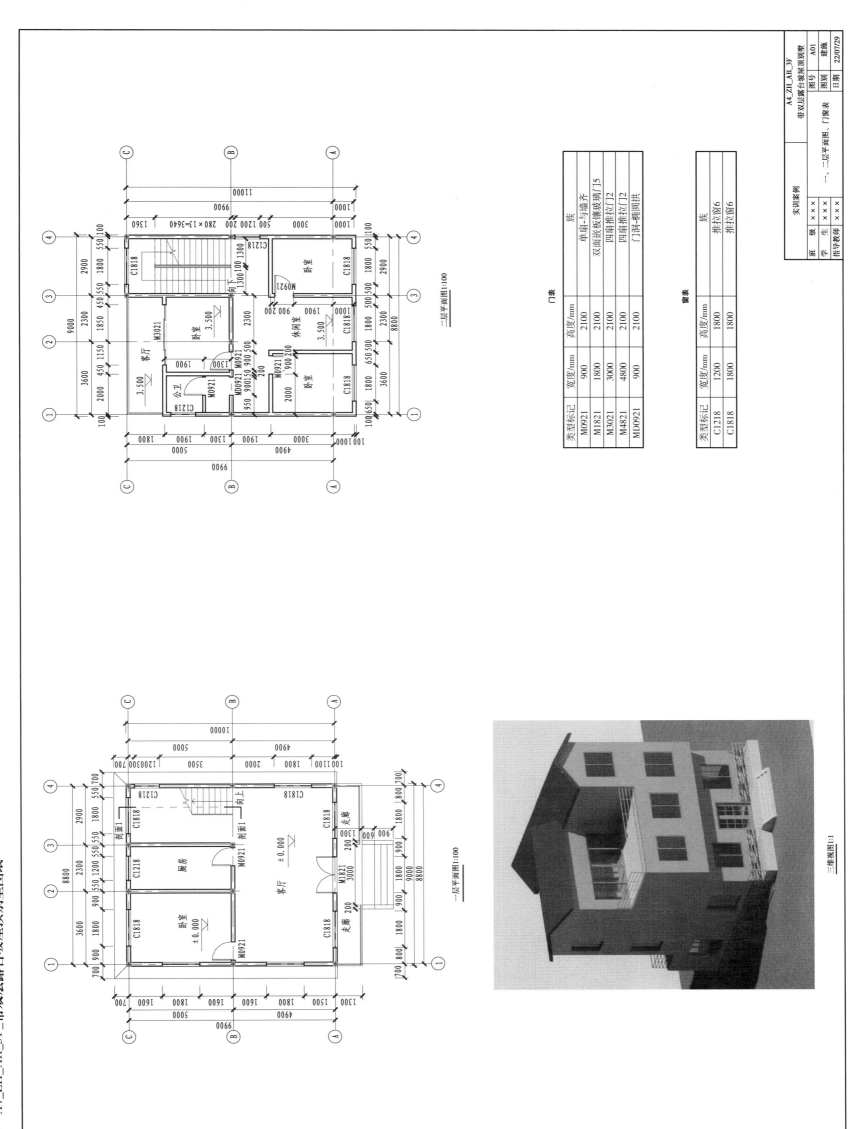

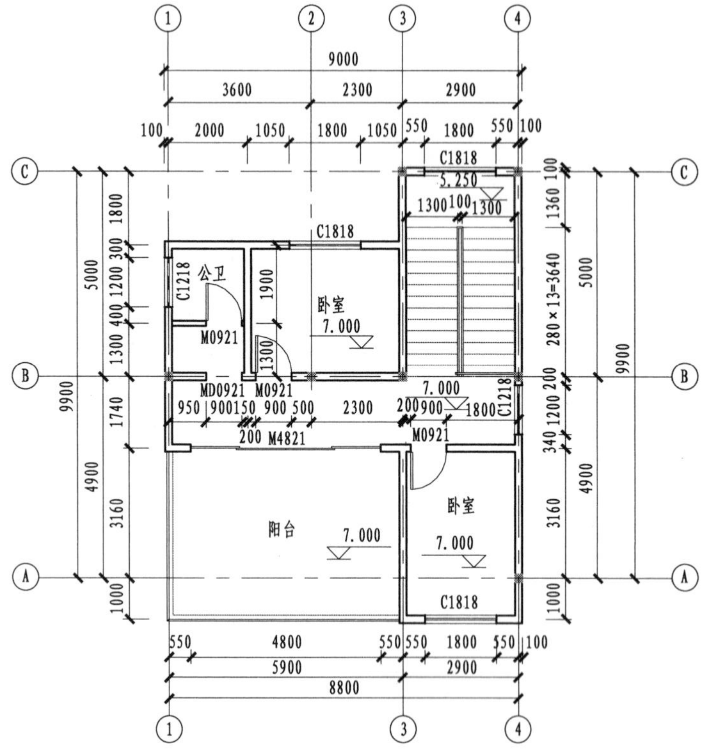

三层平面图1:100

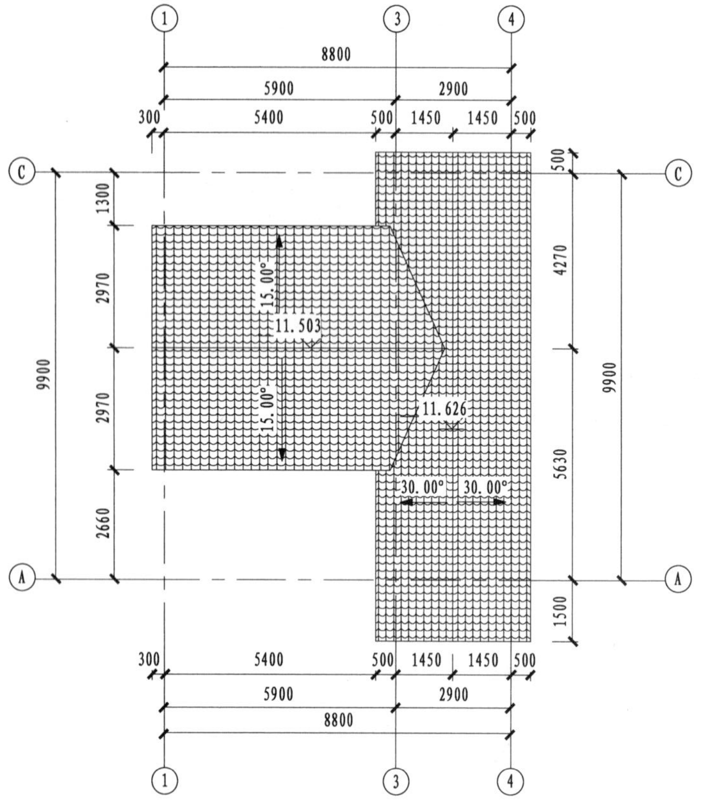

屋顶平面图1:100

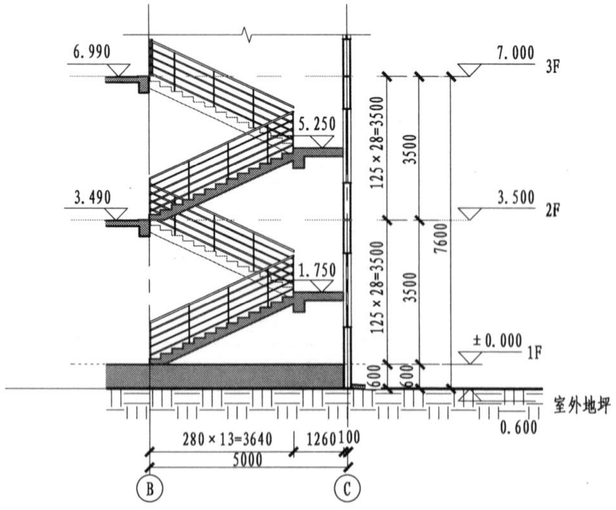

1—1剖面图1:100

实训案例			A4_ZH_AR_3F 带双层露台坡屋顶别墅	
班　级	×××	三层、屋顶平面图、 楼梯剖面图	图号	A02
学　生	×××		图别	建施
指导教师	×××		日期	07/29/22

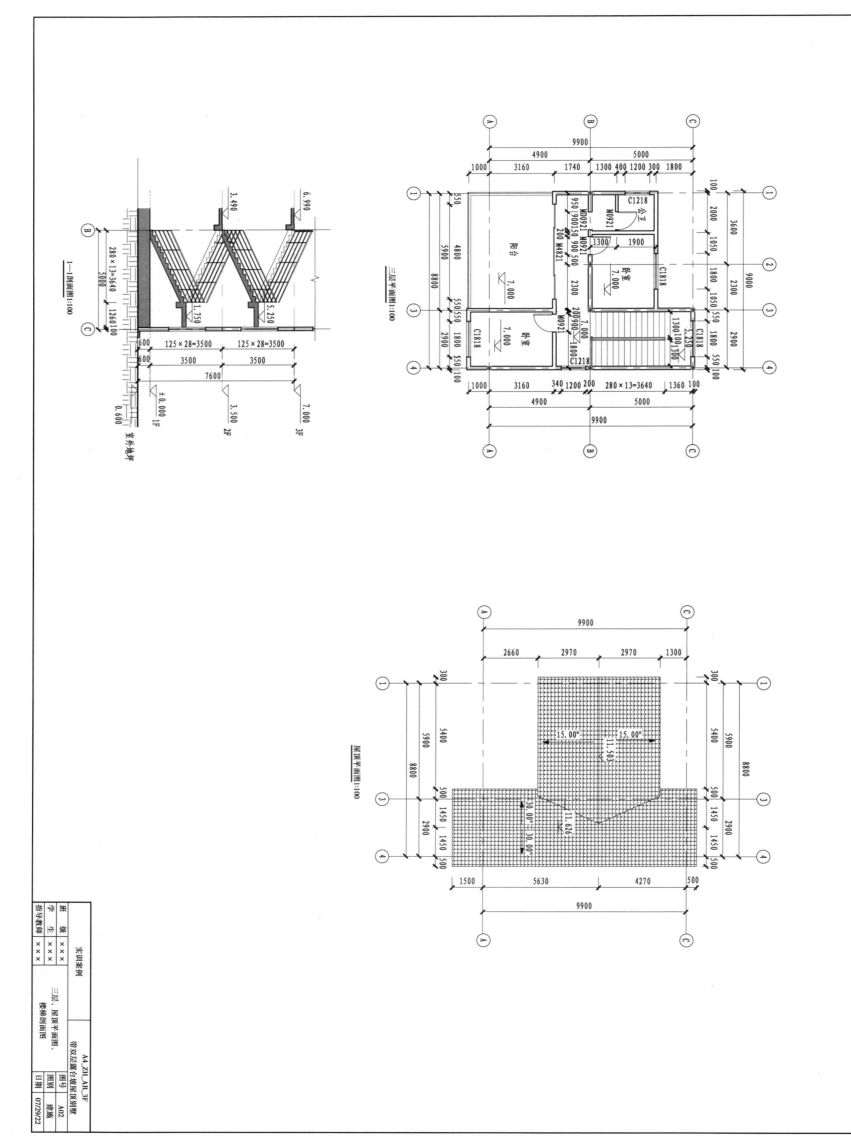

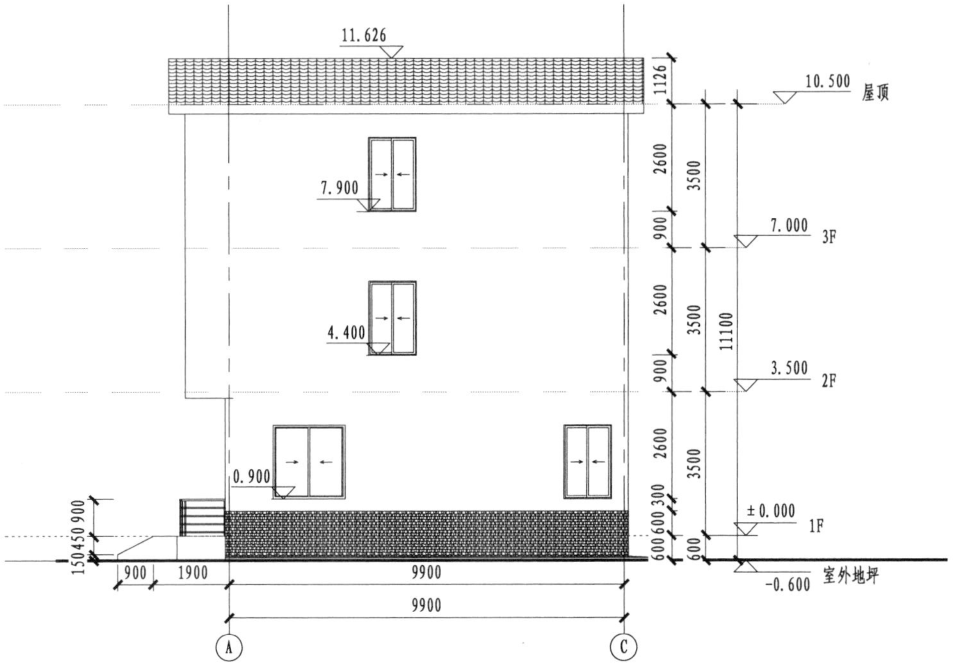

东立面图1:100

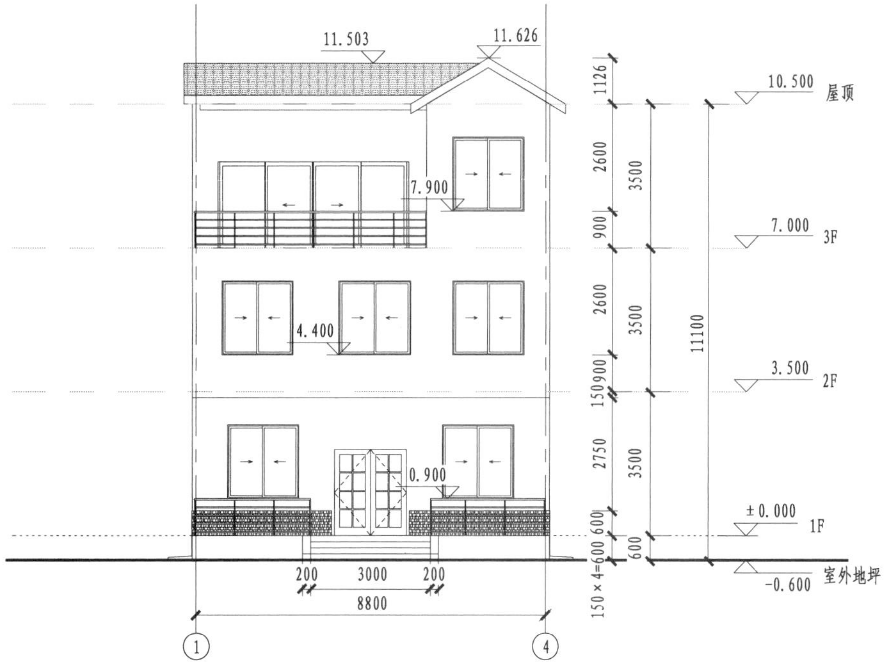

南立面图1:100

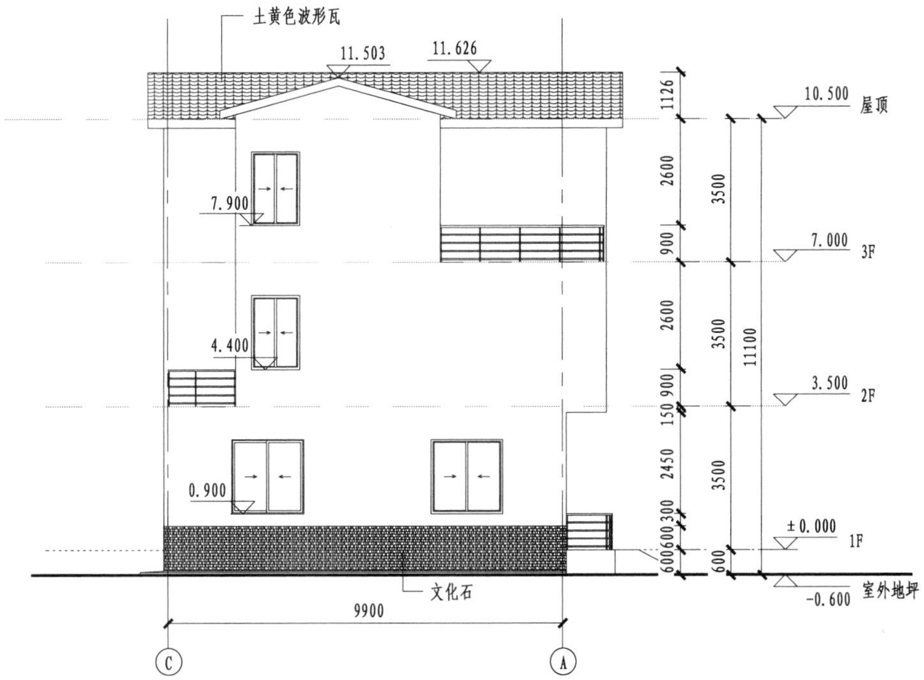

西立面图1:100

北立面图1:100

实训案例		A4_ZH_AR_3F 带双层露台坡屋顶别墅	
班　级	×××	图号	A03
学　生	×××	立面图 图别	建施
指导教师	×××	日期	01/18/21

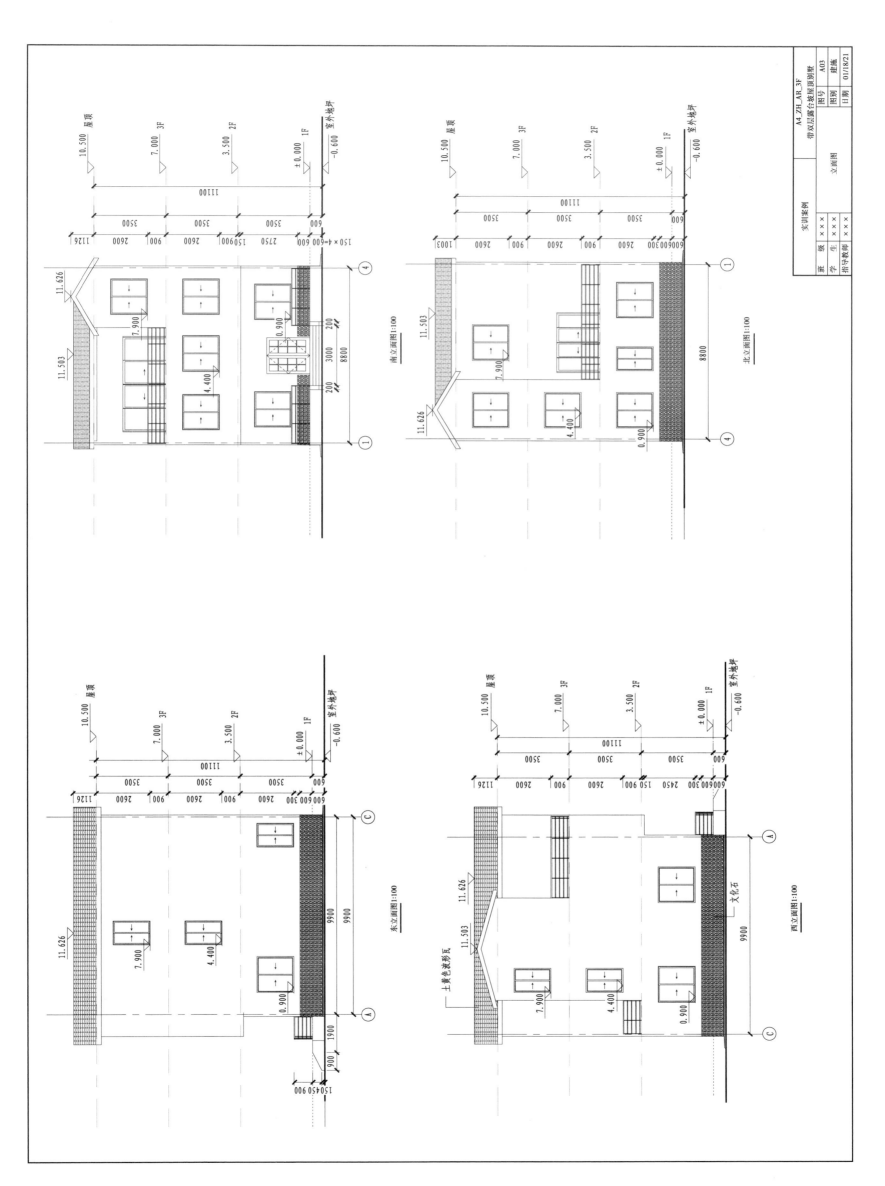

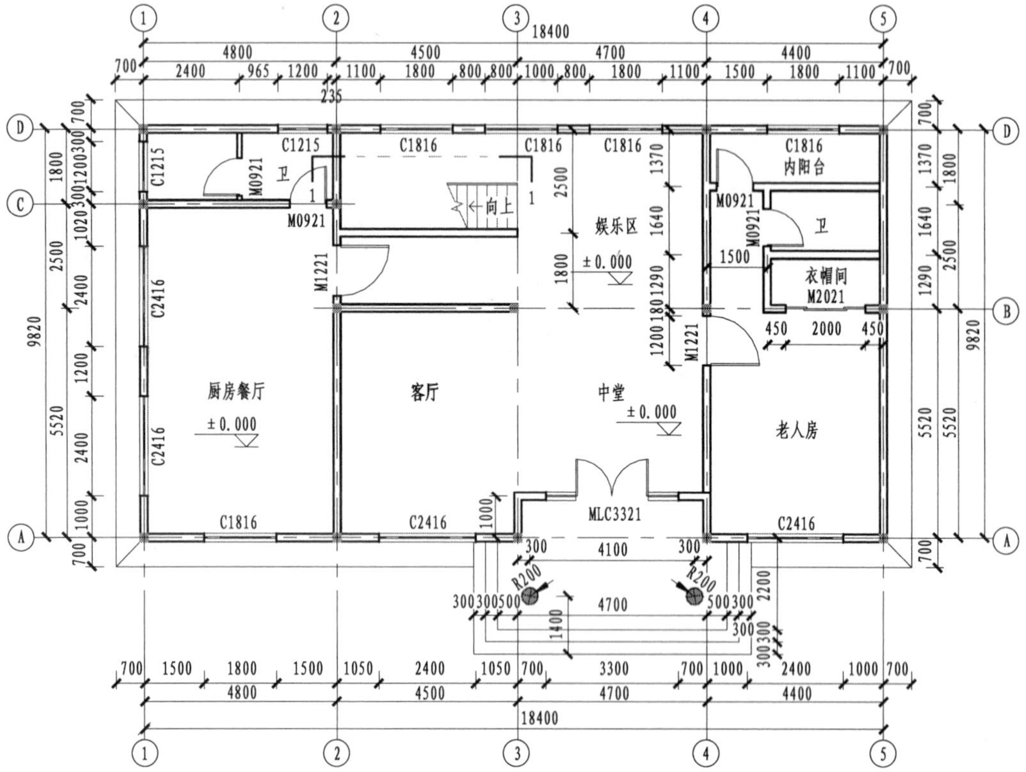

一层平面图1:100

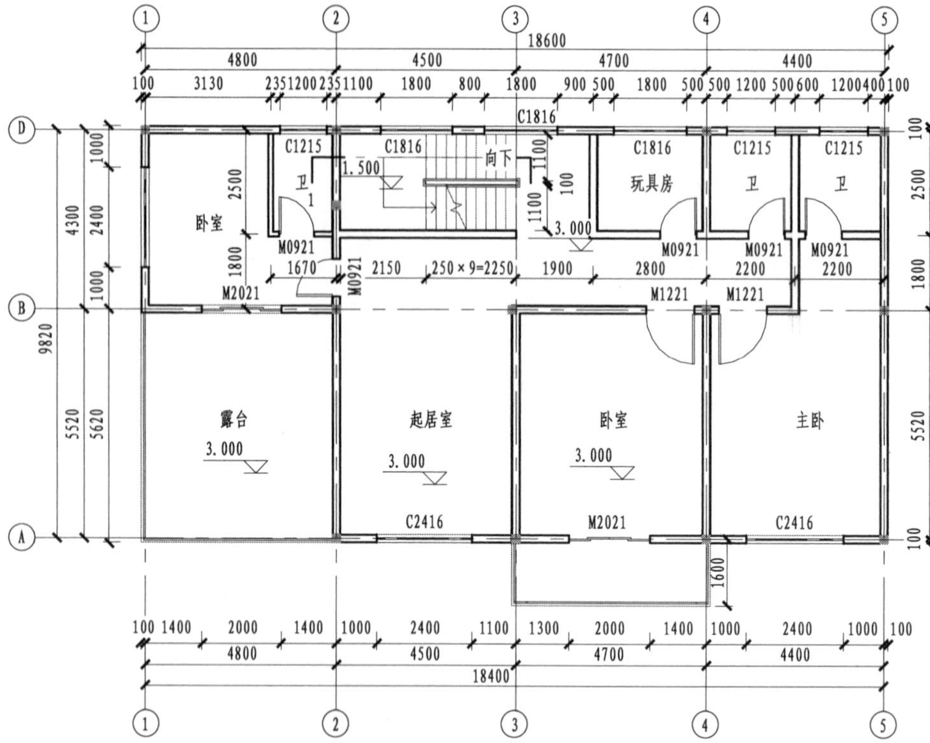

二层平面图1:100

门表

类型标记	宽度/mm	高度/mm	族
M0921	900	2100	单嵌板玻璃门1
M0921	900	2100	单扇-与墙齐
M1221	1200	2100	单扇-与墙齐
M2021	2000	2100	四扇推拉门2
MLC3321	3300	2100	双面嵌板连窗玻璃门2

窗表

类型标记	宽度/mm	高度/mm	族
C1215	1200	1500	推拉窗6
C1816	1800	1600	推拉窗6
C2416	2400	1600	推拉窗6

实训案例			A5_ZH_AR_3F 阶梯式坡屋顶别墅	
班　级	×××	平面、楼梯剖面图	图号	A1
学　生	×××		图别	建施
指导教师	×××		日期	22/07/29

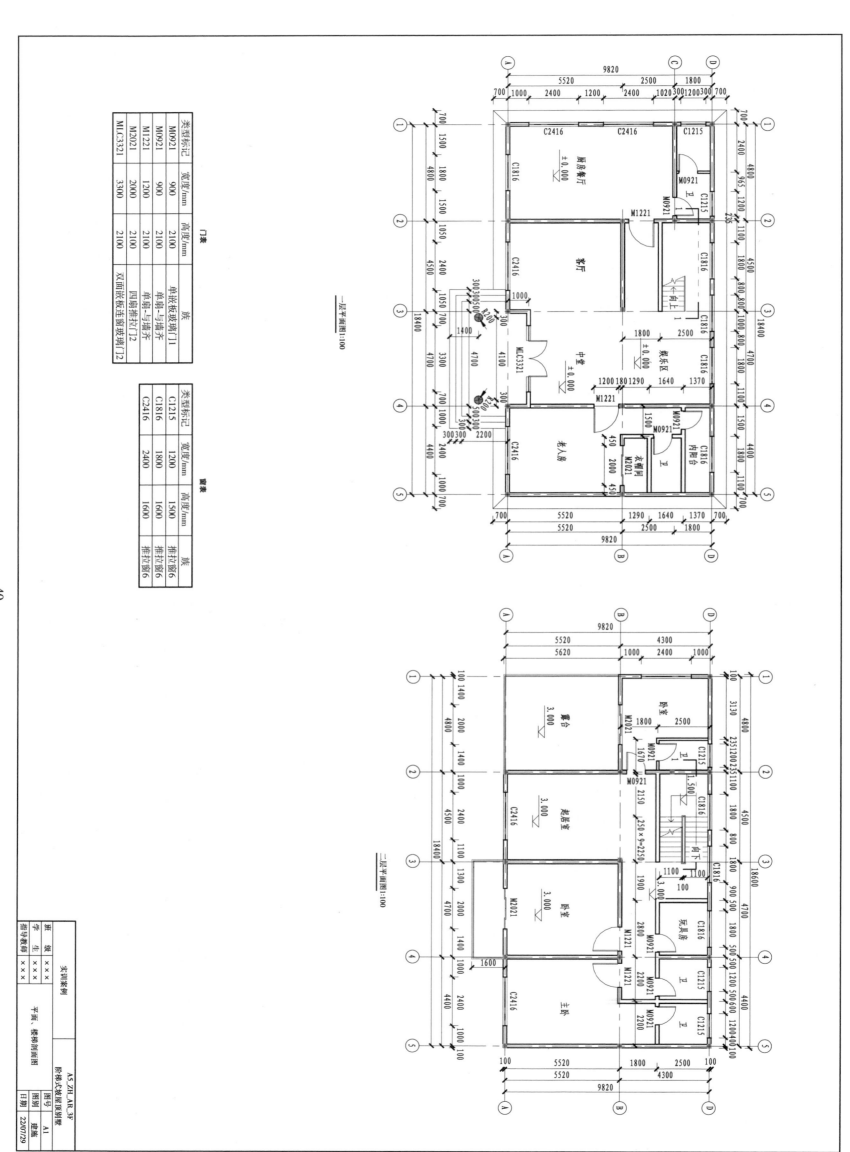

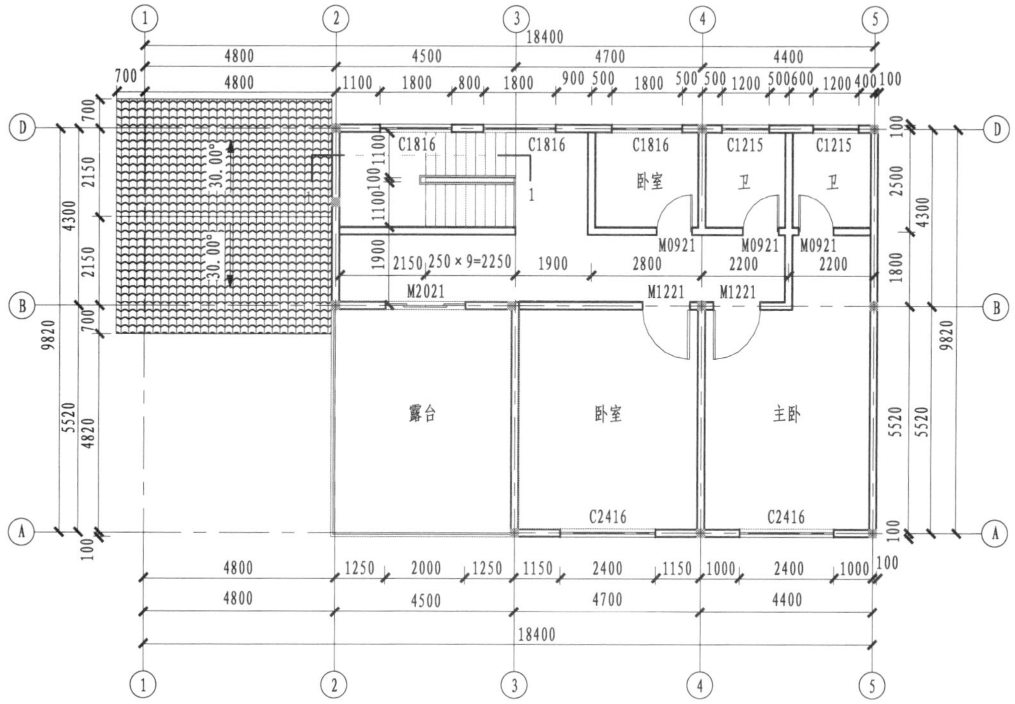

三层平面图1:100

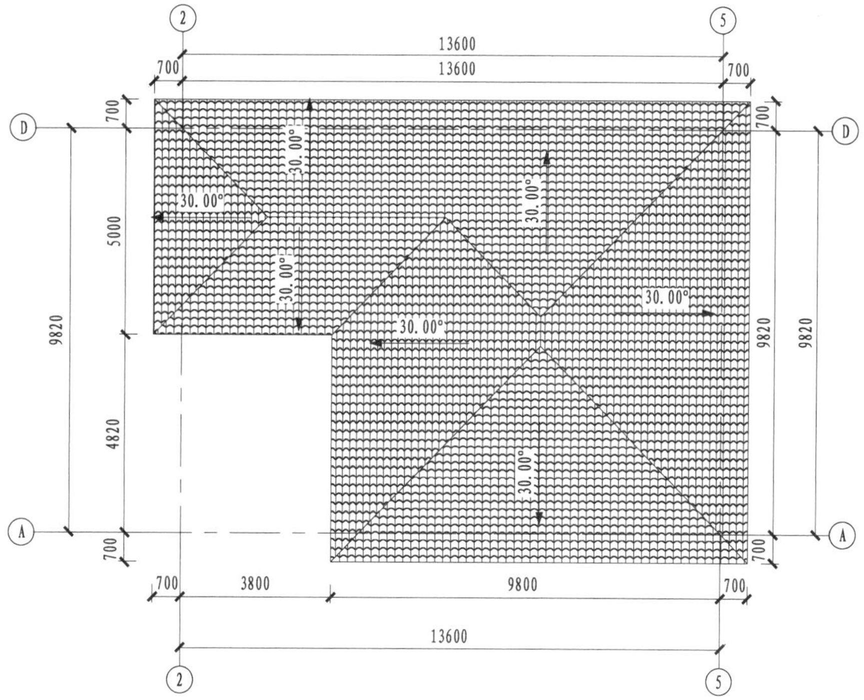

屋顶平面图1:100

三维视图1:1

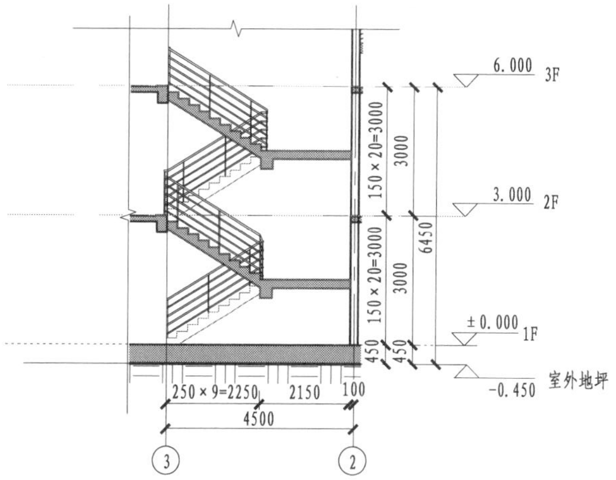

1—1剖面图1:100

实训案例			A5_ZH_AR_3F 阶梯式坡屋顶别墅	
班　级	×××	三层、屋顶平面图， 楼梯剖面图	图号	A2
学　生	×××		图别	建施
指导教师	×××		日期	07/29/22

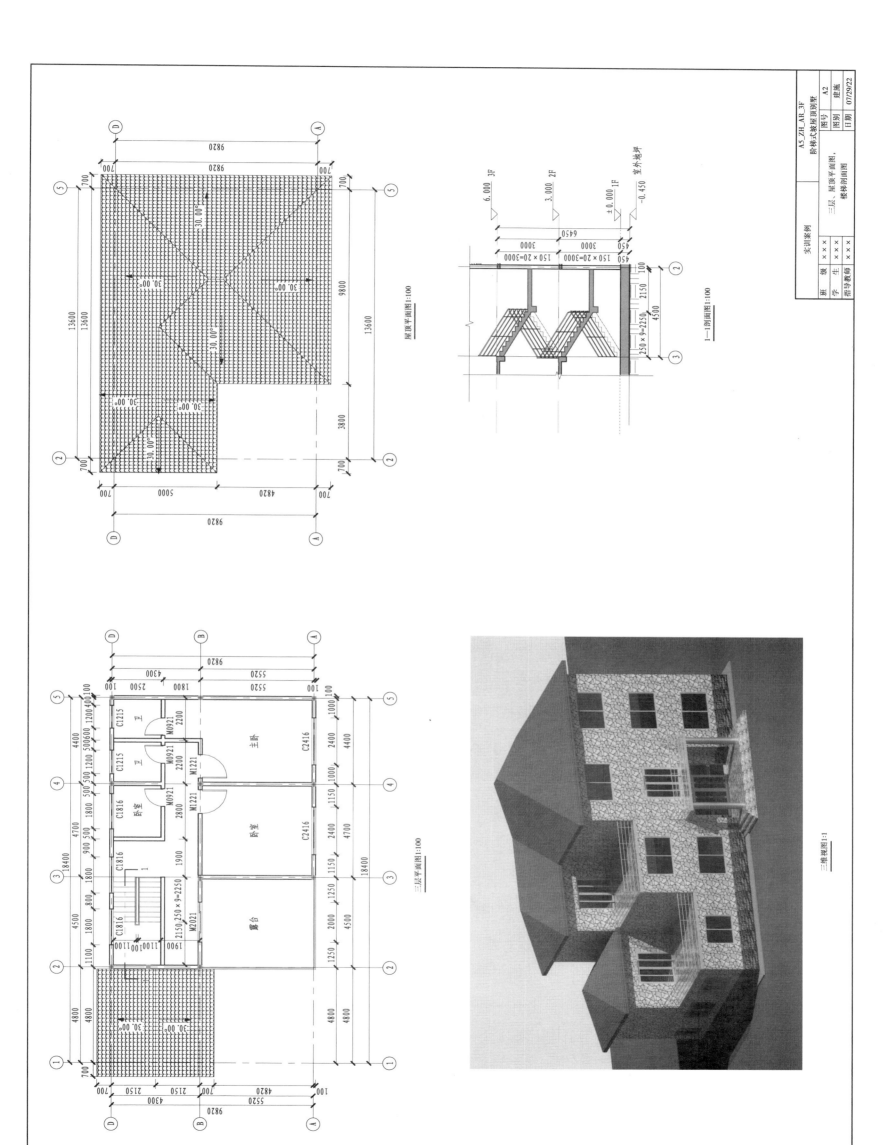

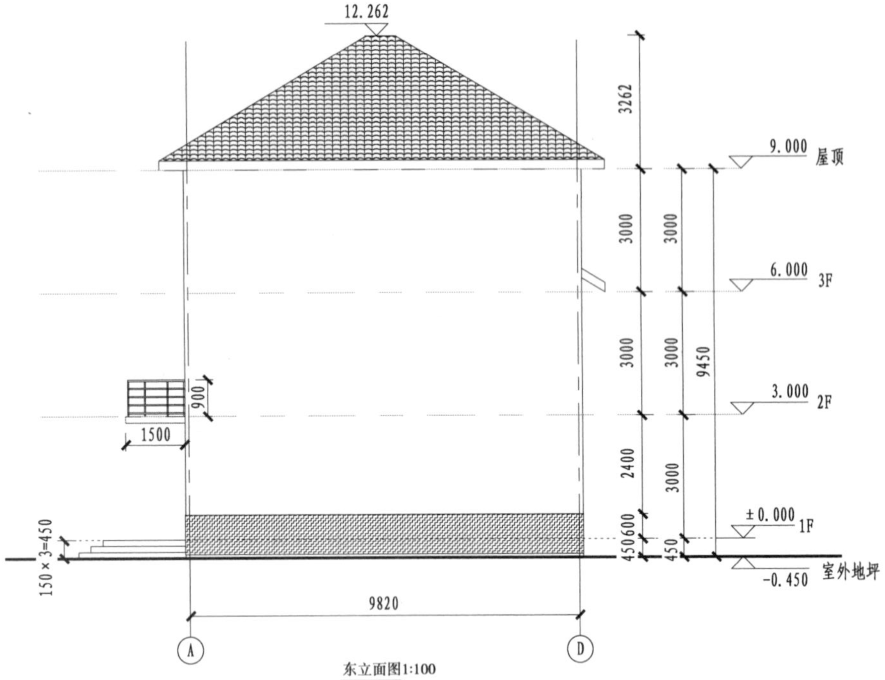

东立面图1:100

南立面图1:100

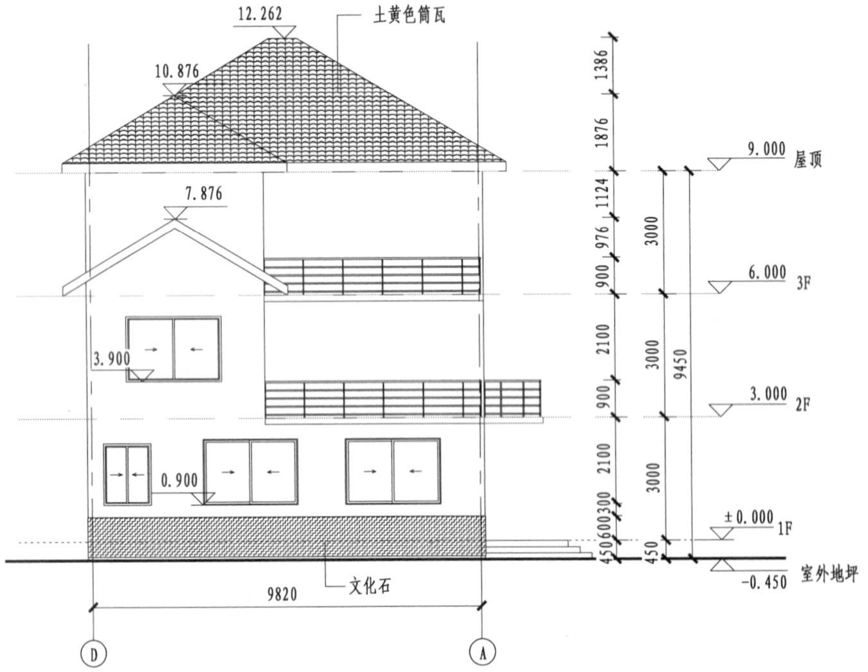

西立面图1:100

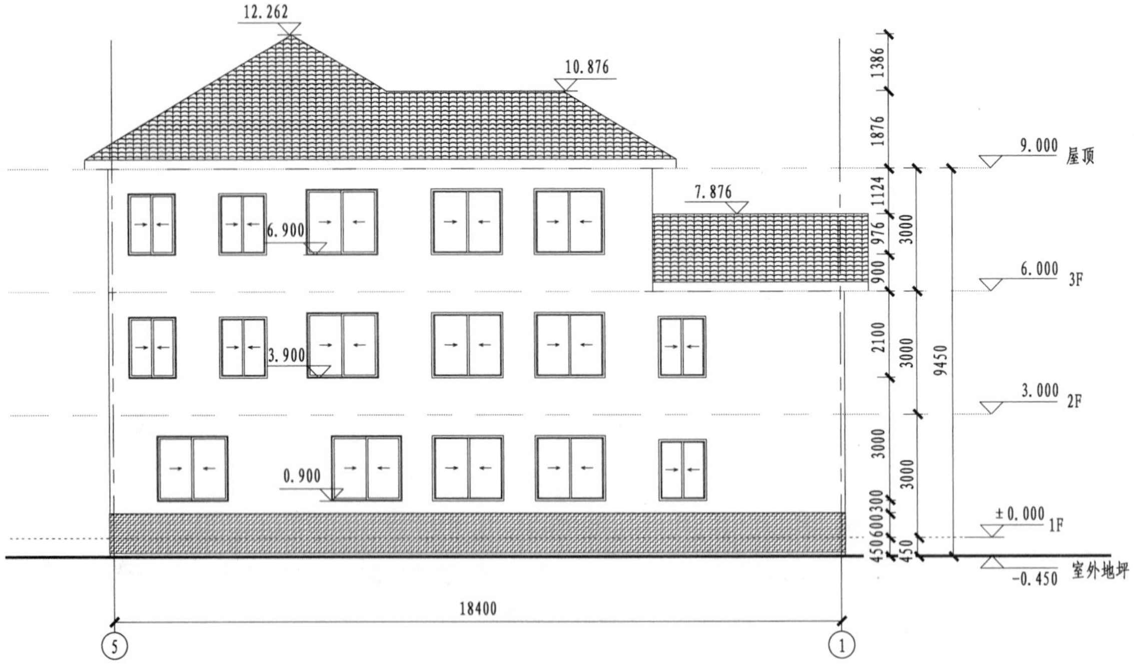

北立面图1:100

实训案例			A5_ZH_AR_3F 阶梯式坡屋顶别墅	
班 级	×××	立面图	图号	A3
学 生	×××		图别	建施
指导教师	×××		日期	01/18/21

附件 4.1.6　A6_ZH_AR_3F_三层平屋顶住宅图纸

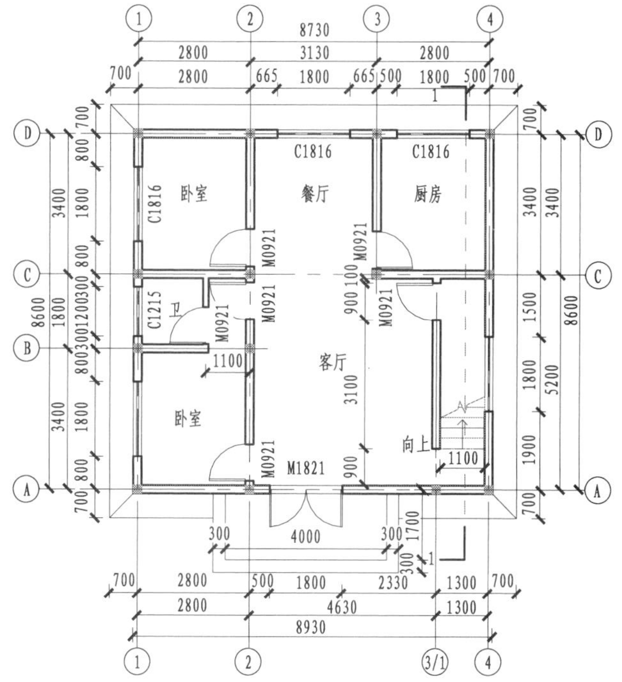

一层平面图1:100

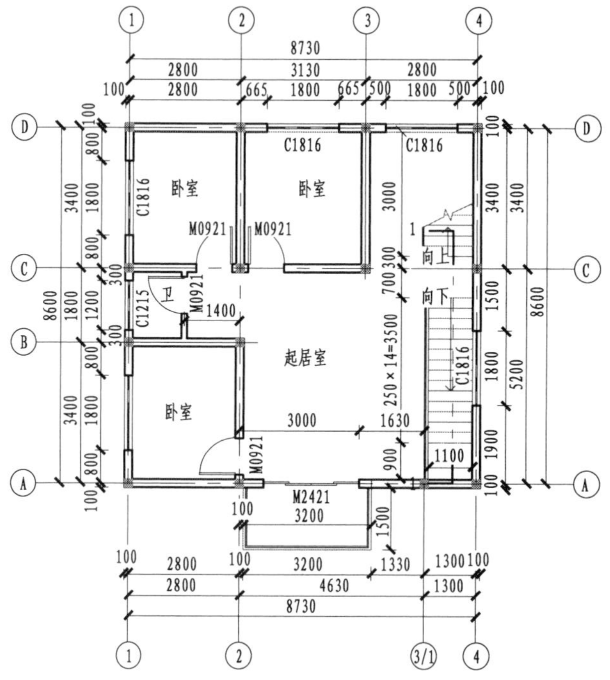

二层平面图1:100

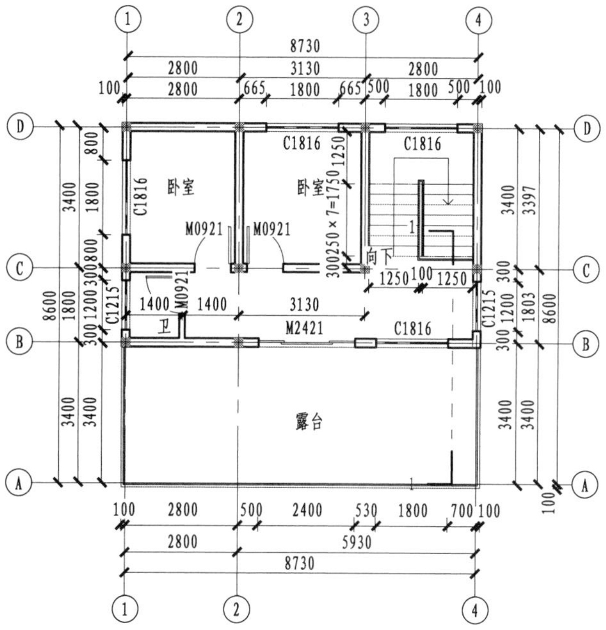

三层平面图1:100

三维视图1:1

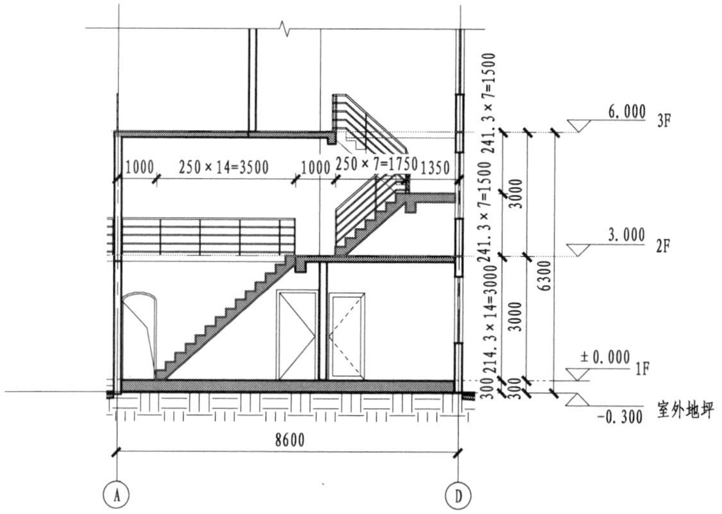

1—1剖面图1:100

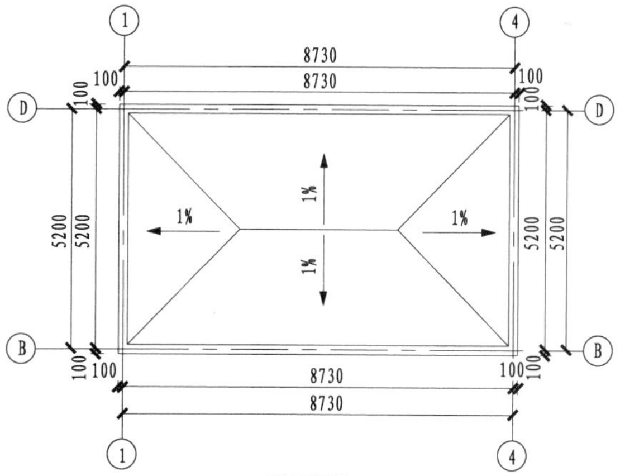

屋顶平面图1:100

实训案例		A6_ZH_AR_3F 三层平屋顶住宅	
班　级	×××	平面、楼梯剖面图	图号 A1
学　生	×××		图别 建施
指导教师	×××		日期 22/08/03

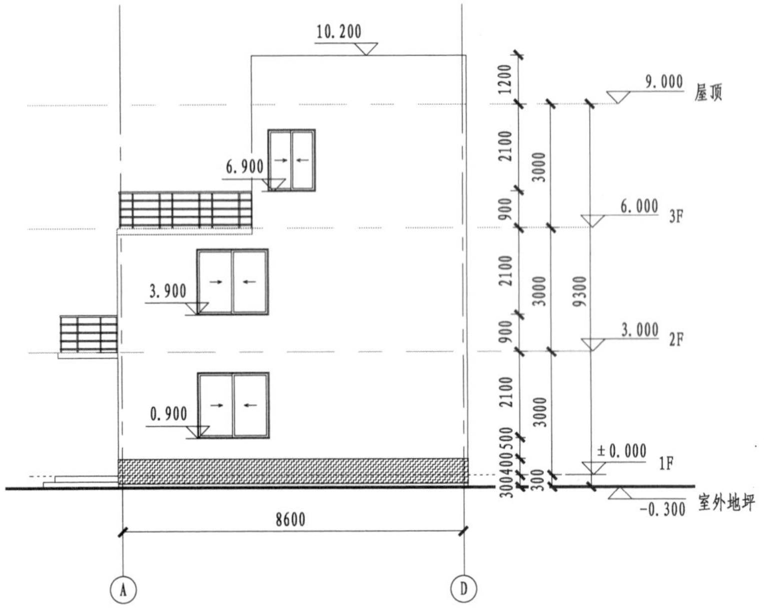

东立面图1:100

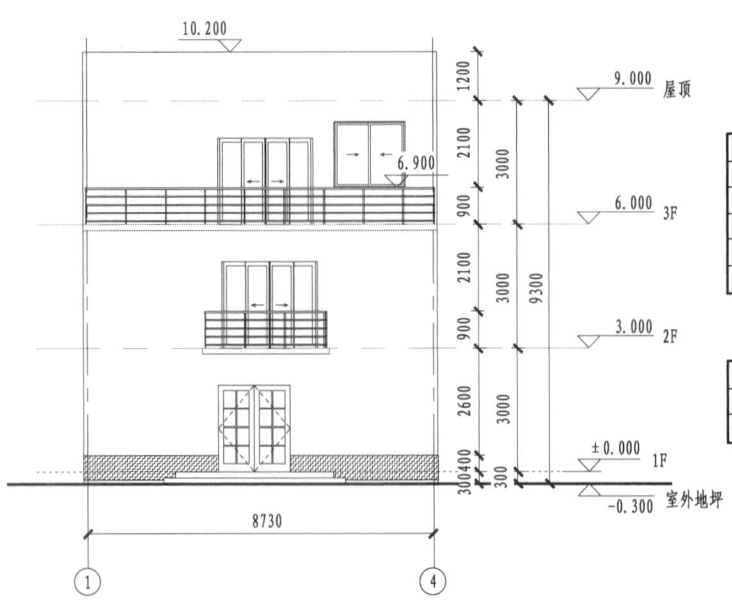

南立面图1:100

门表

类型标记	宽度/mm	高度/mm	族
M0921	900	2100	单嵌板玻璃门1
M0921	900	2100	单扇-与墙齐
M1821	1800	2100	双面嵌板镶玻璃门5
M2421	2400	2100	四扇推拉门2
MD0921	900	2100	门洞-椭圆拱

窗表

类型标记	宽度/mm	高度/mm	族
C1215	1200	1500	推拉窗6
C1816	1800	1600	推拉窗6

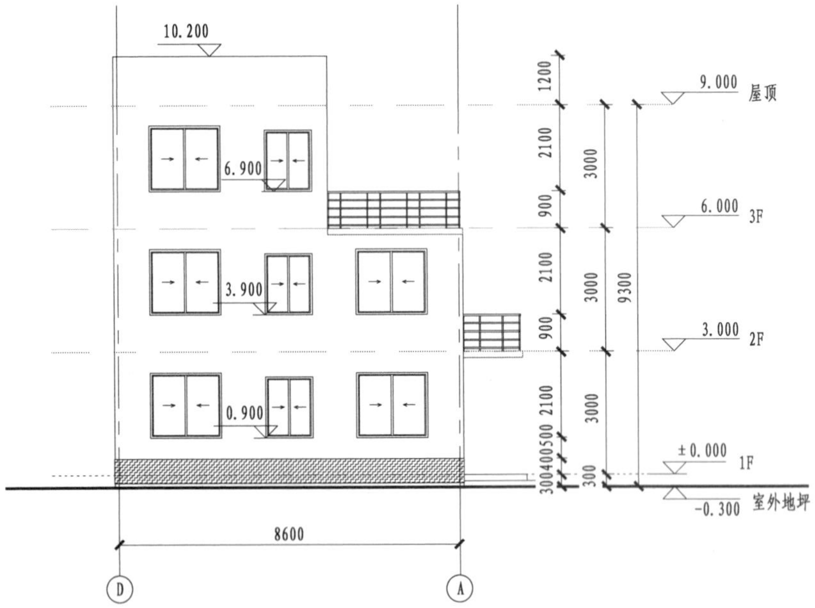

西立面图1:100

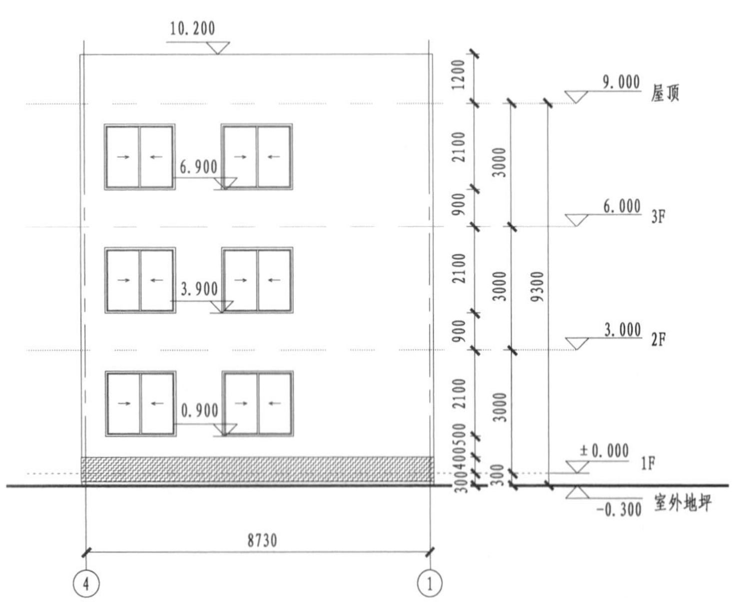

北立面图1:100

实训案例			A6_ZH_AR_3F 三层平屋顶住宅	
班 级	×××	立面图、门窗表	图号	A2
学 生	×××		图别	建施
指导教师	×××		日期	01/19/21

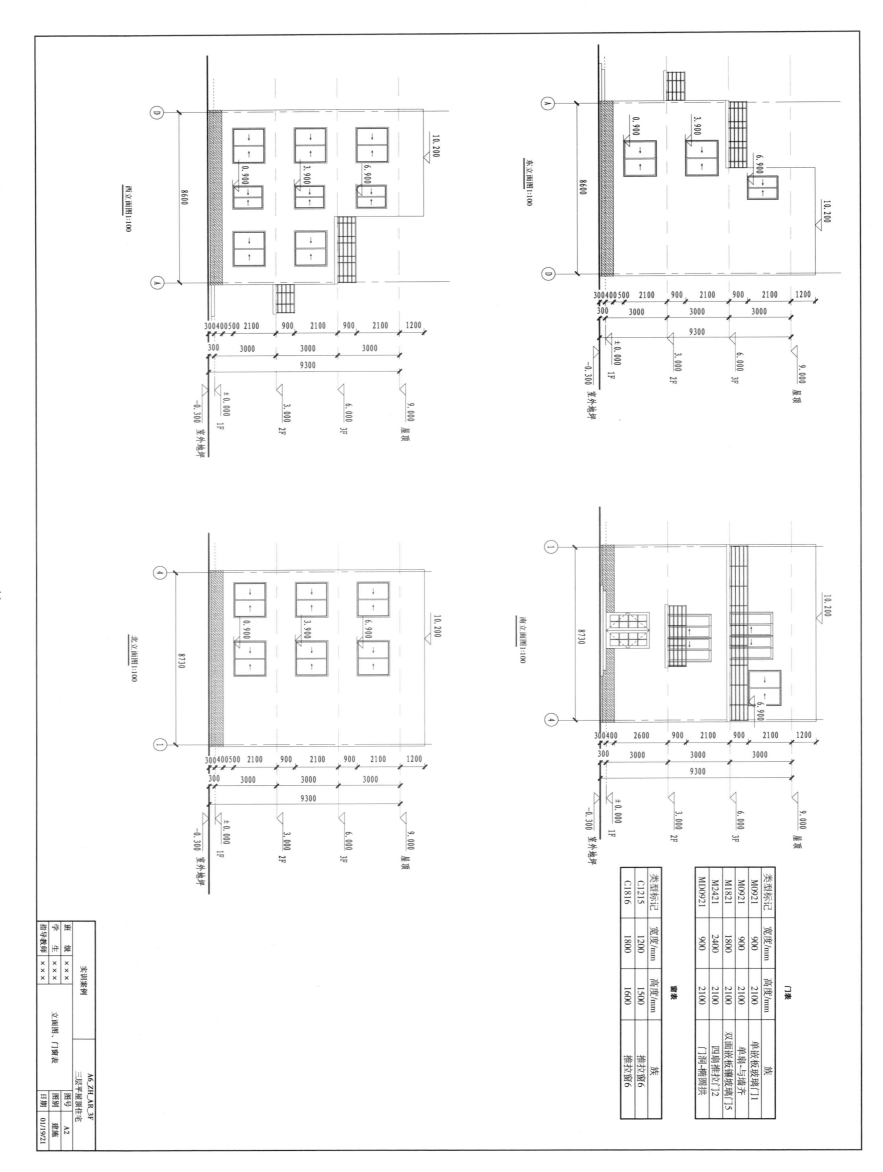

附件 4.1.7　A7_ZH_AR_3F_L 形露台坡屋顶别墅图纸

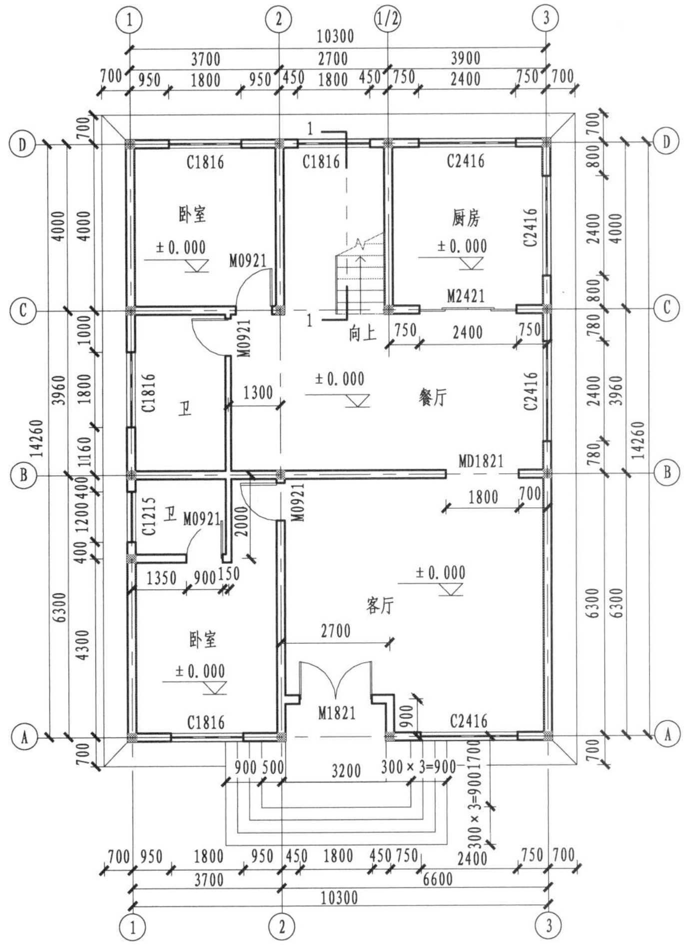

一层平面图1:100

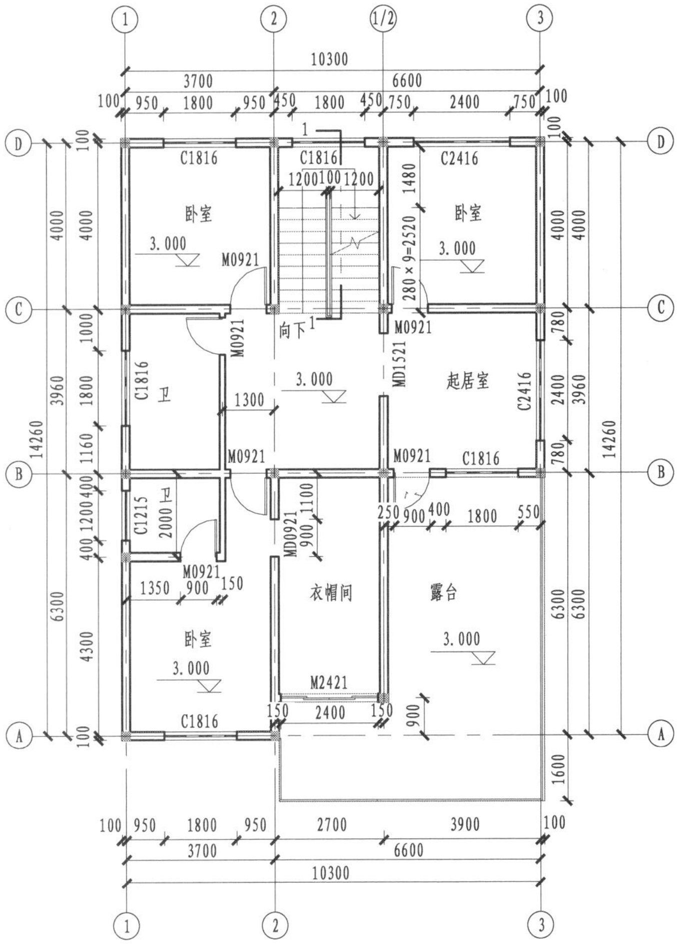

二层平面图1:100

门表

类型标记	宽度/mm	高度/mm	族
M0921	900	2100	单嵌板玻璃门1
M0921	900	2100	单扇-与墙齐
M1821	1800	2100	双面嵌板镶玻璃门5
M2421	2400	2100	四扇推拉门2
MD0921	900	2100	门洞-椭圆拱
MD1521	1500	2100	门洞-椭圆拱
MD1821	1800	2100	门洞-椭圆拱

窗表

类型标记	宽度/mm	高度/mm	族
C1215	1200	1500	推拉窗6
C1816	1800	1600	推拉窗6
C2416	2400	1600	推拉窗6

三维视图1:1

实训案例			A7_ZH_AR_3F L形露台坡屋顶别墅	
班　级	×××	平面、三维视图	图号	A1
学　生	×××		图别	建施
指导教师	×××		日期	22/08/09

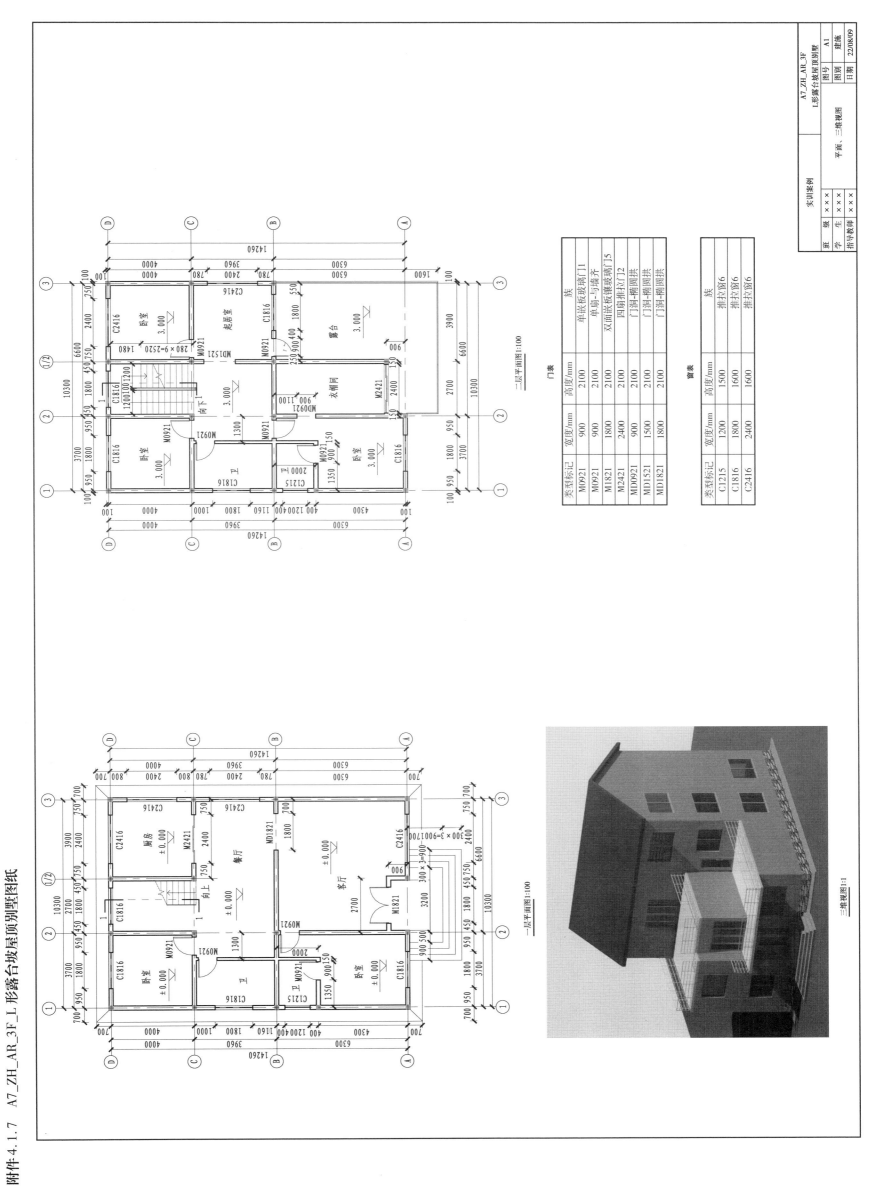

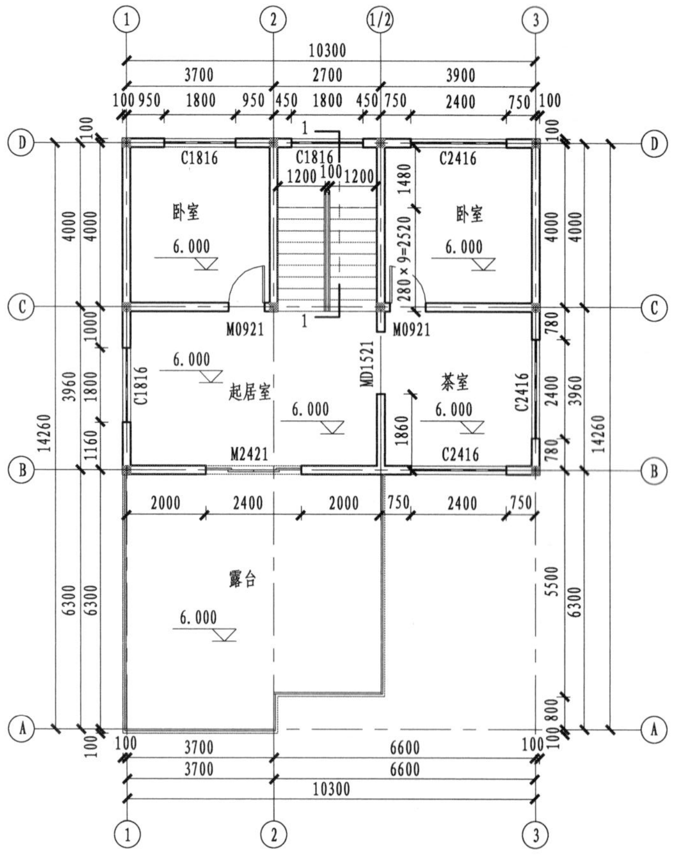

三层平面图1:100

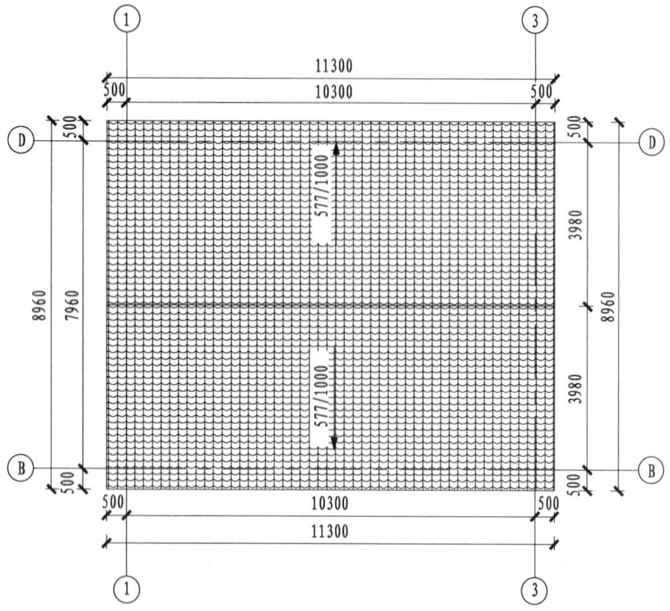

屋顶平面图1:100

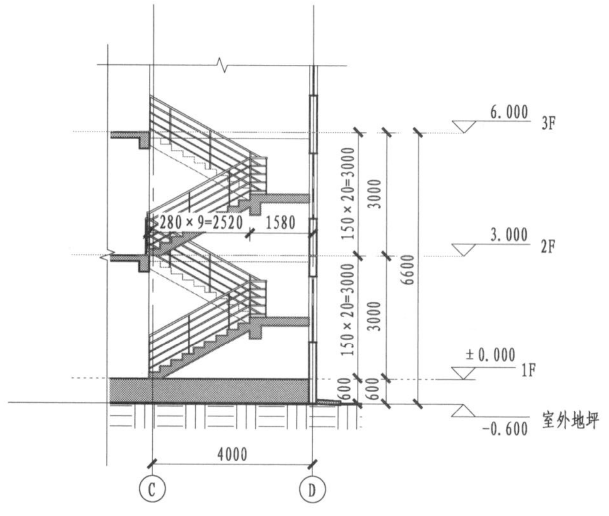

1—1剖面图1:100

实训案例		A7_ZH_AR_3F L形露台坡屋顶别墅		
班　级	×××	平面、楼梯剖面图	图号	A2
学　生	×××		图别	建施
指导教师	×××		日期	08/09/22

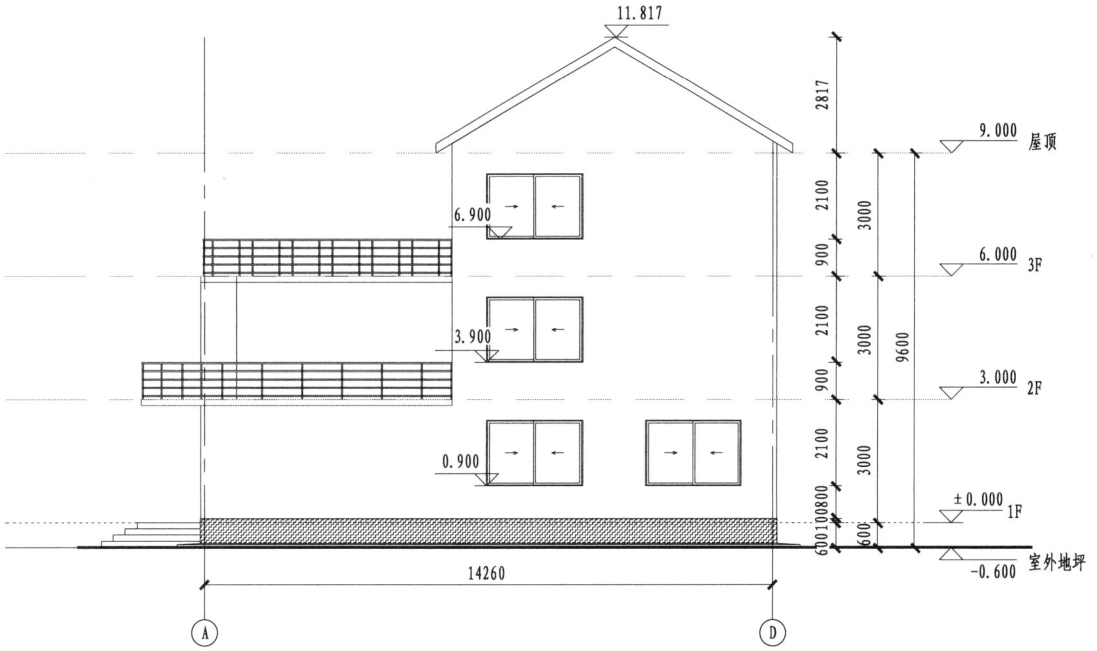

东立面图1:100

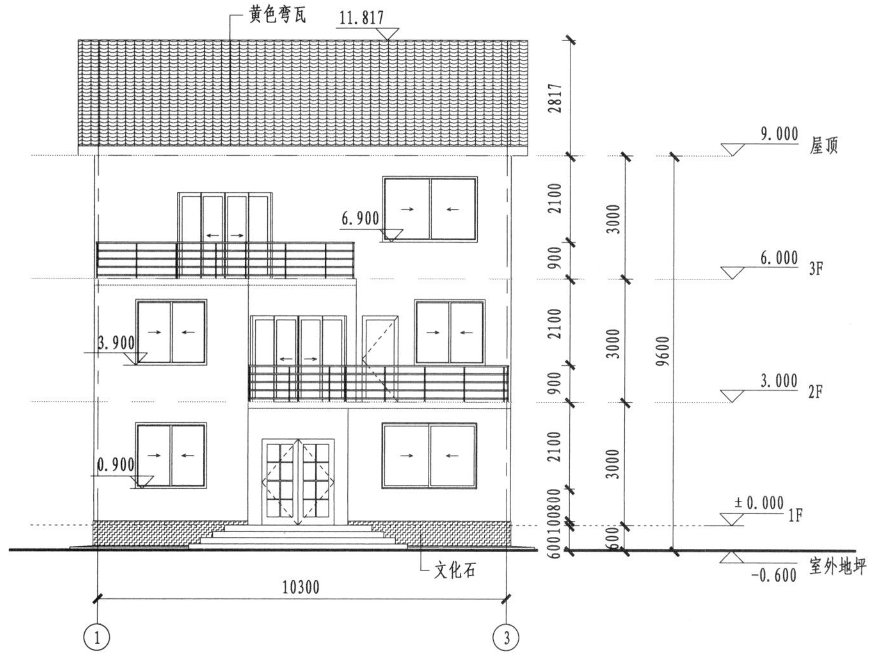

南立面图1:100

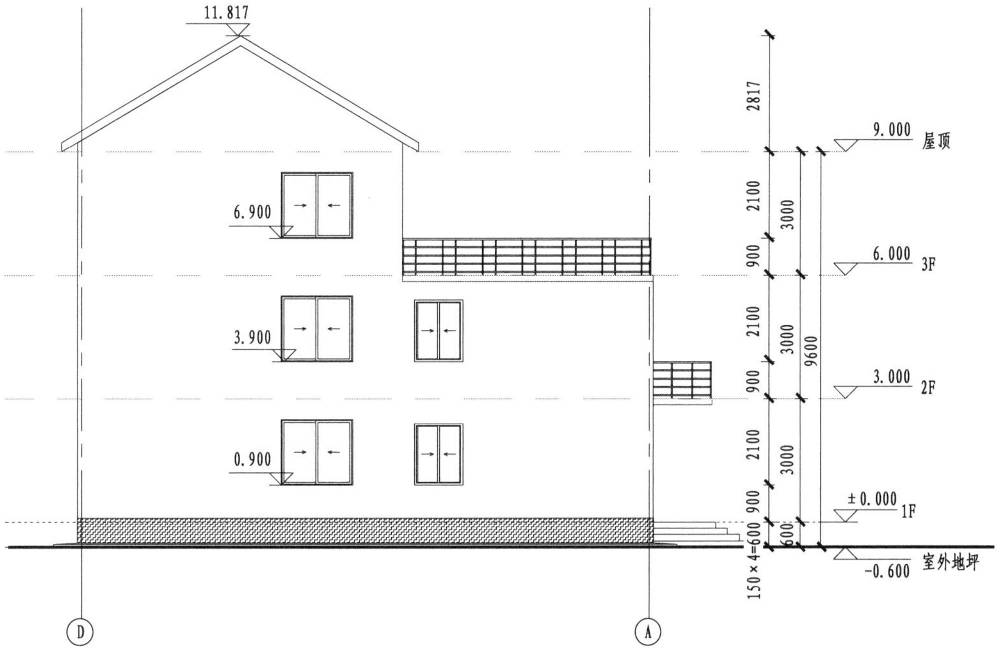

西立面图1:100

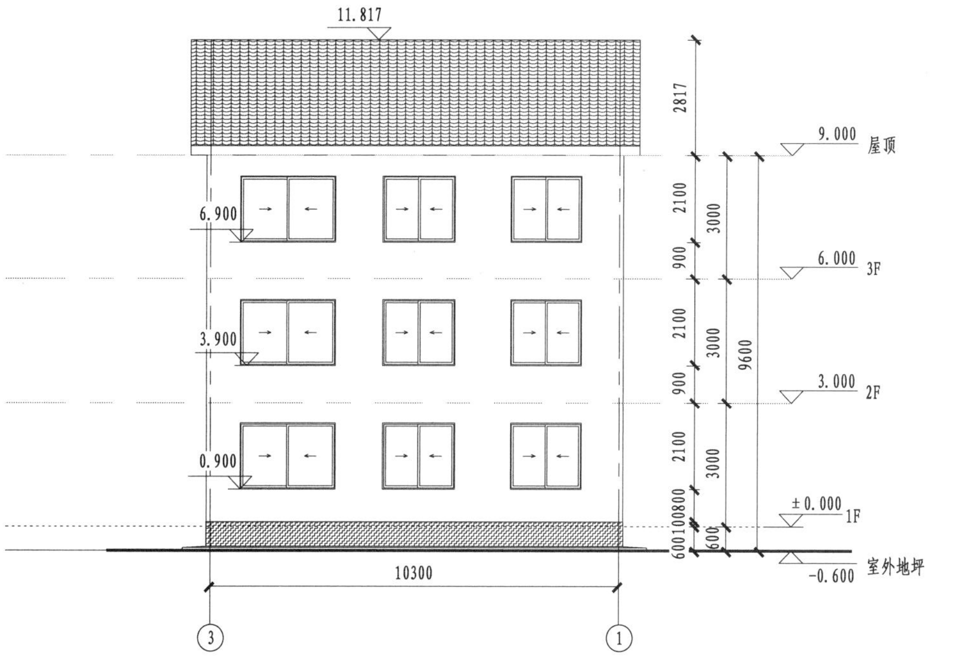

北立面图1:100

实训案例		A7_ZH_AR_3F L形露台坡屋顶别墅		
班　级	×××	立面图	图号	A3
学　生	×××		图别	建施
指导教师	×××		日期	22/08/09

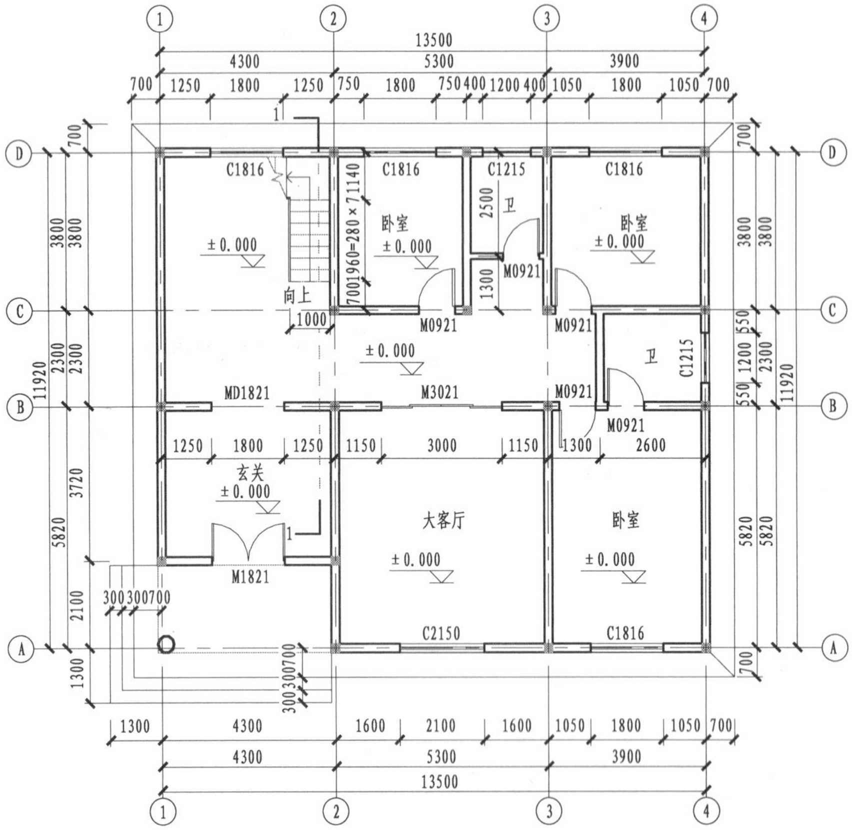

一层平面图1:100

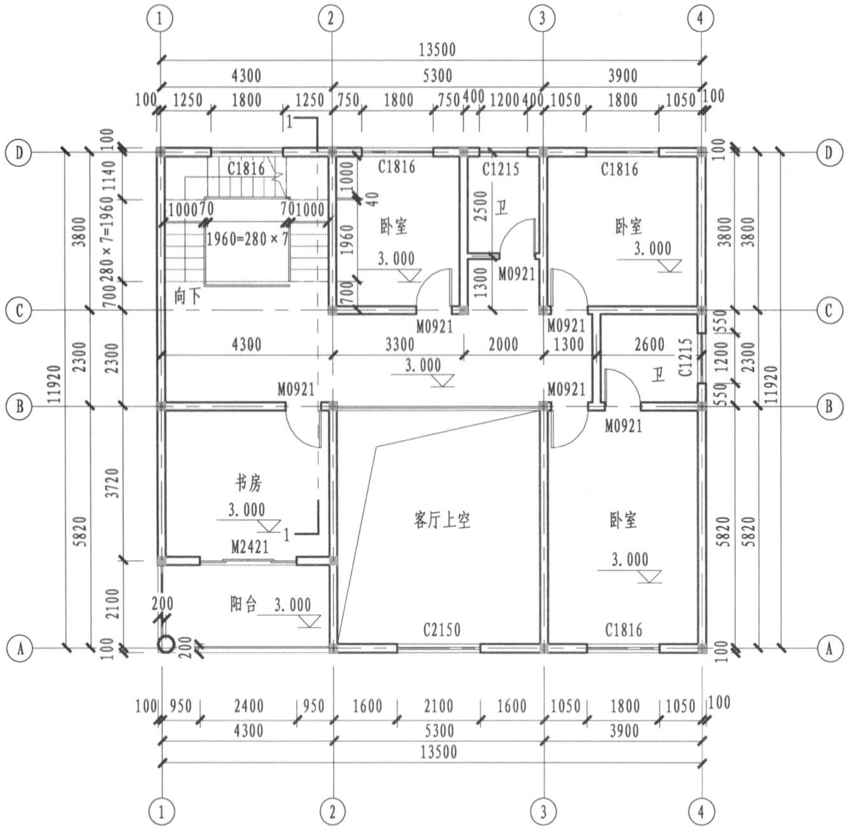

二层平面图1:100

门表

类型标记	宽度/mm	高度/mm	族
M0921	900	2100	单嵌板玻璃门1
M0921	900	2100	单扇-与墙齐
M1821	1800	2100	双面嵌板镶玻璃门5
M2421	2400	2100	四扇推拉门2
M3021	3000	2100	四扇推拉门2
MD1821	1800	2100	门洞-椭圆拱

窗表

类型标记	宽度/mm	高度/mm	族
C1215	1200	1500	推拉窗6
C1816	1800	1600	推拉窗6
C2150	2100	5000	弧顶窗1
C2416	2400	1600	推拉窗6

三维视图1:1

实训案例			A8_ZH_AR_3F 三跑楼梯坡屋顶别墅	
班　级	×××	平面、三维视图	图号	A1
学　生	×××		图别	建施
指导教师	×××		日期	22/08/10

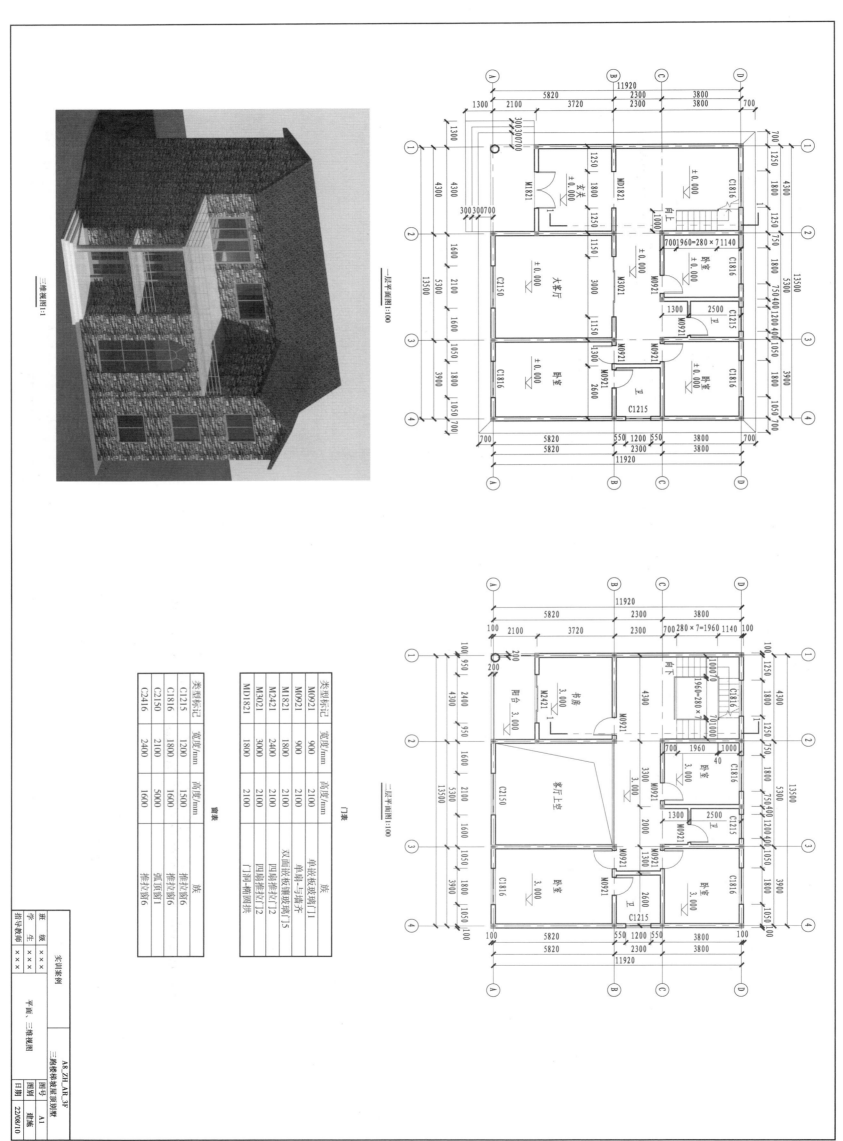

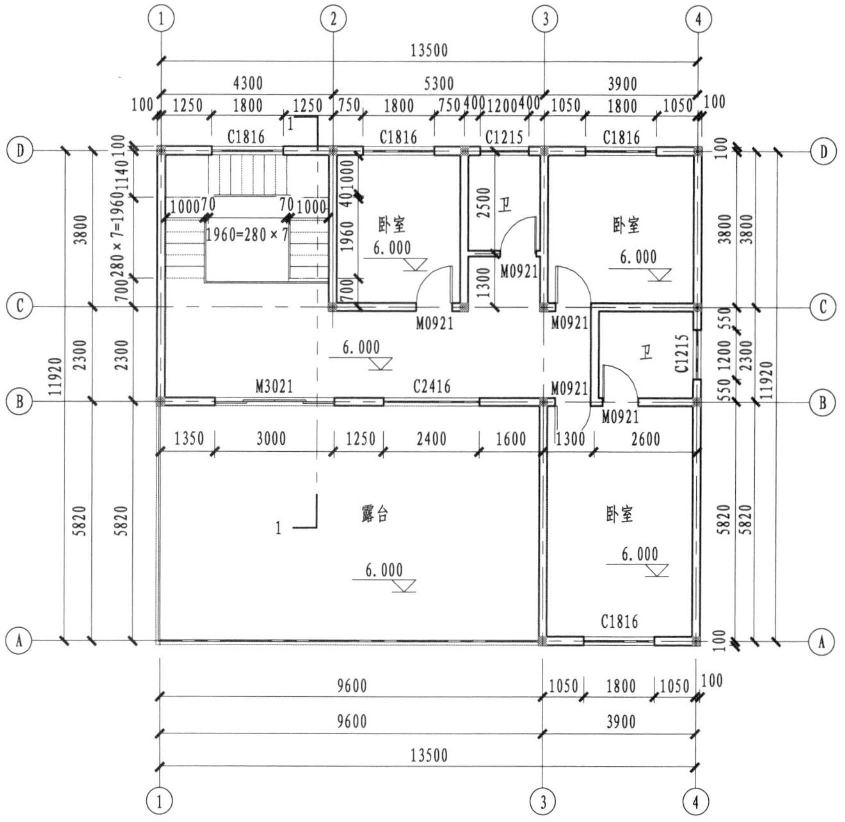

三层平面图1:100

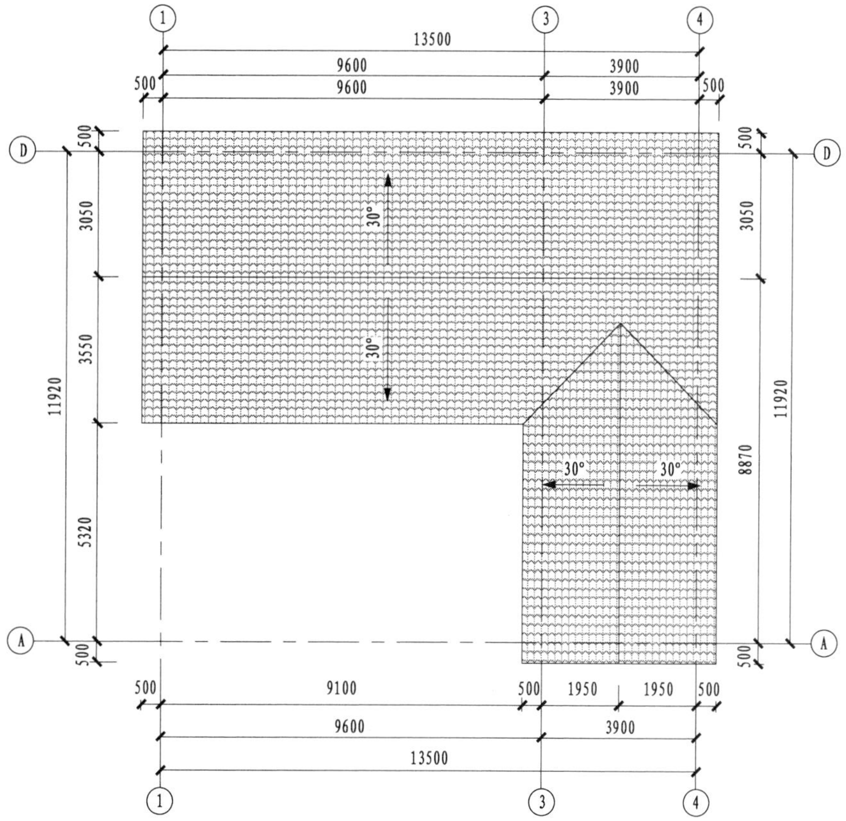

屋顶平面图1:100

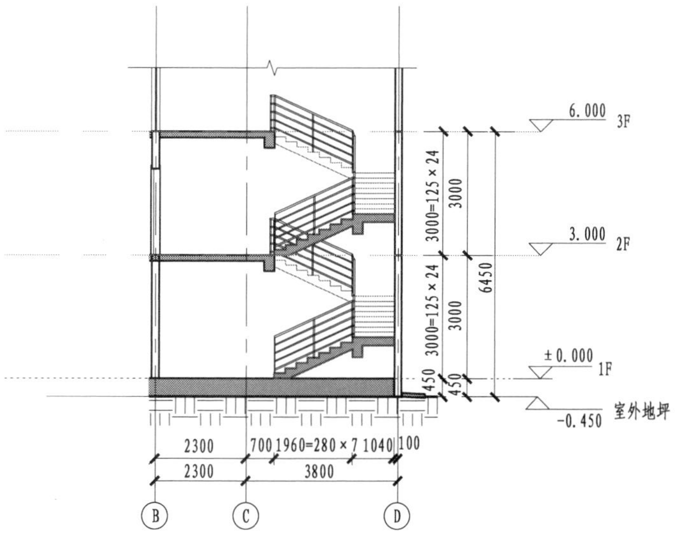

1—1剖面图1:100

实训案例		A8_ZH_AR_3F 三跑楼梯坡屋顶别墅	
班　级	×××	图号	A2
学　生	×××	图别	建施
指导教师	×××	日期	08/10/22
平面图、剖面图			

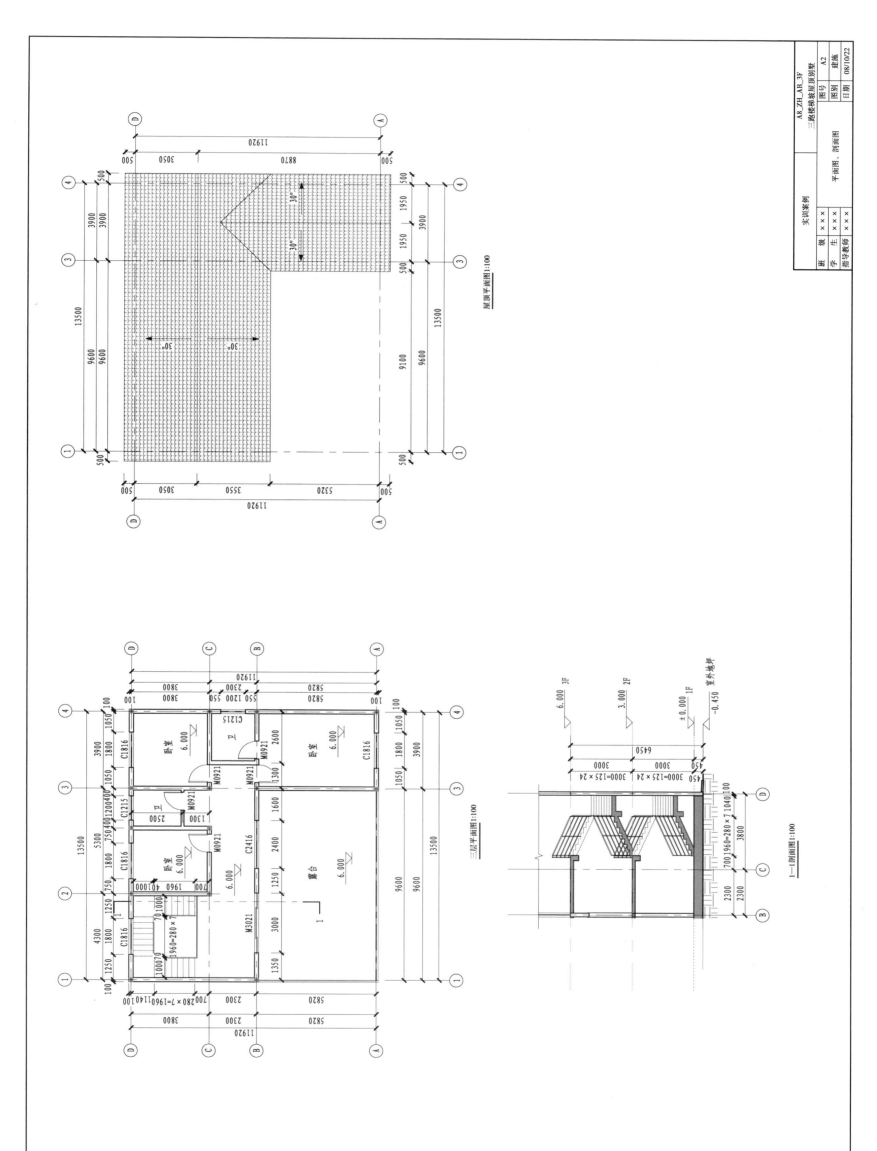

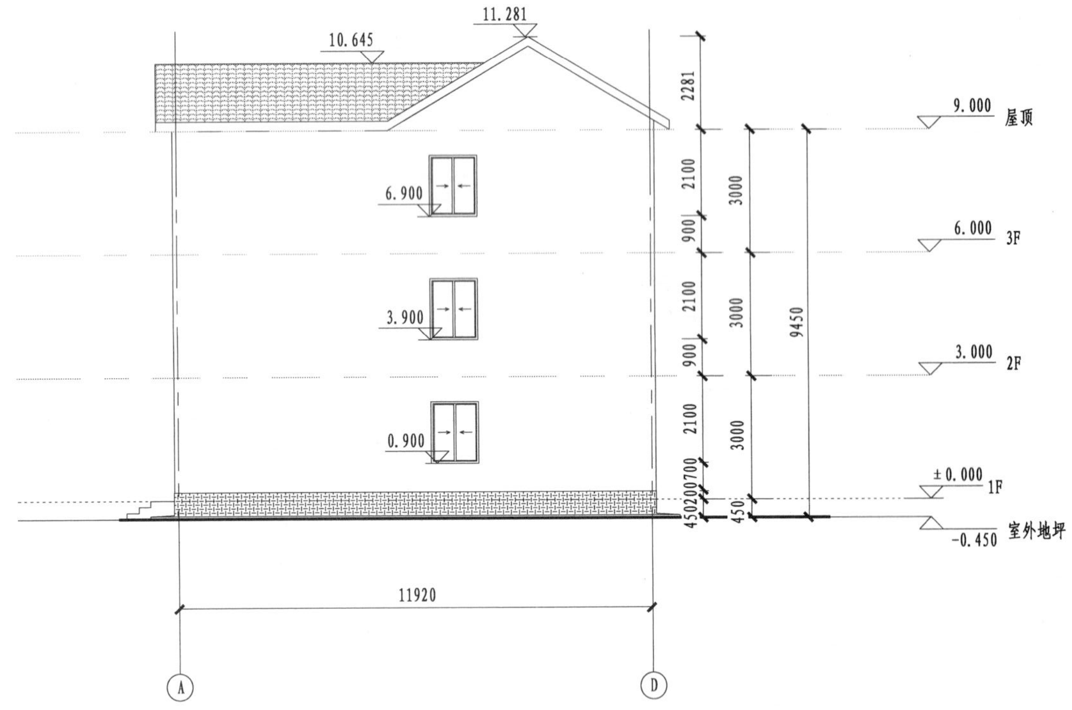

东立面图1:100

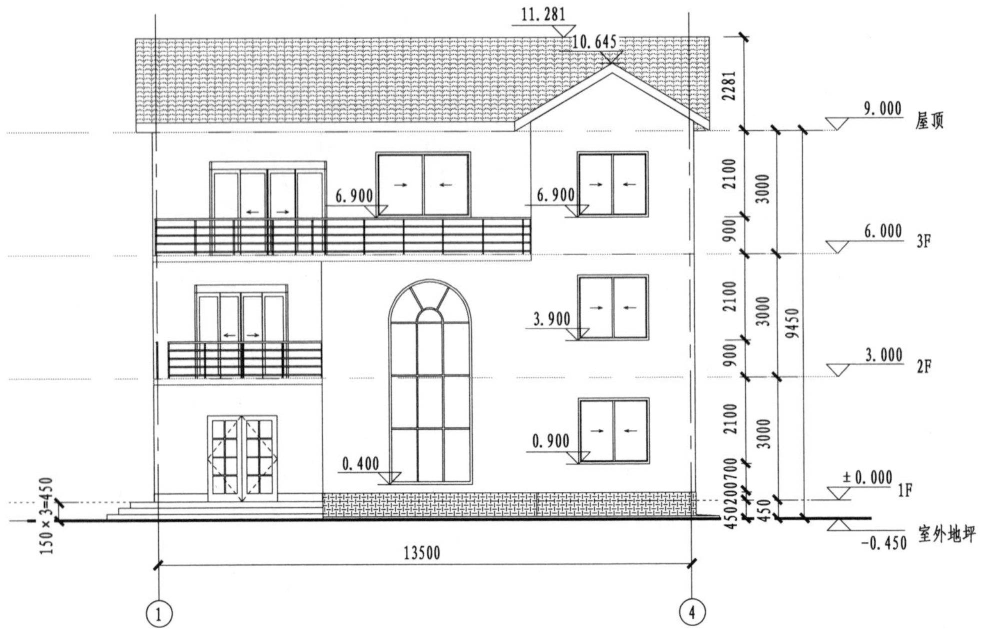

南立面图1:100

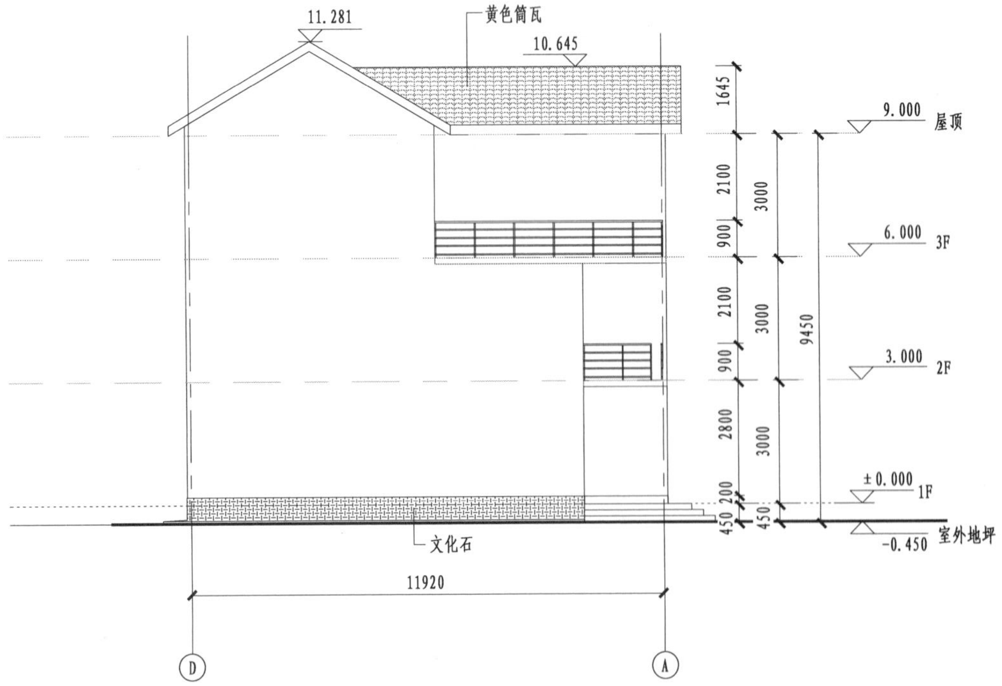

西立面图1:100

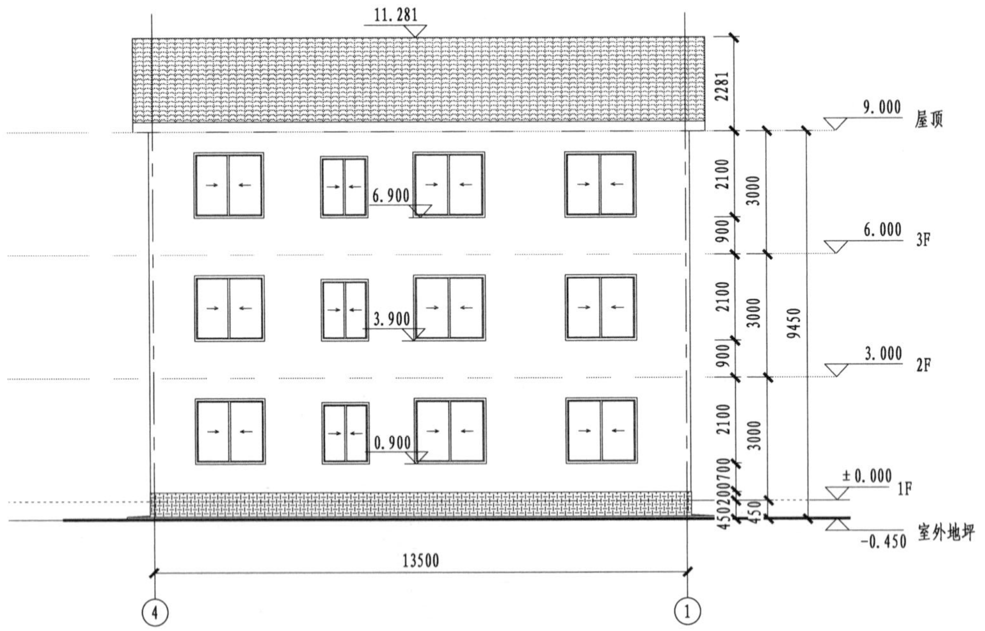

北立面图1:100

实训案例			A8_ZH_AR_3F 三跑楼梯坡屋顶别墅	
班　级	×××	立面图	图号	A3
学　生	×××		图别	建施
指导教师	×××		日期	01/19/21

附件 4.1.9 A9_ZH_AR_3F_带坡道飘窗坡屋顶别墅图纸

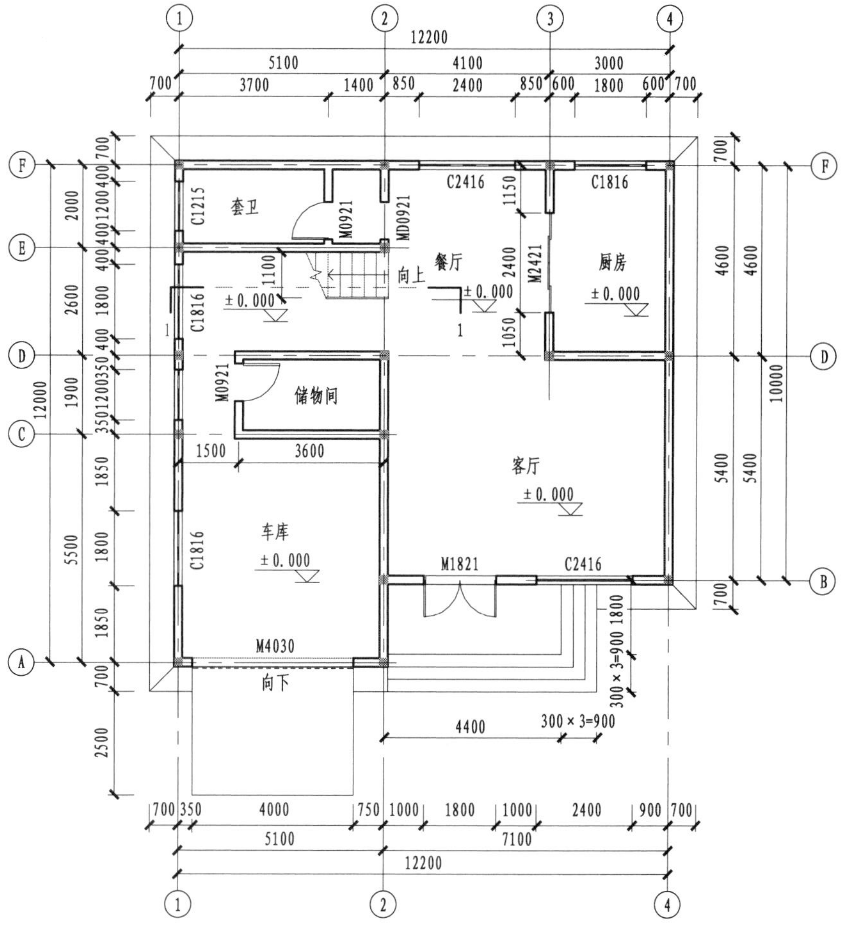

一层平面图1:100

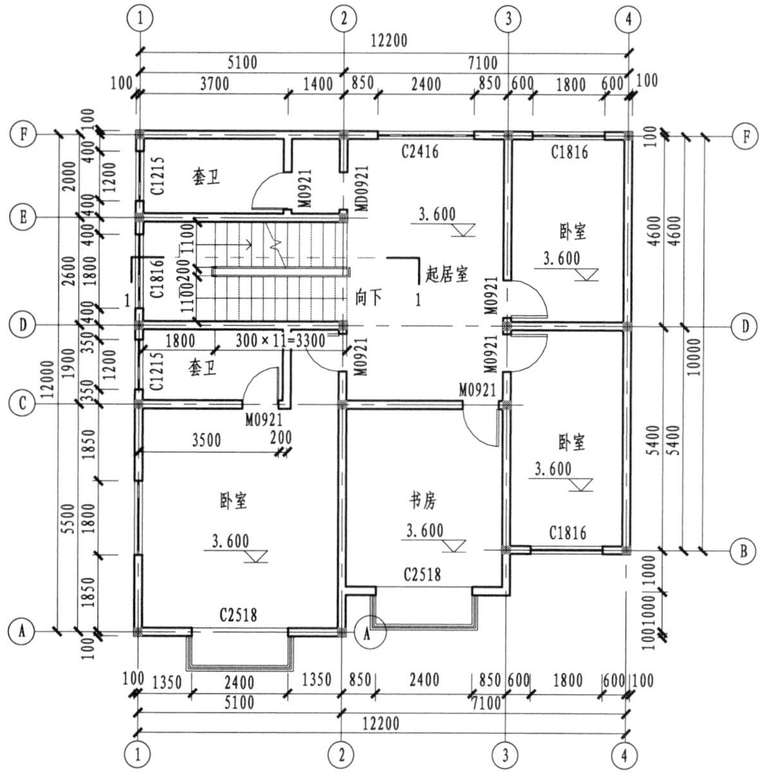

二层平面图1:100

门表

类型标记	宽度/mm	高度/mm	族
M0921	900	2100	单嵌板玻璃门1
M0921	900	2100	单扇-与墙齐
M1821	1800	2100	双面嵌板镶玻璃门5
M2421	2400	2100	四扇推拉门2
M4030	4000	3000	卷帘门
MD0921	900	2100	门洞-椭圆拱

窗表

类型标记	宽度/mm	高度/mm	族
C1215	1200	1500	推拉窗6
C1816	1800	1600	推拉窗6
C2416	2400	1600	推拉窗6
C2518	2500	1800	凸窗-双层两列

实训案例		A9_ZH_AR_3F 带坡道飘窗坡屋顶别墅		
班级	×××	一、二层平面图	图号	A1
学生	×××		图别	建施
指导教师	×××		日期	22/08/11

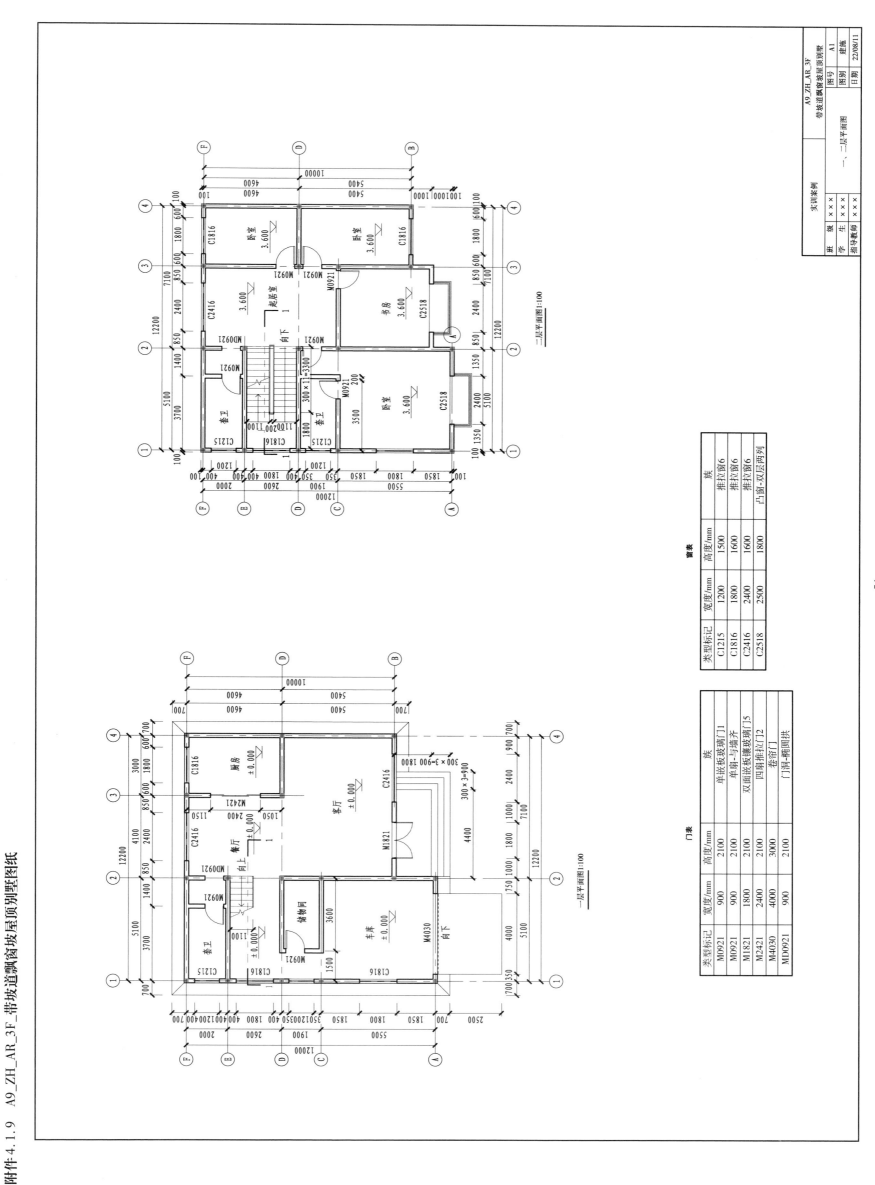

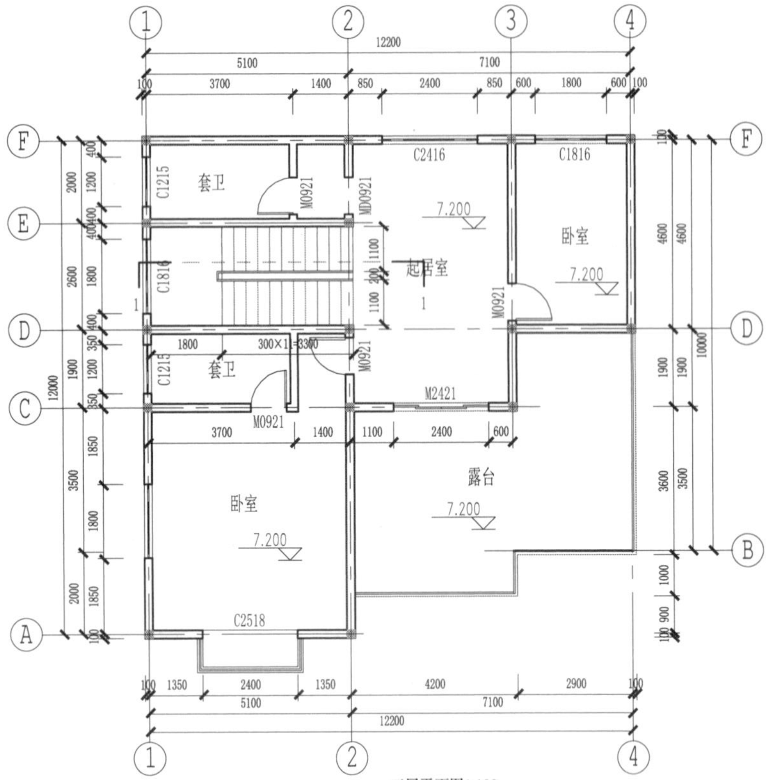

三层平面图1:100

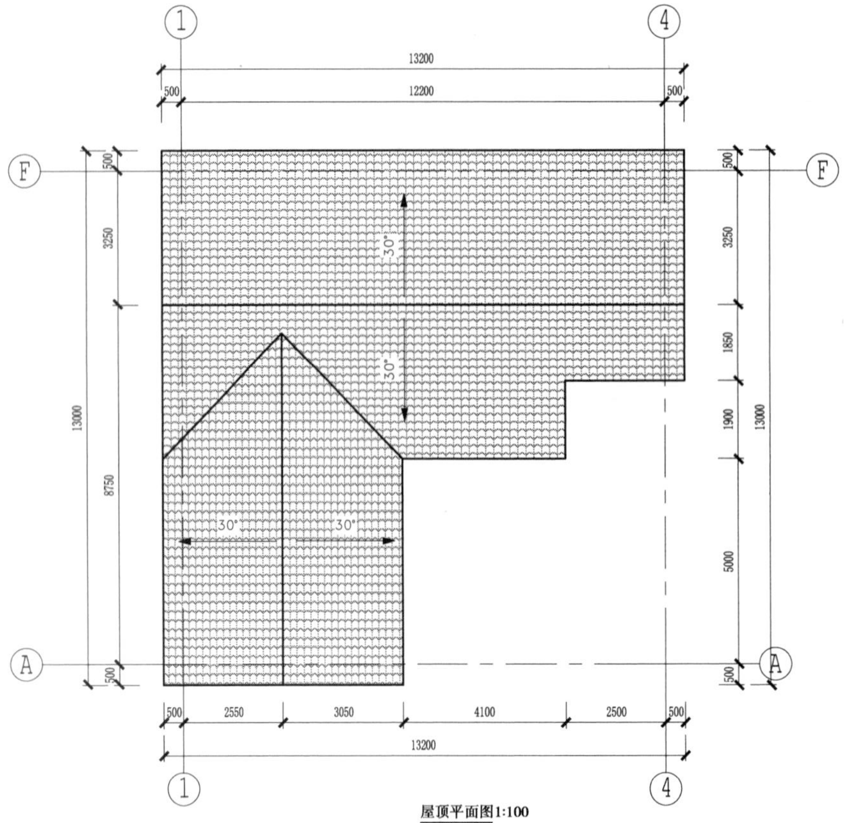

屋顶平面图1:100

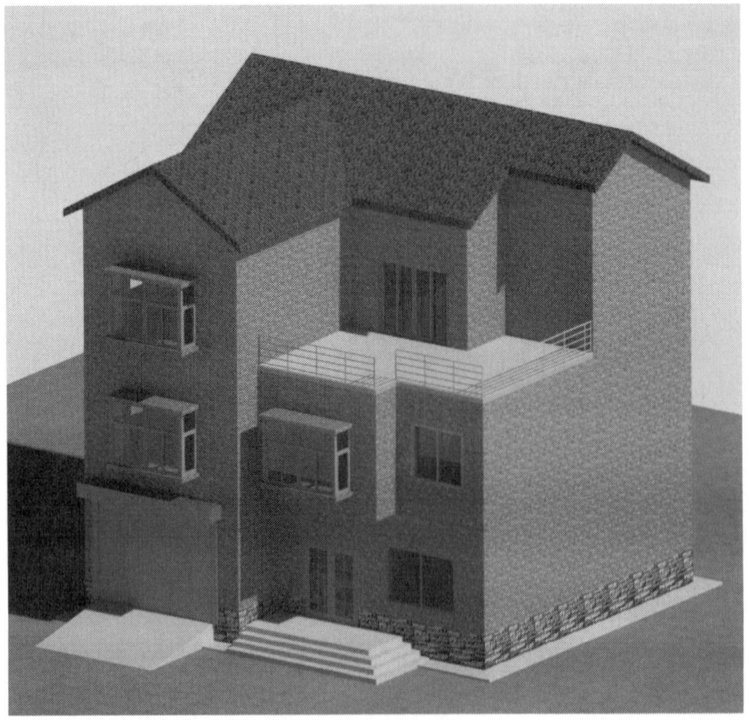

三维视图1:1

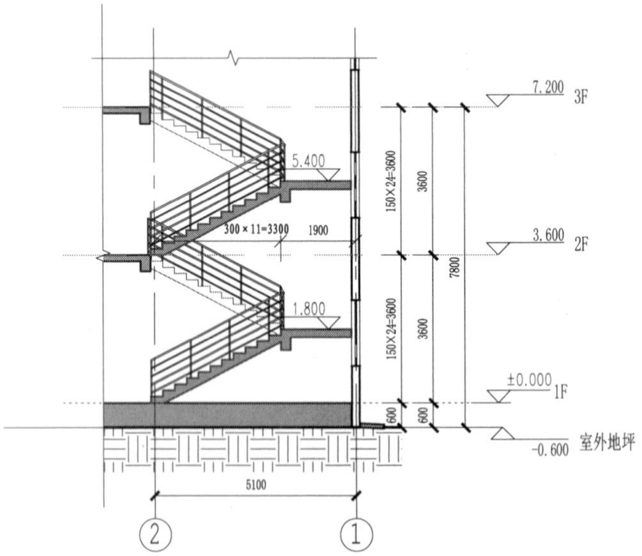

1—1剖面图1:100

实训案例			A9_ZH_AR_3F 带坡道飘窗坡屋顶别墅	
班　级	×××	平面图、楼梯剖面图	图号	A2
学　生	×××		图别	建施
指导教师	×××		日期	08/11/22

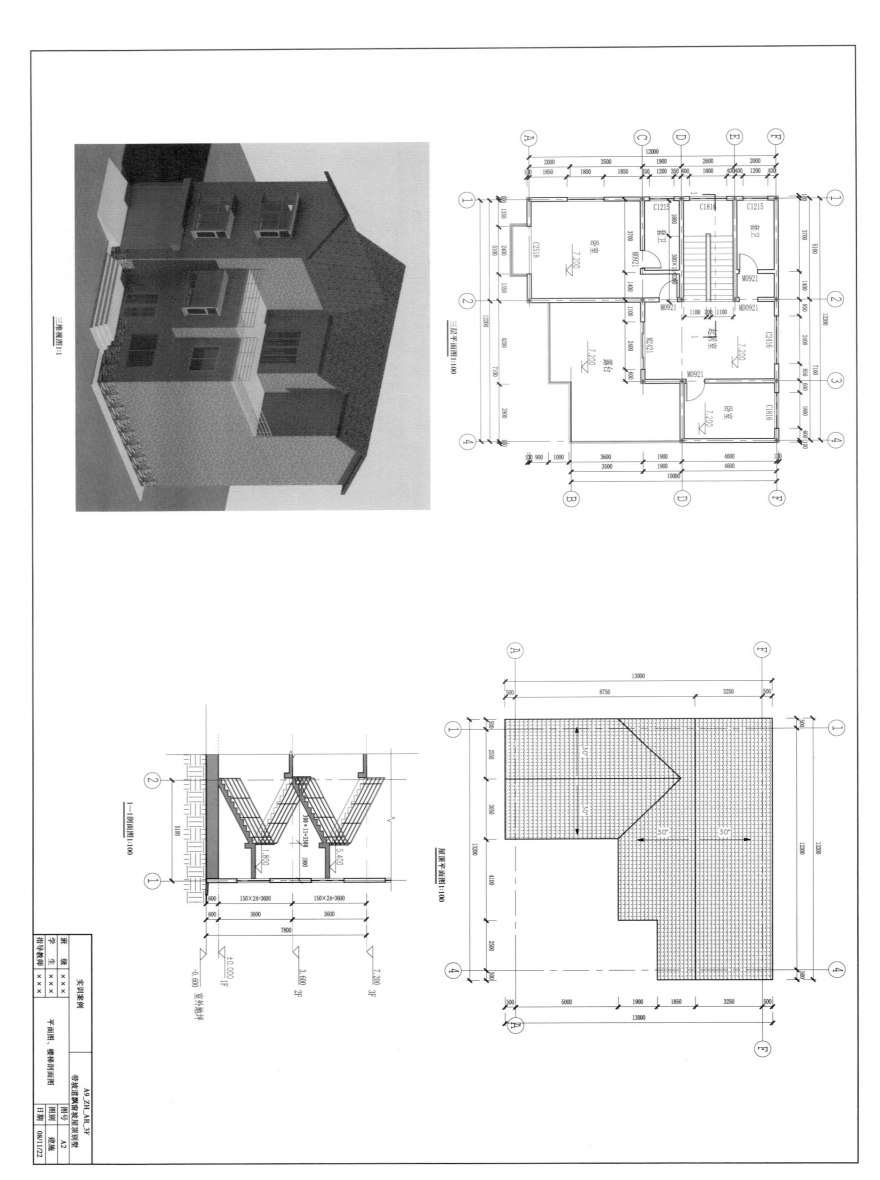

东立面图1:100
南立面图1:100
西立面图1:100
北立面图1:100
黄褐色筒瓦
文化石
屋顶
室外地坪
实训案例
A9_ZH_AR_3F
带坡道飘窗坡屋顶别墅
班　级 ×××
学　生 ×××
指导教师 ×××
立面图
图号 A3
图别 建施
日期 01/19/21

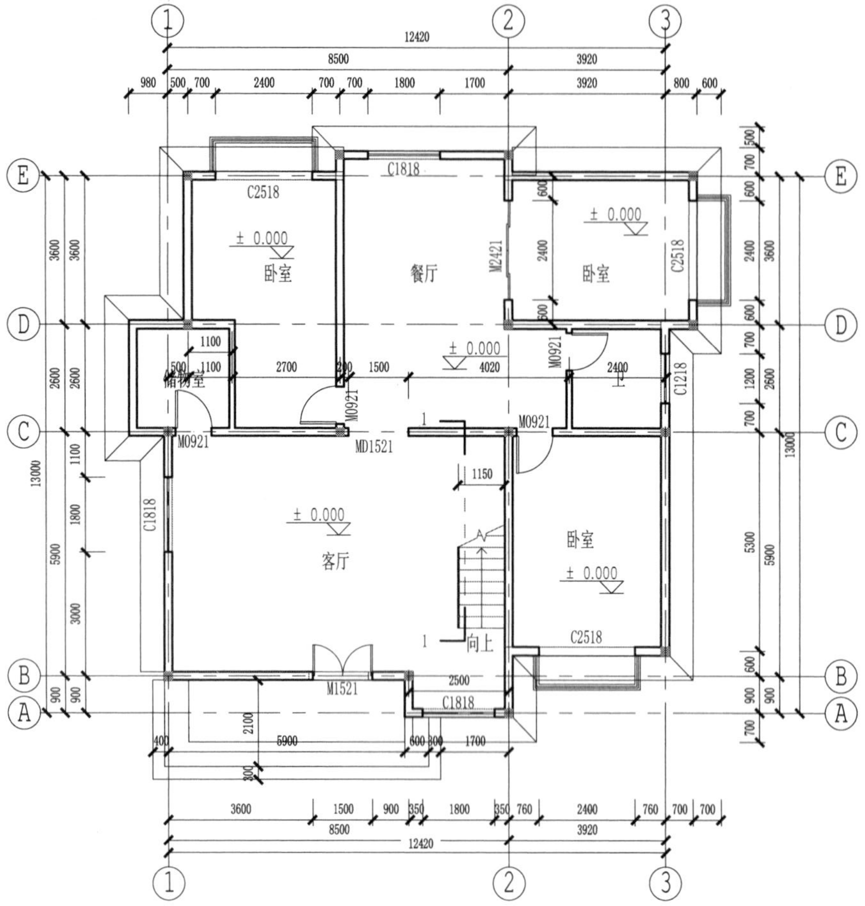

一层平面图1:100

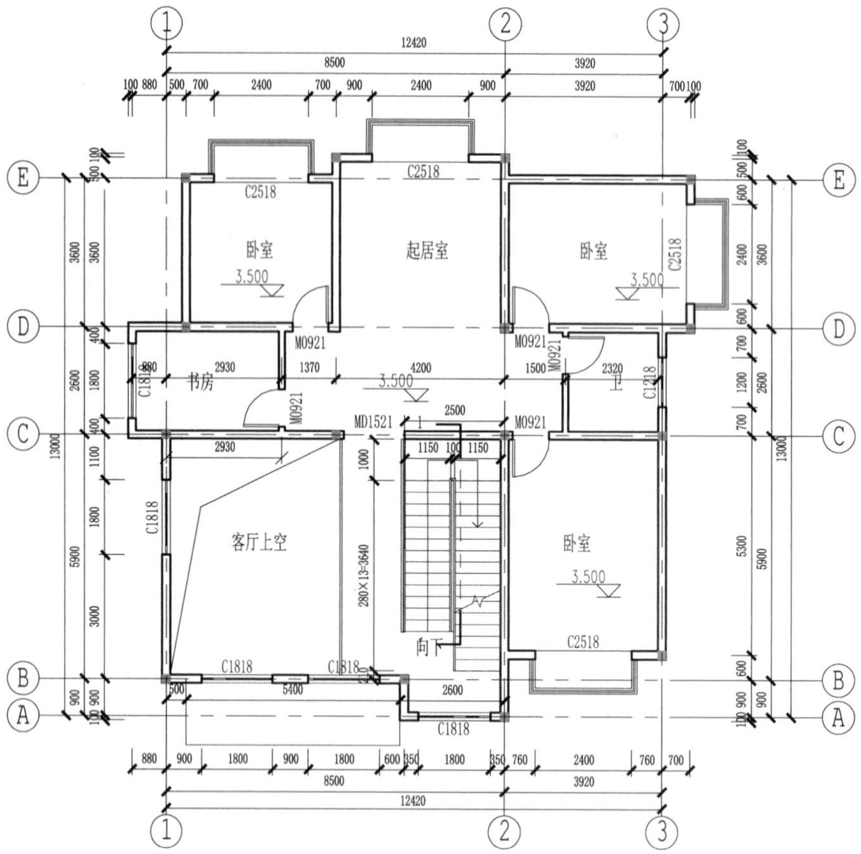

二层平面图1:100

门表

类型标记	宽度/mm	高度/mm	族
M0921	900	2100	单扇-与墙齐
M1221	1200	2100	单嵌板玻璃门1
M1521	1500	2100	双面嵌板镶玻璃门5
M2421	2400	2100	四扇推拉门2
M3621	3600	2100	四扇推拉门2
MD1521	1500	2100	门洞-椭圆拱

窗表

类型标记	宽度/mm	高度/mm	族
C1218	1200	1800	推拉窗6
C1818	1800	1800	推拉窗6
C2518	2500	1800	凸窗-双层两列

实训案例		A10_ZH_AR_3F 带L形露台平屋顶住宅		
班　级	×××	一层、二层平面图	图号	A01
学　生	×××		图别	建施
指导教师	×××		日期	22/08/15

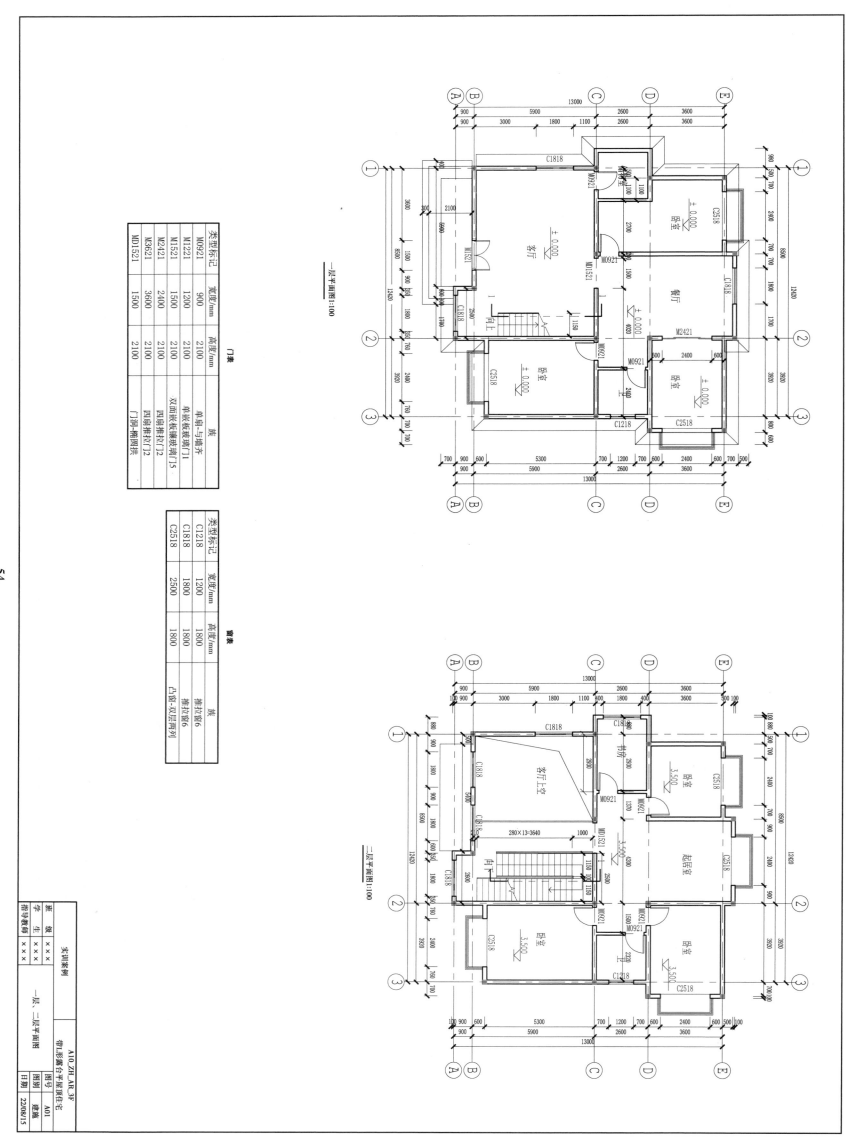

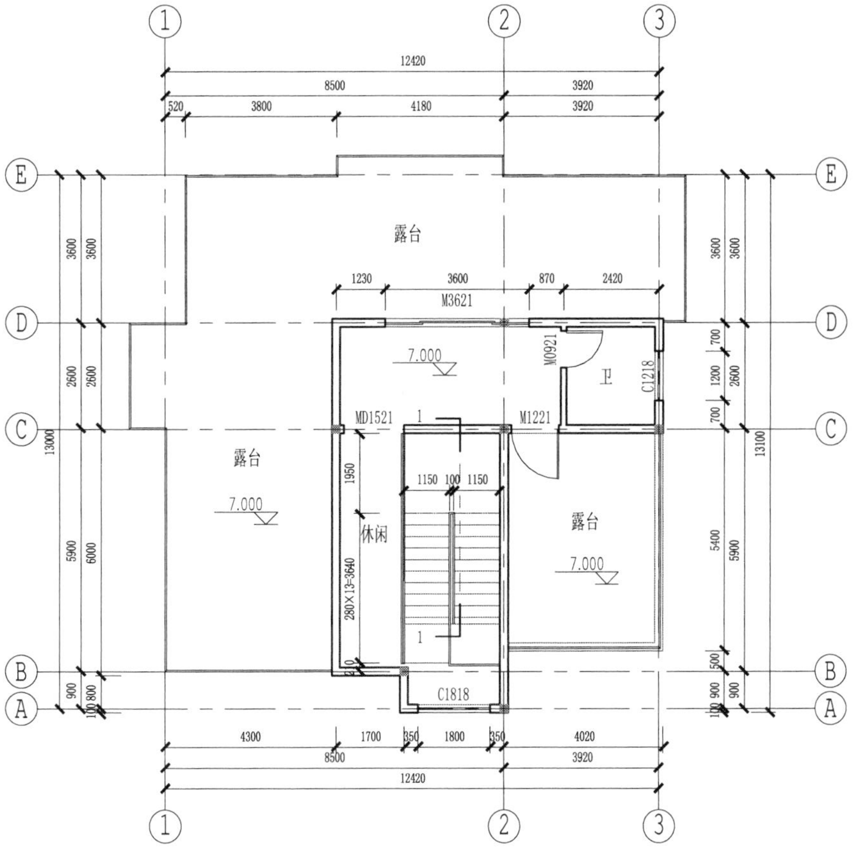

三层平面图1:100

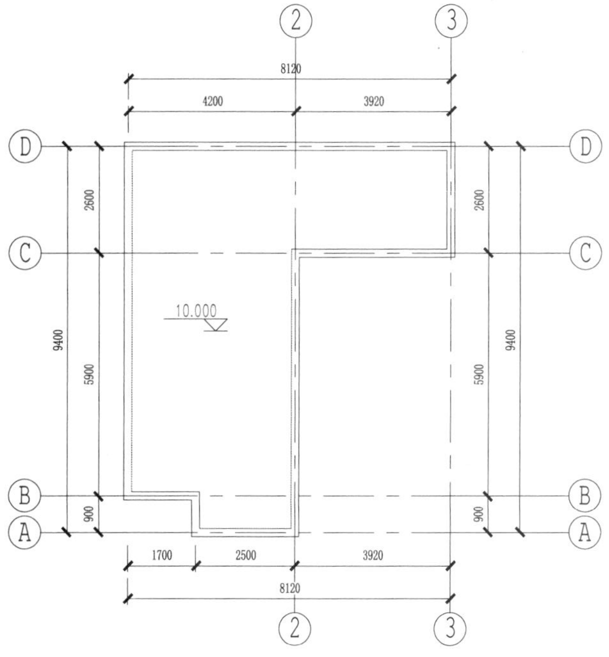

屋顶平面图1:100

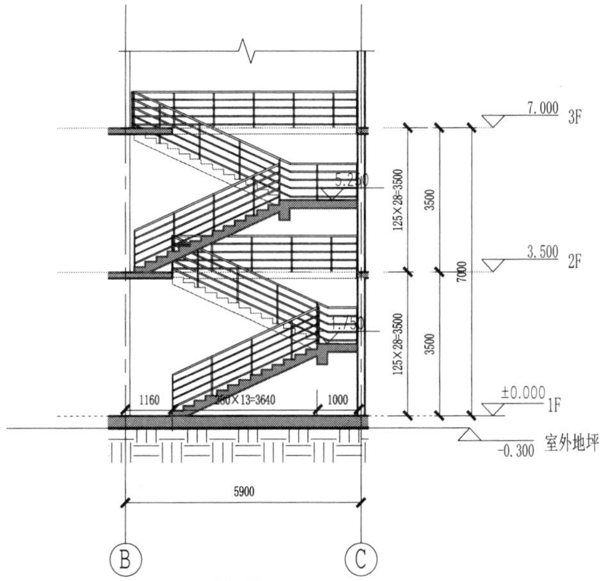

1—1剖面图1:100

三维视图1:1

实训案例			A10_ZH_AR_3F 带L形露台平屋顶住宅	
班　级	×××	平面、剖面图	图号	A02
学　生	×××		图别	建施
指导教师	×××		日期	08/15/22

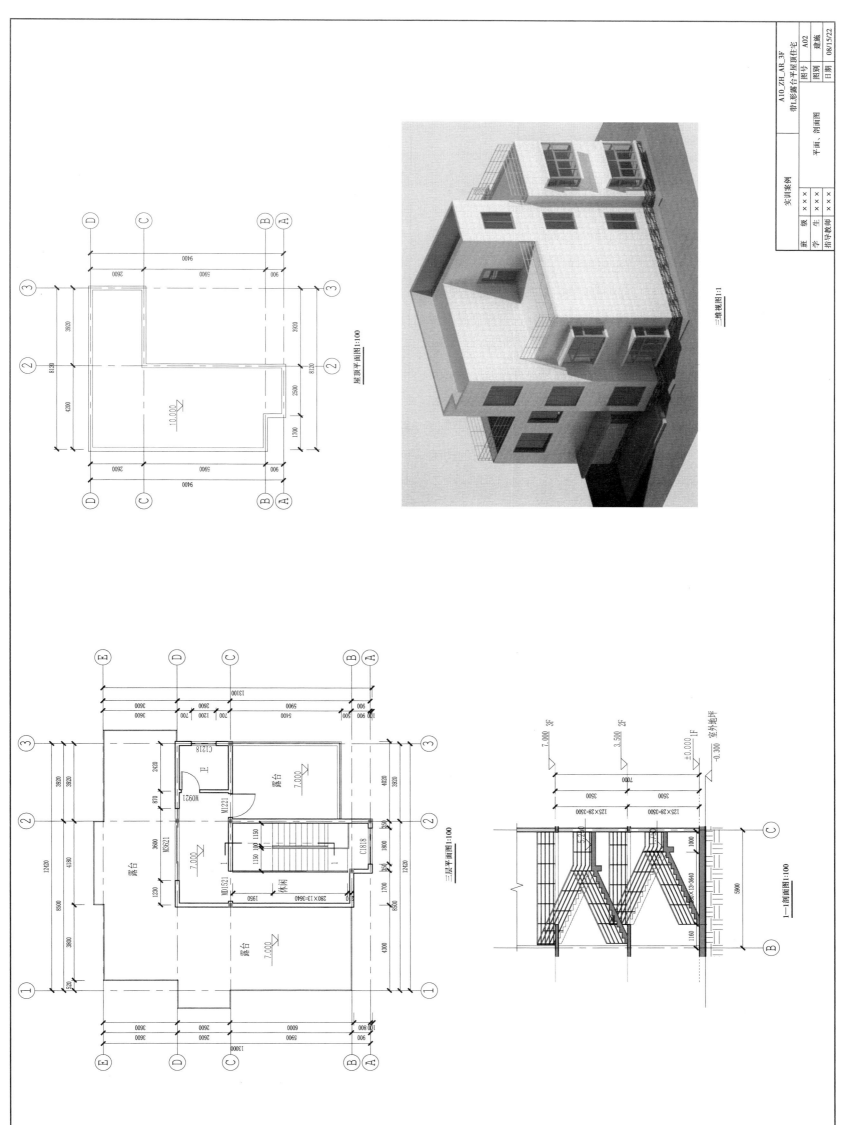

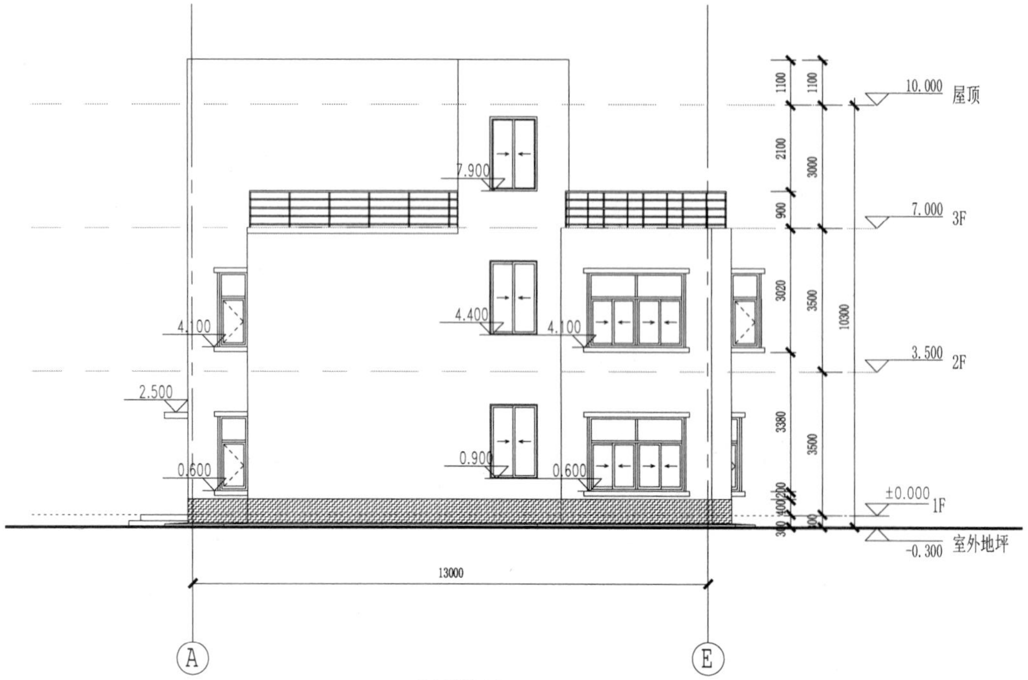

东立面图1:100

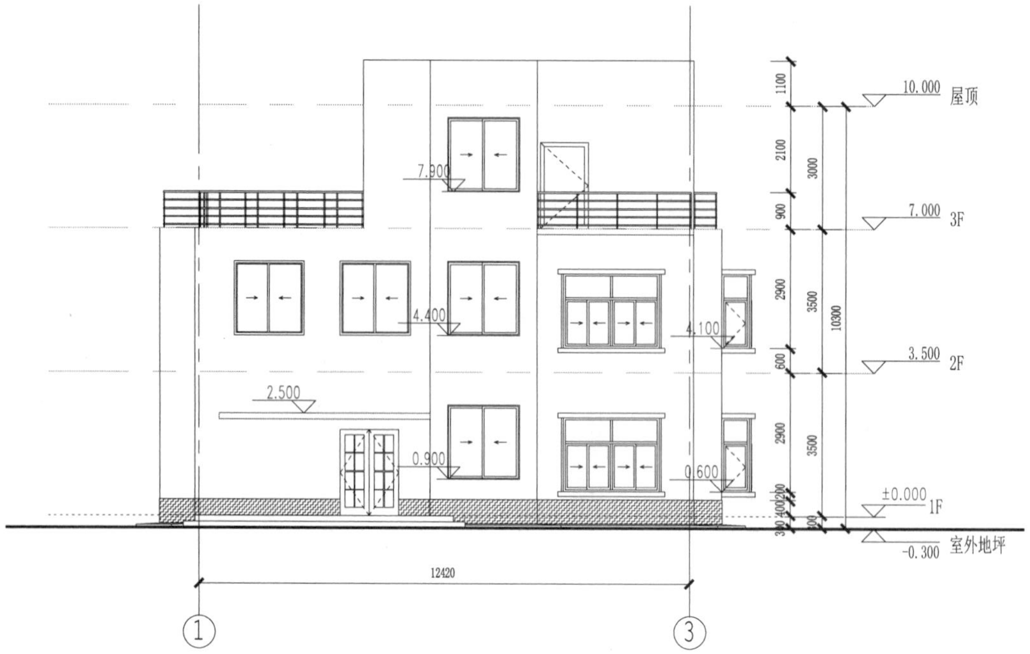

南立面图1:100

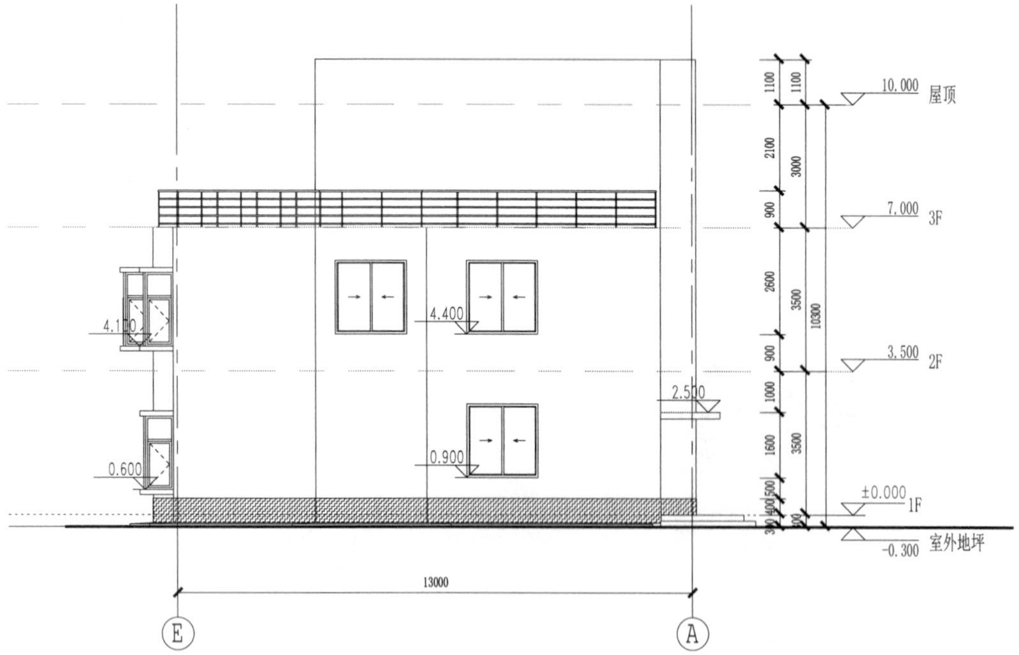

西立面图1:100

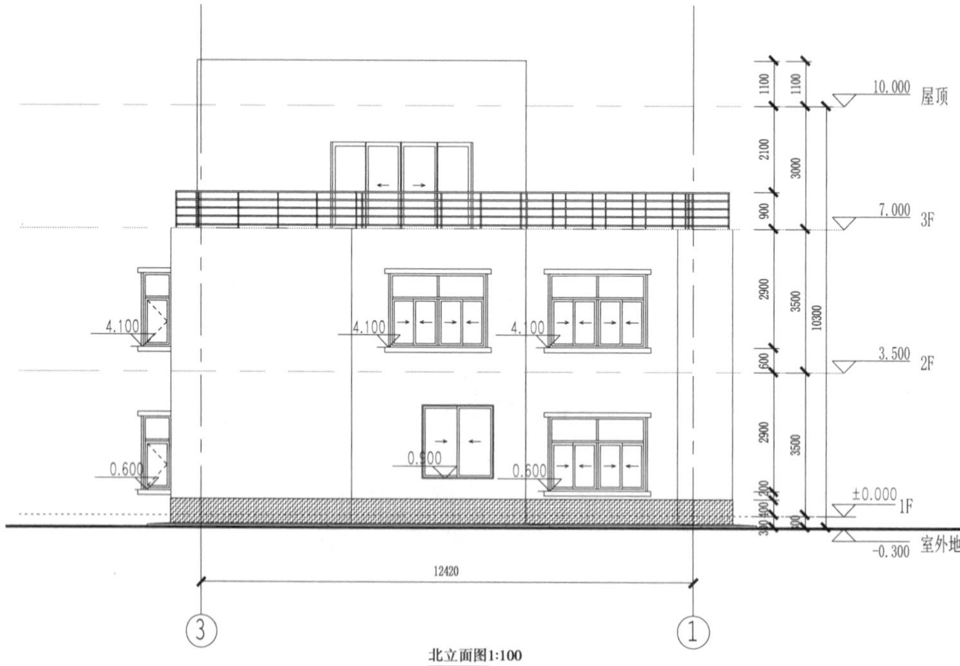

北立面图1:100

实训案例		A10_ZH_AR_3F 带L形露台平屋顶住宅		
班　级	×××	立面图	图号	A03
学　生	×××		图别	建施
指导教师	×××		日期	01/19/21

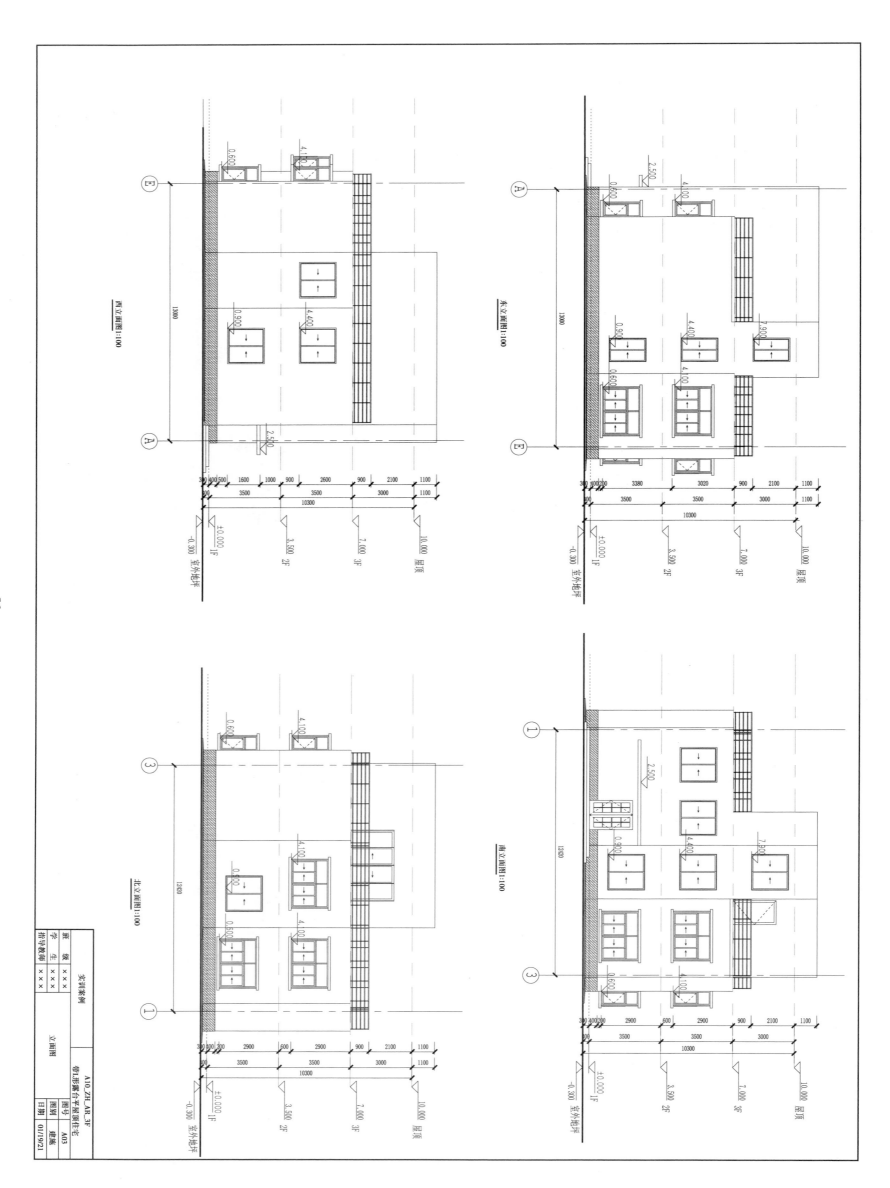

附件 4.1.11　A11_ZH_AR_2F_带天井坡屋顶别墅图纸

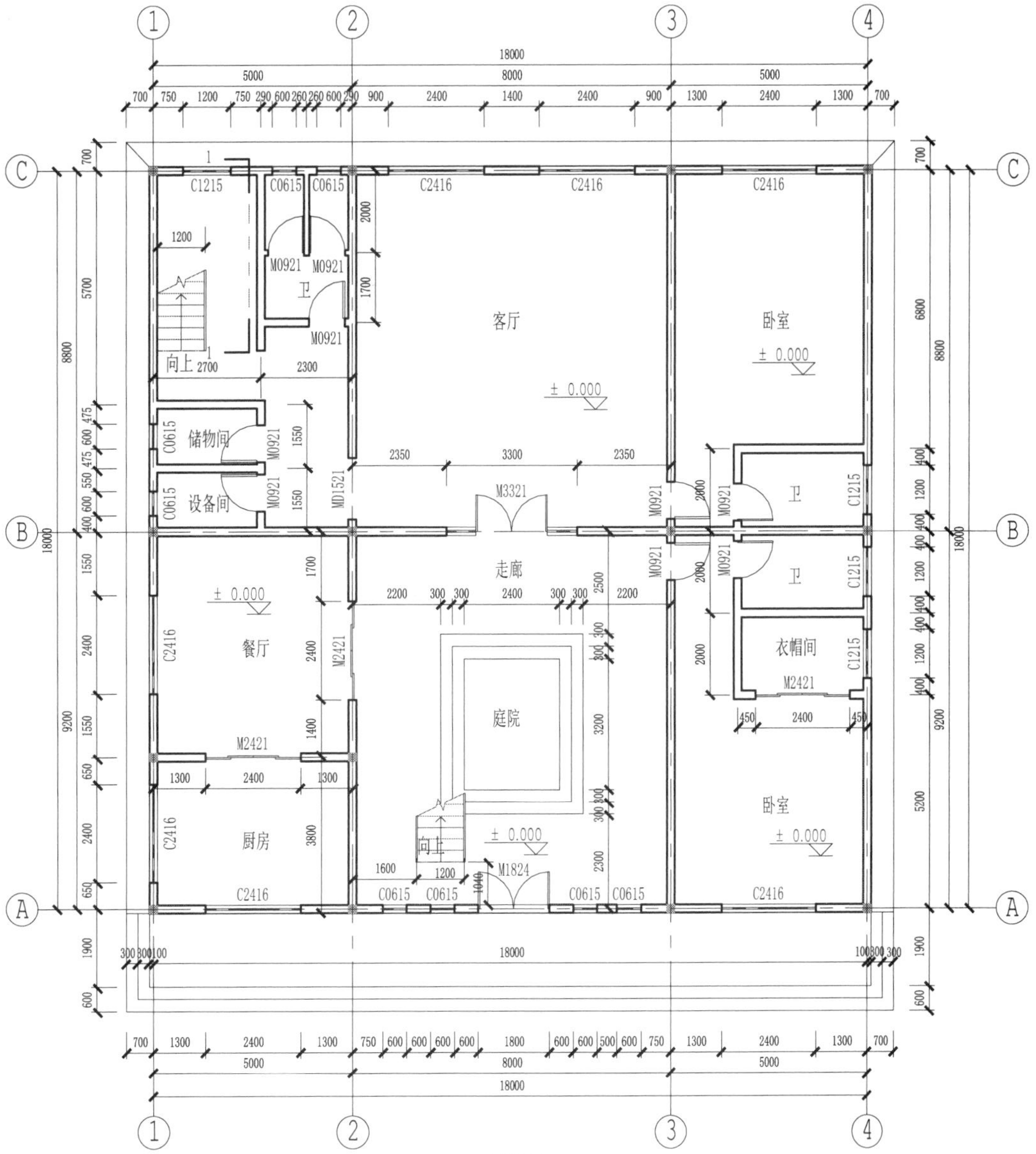

一层平面图1:100

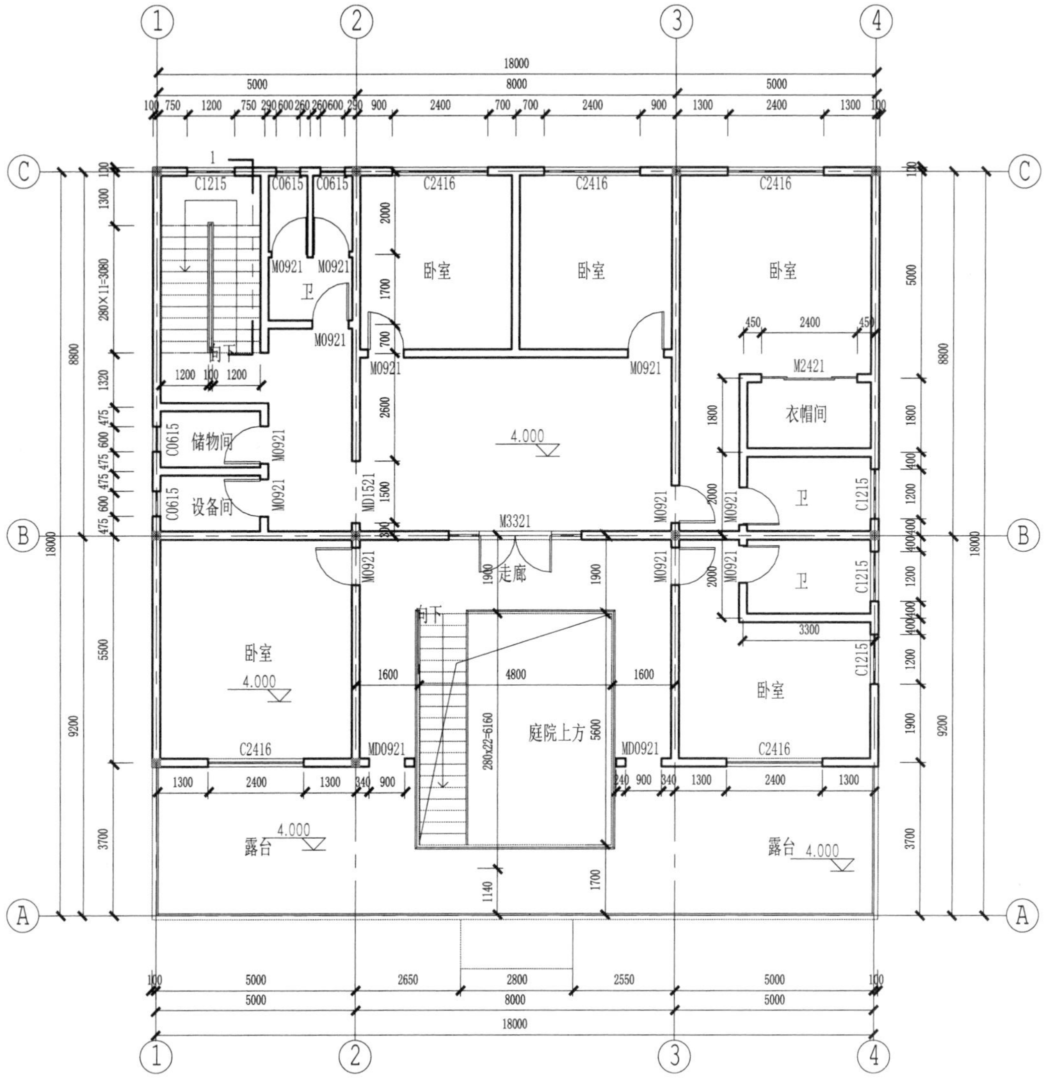

二层平面图1:100

门表

类型标记	宽度/mm	高度/mm	族
M0921	900	2100	单嵌板玻璃门1
M0921	900	2100	单扇-与墙齐
M1824	1800	2400	中式双扇门2
M2421	2400	2100	四扇推拉门2
M3321	3300	2100	双面嵌板连窗玻璃门2
MD0921	900	2100	门洞-椭圆拱
MD1521	1500	2100	门洞-椭圆拱

窗表

类型标记	宽度/mm	高度/mm	族
C0615	600	1500	推拉窗6
C1215	1200	1500	推拉窗6
C2416	2400	1600	推拉窗6

实训案例			A11_ZH_AR_3F 带天井坡屋顶别墅	
班　级	×××	一层、二层平面图	图号	A01
学　生	×××		图别	建施
指导教师	×××		日期	22/08/29

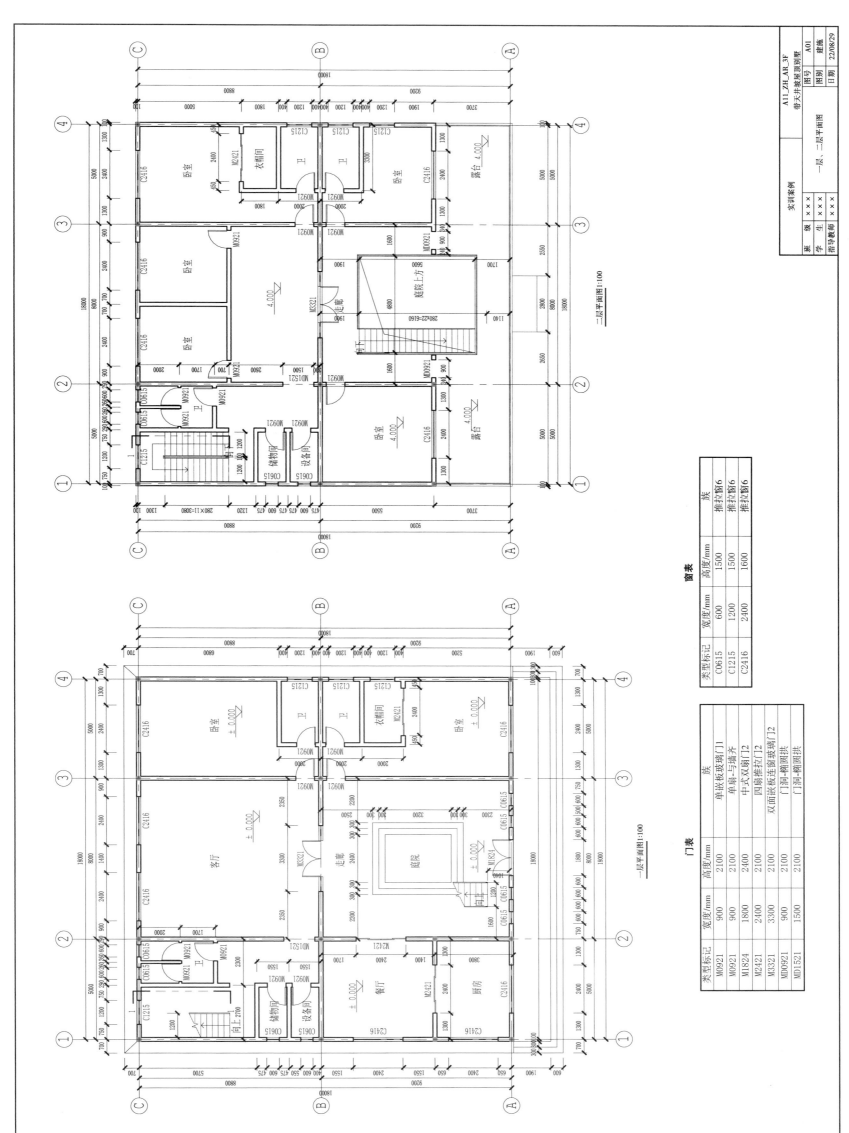

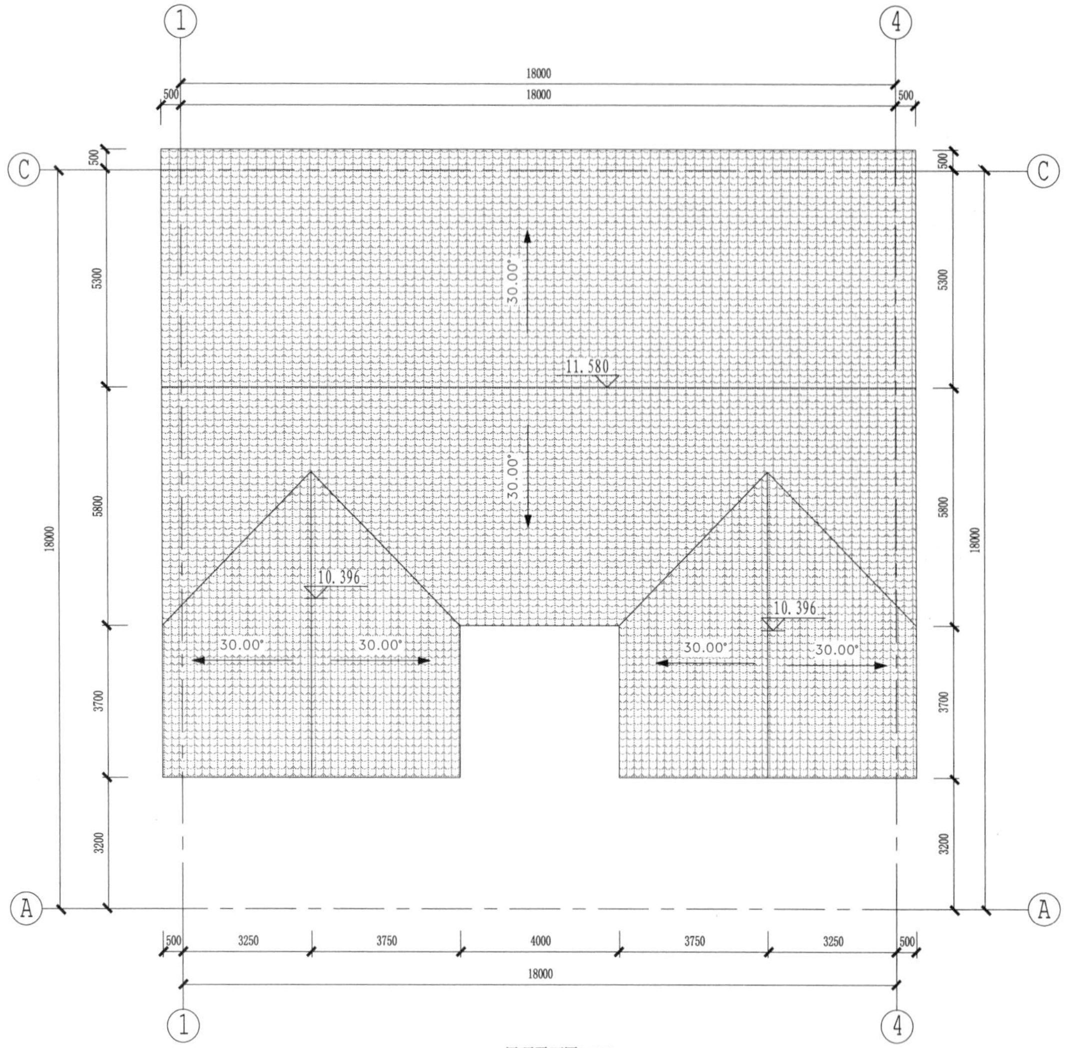

屋顶平面图1:100

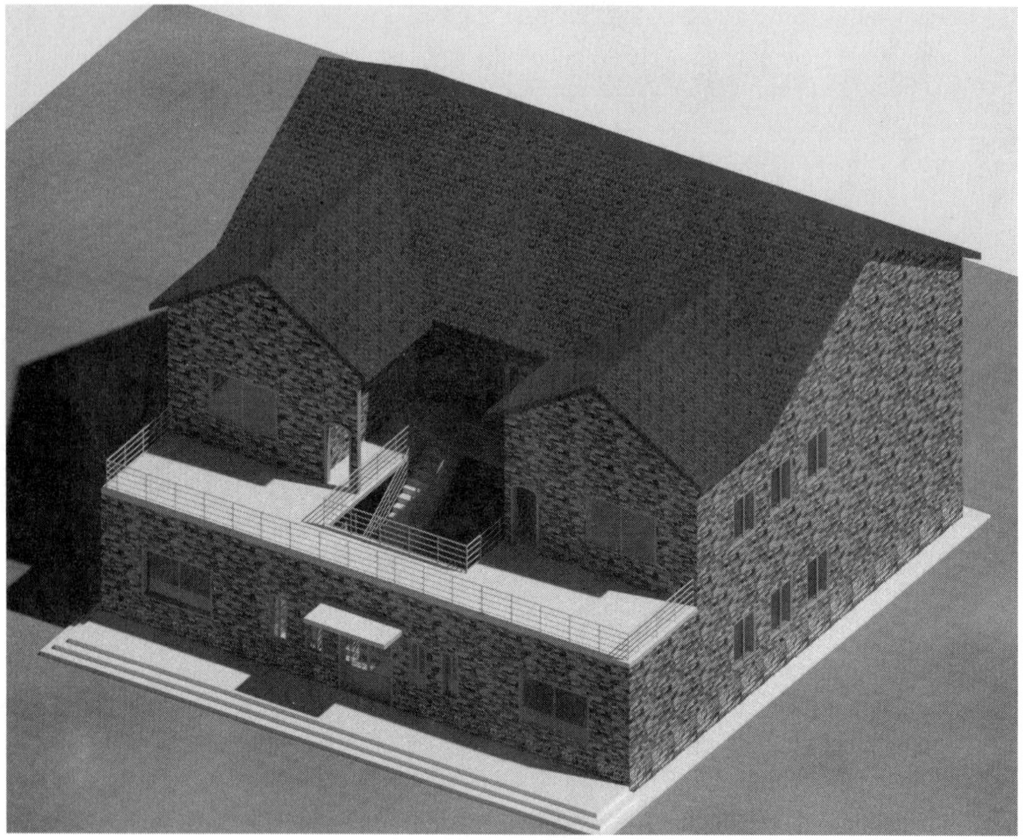

三维视图1:1

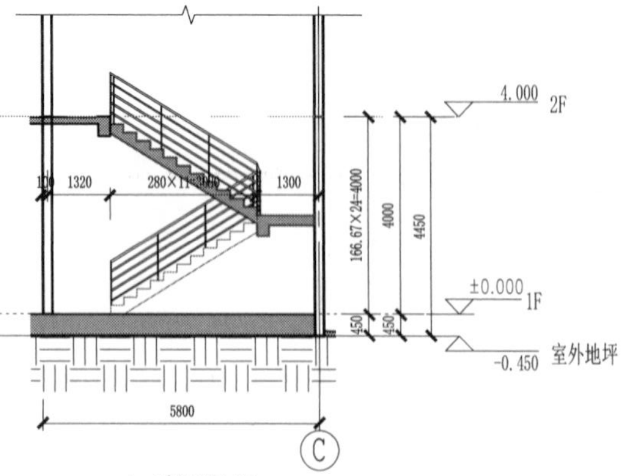

1—1剖面图1:100

实训案例		A11_ZH_AR_2F 带天井坡屋顶别墅	
班　级	×××	屋顶平面图、楼梯剖面图	图号	A02
学　生	×××		图别	建施
指导教师	×××		日期	08/29/22

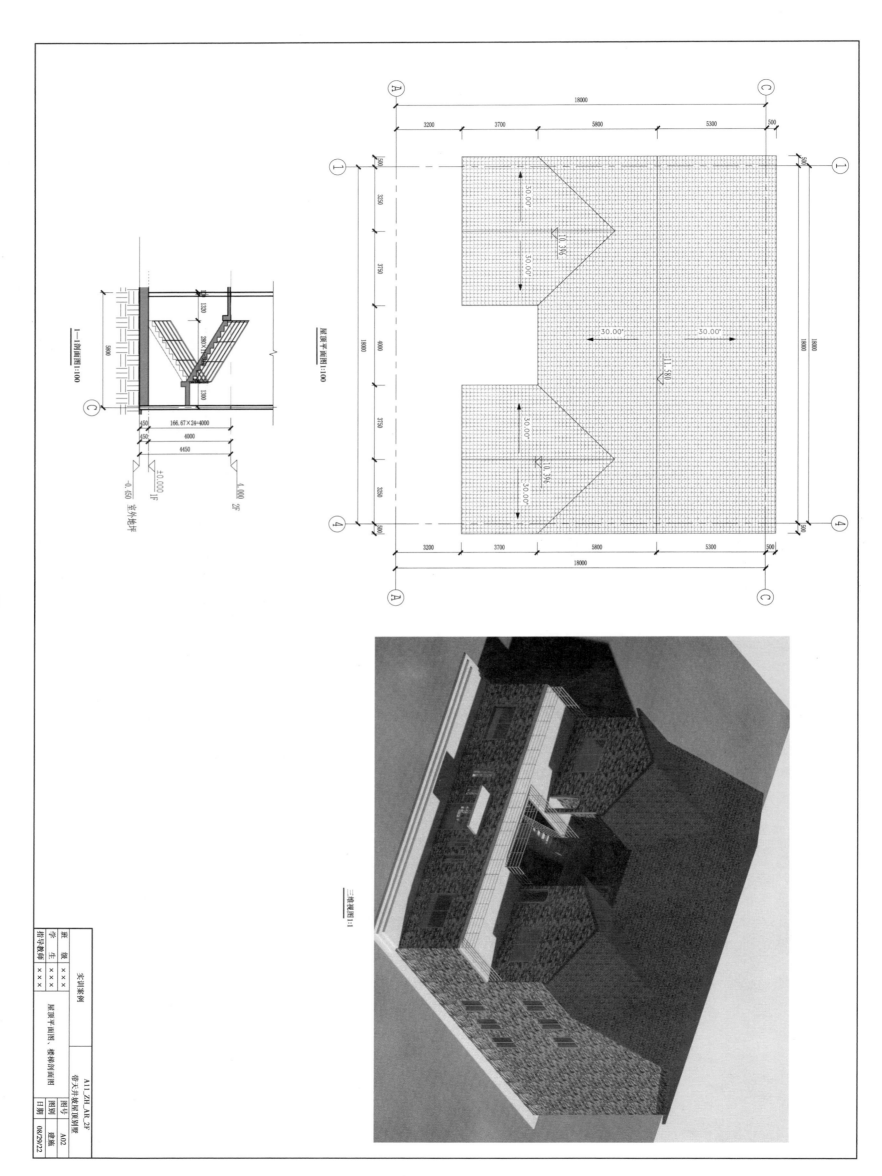

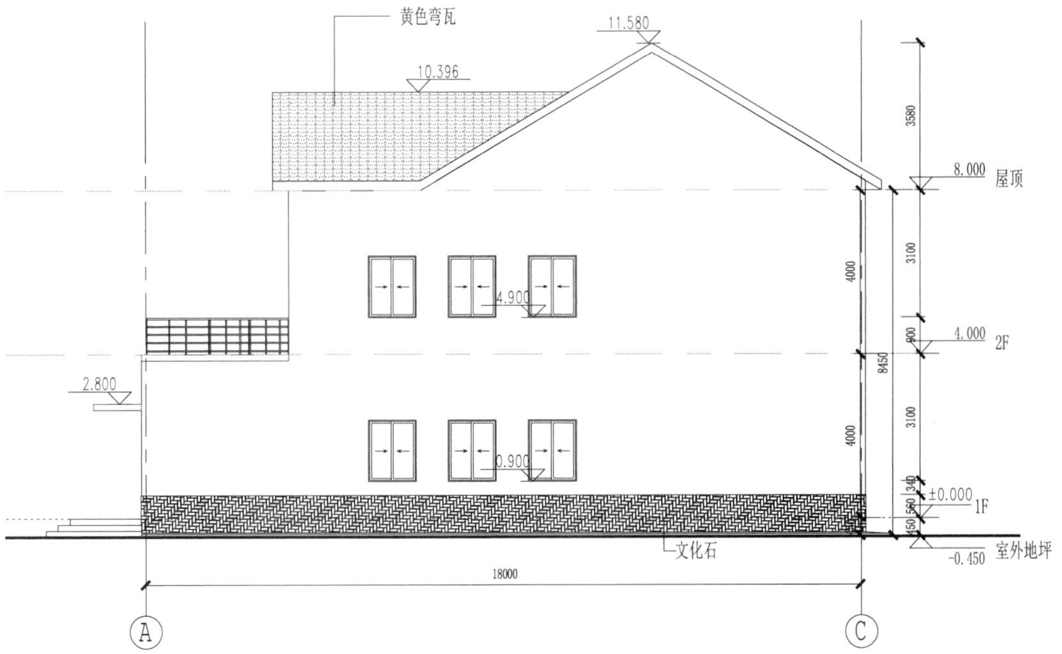

东立面图1:100

南立面图1:100

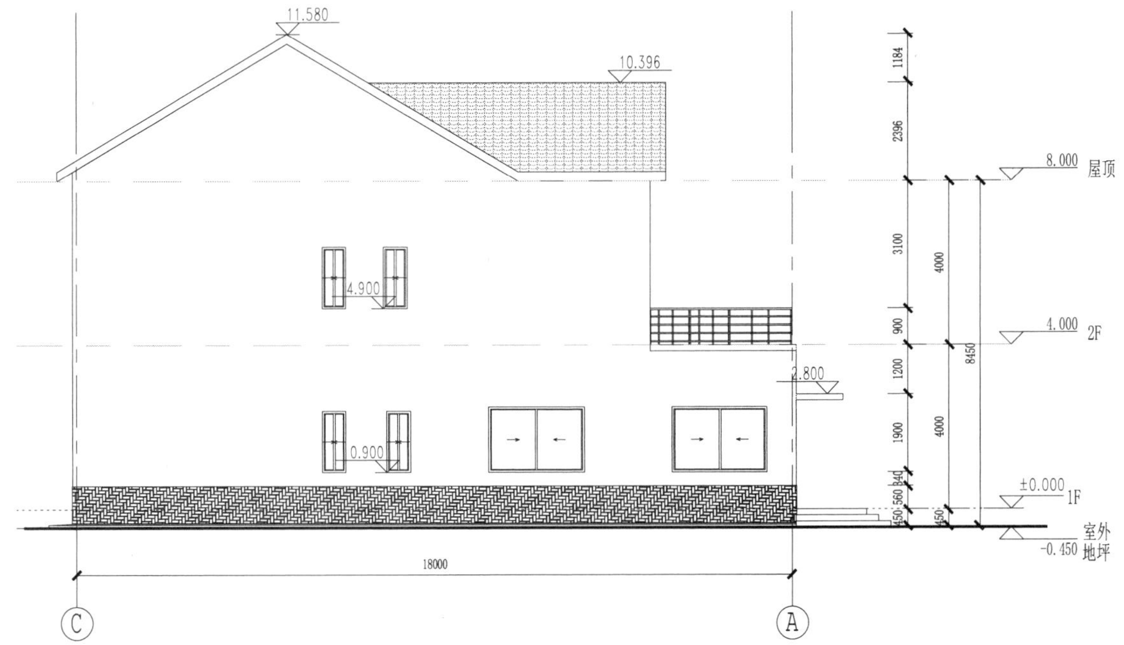

西立面图1:100

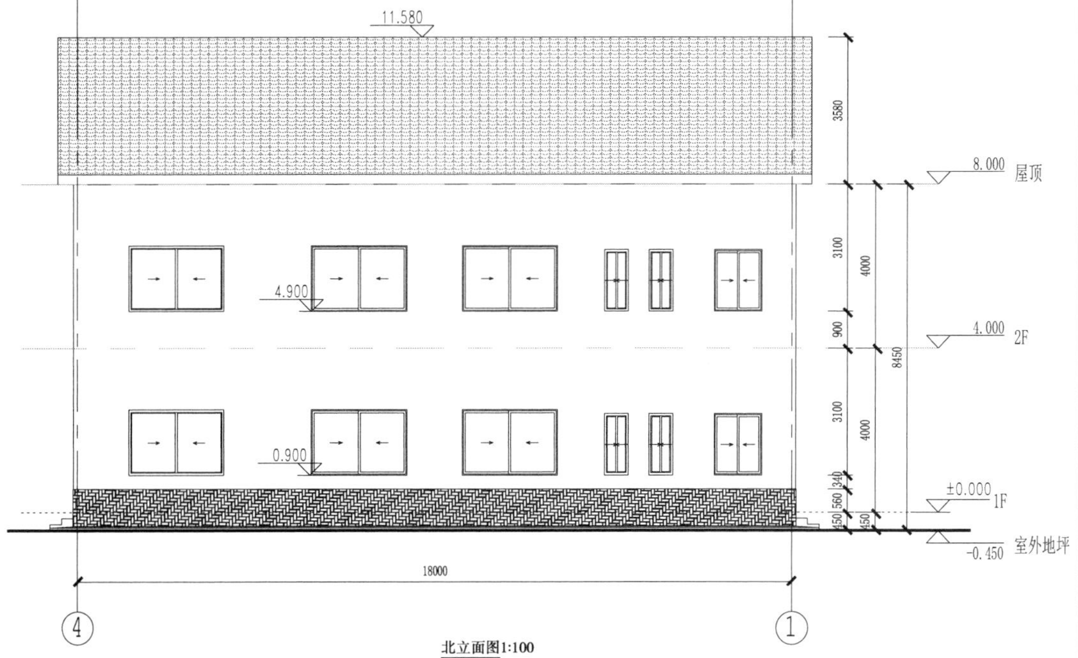

北立面图1:100

实训案例			A11_ZH_AR_2F 带天井坡屋顶别墅	
班级	×××	立面图	图号	A03
学生	×××		图别	建施
指导教师	×××		日期	01/20/21

附件 4.1.12　A12_ZH_AR_2F_带庭院坡屋顶别墅图纸

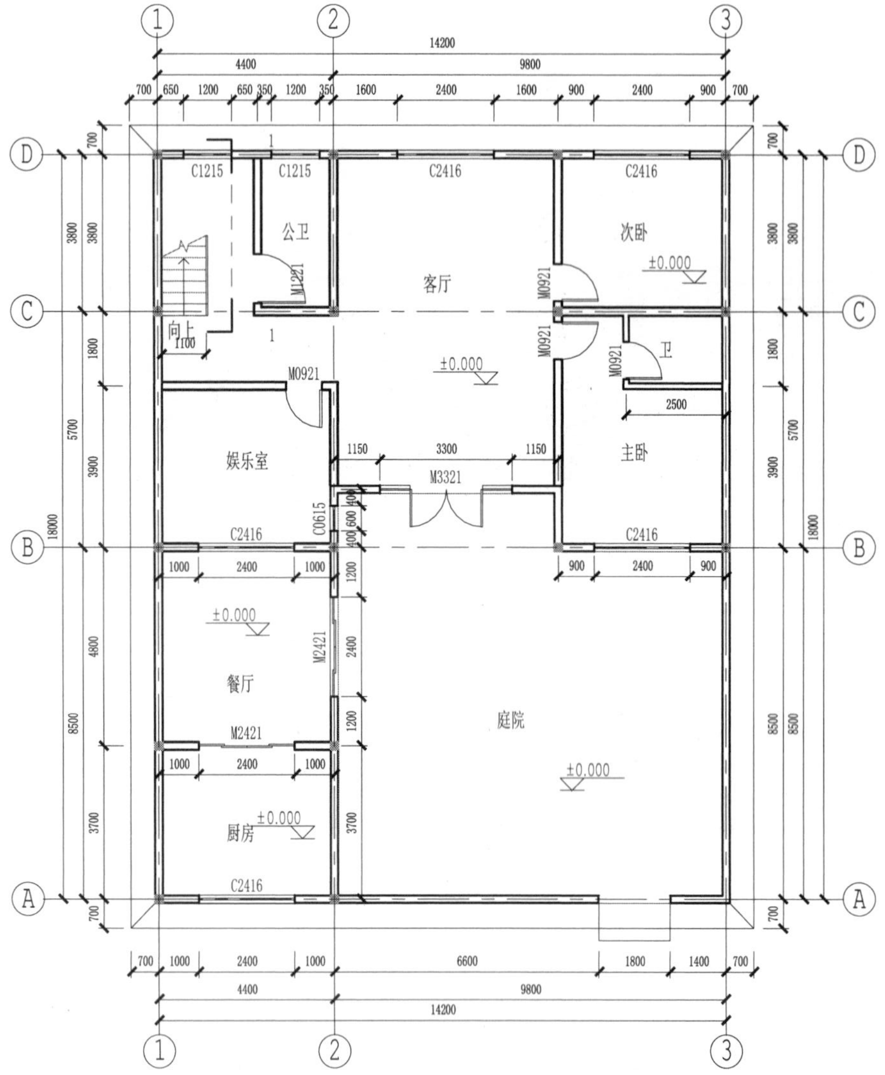

一层平面图1:100

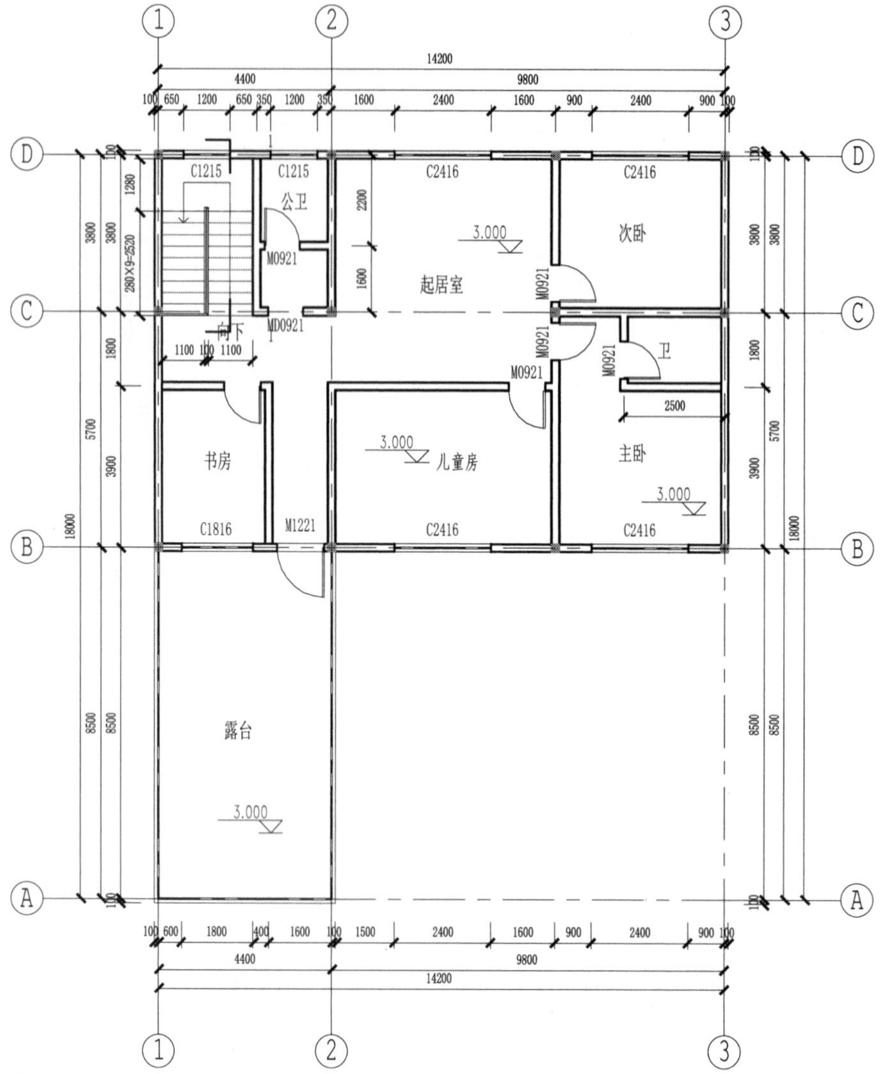

二层平面图1:100

门表

类型标记	宽度/mm	高度/mm	族
M0921	900	2100	单嵌板玻璃门1
M0921	900	2100	单扇-与墙齐
M1221	1200	2100	单嵌板玻璃门1
M2421	2400	2100	四扇推拉门 2
M3321	3300	2100	双面嵌板连窗玻璃门2
MD0921	900	2100	门洞-椭圆拱

窗表

类型标记	宽度/mm	高度/mm	底高度/mm	族
C0615	600	1500	900	推拉窗6
C1215	1200	1500	900	推拉窗6
C1816	1800	1600	900	推拉窗6
C2416	2400	1600	900	推拉窗6

实训案例		A12_ZH_AR_2F 带庭院坡屋顶别墅	
班　级	×××	一层、二层平面图	图号 A01
学　生	×××		图别 建施
指导教师	×××		日期 22/08/27

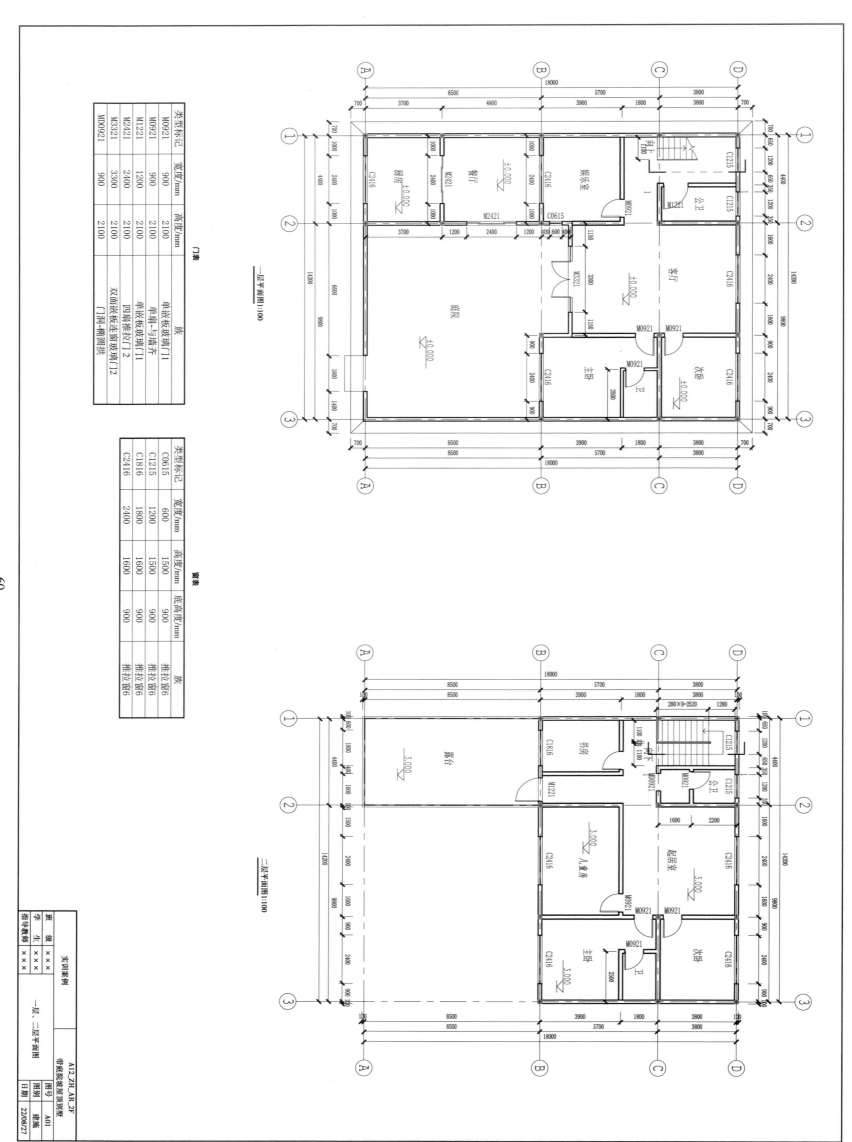

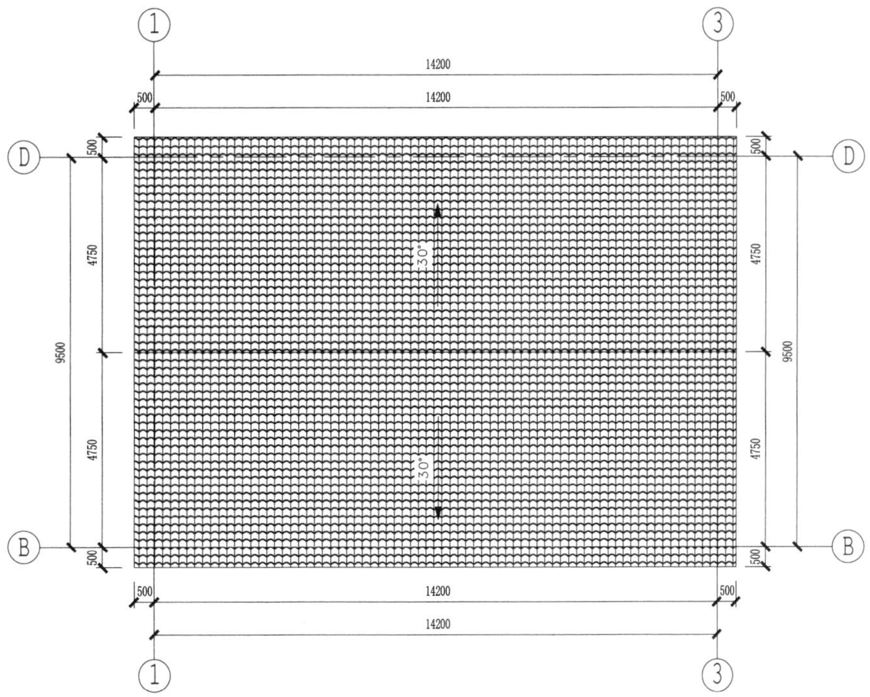

屋顶平面图1:100

三维视图1:1

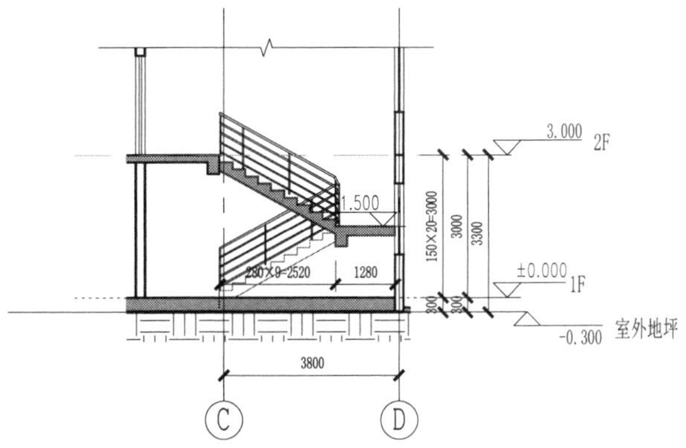

1—1剖面图1:100

实训案例			A12_ZH_AR_2F 带庭院坡屋顶别墅	
班　级	×××	屋顶平面图、楼梯剖面图	图号	A02
学　生	×××		图别	建施
指导教师	×××		日期	08/27/22

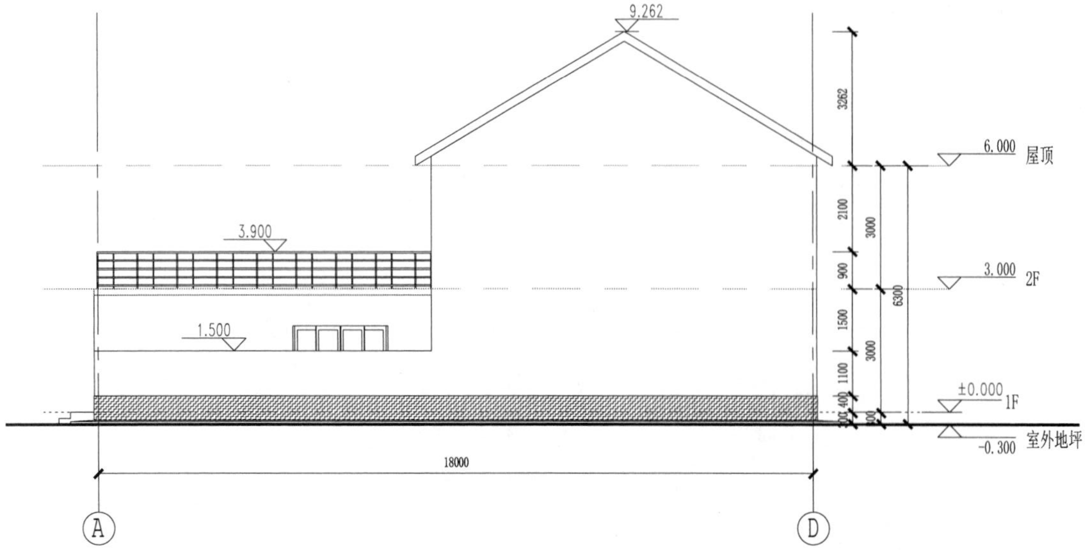

东立面图1:100

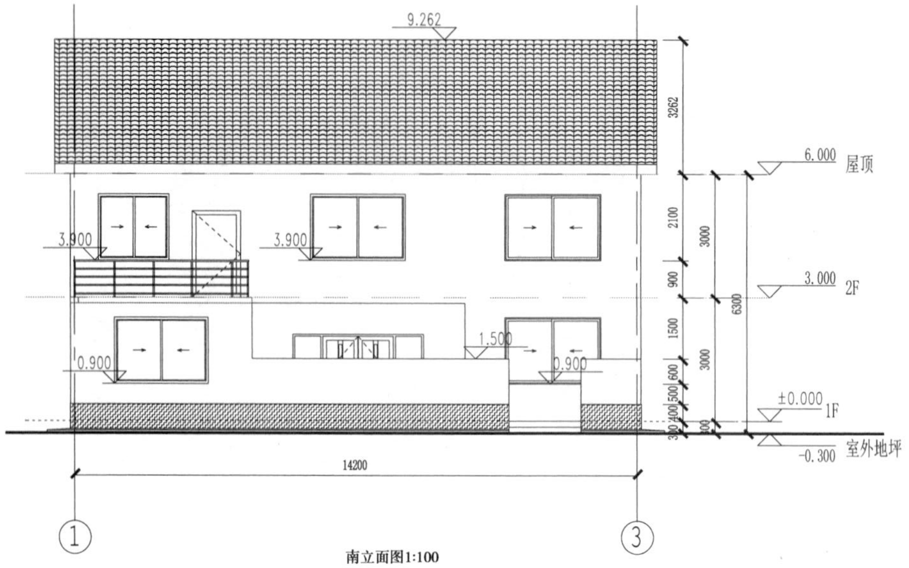

南立面图1:100

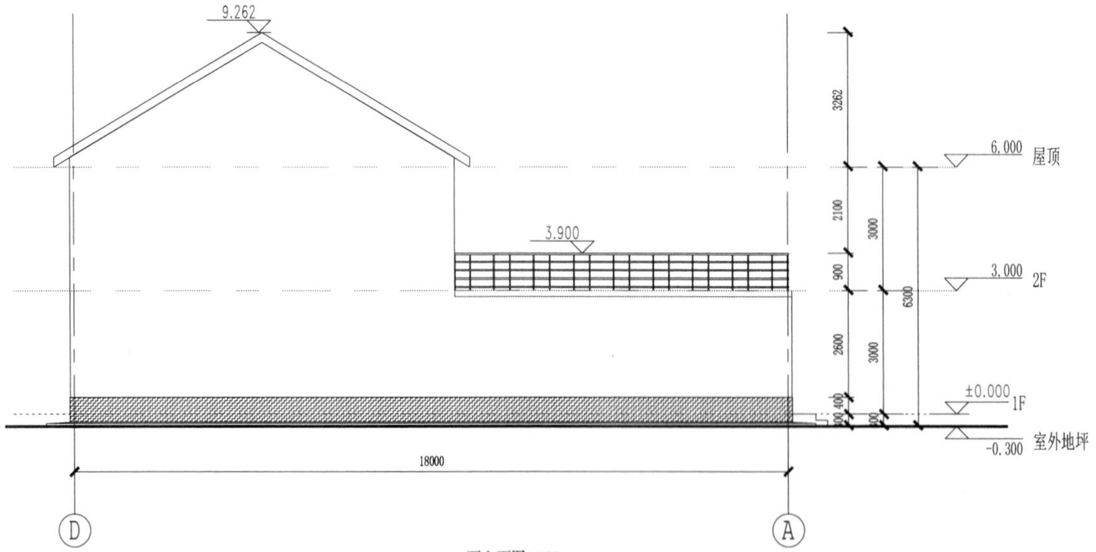

西立面图1:100

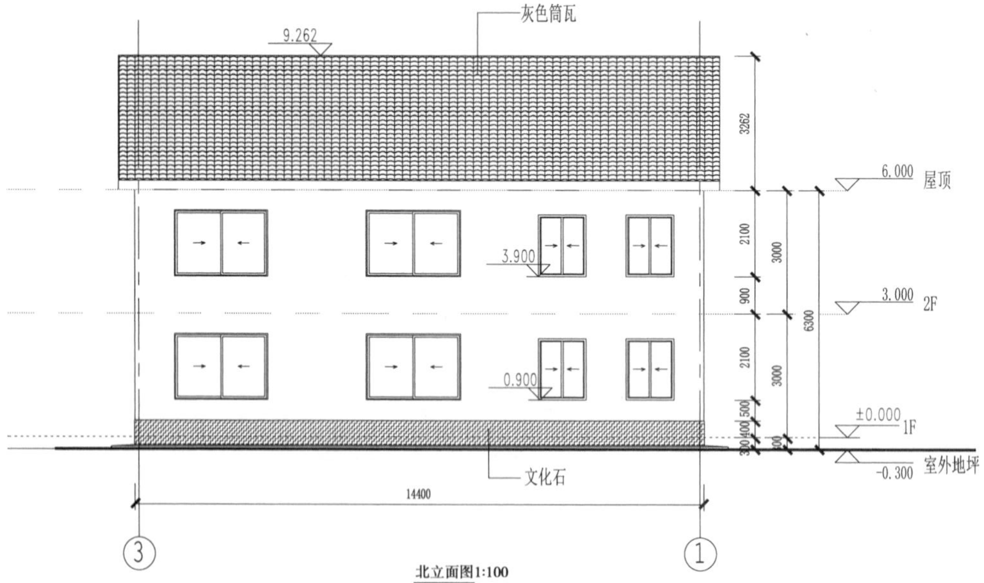

北立面图1:100

实训案例		A12_ZH_AR_2F 带庭院坡屋顶别墅	
班　级	×××	立面图	图号	A03
学　生	×××		图别	建施
指导教师	×××		日期	22/08/27

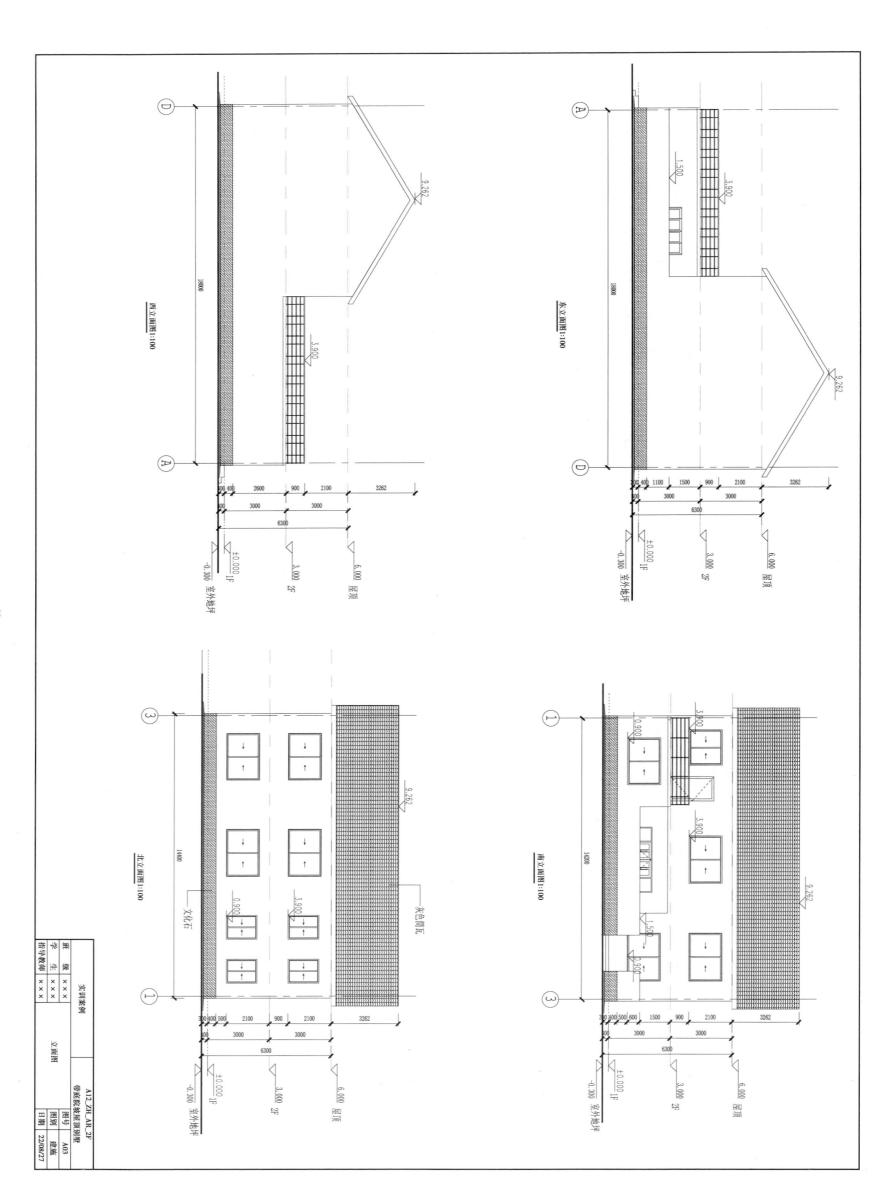

附件 4.1.13　A13_ZH_AR_2F_带不规则阳台平屋顶住宅图纸

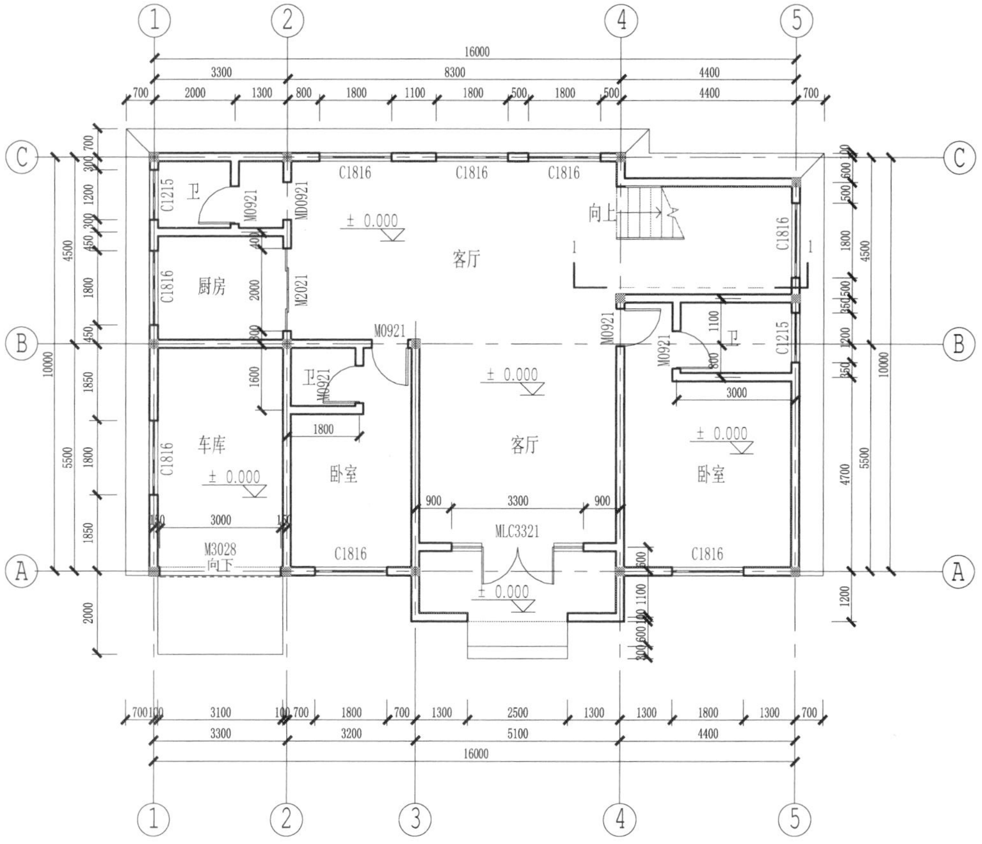

一层平面图1:100

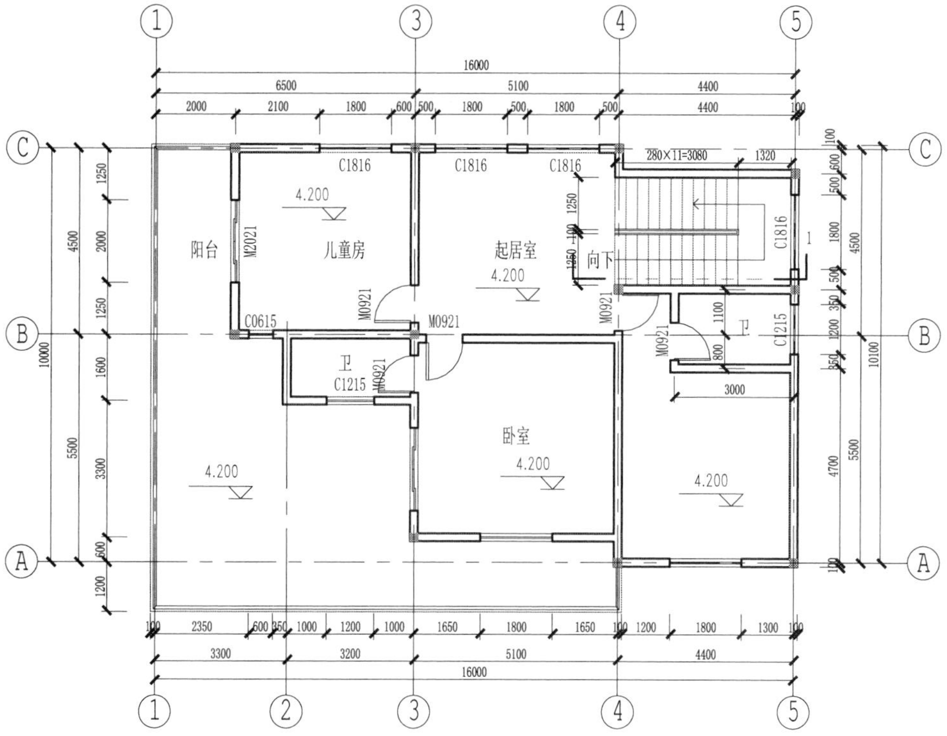

二层平面图1:100

门表

类型标记	宽度/mm	高度/mm	族
M0921	900	2100	单嵌板玻璃门
M0921	900	2100	单扇木门
M2021	2000	2100	四扇推拉门
M3028	3000	2800	卷帘门
MD0921	900	2100	门洞-椭圆拱
MLC3321	3300	2100	双面嵌板连窗玻璃门

窗表

类型标记	宽度/mm	高度/mm	族
C0615	600	1500	推拉窗
C1215	1200	1500	推拉窗
C1816	1800	1600	推拉窗

实训案例			A13_ZH_AR_2F 带不规则阳台平屋顶住宅	
班　级	×××	一层、二层平面图	图号	A01
学　生	×××		图别	建施
指导教师	×××		日期	22/08/27

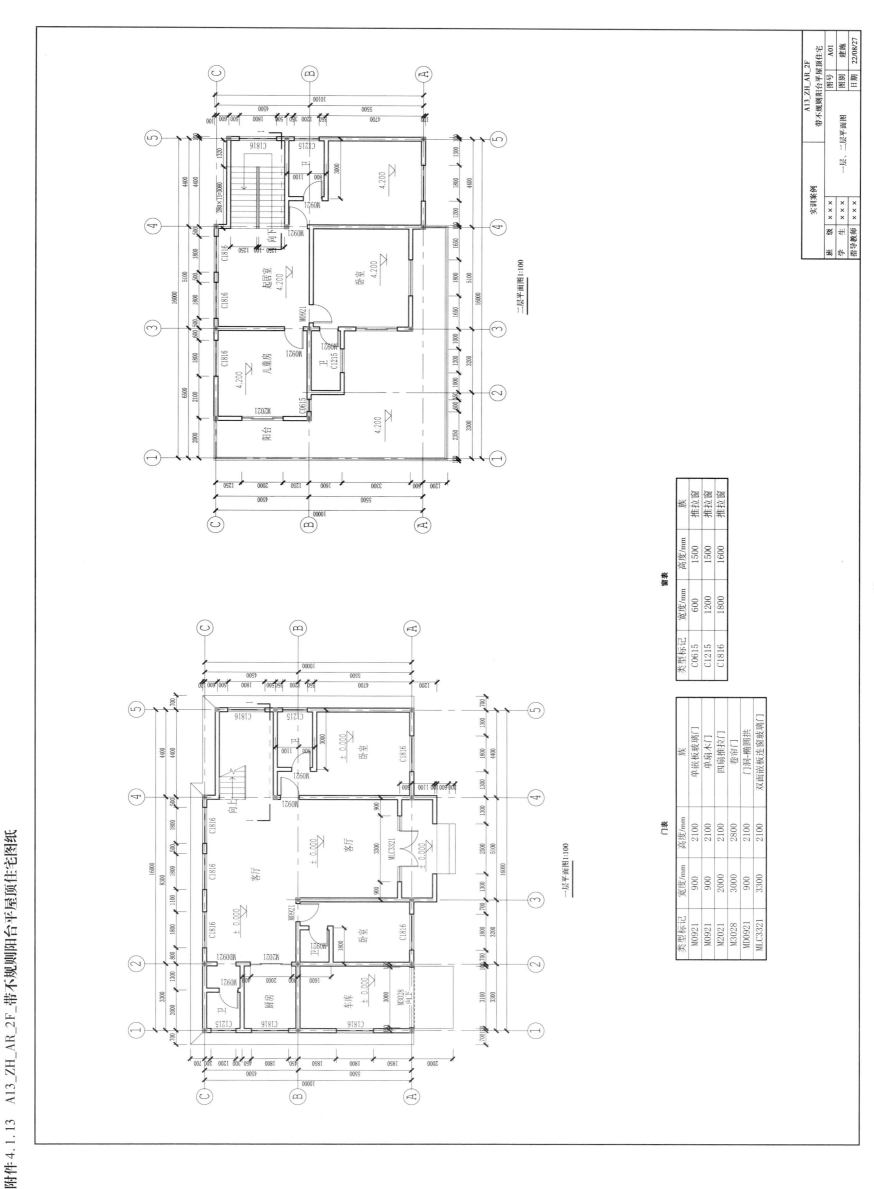

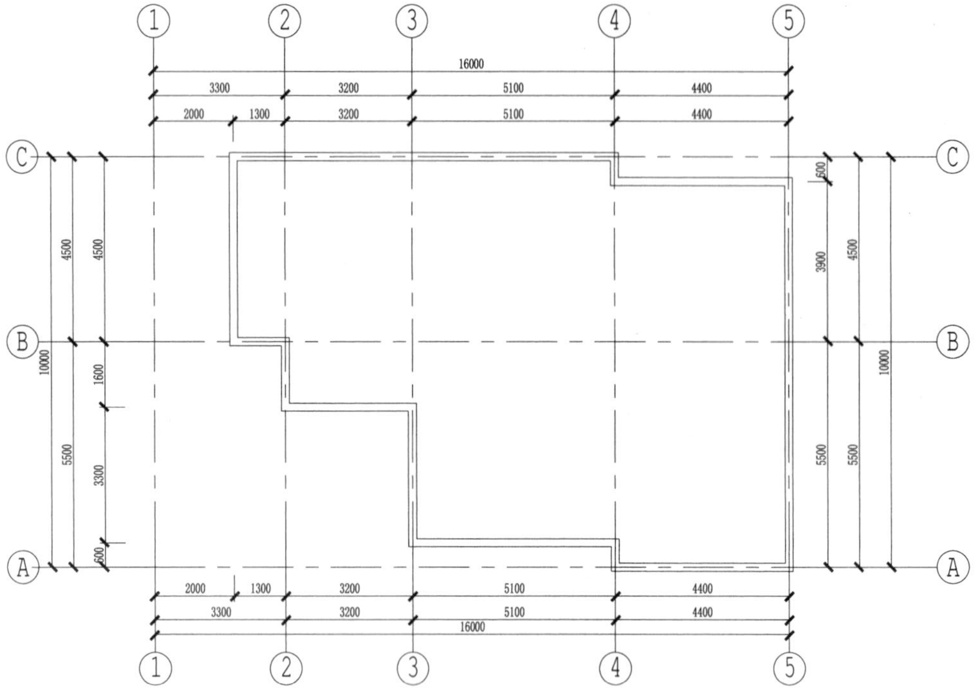

屋顶平面图1:100

三维视图1:1

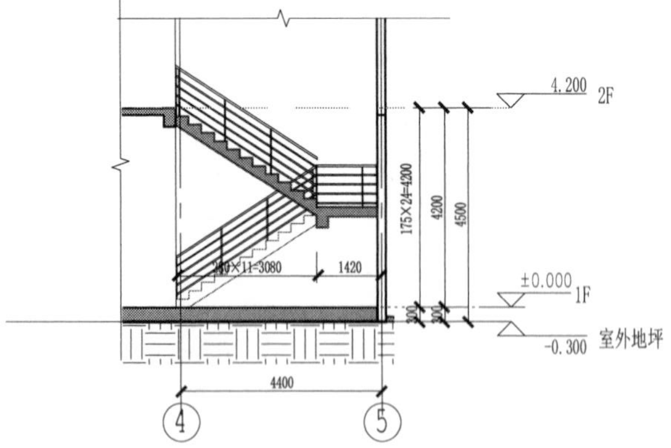

1—1剖面图1:100

实训案例		A13_ZH_AR_2F 带不规则阳台平屋顶住宅		
班　级	×××	屋顶平面图、楼梯剖面图	图号	A02
学　生	×××		图别	建施
指导教师	×××		日期	08/27/22

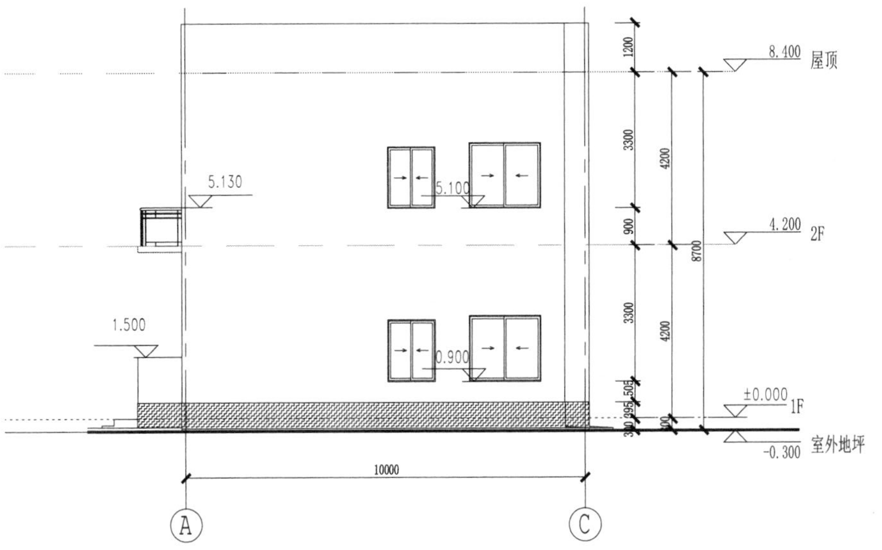

东立面图1:100

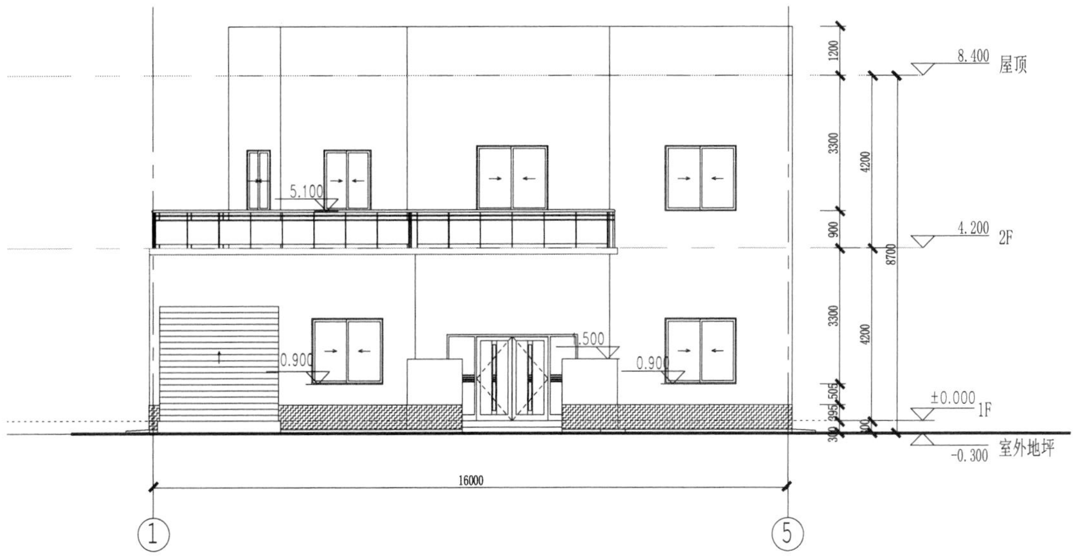

南立面图1:100

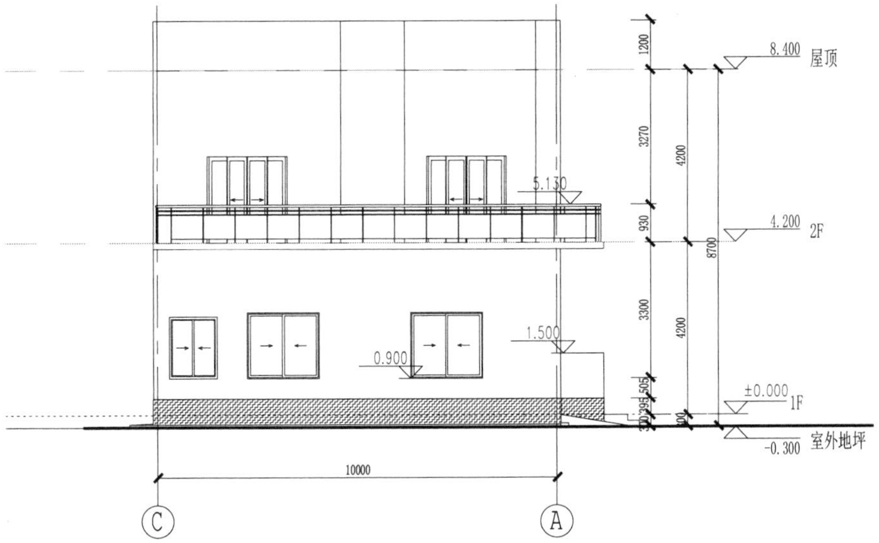

西立面图1:100

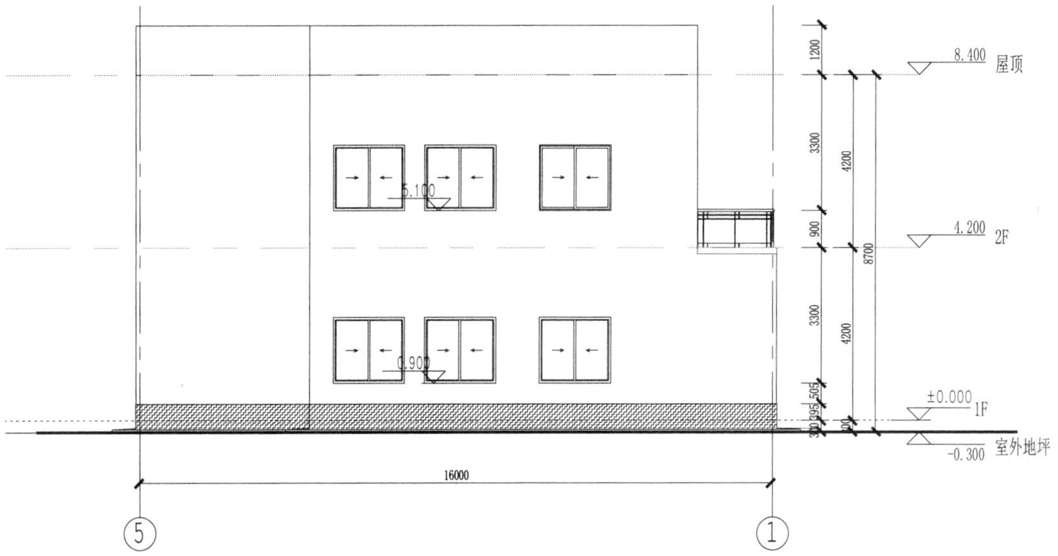

北立面图1:100

实训案例		A13_ZH_AR_2F 带不规则阳台平屋顶住宅		
班　级	×××	立面图	图号	A03
学　生	×××		图别	建施
指导教师	×××		日期	22/08/27

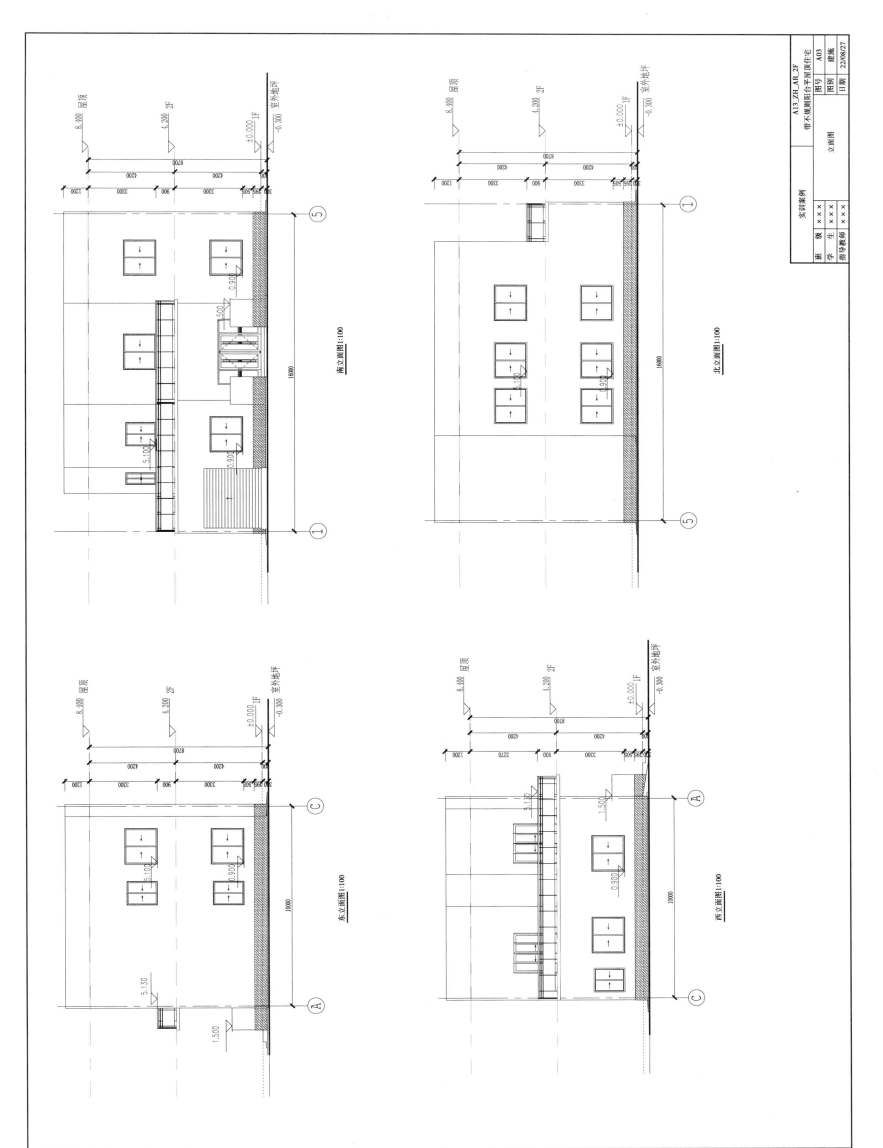

附件 4.1.14　A14_ZH_AR_3F_带弧形幕墙平屋顶住宅图纸

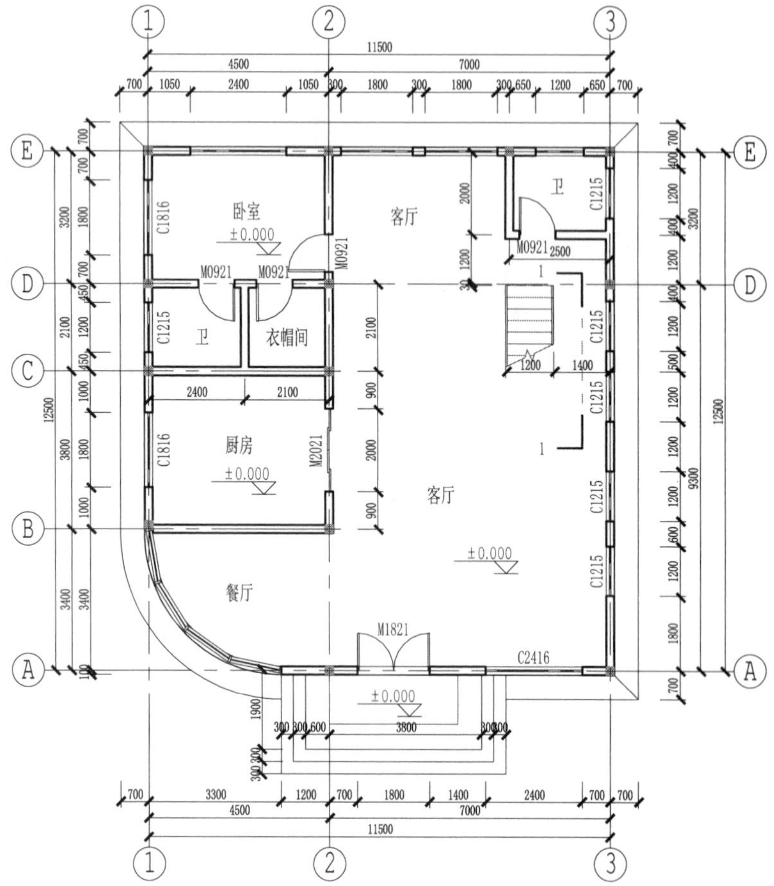

一层平面图1:100

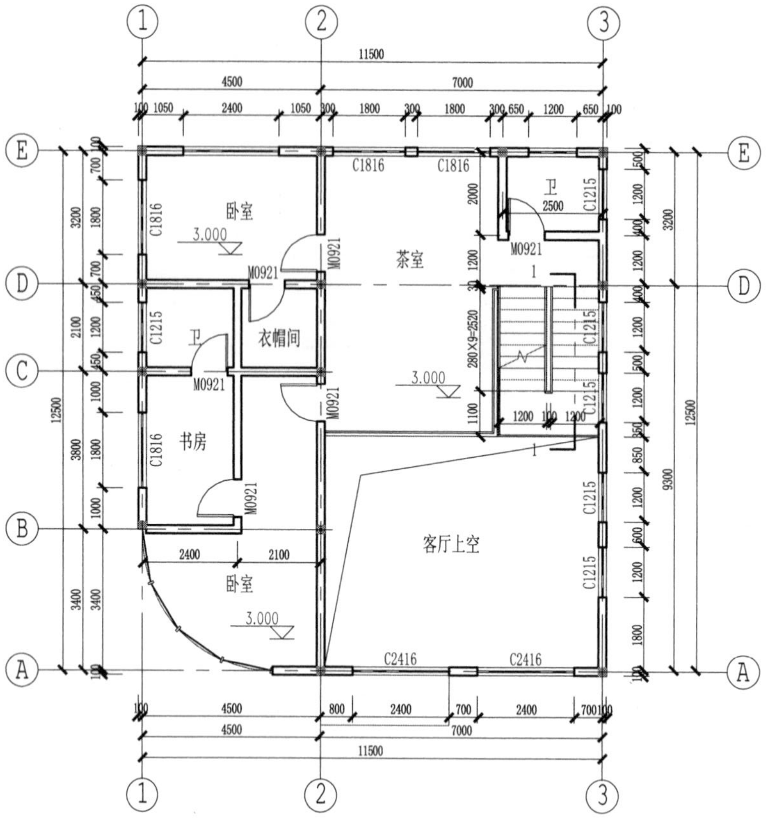

二层平面图1:100

门表

类型标记	宽度/mm	高度/mm	族
M0921	900	2100	单嵌板玻璃门1
M0921	900	2100	单扇-与墙齐
M1821	1800	2100	双面嵌板镶玻璃门5
M2021	2000	2100	四扇推拉门2
M3021	3000	2100	四扇推拉门2

窗表

类型标记	宽度/mm	高度/mm	族
C1215	1200	1500	推拉窗6
C1816	1800	1600	推拉窗6
C2416	2400	1600	推拉窗6

实训案例		A14_ZH_AR_3F 带弧形幕墙平屋顶住宅		
班　级	×××	一层、二层平面图	图号	A01
学　生	×××		图别	建施
指导教师	×××		日期	22/08/25

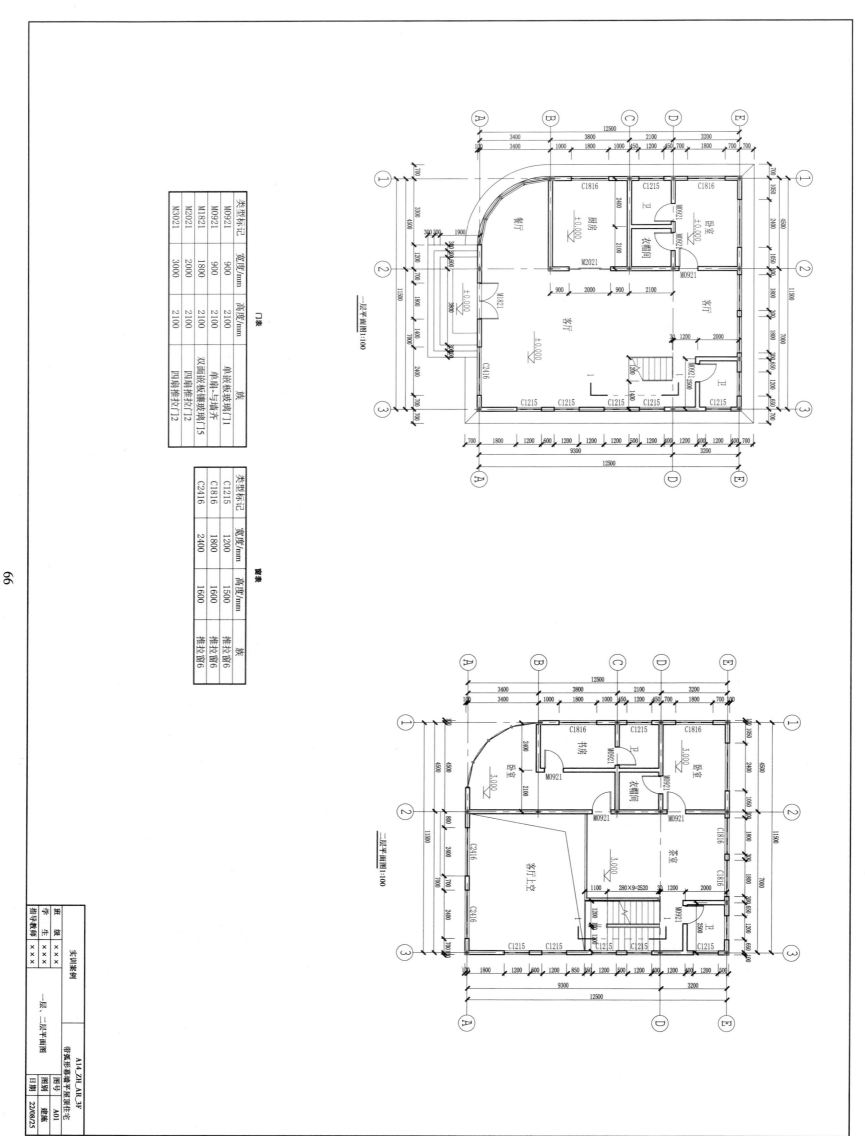

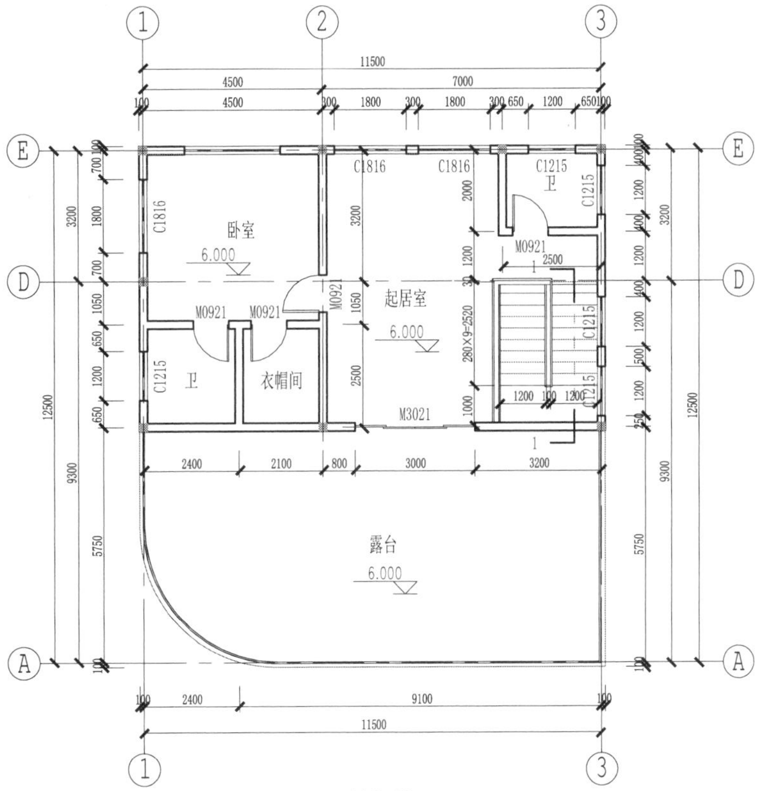

三层平面图1:100

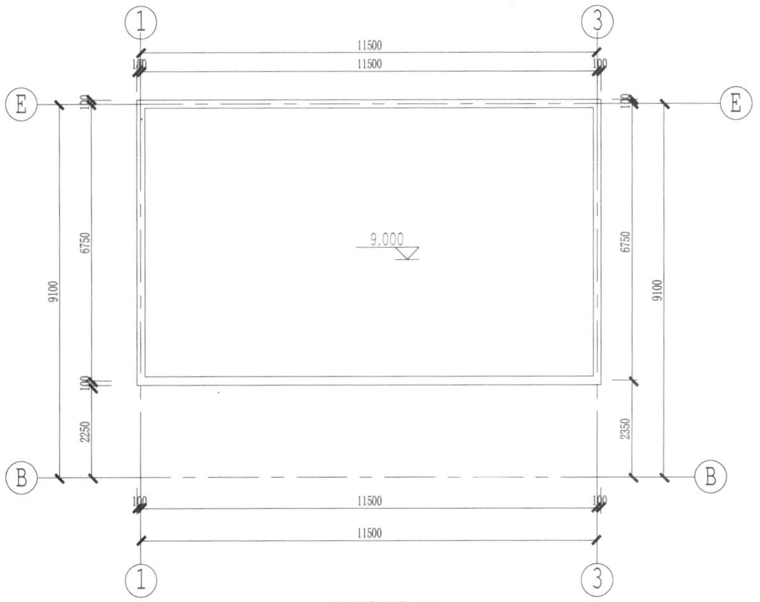

屋顶平面图1:100

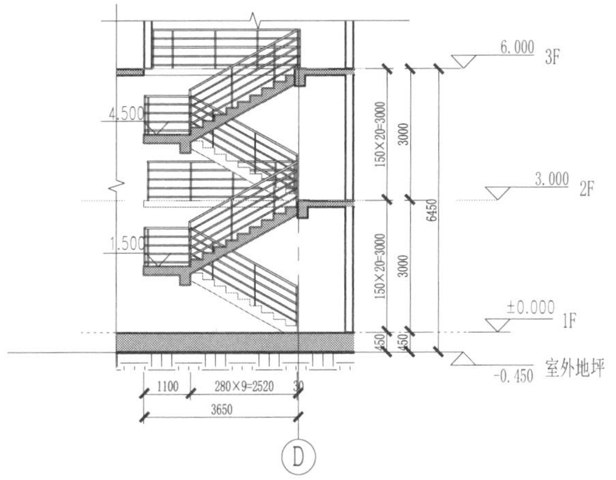

1—1剖面图1:100

三维视图1:1

实训案例		A14_ZH_AR_3F 带弧形幕墙平屋顶住宅		
班　级	×××	平面图、剖面图	图号	A02
学　生	×××		图别	建施
指导教师	×××		日期	08/25/22

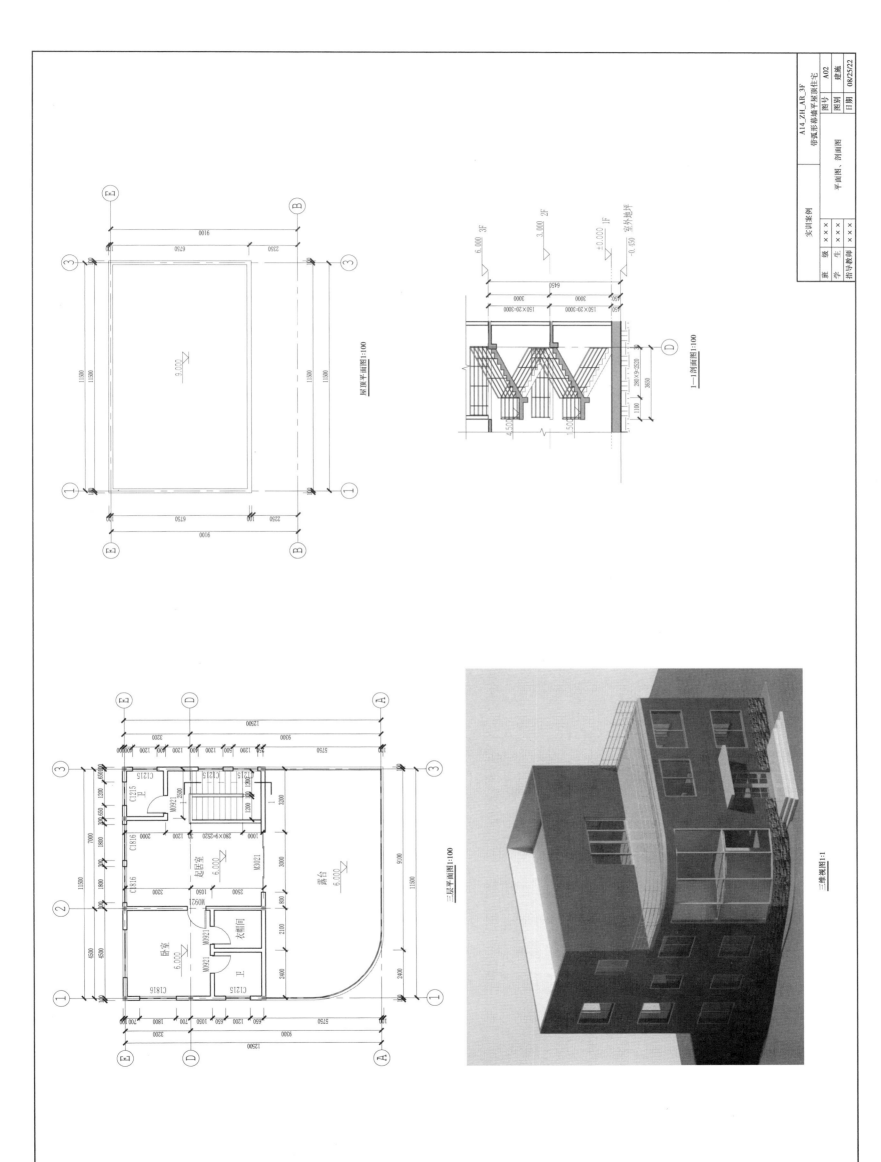

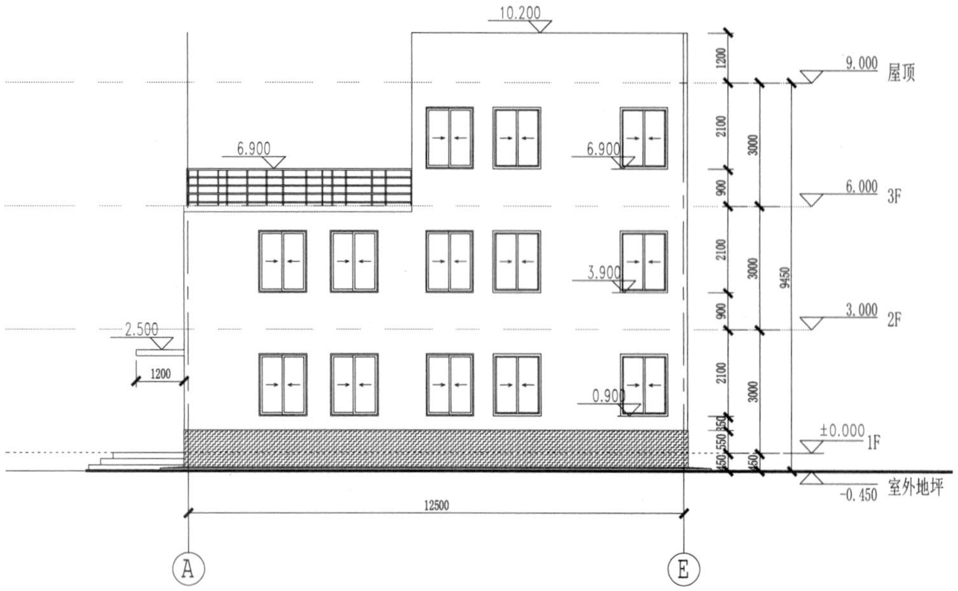

东立面图1:100

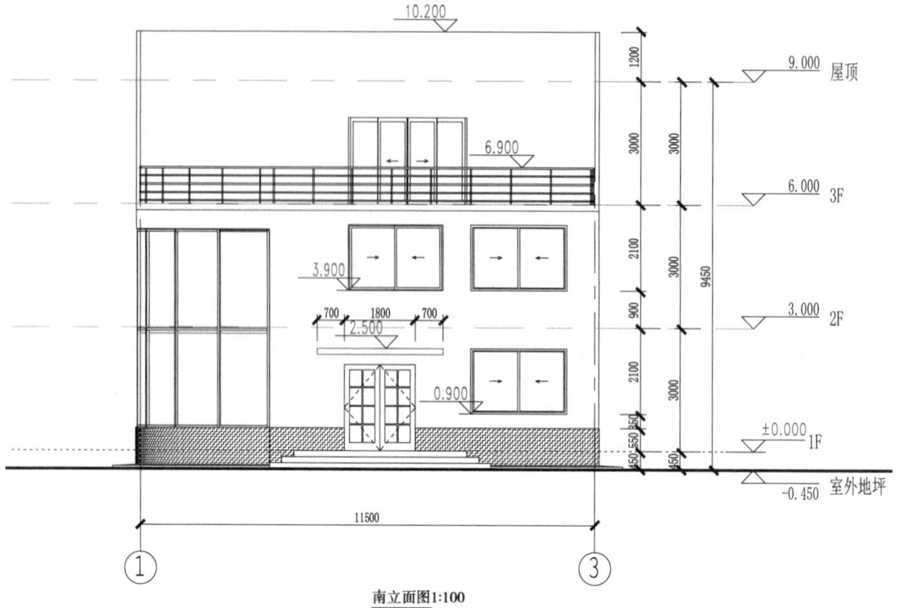

南立面图1:100

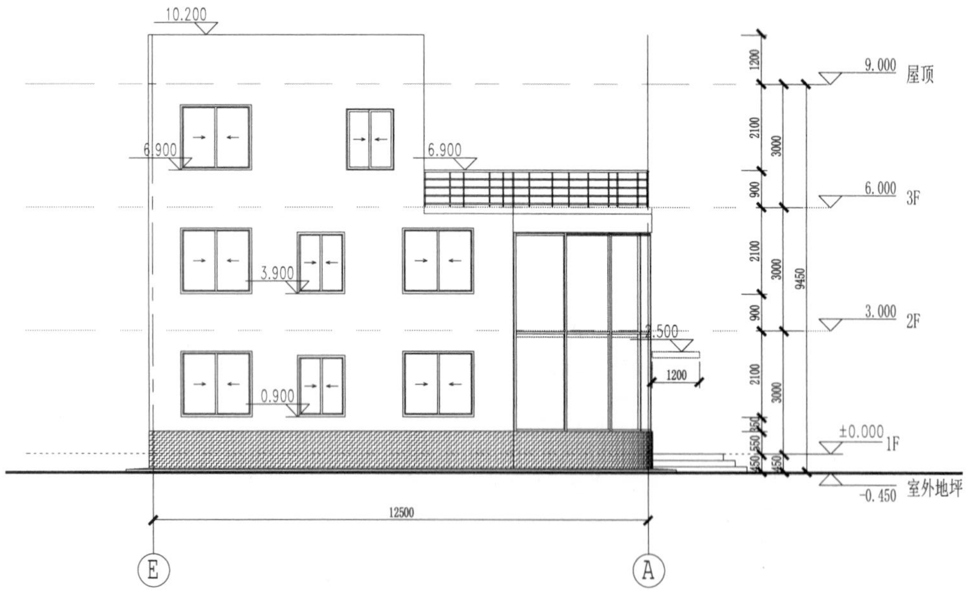

西立面图1:100

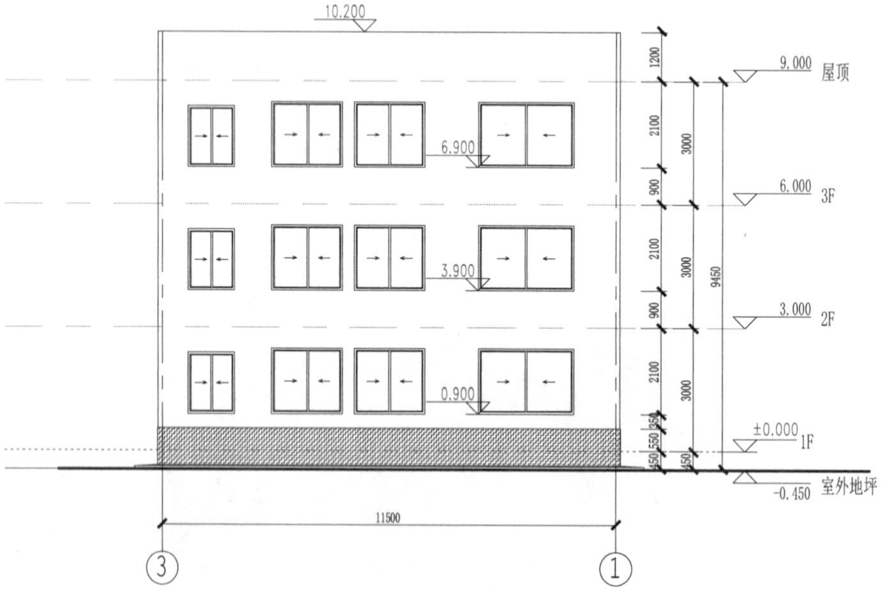

北立面图1:100

实训案例		A14_ZH_AR_3F 带弧形幕墙平屋顶住宅		
班　级	×××	立面图	图号	A02
学　生	×××		图别	建施
指导教师	×××		日期	01/20/21

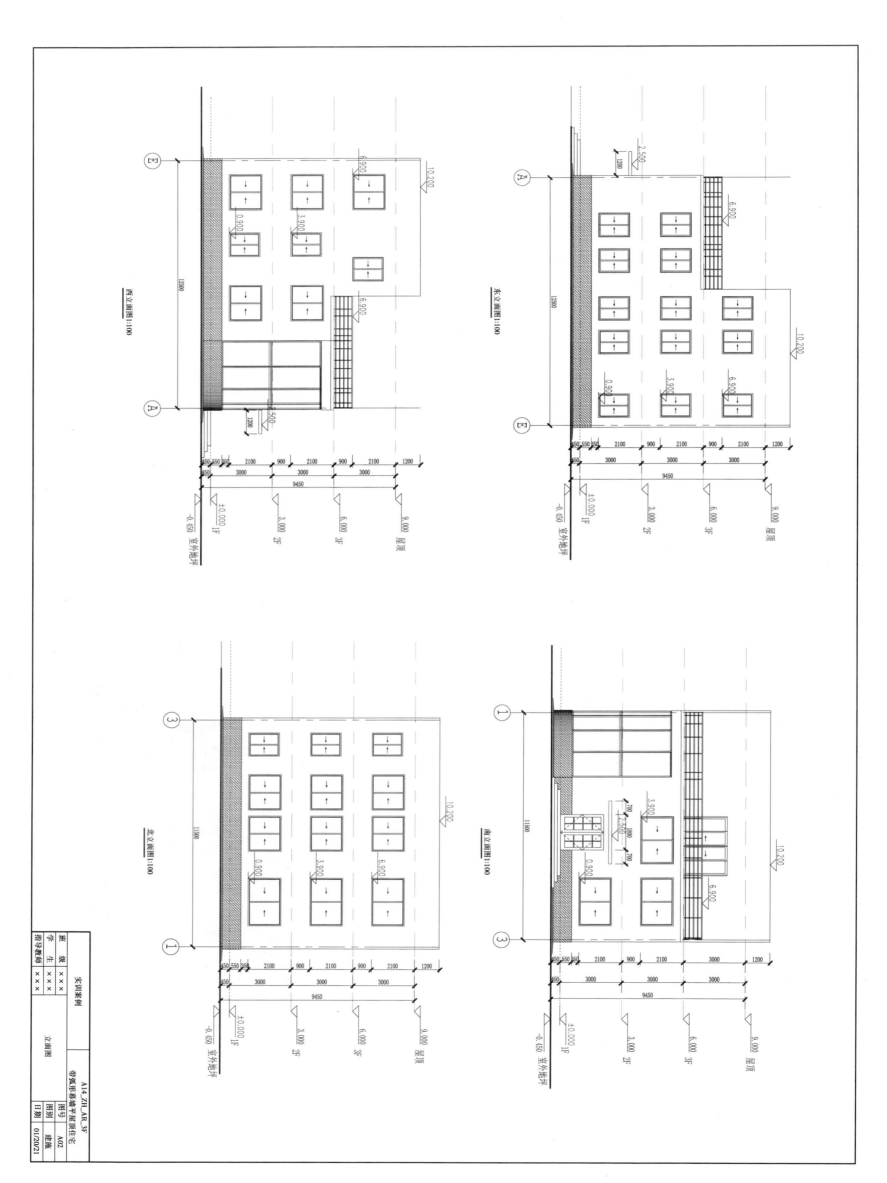

附件 4.1.15　A15_ZH_AR_2F_坡屋顶带车库小别墅图纸

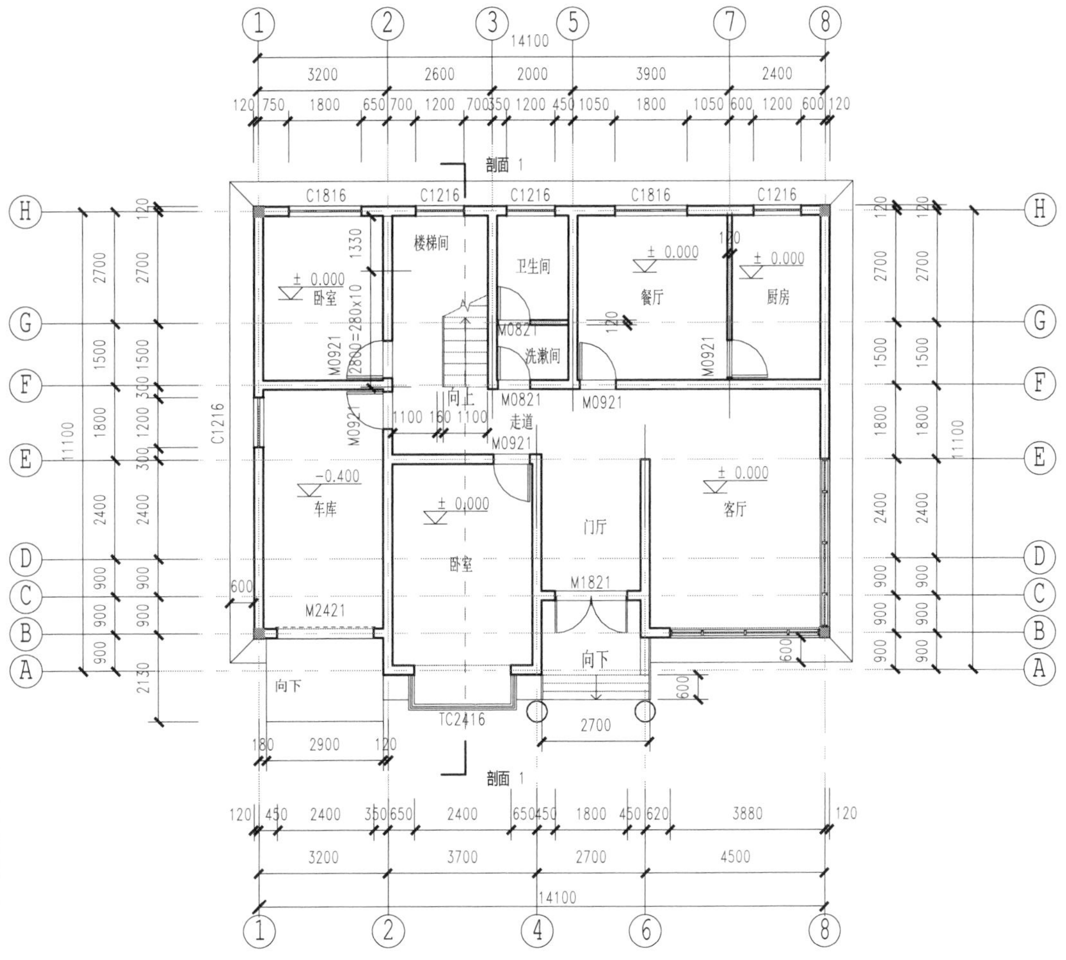

一层平面图1:100

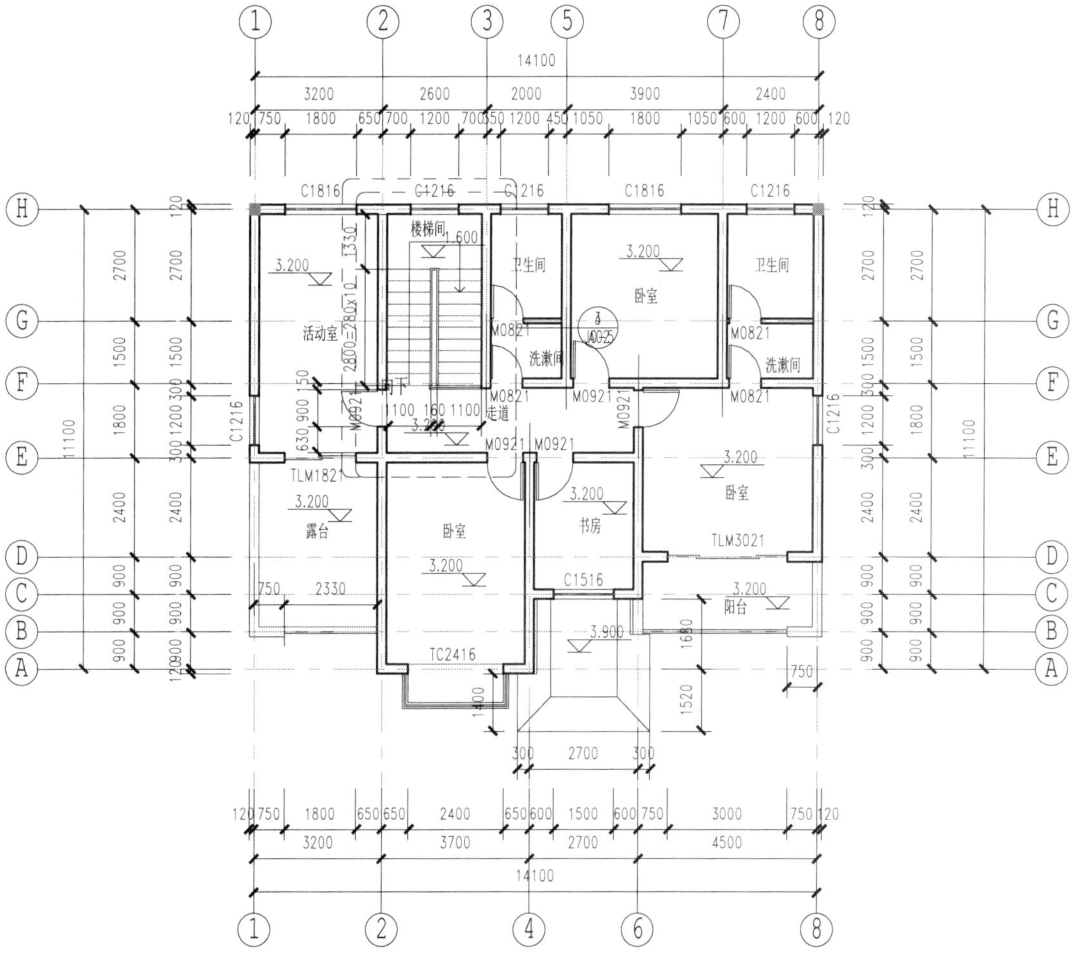

二层平面图1:100

门明细表

门编号	尺寸		合计
	门宽/mm	门高/mm	
M0821	800	2100	6
M0921	900	2100	10
M1821	1800	2100	1
M2421	2400	2100	1
TLM1821	1800	2100	1
TLM3021	3000	2100	1

窗明细表

窗编号	尺寸		窗底高度/mm	合计
	窗宽/mm	窗高/mm		
C1216	1200	1600	900	9
C1516	1500	1600	900	1
C1816	1800	1600	900	4
TC2416	2560	1600	600	2

实训案例			B15_ZH_AR_2F 坡屋顶带车库小别墅	
班　级	×××	一、二层平面图	图号	A01
学　生	×××		图别	建施
指导教师	×××		日期	22/01/01

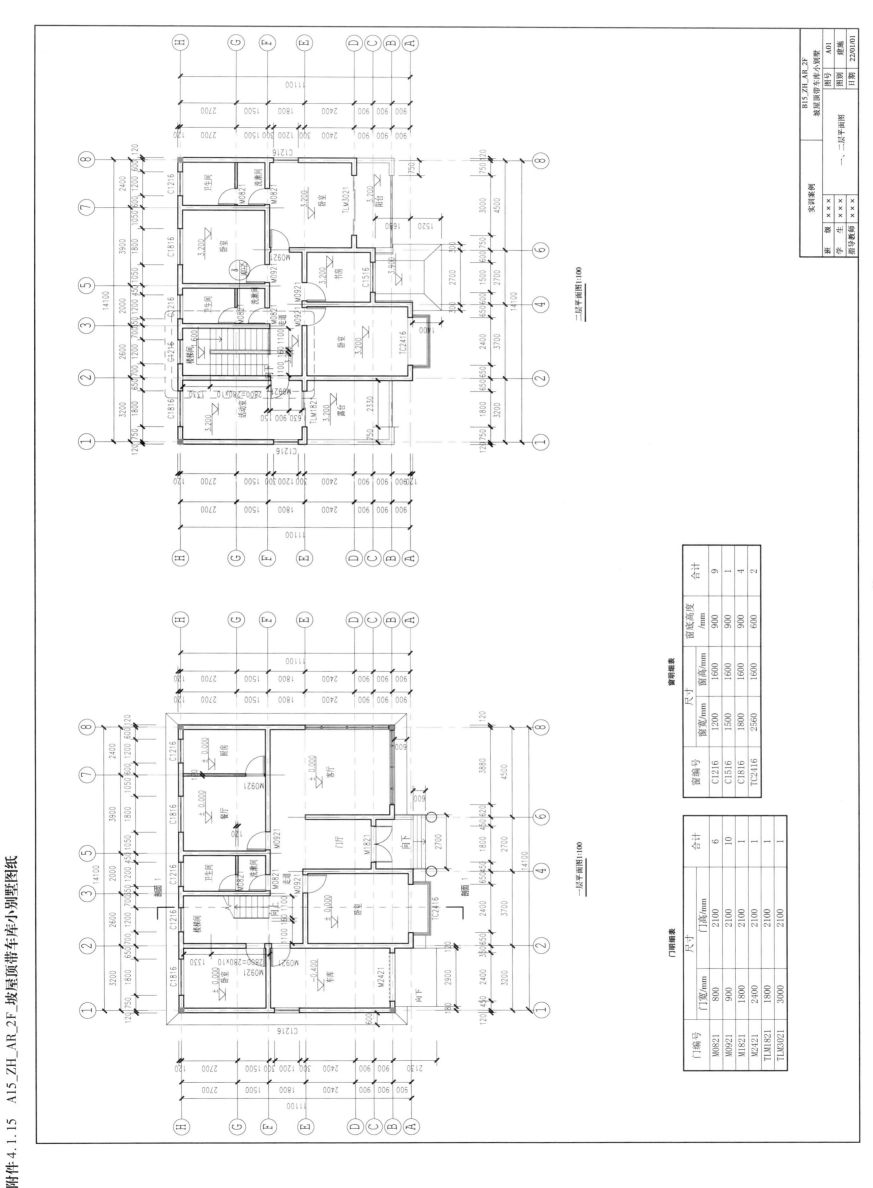

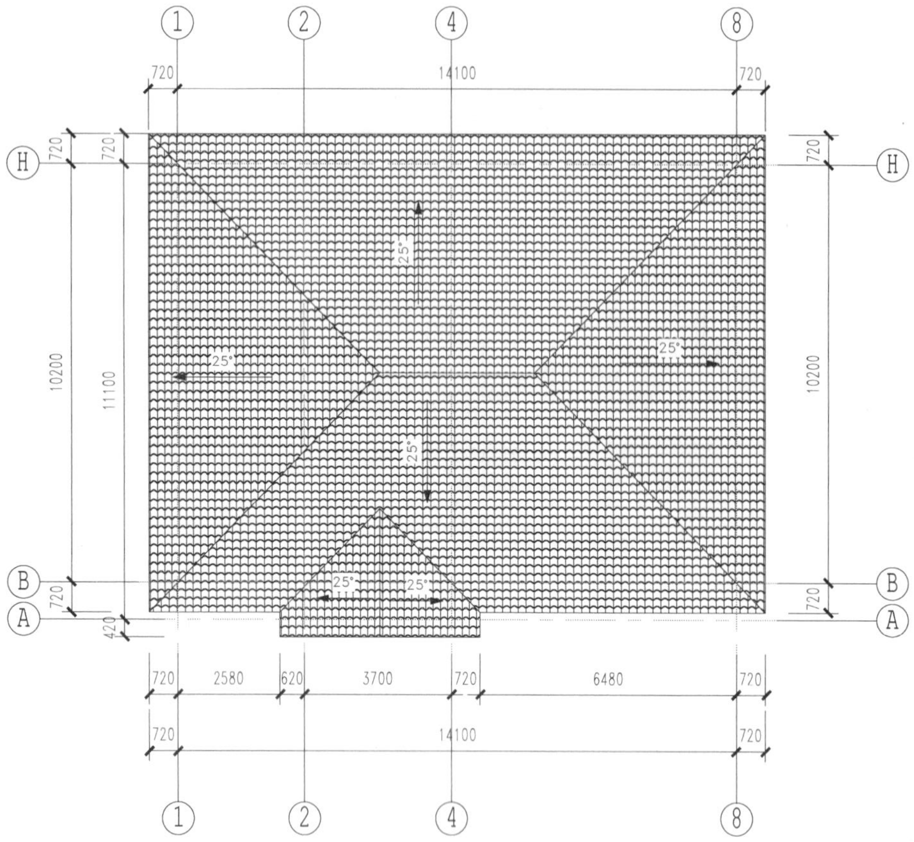

屋顶平面图1:100

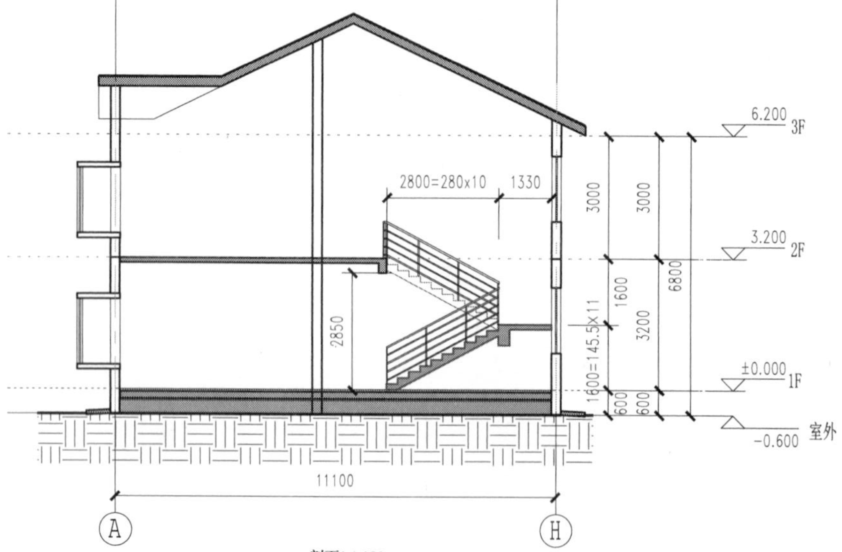

剖面1 1:100

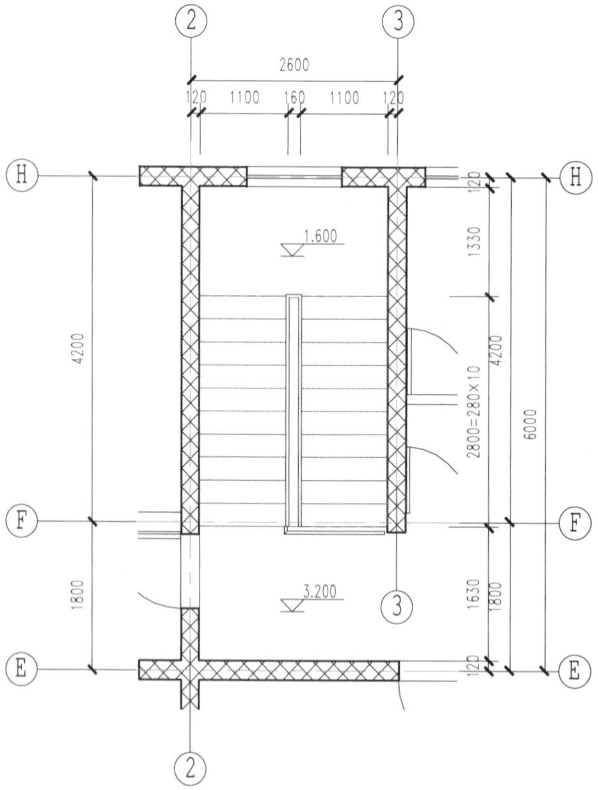

二层楼梯平面详图1:50

三维视图1:1

实训案例			B15_ZH_AR_2F 坡屋顶带车库小别墅	
班　级	×××	屋顶平面图、剖面图	图号	A02
学　生	×××		图别	建施
指导教师	×××		日期	22/01/01

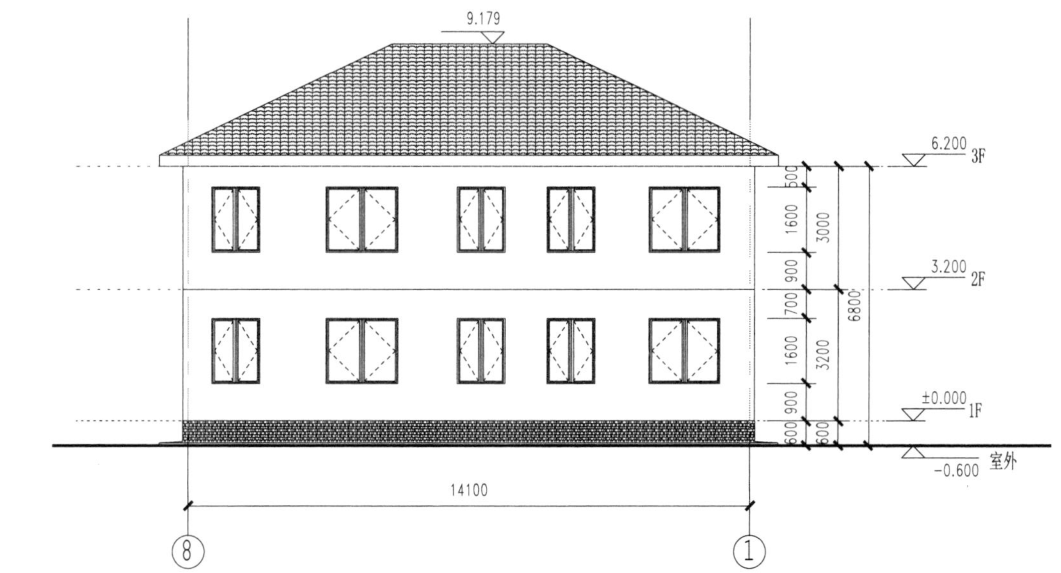

北立面图1:100

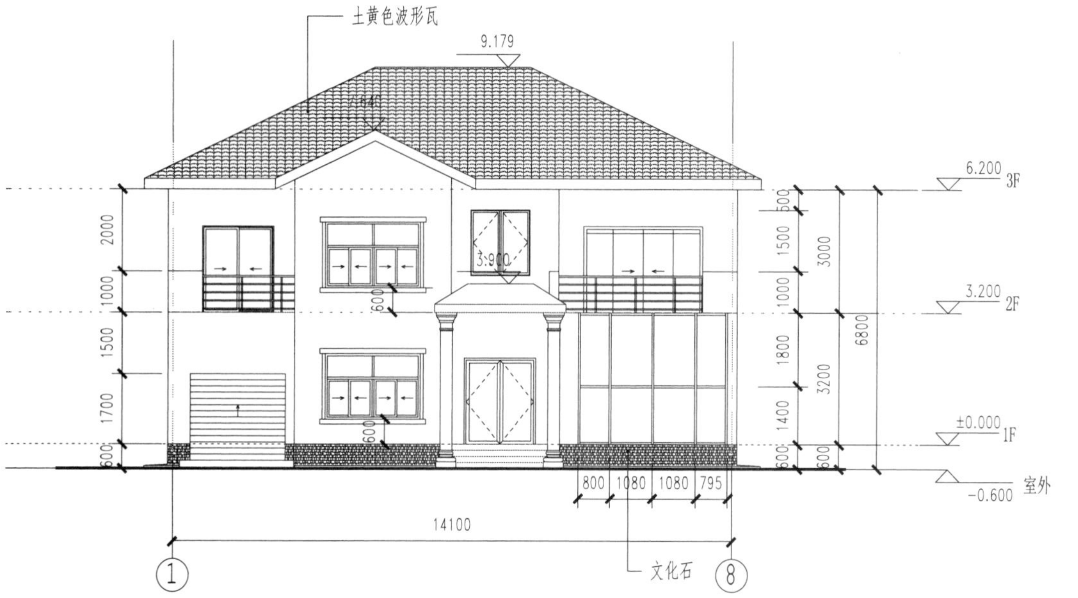

南立面图1:100

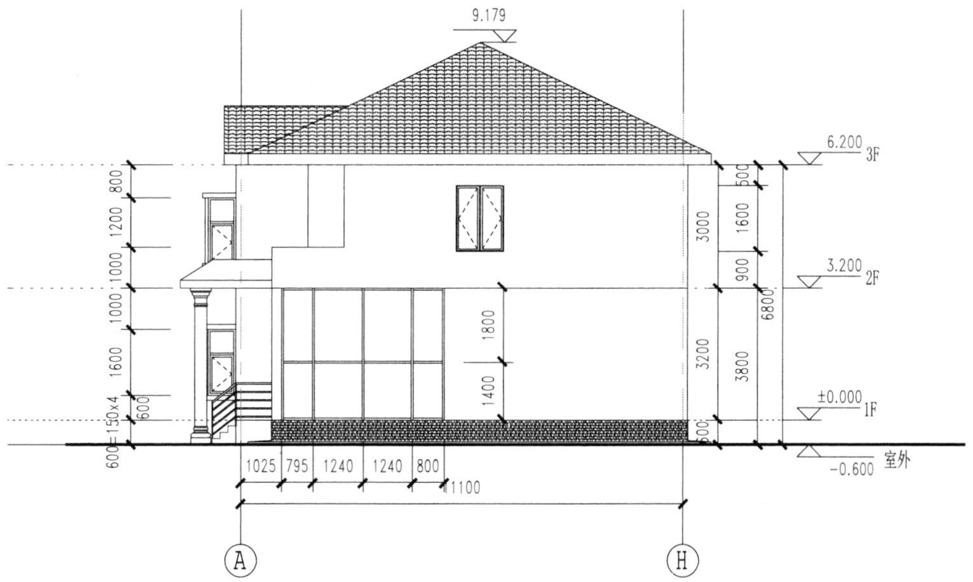

东立面图1:100

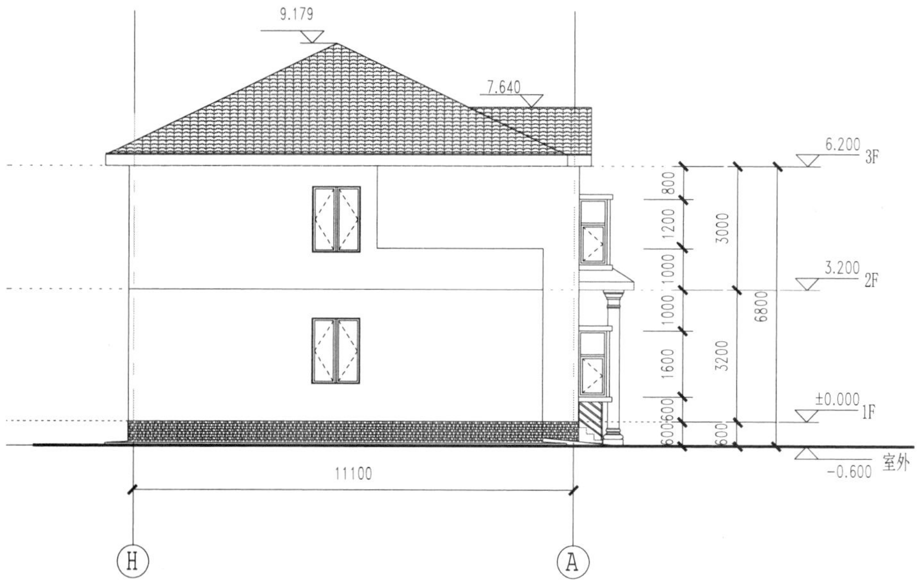

西立面图1:100

实训案例		B15_ZH_AR_2F 坡屋顶带车库小别墅		
班　级	×××	立面图	图号	A03
学　生	×××		图别	建施
指导教师	×××		日期	22/01/01

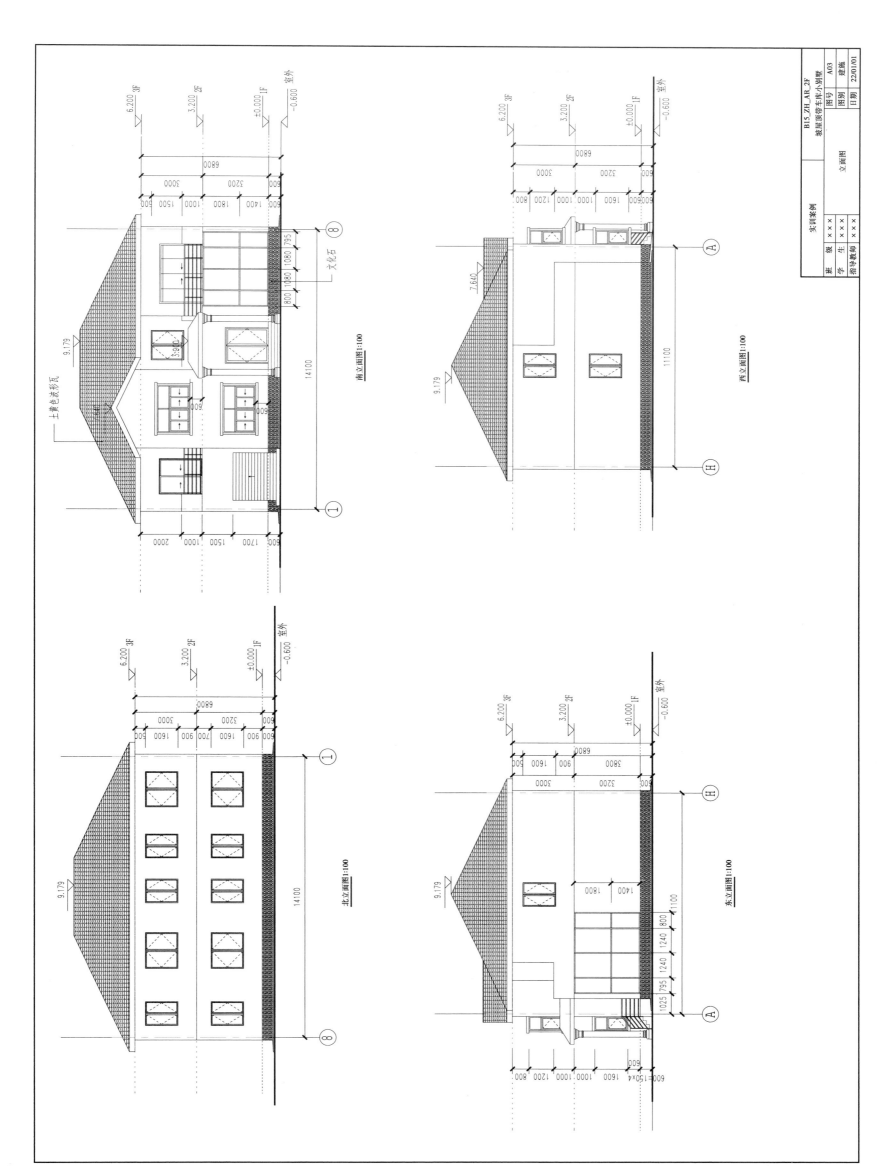

附件 4.2.1　B1_ZH_AR_3F_带幕墙综合楼图纸

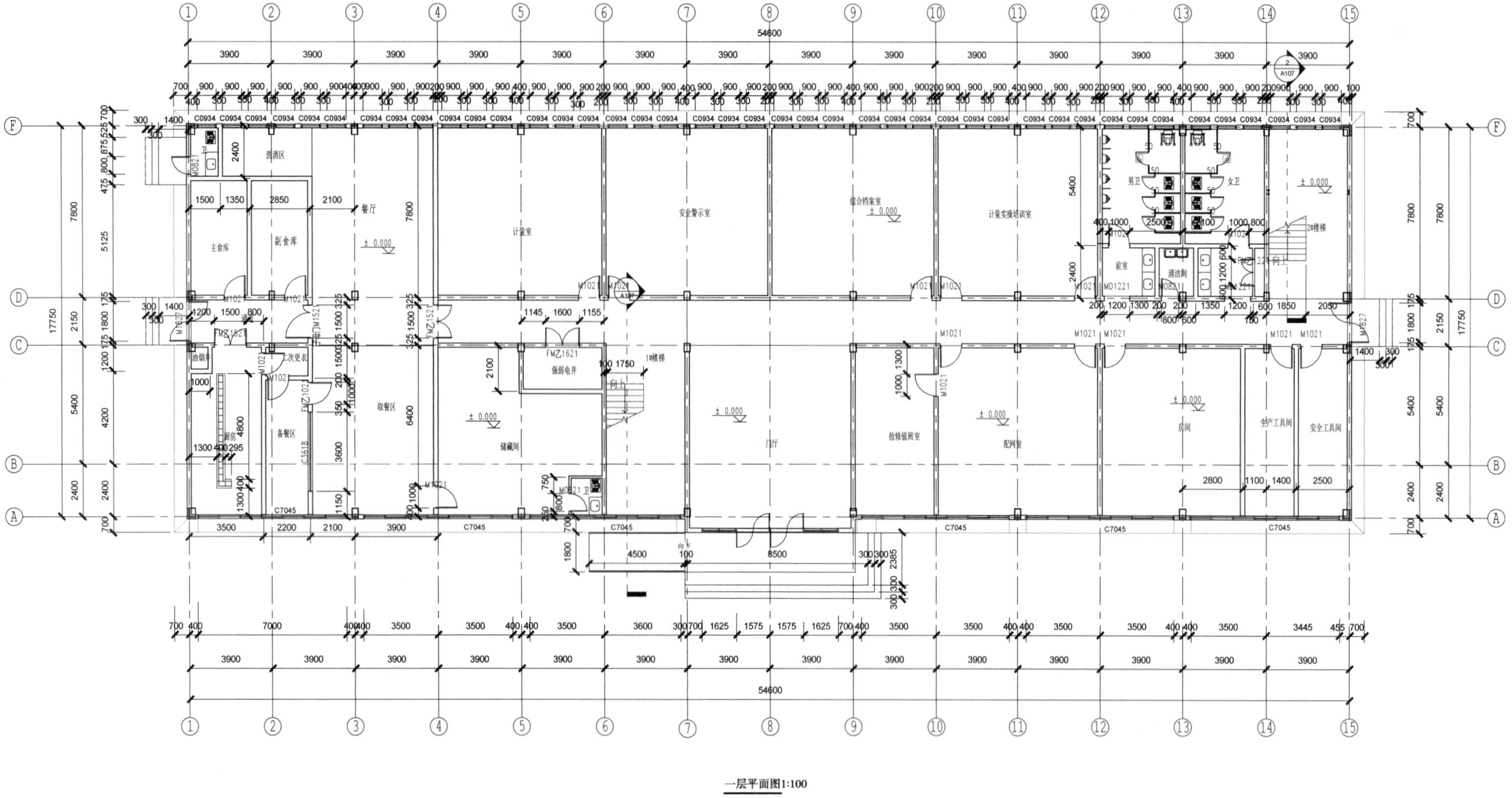

一层平面图1:100

实训案例			B1_ZH_AR_3F 带幕墙综合楼	
班　级	×××	一层平面图	图号	A101
学　生	×××		图别	建施
指导教师	×××		日期	10/11/22

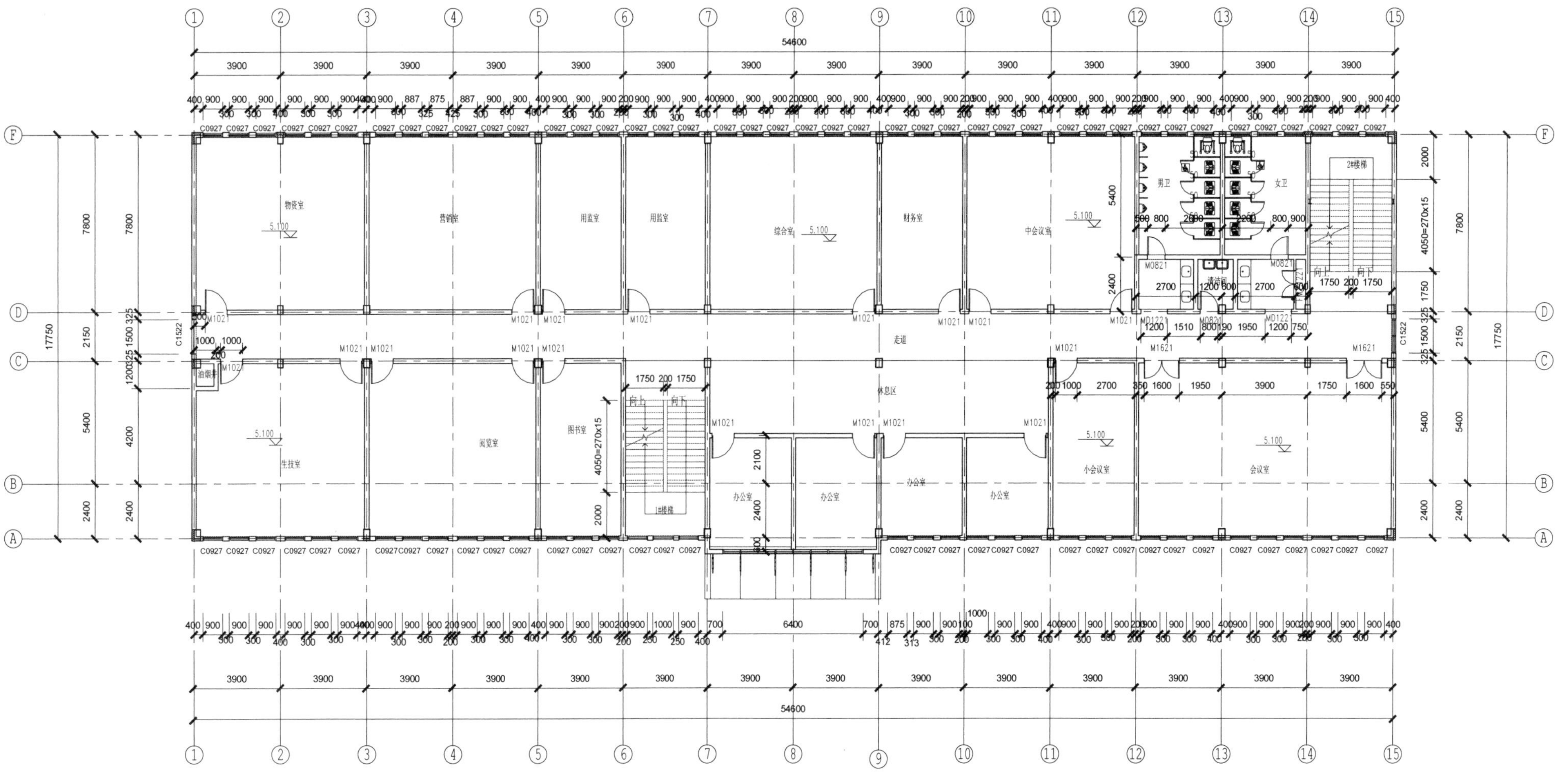

二层平面图1:100

实训案例		B1_ZH_AR_3F 带幕墙综合楼		
班　级	×××	二层平面图	图号	A102
学　生	×××		图别	建施
指导教师	×××		日期	10/11/22

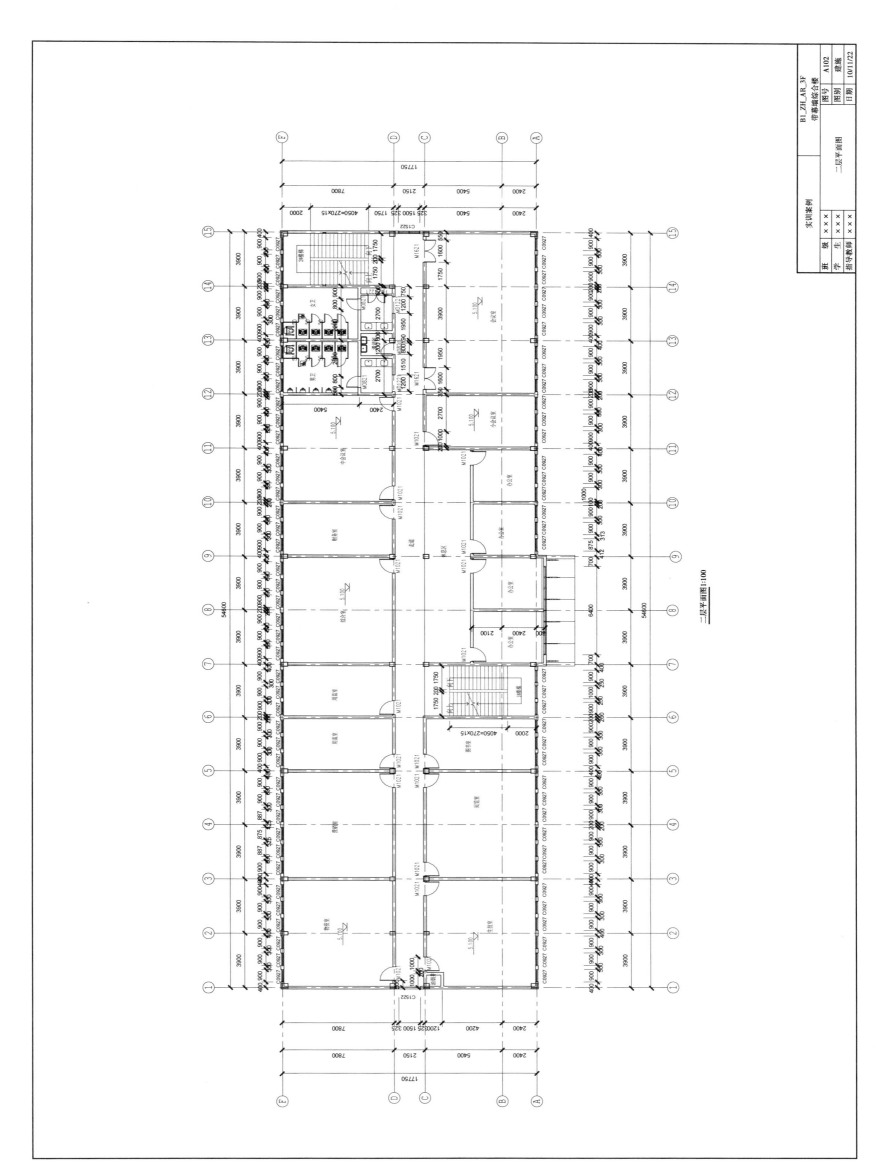

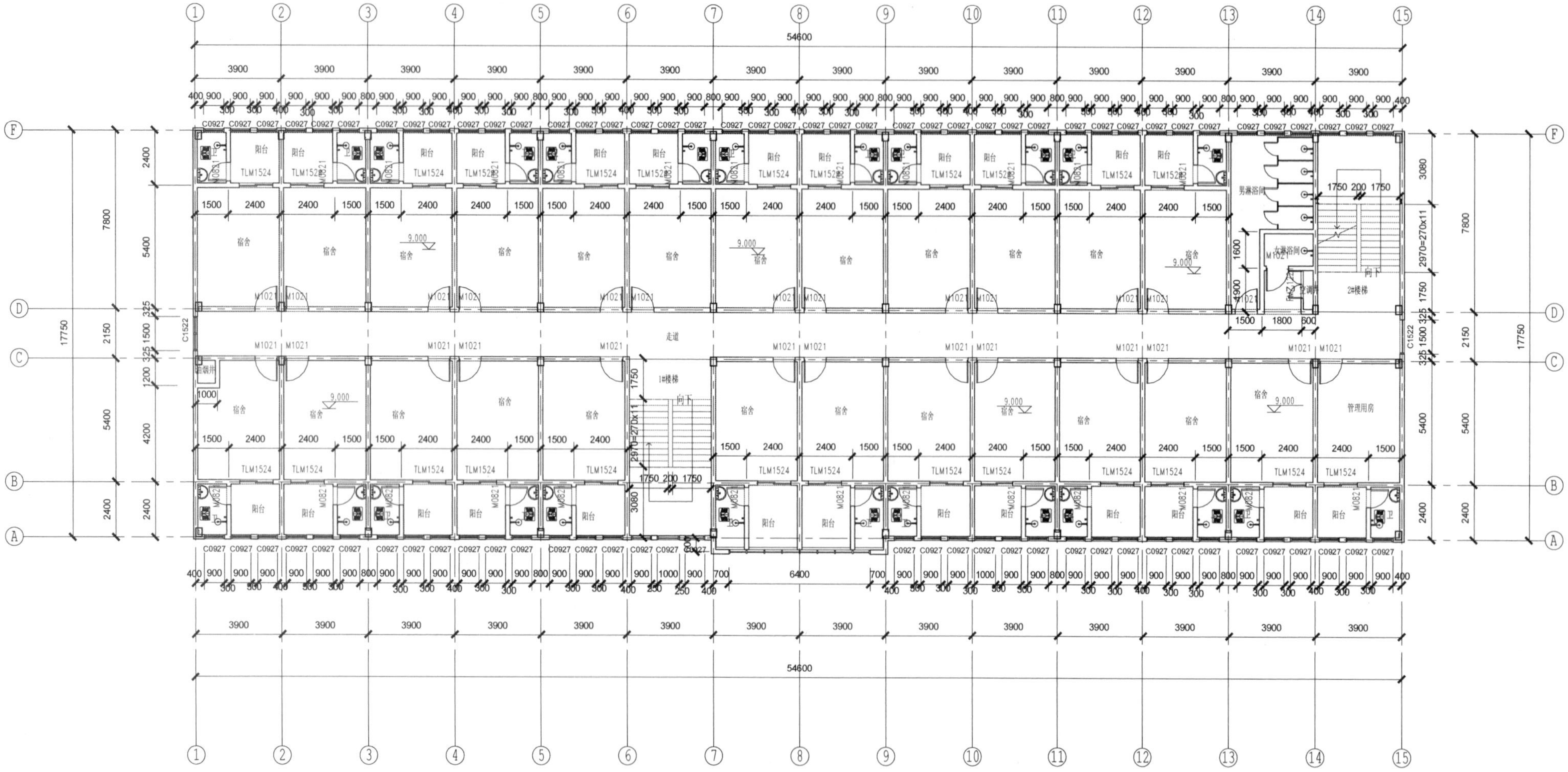

三层平面图1:100

实训案例			B1_ZH_AR_2F 带幕墙综合楼	
班　级	×××	三层平面图	图号	A103
学　生	×××		图别	建施
指导教师	×××		日期	10/11/22

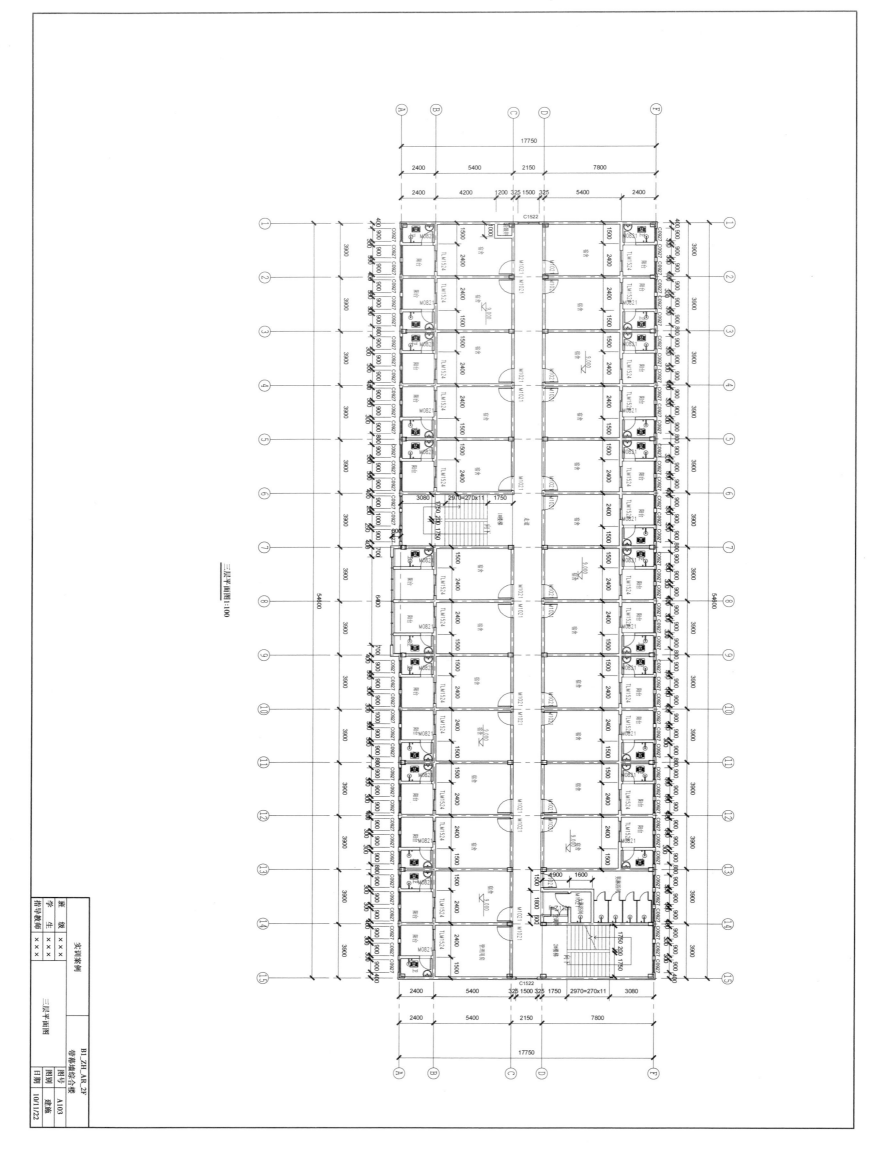

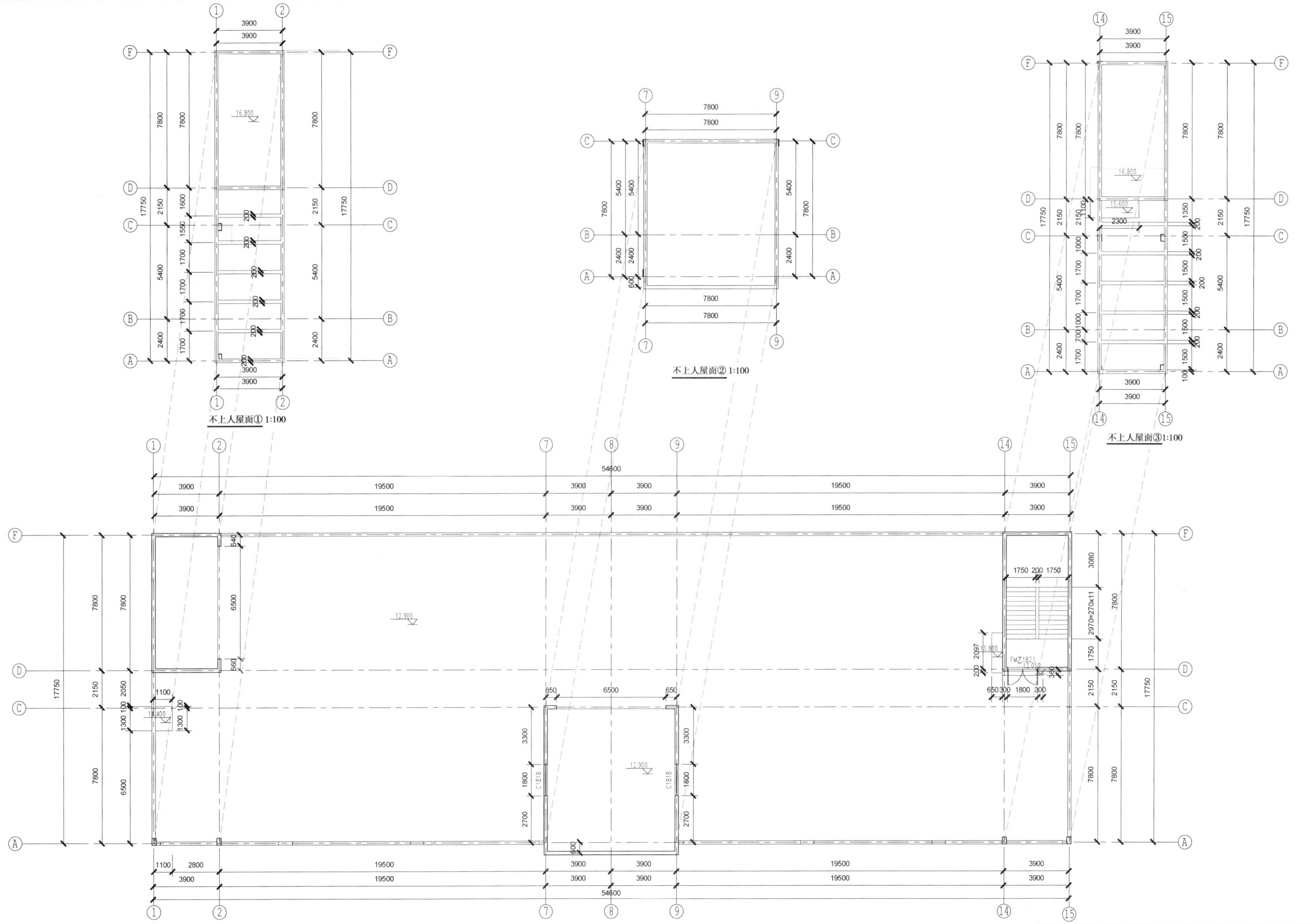

不上人屋面① 1:100

不上人屋面② 1:100

不上人屋面③ 1:100

上人屋面1:100

实训案例			B1_ZH_AR_3F 带幕墙综合楼	
班　级	×××	屋面平面图	图号	A104
学　生	×××		图别	建施
指导教师	×××		日期	10/11/22

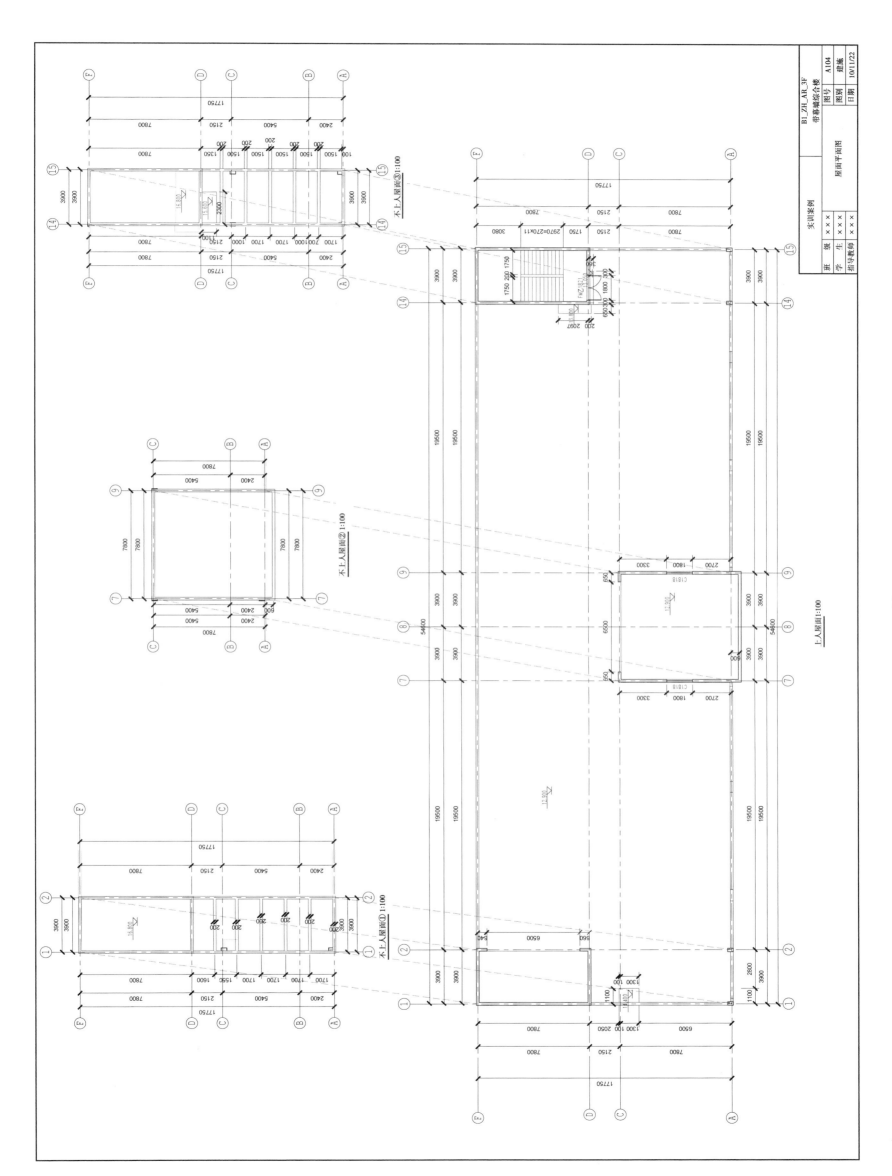

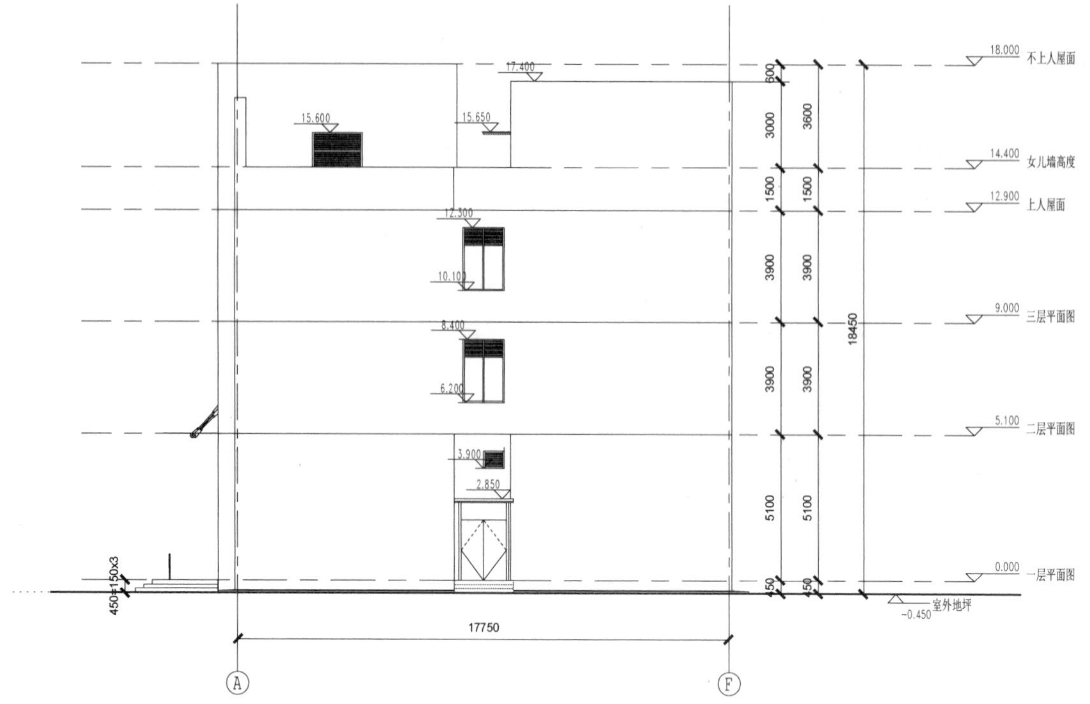

东立面图1:100

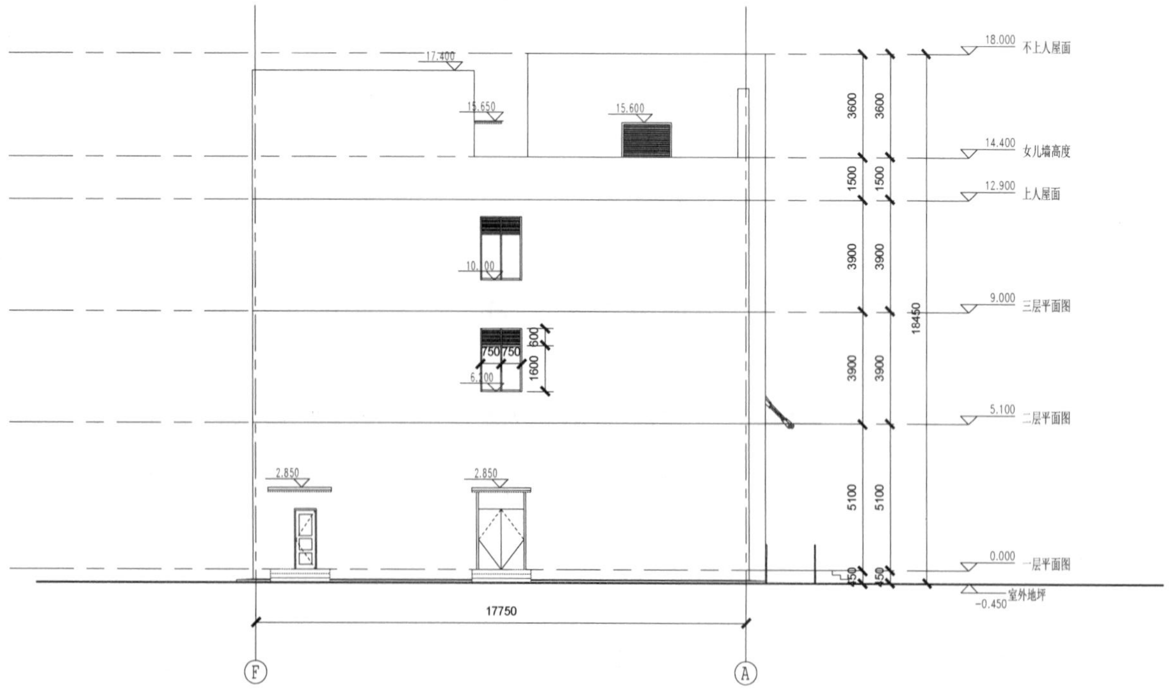

西立面图1:100

实训案例		B1_ZH_AR_3F 带幕墙综合楼	
班　级	×××	图号	A105
学　生	××× 东西立面图	图别	建施
指导教师	×××	日期	10/11/22

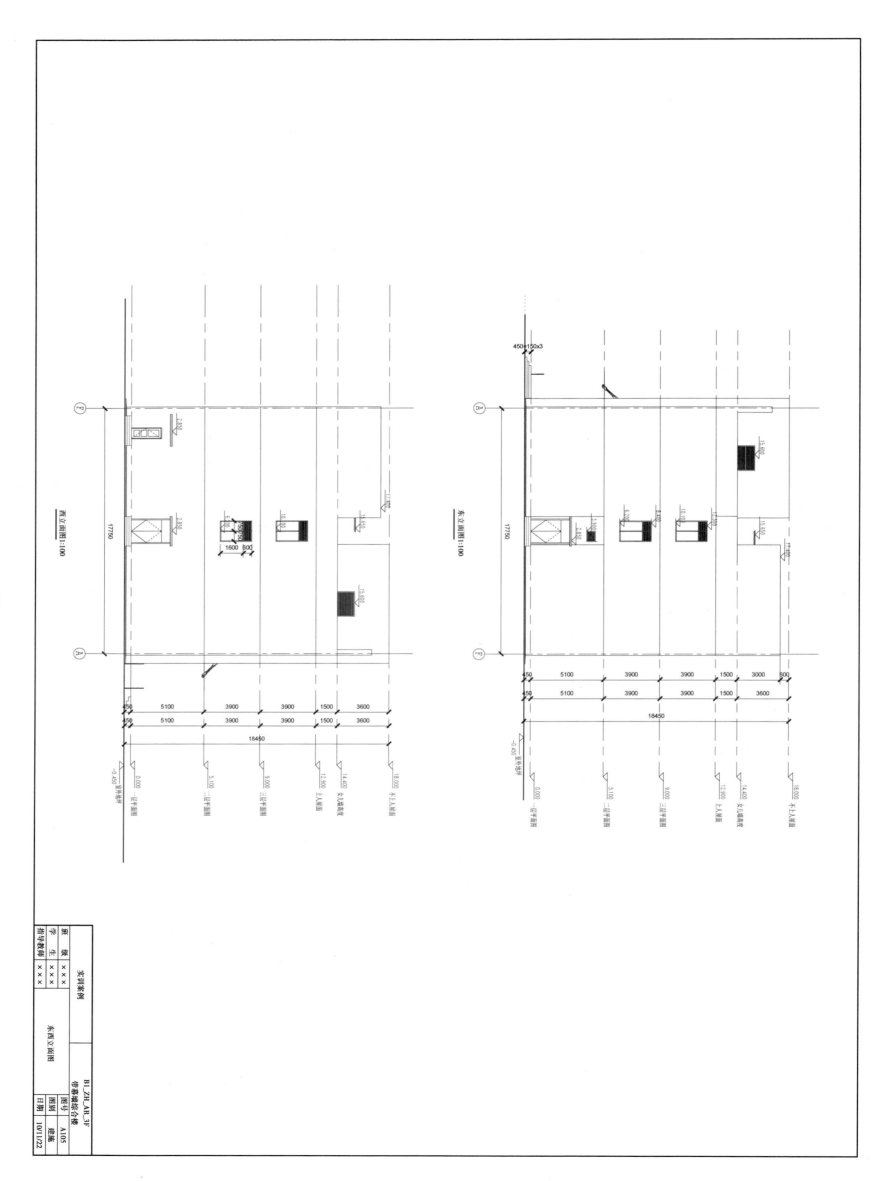

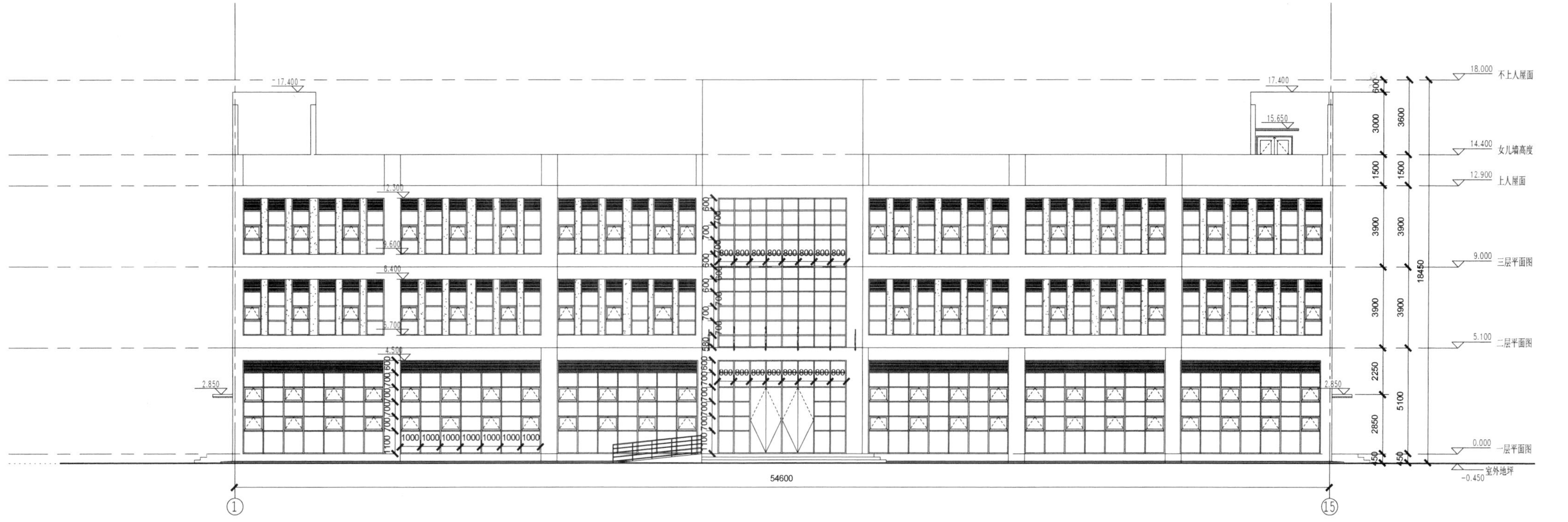

南立面图1:100

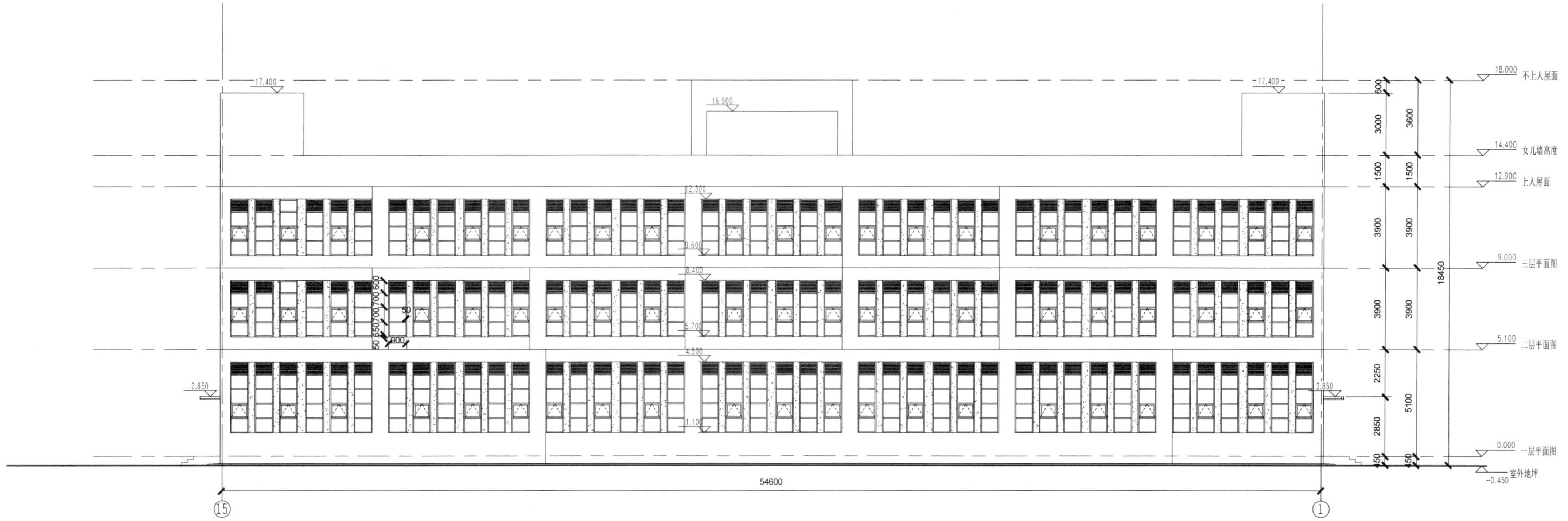

北立面图1:100

实训案例			B1_ZH_AR_3F 带幕墙综合楼	
班　级	×××	南北立面图	图号	A106
学　生	×××		图别	建施
指导教师	×××		日期	10/11/22

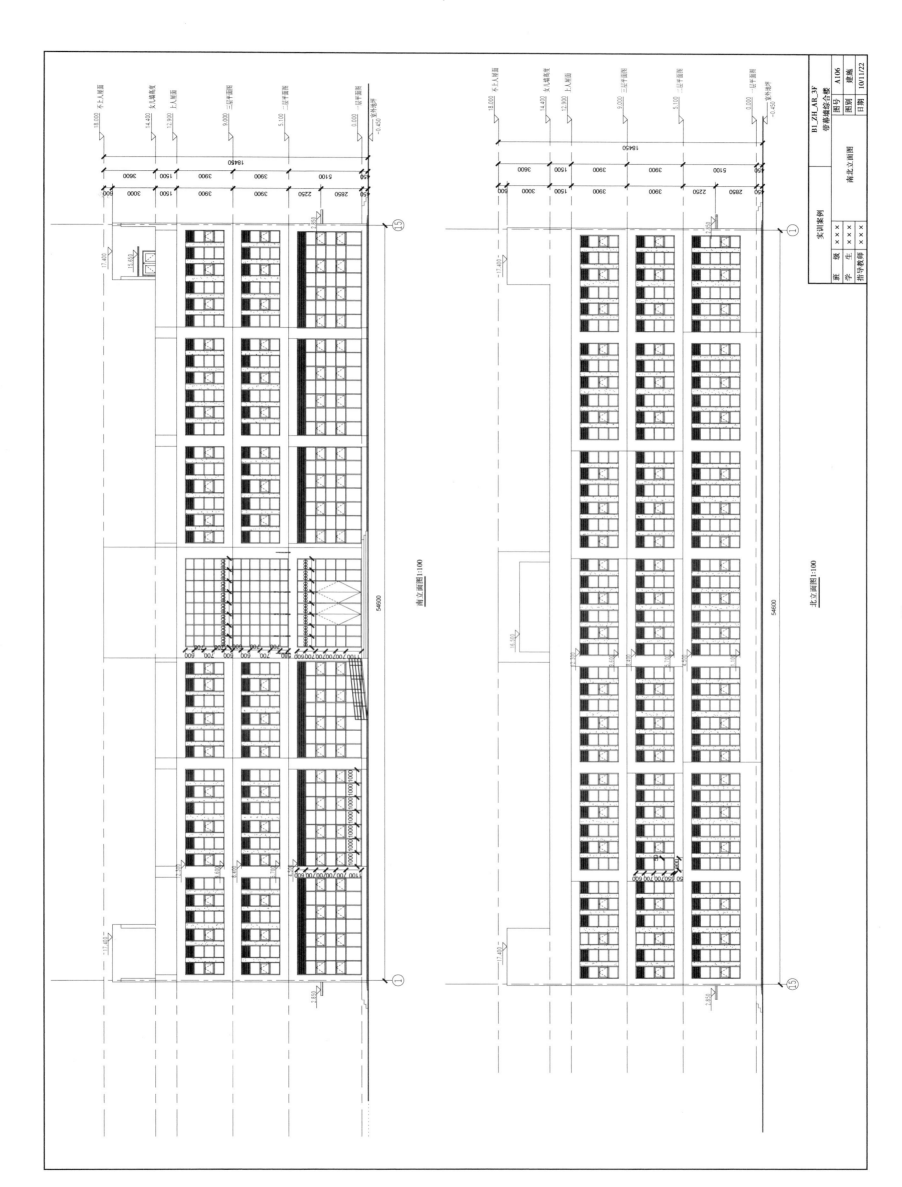

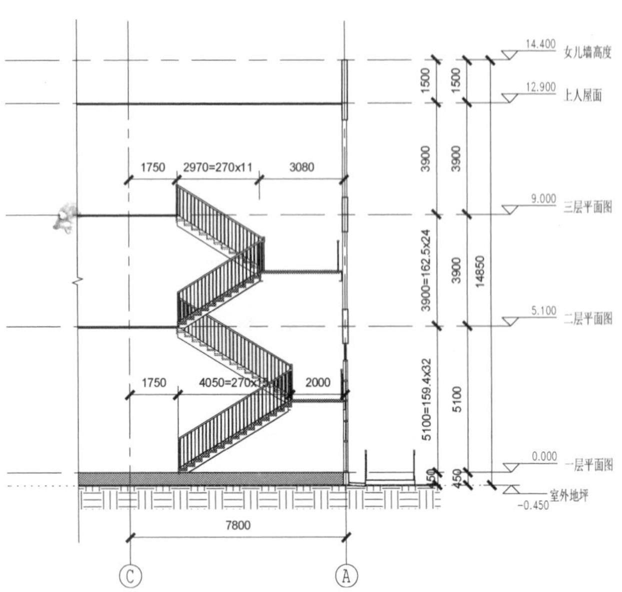

1#楼梯剖面图1:100

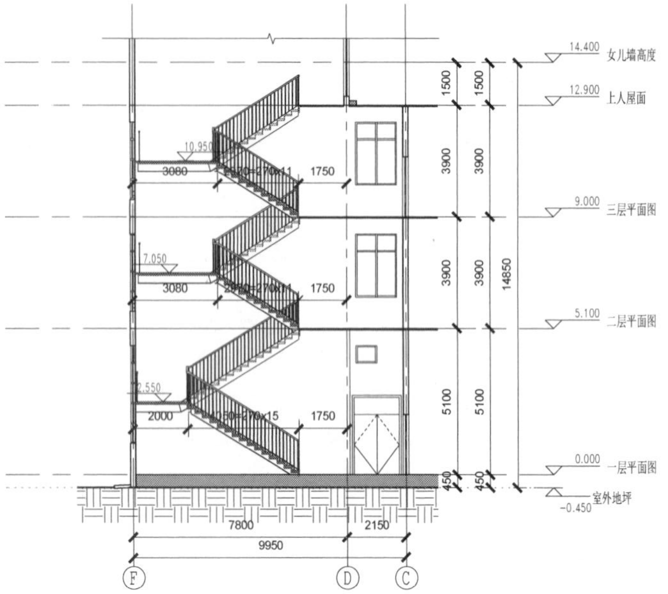

2#楼梯剖面图1:100

门明细表

类型标记	宽度/mm	高度/mm	合计
FM乙1021	1000	2100	1
FM乙1221	1200	2100	3
FM乙1521	1500	2100	2
FM乙1621	1600	2100	1
FM乙1821	1800	2100	1
M0821	800	2100	31
M1021	1000	2100	63
M1621	1600	2100	2
M1827	1800	2700	2
MD1221	1200	2100	4
TLM1524	1500	2400	25
子母门M1521	1500	2100	1
合计			136

窗明细表

类型标记	宽度/mm	高度/mm	合计
C0811	1100	800	1
C1818	1800	1800	2
C3618	3600	1800	1
总计			4

门窗说明：外墙上的幕墙门窗不在统计范围内，如一层平面图中的C0934，C0945等，请根据图中尺寸及样式绘制。

三维视图1:1

实训案例			B1_ZH_AR_3F 带幕墙综合楼	
班　级	×××	楼梯剖面图、三维视图	图号	A107
学　生	×××		图别	建施
指导教师	×××		日期	10/11/22

建筑设计总说明

1　设计总则及主要设计依据

1.1 总则

1.1.1 图例：以国家制图规范为准。

1.1.2 图纸单位：总平面图尺寸：m；其他图纸尺寸：mm；标高：m。

1.1.3 施工图纸修改：设计人有权在委托方认可的条件下对本施工图进行修改。

1.1.4 施工图等效文件：施工图交底记录，施工联系记录，施工图变更记录，二次装修确认记录。

1.1.5 本套施工图所示详图的意图在于指出本工程所要求的详图的轮廓、类型及某些未特别指出的部分与本详图类似。

1.1.6 本工程所用材料规格、施工及验收要求应符合国家、地方现行规范及标准。

1.1.7 对下列部位，施工单位或生产厂家在施工前需先绘制加工图及零件图，提交设计方认可：钢结构屋面工程、门窗及幕墙工程、轻钢结构雨篷工程。

1.2　主要设计依据及设计遵循的规范与规程

1.2.1 建设方的各项要求。

1.2.2《中石油重庆××××配送调度中心建设项目岩土工程详细勘察报告》。

1.2.3 国家、地方、行业现行有效的相关法律、法规、规范、规程、规定及标准。

2　工程概况

2.1 项目名称：中石油重庆××××配送调度中心

建设单位：中石油重庆运输分公司

2.2 本工程总建筑面积576.8 m^2，建筑基底面积277.7 m^2。

2.3 建筑层数、高度：调度办公楼2层，建筑高度7.5 m。建筑二层使用总人数不超过100人，耐火等级为二级，设计使用年限为50年，屋面防水等级Ⅱ级，抗震烈度按6度设防。

3　总平面图

3.1 本工程室外场地绝对标高见总平面图，相对标高±0.000相对于绝对标高287.5 m（黄海高程系）。

3.2 总平面标高尺寸以米计，其余尺寸以毫米计。建筑所注楼地面标高为建筑完成面标高。结构所注楼地面标高为结构完成面标高，即建筑标高减50 mm。

3.3 由建设方首先根据总平面图中坐标和标高进行试放线，无误后才能组织施工。

4　墙体工程

4.1 本工程所有墙体均为填充墙，采用墙体如下说明：

4.1.1 墙厚度除图中注明者外，内外墙均为烧结页岩空心砖200 mm厚，M10水泥砂浆砌筑。

4.1.2 建筑物±0.000以下用MU10页岩实心砖M10水泥砂浆砌筑。

4.2 所有填充墙与梁，柱相接处的内墙粉刷及不同材料交接处的粉刷应铺设钢丝网，孔眼9 mm×7.5 mm，每边铺设宽度不小于250 mm。

4.3 不同材料砌体之间联结采用2ϕ6@500-600钢筋伸入墙体大于700 mm。

4.4 墙身防潮层设于标高-0.060，做法为20 mm厚1:2水泥砂浆掺5%防水剂。

4.5 门窗洞口过梁以结构施工图为准，相应的洞口宽度由施工方自行选用，并进行施工。

4.6 预埋在柱、梁、墙内的管件，预埋件和孔洞均应在浇捣混凝土前和砌筑时就位，切勿遗漏。待设备安装完毕后用非燃烧材料将缝隙紧密填塞。

4.7 填充墙应砌至结构梁板顶部并封严。如遇风管，待风管安装完毕后再砌墙。

4.8 严禁在砌体墙体上凿槽预埋管线。

4.9 砖砌栏杆每隔3 m设置构造柱，构造柱配筋及混凝土等级见结构施工图。

5　楼地面工程

5.1 楼地面构造做法详见建筑装修构造表。

5.2 建筑物及构筑物外沿周边设600 mm宽散水，散水详05J101-SW18-散2A。

5.3 室外踏步做法参照05J101-SW8-台9A，采用麻面青石板。

5.4 室外坡道做法参照05J101-SW2-坡1。所有坡道面材同相邻楼地面，均做防滑处理，水泥砂浆面现制现划凹痕。

5.5 凡室内经常有水的房间(包括室外阳台和外走廊)应设地漏。楼地面用1:2.5水泥砂浆(掺3%防水粉)作不小于0.5%排水坡度坡向地漏。最薄处厚为15 mm，地面最高点标高低于同层房间地面标高20 mm。

5.6 踏步、平台、坡道、门厅处地面垫层下的填土应按《建筑地面设计规范》（GB J50037—96（2001局部修订））第5.0.3条及表5.0.4要求施工。压实填土地基的变形模量大于8 N/mm。

6　屋面工程

6.1 屋面采用Ⅱ级防水，防水构造做法详见建筑装修构造表。

6.2 雨水管未经特殊注明均采用白色硬质ϕ110UPVC管材。

6.3 雨水斗及配件参照99J201-33、34。

6.4 所有与屋面交接的砌体墙均做250 mm高C20素混凝土泛水。屋面山墙及女儿墙泛水参照99J201-1-24-F。

6.5 屋面出入口见详图。

6.6 伸出屋面的通气、排气管、空调预留管等管道防水，参照99J201-1-47-1。

6.7 高屋面雨水排至低屋面时，应在雨水管下方屋面嵌设一块490 mm×490 mm×30 mm C20细石混凝土板做保护。

6.8 细石防水混凝土防水层的找平层纵、横缝分格不大于6 m×6 m，缝宽20 mm。

6.9 轻钢雨篷及其采光顶由专业承包商进行深化设计，满足其防水、隔热、隔声、降噪、防震及美观等项要求。并提供设计图纸，经设计单位认可后方能施工。

6.10 屋面防水必须由专业防水施工队进行施工。

7　门窗及油漆工程

7.1 门窗材料及做法详见门窗表。门窗立面详见窗大样图。

7.2 铝合金门窗立面尺寸为洞口定位尺寸，施工尺寸由现场测量，按饰面材料缝隙尺寸的不同，调整门窗构造尺寸。所有门窗框需在墙面抹灰前安装完毕。

7.3 玻璃幕墙、铝合金门窗断面构造(包括风压要求)，由幕墙专业生产厂家深化设计，提供加工图纸，配齐五金零件，经设计单位认可后方能施工。

7.4 铝合金门窗的制作安装，参照03J603-2《铝合金节能门窗》制作、安装、施工及检验、验收。

7.5 玻璃幕墙承包商应提供本幕墙工程的变形（抗震）、水密、隔热性能报告，以确认该幕墙的安全性能及质量。

7.6 玻璃幕墙、防火门、卷闸门等特殊加工门窗埋件由制作厂家提供，土建施工时按要求预埋。

7.7 木门、后设横式门扎头，玻璃门后设胶面弹性门扎头。

7.8 砌块墙体界面严禁采用水泥钉或射钉枪固定门窗。

7.9 所有外露铁件，均须表面除锈，红丹打底，满刮腻子，刷灰色调和漆3遍，详见西南J312第39页3272；其他露明铁件及钢质防火门均为涂防锈漆后刷调和漆两遍（颜色后定）。

7.10 各种油漆涂料均由施工单位制作样板，经确认后进行封样，并据此进行验收。

8　装饰工程（一次装修）

8.1 内墙及天棚构造做法详见建筑装修构造表，一般粉刷按高级抹灰施工。

8.2 所有内墙阳角处均做每侧50 mm宽、2000 mm高、20 mm厚1:2水泥砂浆暗护角。

8.3 风道烟道竖井内壁砌筑灰缝需饱满，并随砌随原浆抹光。

8.4 本工程建筑构造表中仅提供基本装修设计。室内外二次装修均由建设方另行委托专业装修公司设计施工，并与主体结构配合。

8.5 所有明装水立管、动力立管均先安装完管道，再用60 mm厚GRC板外包至吊顶上100 mm，雨水管检查口处设外开检修木门300 mm×300 mm，配齐五金拉手。GRC板颜色同相邻墙面。

8.6 凡二次装修房间楼地面不做面层，墙面、顶棚抹灰仅做打底不做面层，有吊顶房间者顶棚及高于吊顶标高100 mm以上的墙面可不做抹灰。

8.7 各种装饰抹灰、镶贴、涂刷等应先做出样板，经建设方和设计方认可后方可大面积施工。

9　节能设计

9.1 本项目建筑性质为公共建筑，执行重庆市《公共建筑节能设计标准》(DB J50/5024—2002)。

9.2 本项目建筑节能设计部位有建筑布置、门窗、外墙、分户墙和屋面和遮阳。

9.3 建筑节能设计工具：PKPM建筑节能分析软件2008（重庆地方专版）；软件开发单位：PKPM软件有限公司。计算结果详见《建筑节能分析报告书》。

9.4 节能技术措施详见节能设计专篇及计算报告书内容。

9.5 保温材料、外窗框料、玻璃品种及厚度在实际施工中可根据具体情况进行代换，但代换后的围护结构实测值不得低于设计值。

10　其他

10.1 楼梯间栏杆参见国标06J403-1硬木扶手不锈钢栏杆，有梯裙。

10.2 室内无窗台或窗台低于800mm时，须做护窗栏杆，参见99SJ403-P71-4。

10.3 主要使用房间的外窗做窗帘盒。

10.4 地面人行道、车行道、广场、绿化及附属小品等涉及景观部分的均由园林设计定，但应符合建筑、消防、结构荷载等相关规范和技术要求。

10.5 卫生洁具、成品隔断由甲方和设计方共同确定。

10.6 灯具、台盆、小便器等影响美观的器具须经建设单位确认样品后，方可批量加工和安装。

10.7 若施工中发现材料做法厚度与材料做法表中不一致时，可在设计方认可的条件下，对其中垫层或混凝土找坡层厚度做适当增减。

10.8 本图纸应结合各有关专业图纸一起阅读，且务必配合施工。图纸中未尽事宜应按有关现行规范、规程及有效的常规施工方法施工。

10.9 图中凡待定的建筑材料、品种、规格、颜色等需经建设方和设计方商定后方可施工。

实训案例			B2_ZH_AR_2F T字形建筑	
班　级	×××	建筑设计总说明	图号	01-JZSM
学　生	×××		图别	建施
指导教师	×××		日期	06/09/10

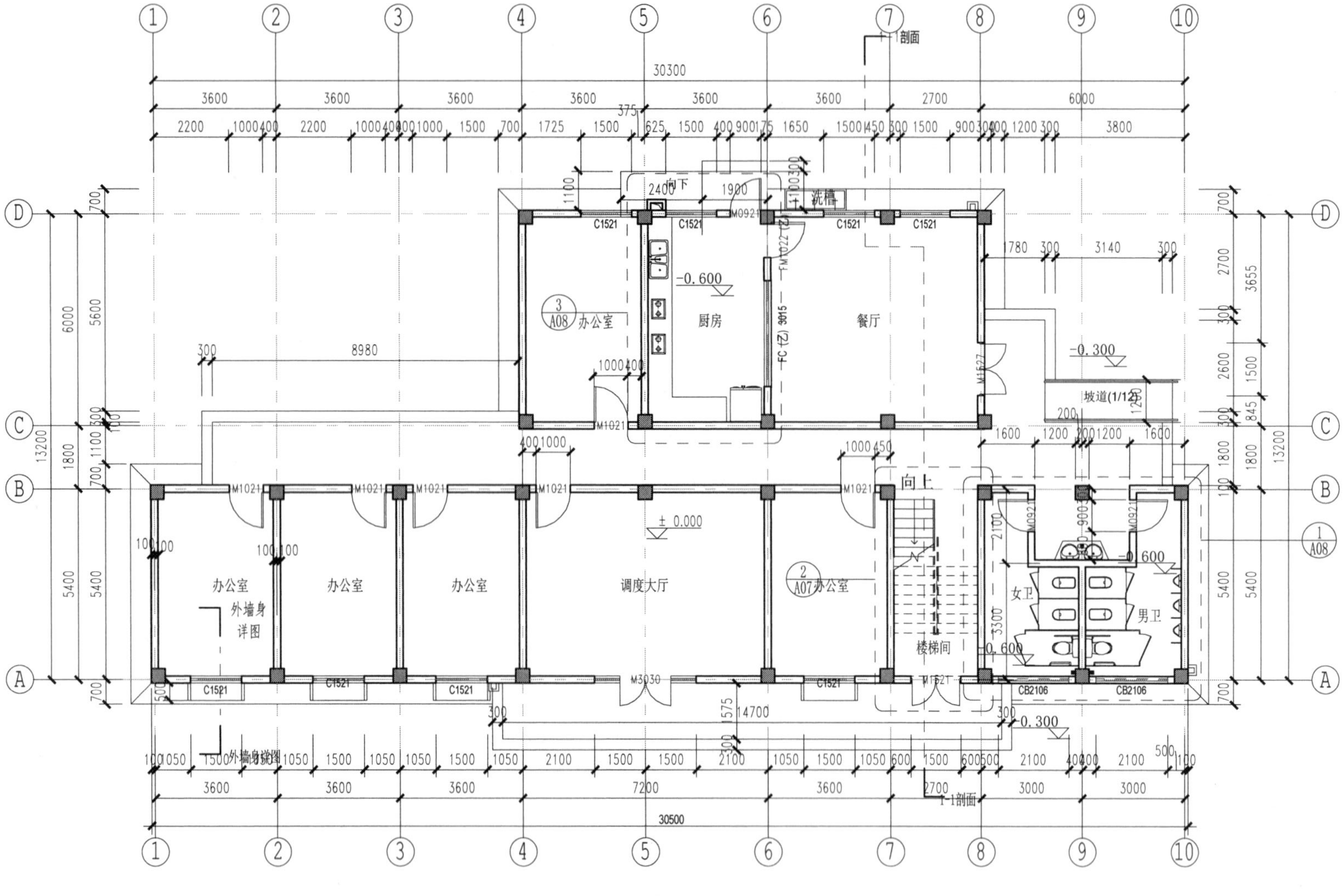

一层平面图1:100

实训案例			B2_ZH_AR_2F T字形建筑	
班　级	×××	一层平面图	图号	A01
学　生	×××		图别	建施
指导教师	×××		日期	22/01/01

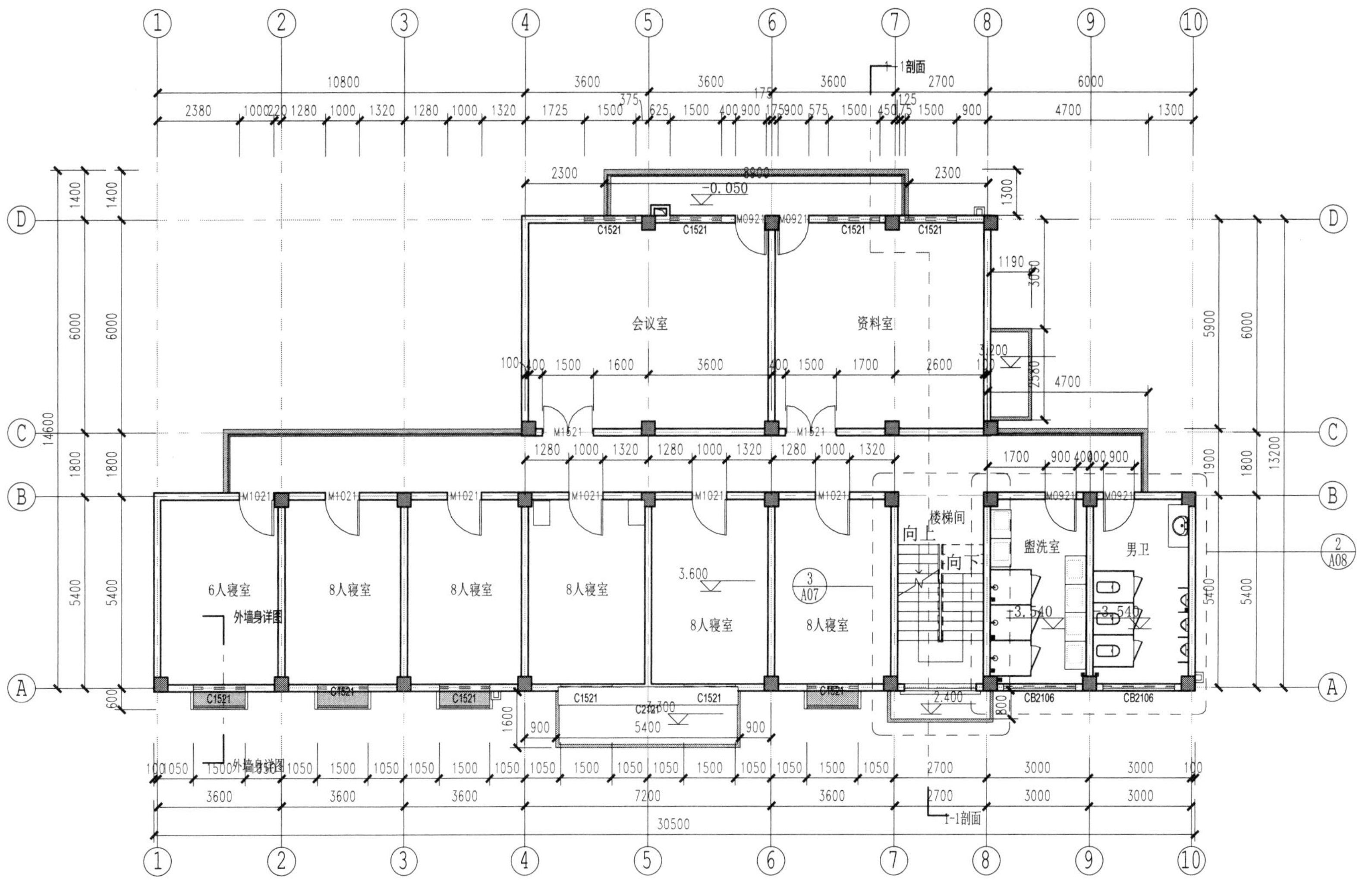

说明：办公楼第二层人数总和不超过100人。

二层平面图1:100

实训案例		B2_ZH_AR_2F T字形建筑	
班　级	×××	二层平面图	图号 A02
学　生	×××		图别 建施
指导教师	×××		日期 22/01/01

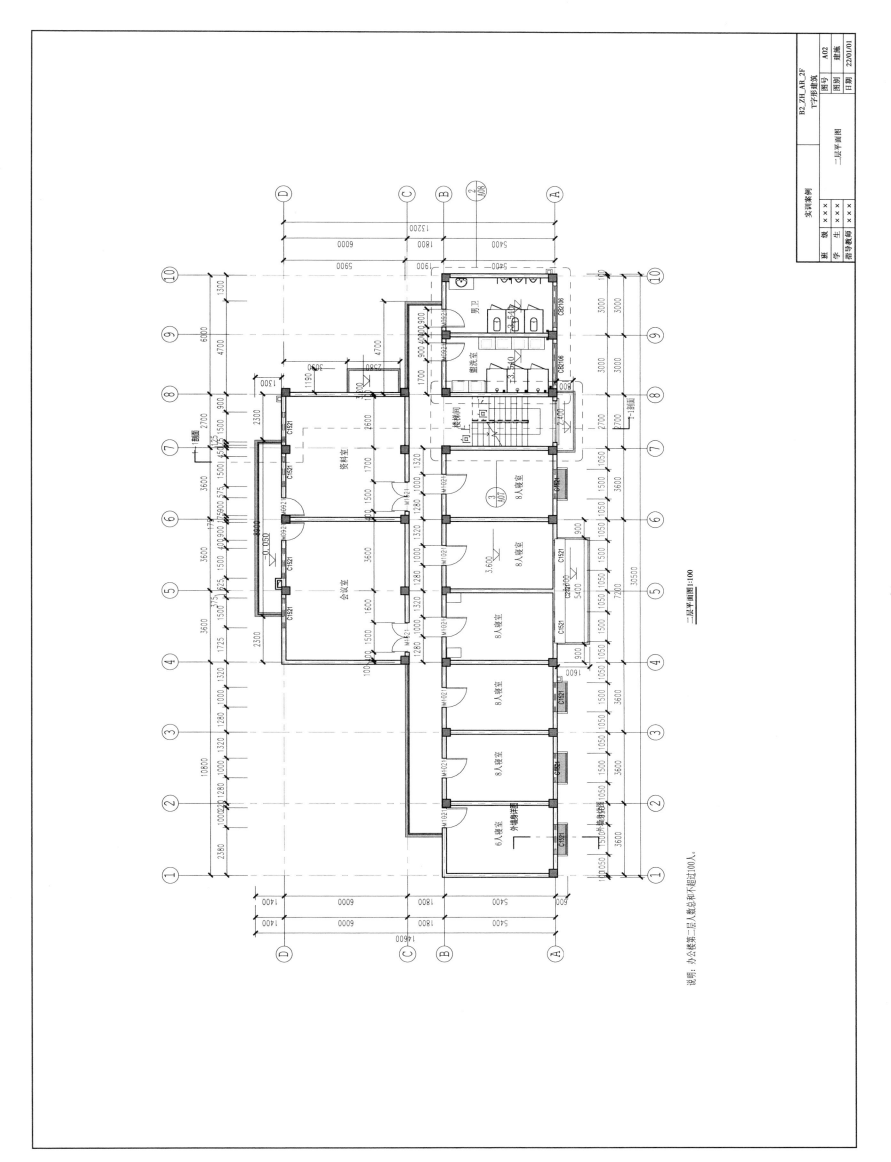

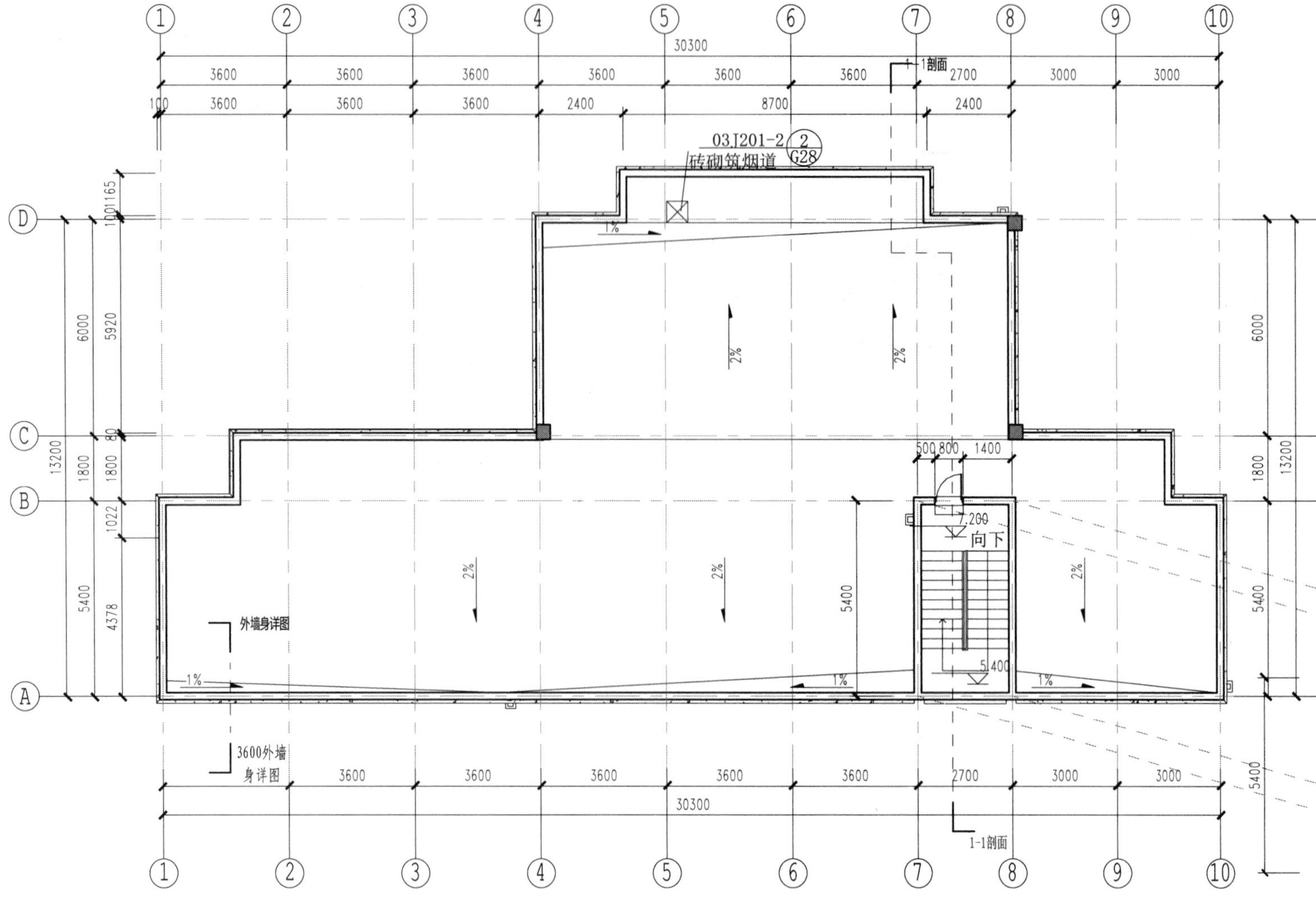

屋顶平面图1:100

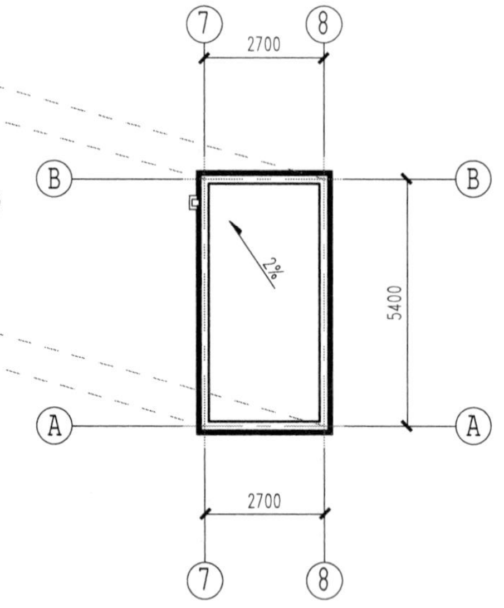

楼梯间屋顶平面图1:100

实训案例		B2_ZH_AR_2F T字形建筑		
班　级	×××	屋顶平面图	图号	A03
学　生	×××		图别	建施
指导教师	×××		日期	22/01/01

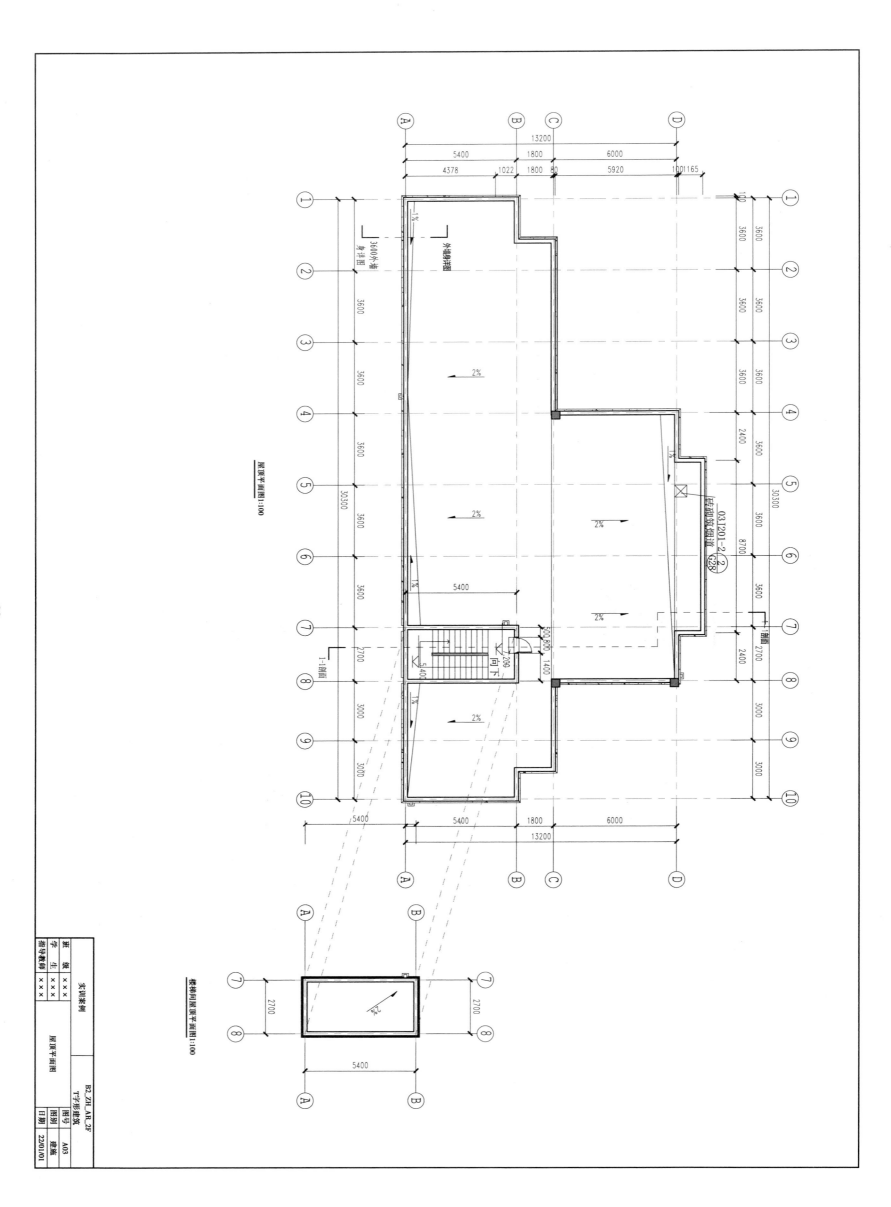

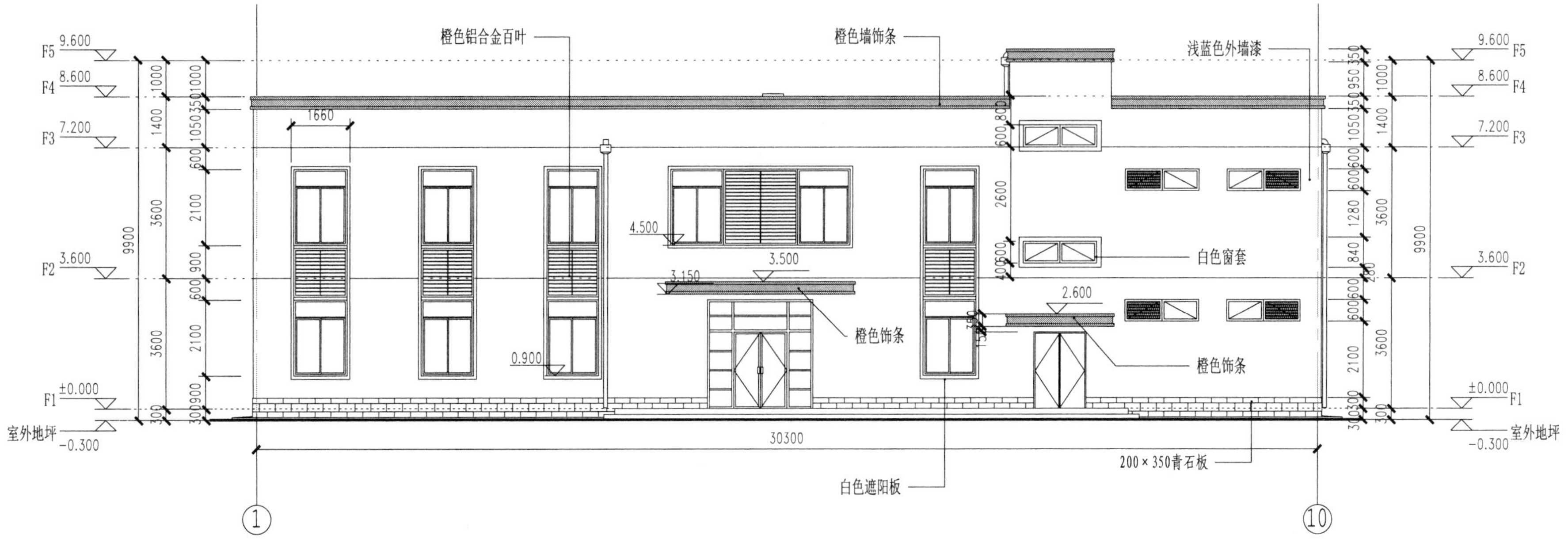

(1)~(10)立面图1:100

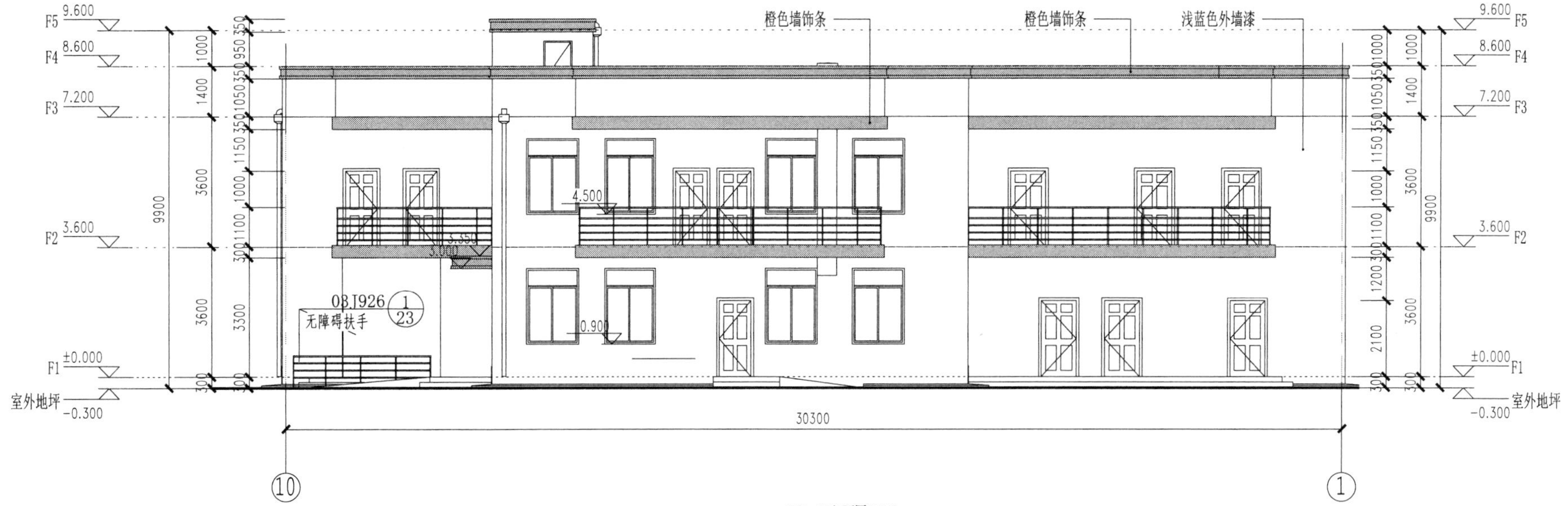

(10)~(1)立面图1:100

实训案例			B2_ZH_AR_2F T字形建筑	
班　级	×××	正、背立面图	图号	A04
学　生	×××		图别	建施
指导教师	×××		日期	22/01/01

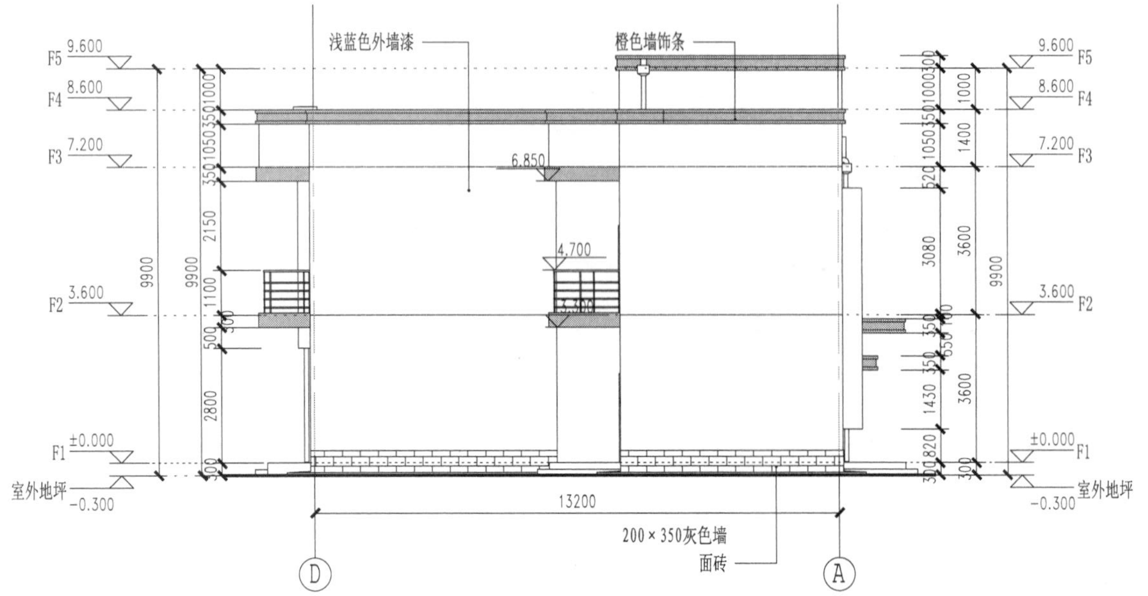

(A)—(D)立面图1:100

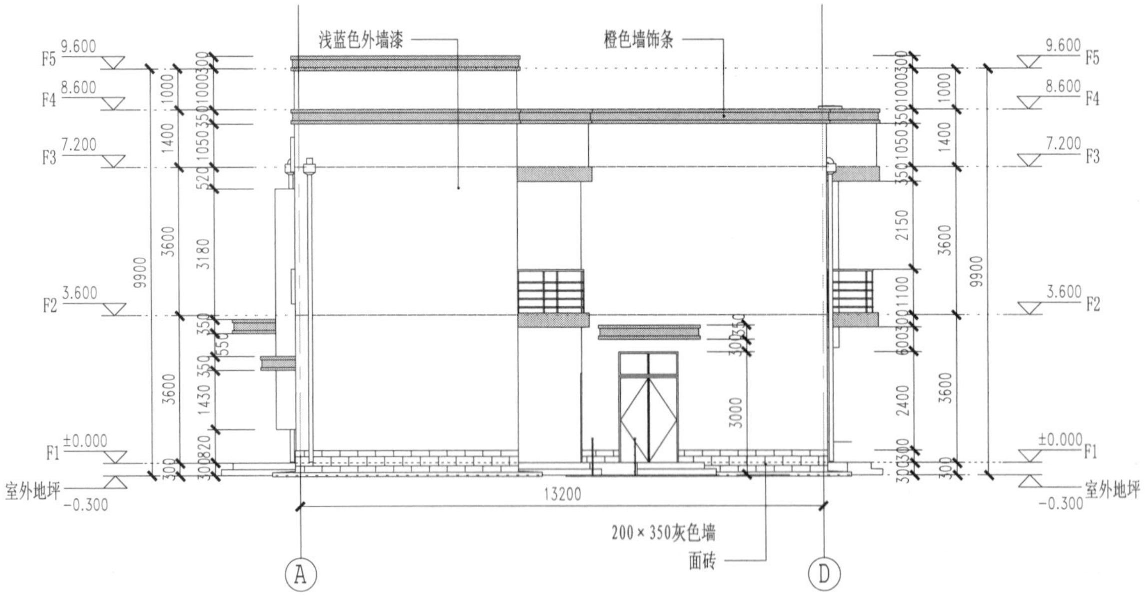

(D)—(A)立面图1:100

三维视图1:1

实训案例		B2_ZH_AR_2F T字形建筑	
班　级	×××	侧立面图	图号 A05
学　生	×××		图别 建施
指导教师	×××		日期 22/01/01

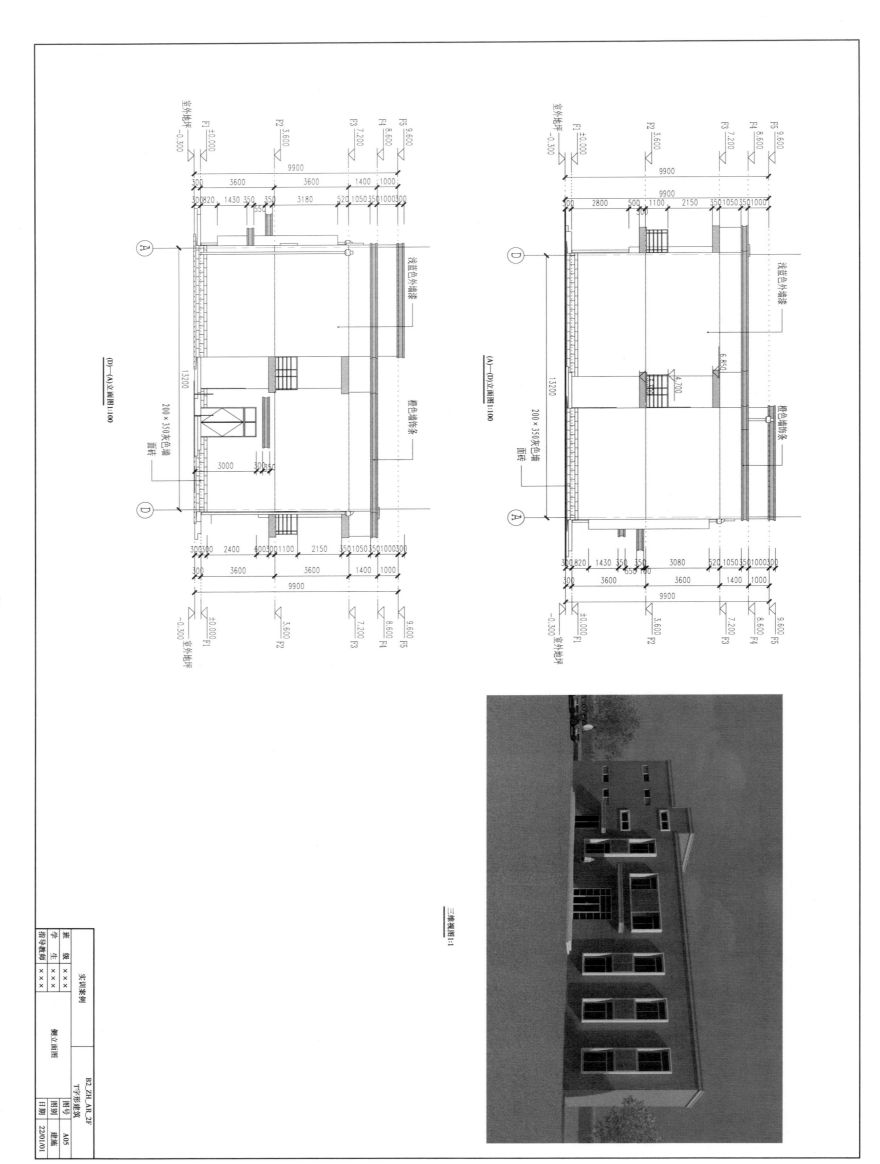

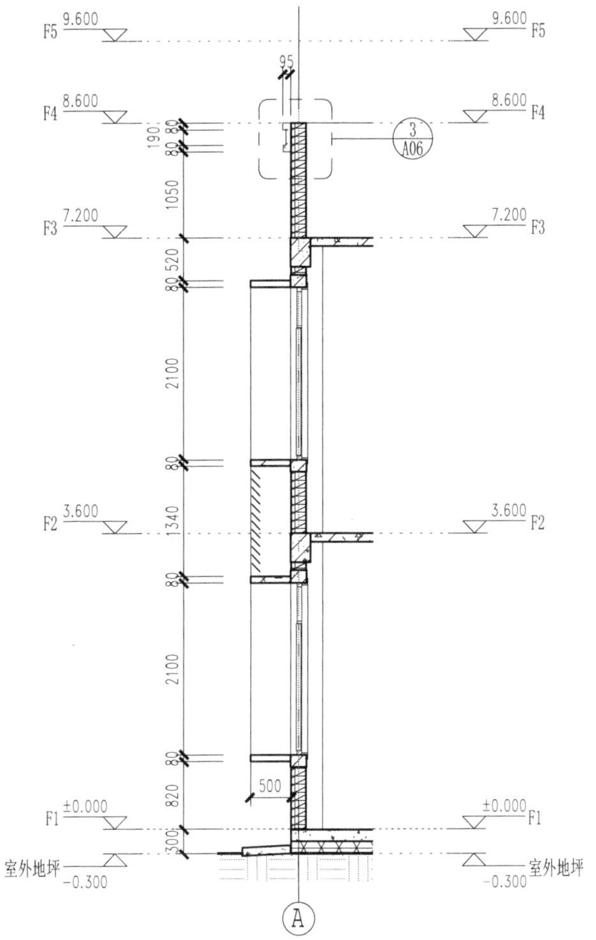

外墙身详图1:50

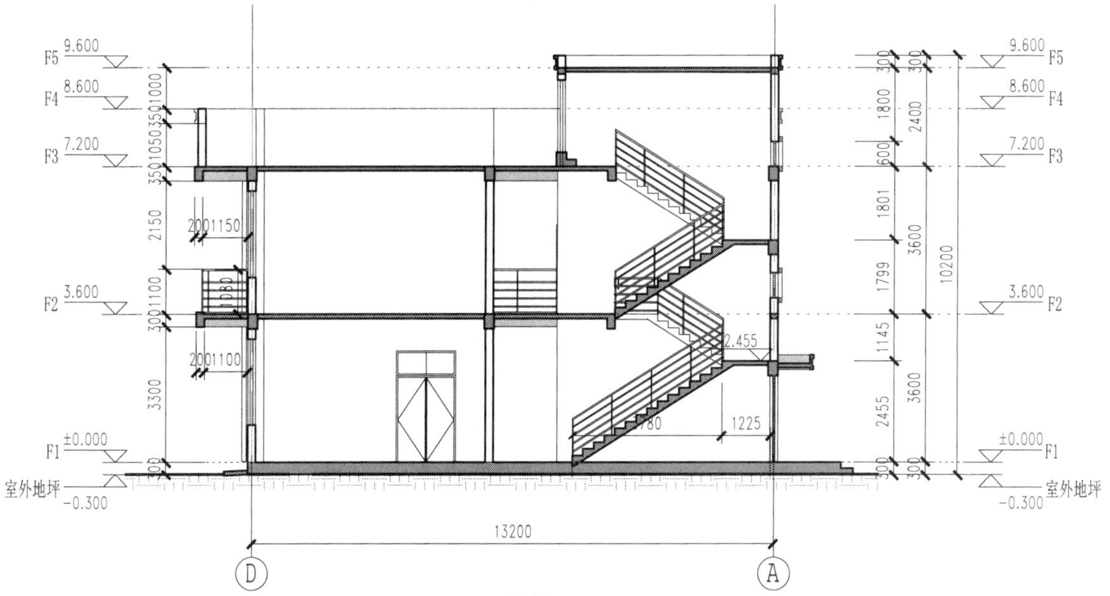

1—1剖面图1:100

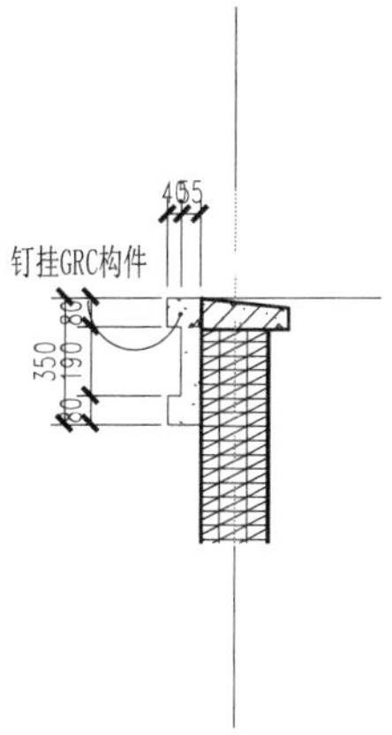

檐口饰条1:20

实训案例		B2_ZH_AR_2F T字形建筑	
班　级	×××	外墙详图、1—1剖面图	图号	A06
学　生	×××		图别	建施
指导教师	×××		日期	22/01/01

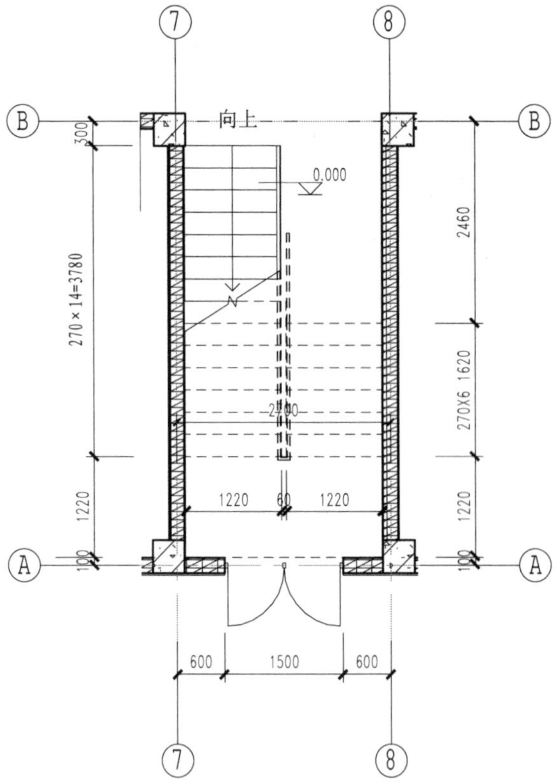

一层楼梯平面详图1:50

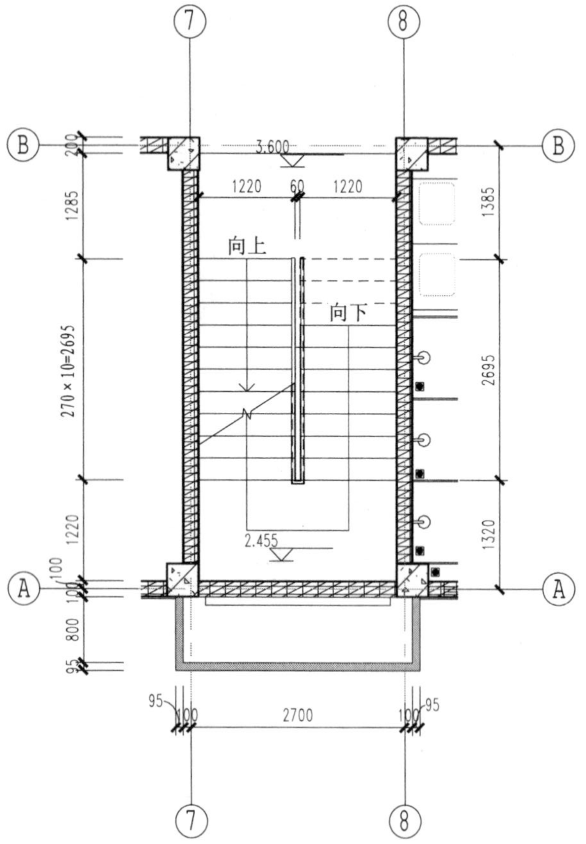

二层楼梯平面详图1:50

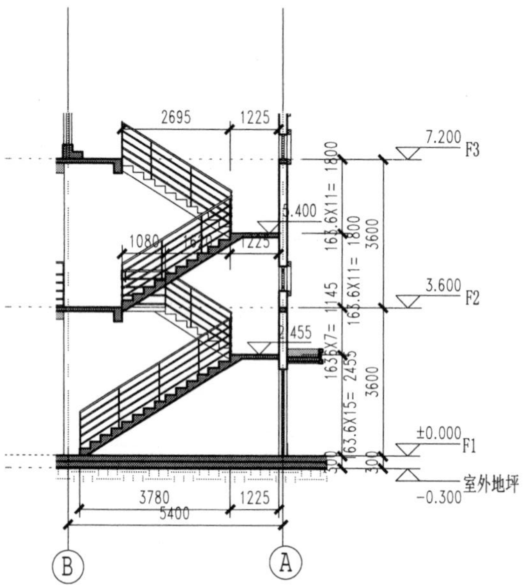

楼梯剖面详图1:100

实训案例		B2_ZH_AR_2F T字形建筑	
班　级	×××	楼梯详图	图号 A07
学　生	×××		图别 建施
指导教师	×××		日期 22/01/01

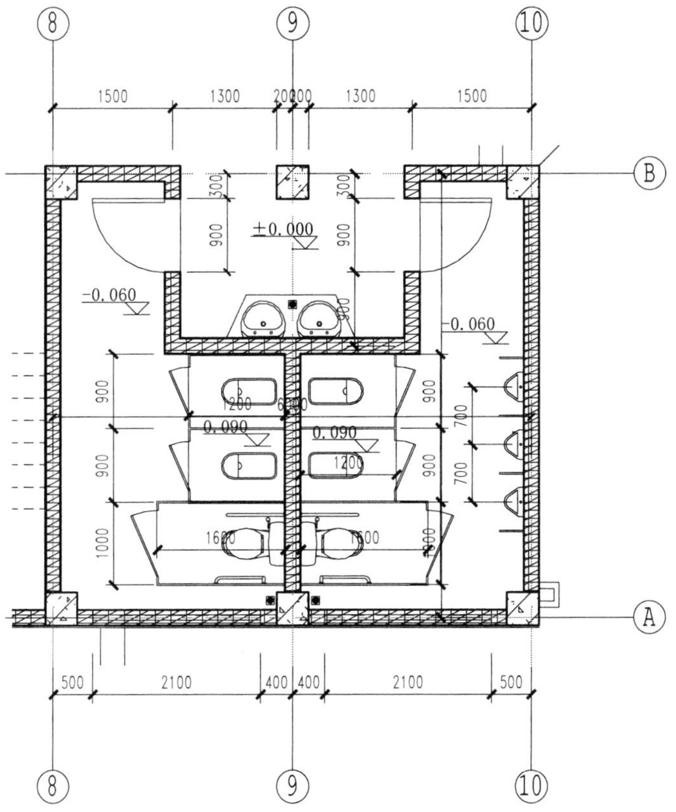

一层卫生间详图1:50

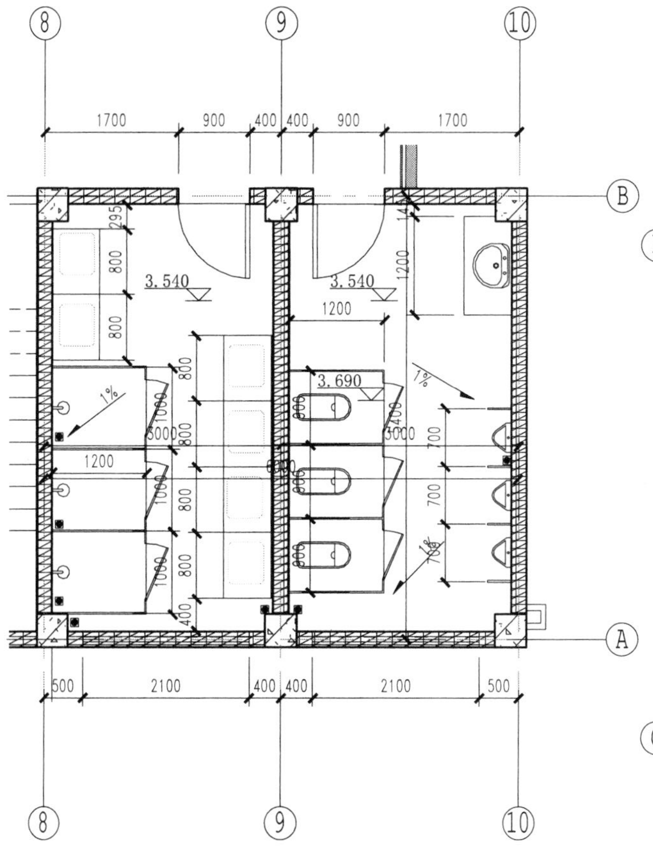

二层卫生间详图1:50

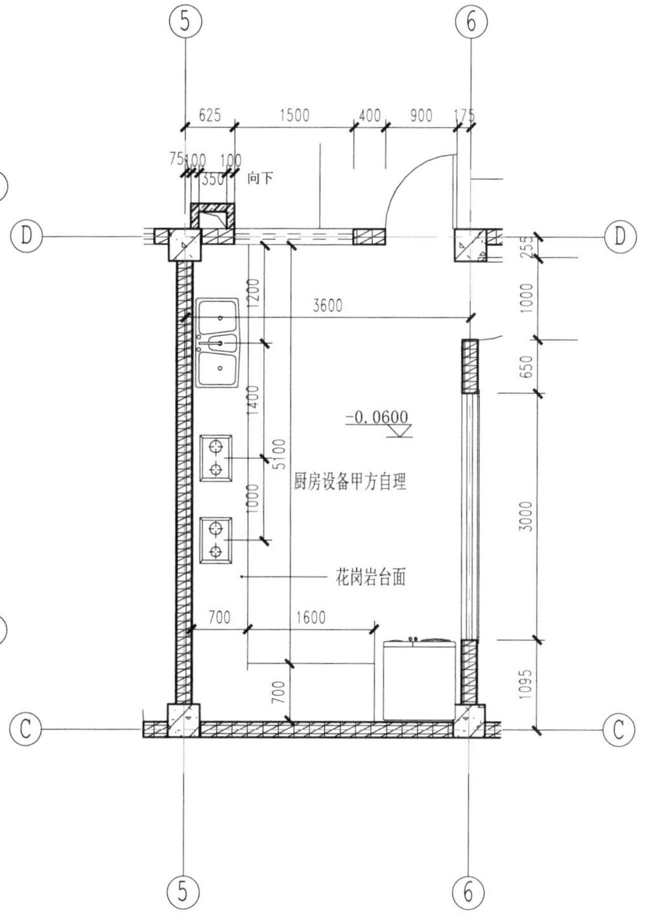

厨房详图1:50

说明:

1. 烟道采用M5砂浆砌筑耐火砖，每隔1000 mm采用2 Φ6钢筋与墙面拉结。
2. 卫生间、淋浴间隔断为成品，由甲方决定选用形式和规格。蹲便器及高位水箱安装见02J915-70。
3. 盥洗台做法见02J915-8。
4. 无障碍坐便器两侧设置直径30 mm的不锈钢管安全抓杆，高度0.7 m。具体做法见02J915-87、92。

实训案例			B2_ZH_AR_2F T字形建筑	
班　级	×××	厨房、卫生间详图	图号	A08
学　生	×××		图别	建施
指导教师	×××		日期	22/01/01

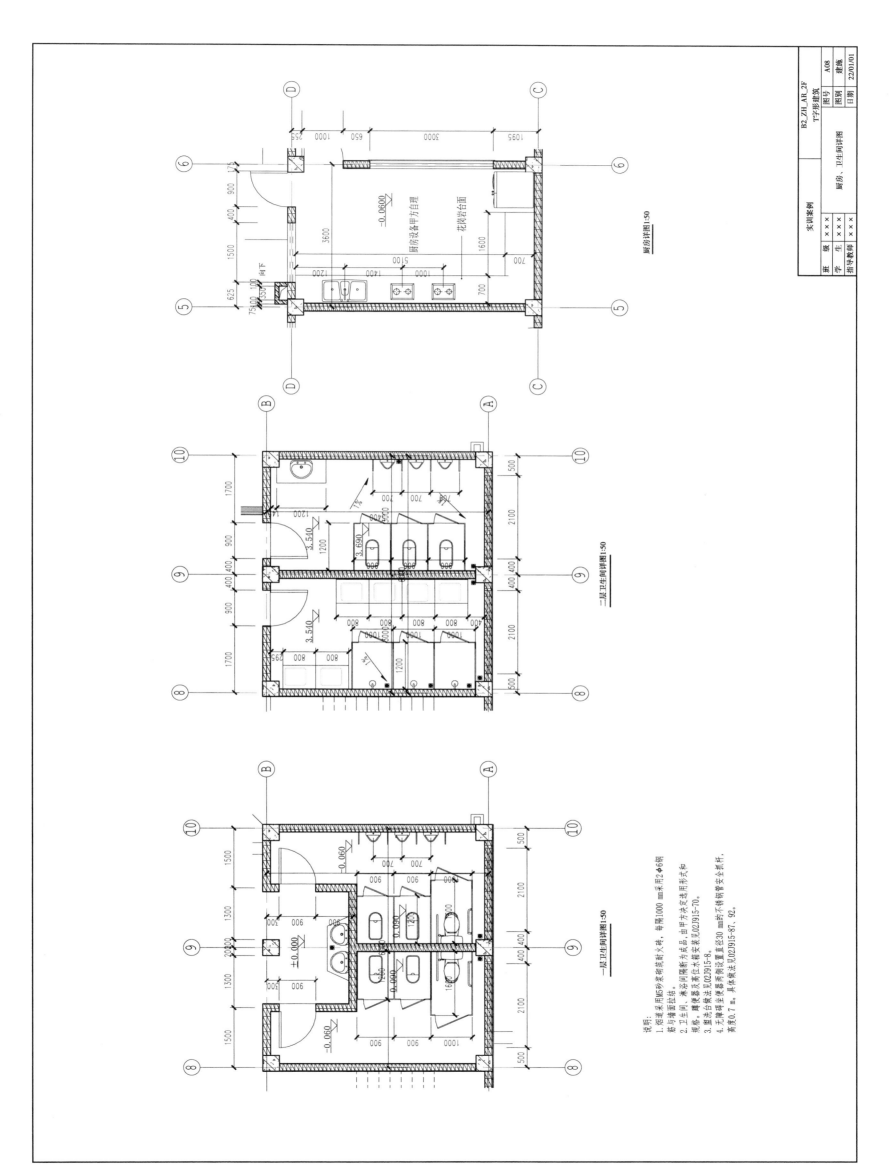

窗明细表

设计编号	洞口尺寸/㎜		樘数		备注
	宽度	高度	总数/樘	标高	
C1521	1500	2100	8	F1	断热铝合金中空玻璃（6+6A+6）推拉窗
C1521	1500	2100	10	F2	断热铝合金中空玻璃（6+6A+6）推拉窗
C2106	2100	600	2	F2	断热铝合金中空玻璃（6+6A+6）推拉窗
CB2106	2100	600	2	F1	断热铝合金中空玻璃（6+6A+6）推拉窗
CB2106	2100	600	2	F2	断热铝合金中空玻璃（6+6A+6）推拉窗
FC（乙）3015	3000	1500	1	F1	断热铝合金中空玻璃推拉窗

门明细表

设计编号	洞口尺寸/㎜		樘数		备注
	宽度	高度	总数/樘	标高	
FM1022（乙）	1000	2100	1	F1	乙级防火门
M0821	800	2100	1	F3	成品模压门
M0921	900	2100	3	F1	成品防盗门
M0921	900	2100	4	F2	成品防盗门
M1021	1000	2100	6	F1	成品防盗门
M1021	1000	2100	6	F2	成品防盗门
M1521	1500	2100	1	F1	断热铝合金中空玻璃门
M1521	1500	2100	2	F2	断热铝合金中空玻璃门
M1527	1500	2700	1	F1	断热铝合金中空玻璃门
M3030	3000	3000	1	F1	断热铝合金中空玻璃门

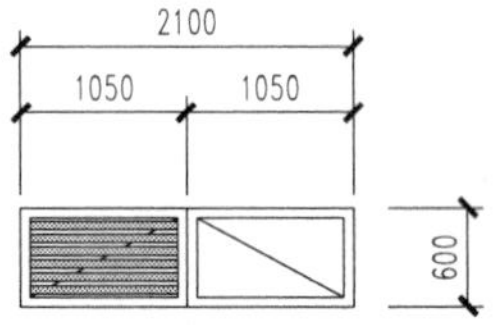

CB2106 1:50

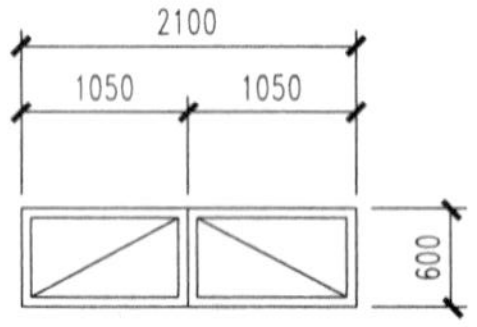

C2106 1:50

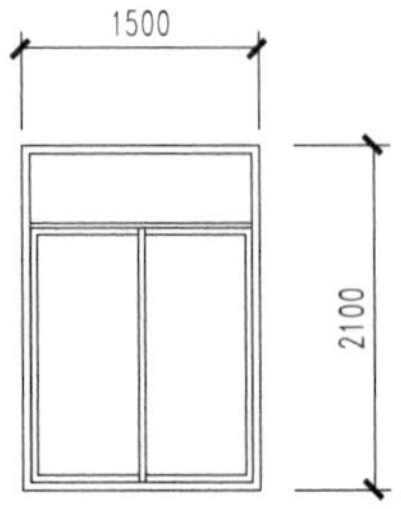

C1521 1:50

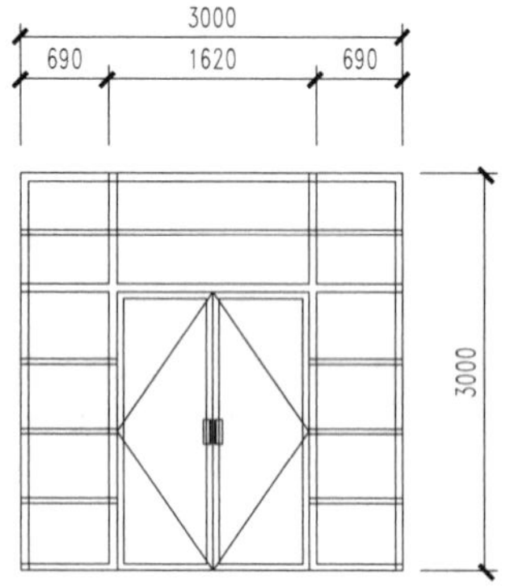

M3030 1:50

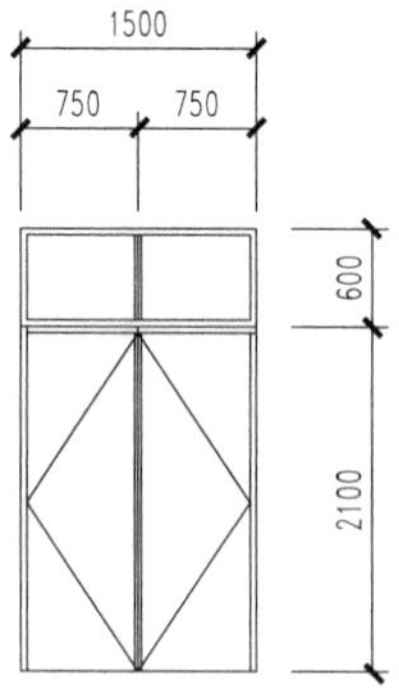

M1527 1:50

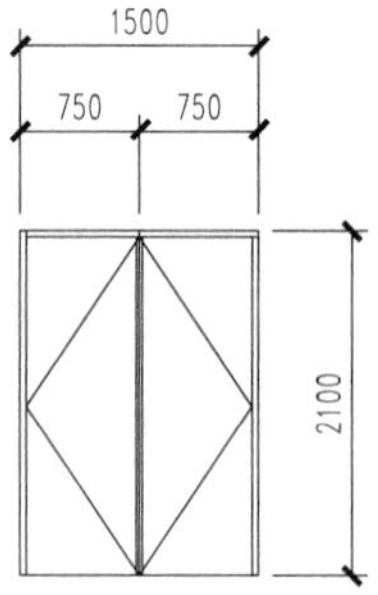

M1521 1:50

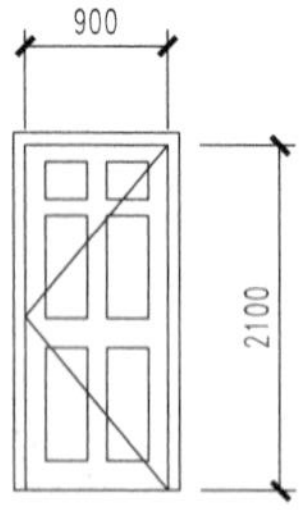

M0921 1:50

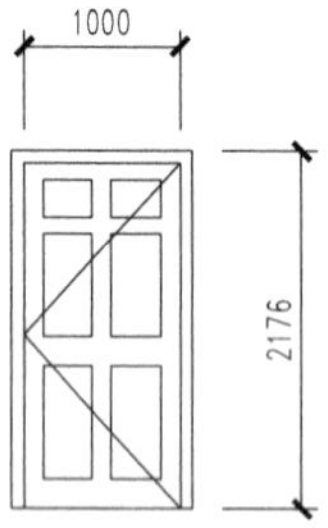

M1021 1:50

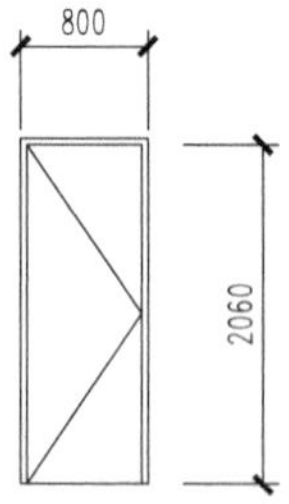

M0821 1:50

门窗详图1:50

实训案例		B2_ZH_AR_2F T字形建筑		
班 级	×××	门窗明细表及其大样	图号	A09
学 生	×××		图别	建施
指导教师	×××		日期	22/01/01

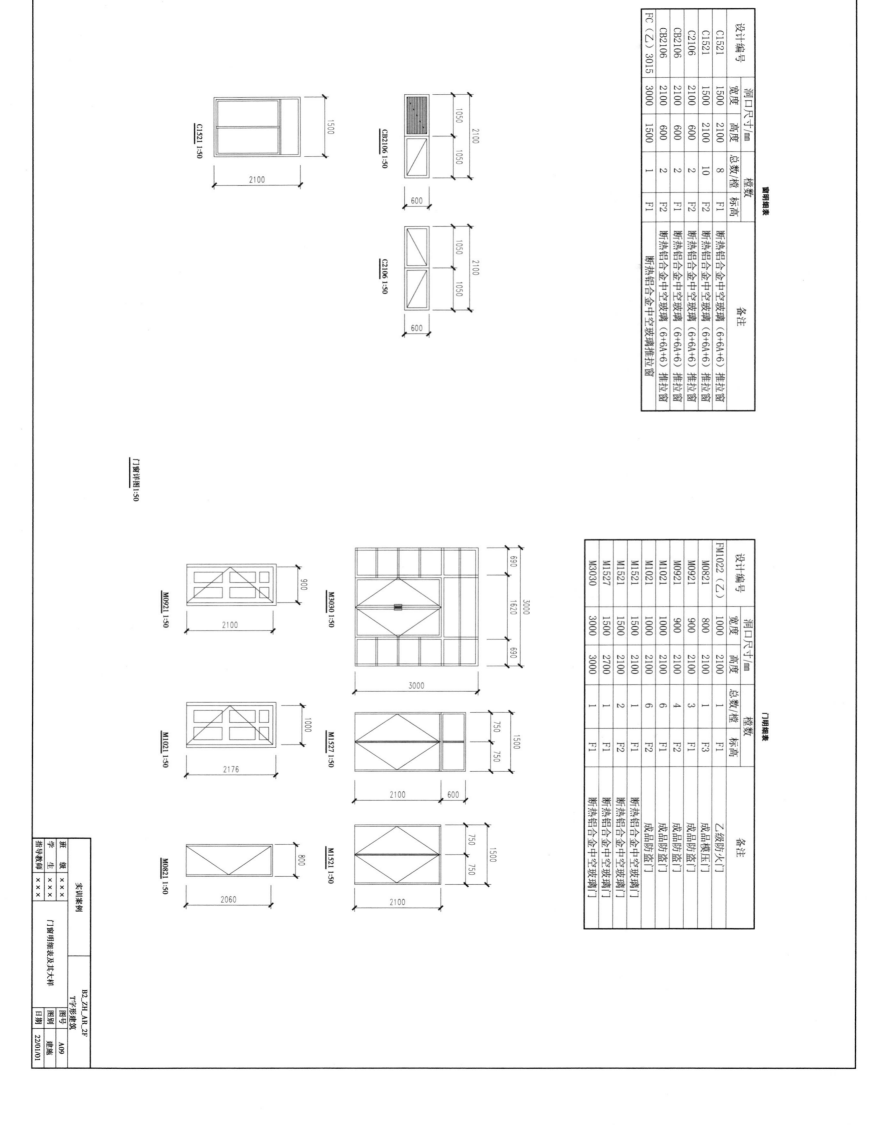

附件 4.2.3 B3_ZH_AR_3F_带弧形幕墙办公楼图纸

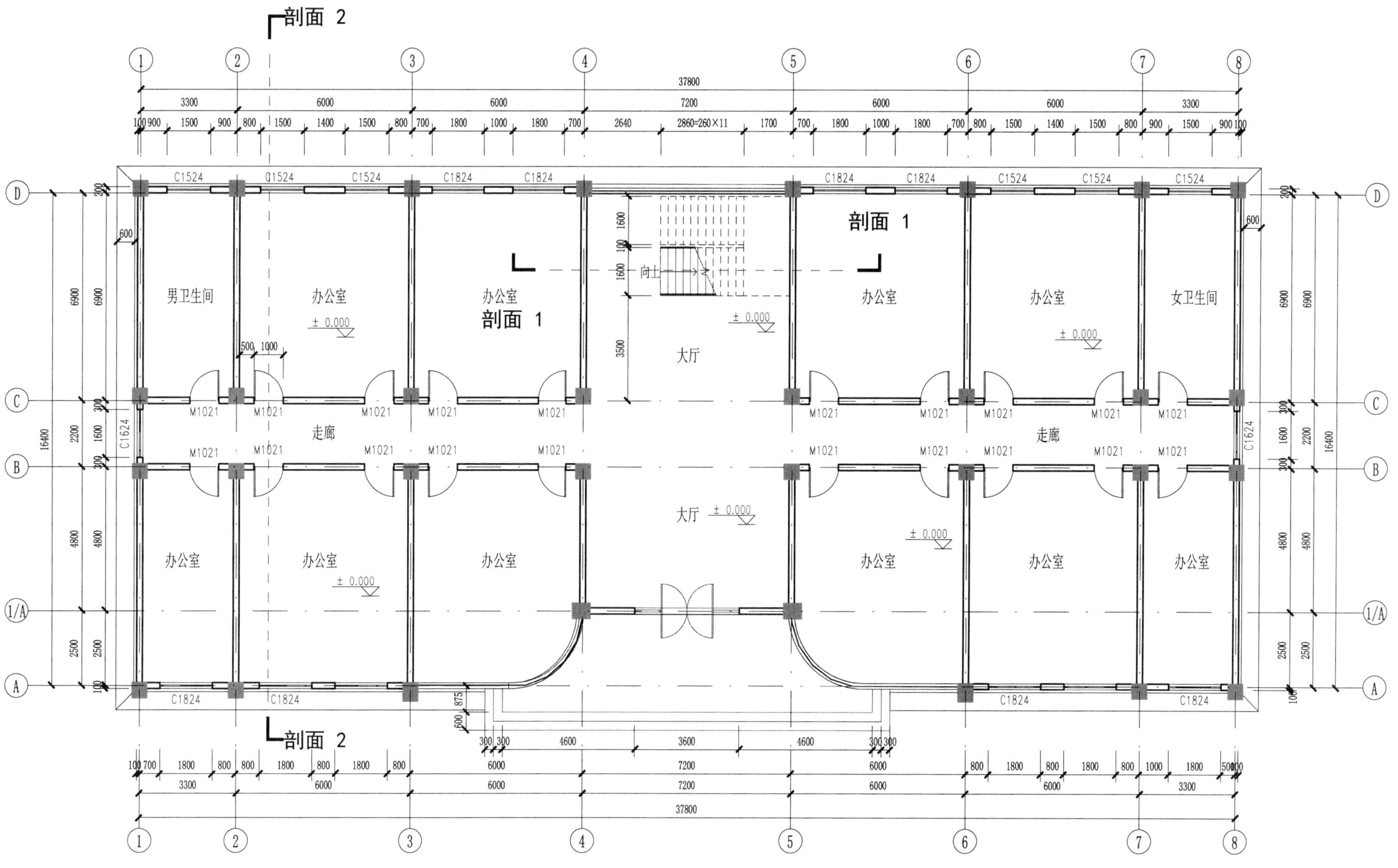

一层平面图1:100

实训案例		B3_ZH_AR_3F 带弧形幕墙办公楼	
班　级	×××	一层平面图	图号 B01
学　生	×××		图别 建施
指导教师	×××		日期 05/09/22

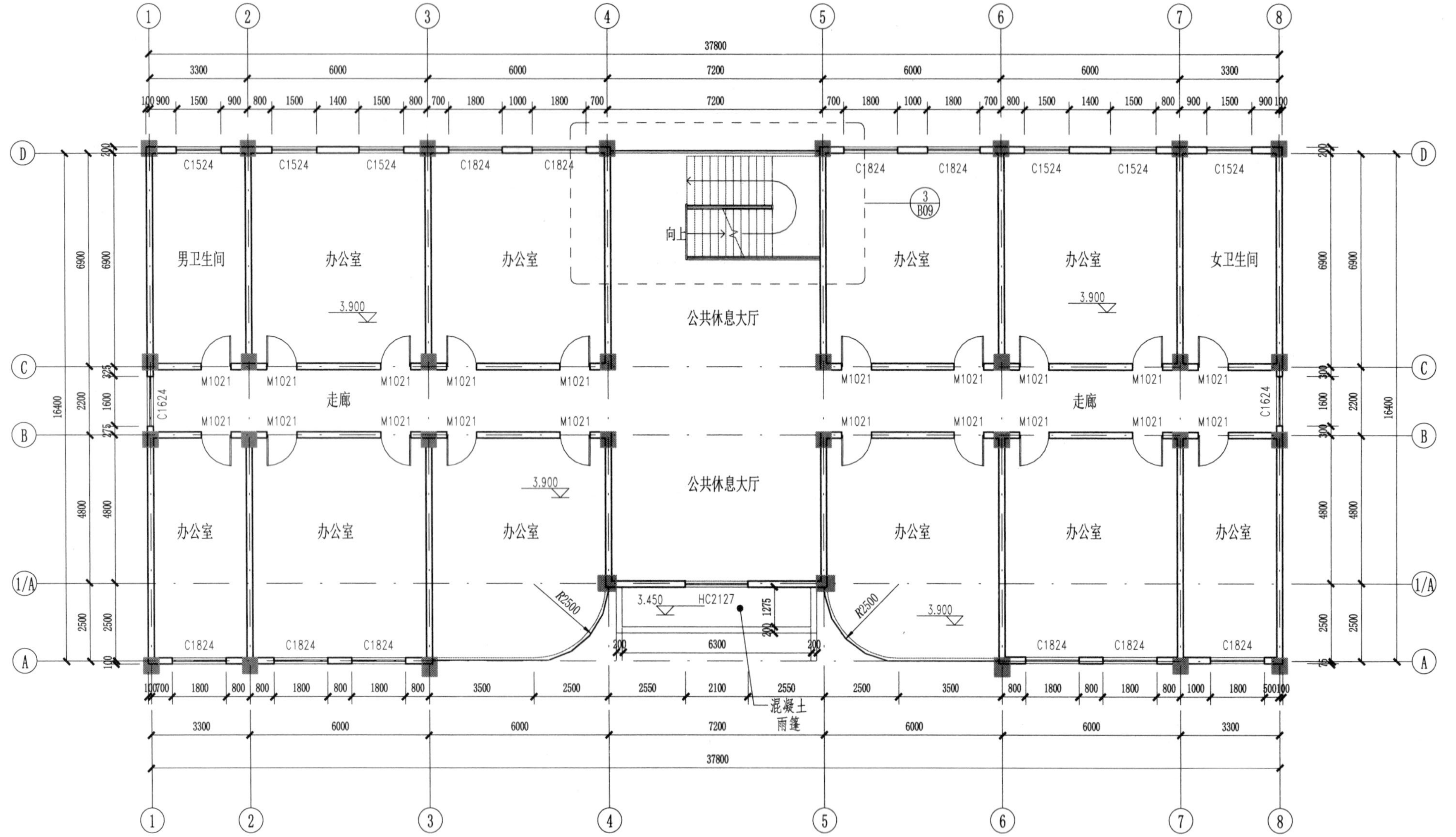

二层平面图1:100

实训案例		B3_ZH_AR_3F 带弧形幕墙办公楼		
班　级	×××	二层平面图	图号	B02
学　生	×××		图别	建施
指导教师	×××		日期	09/05/22

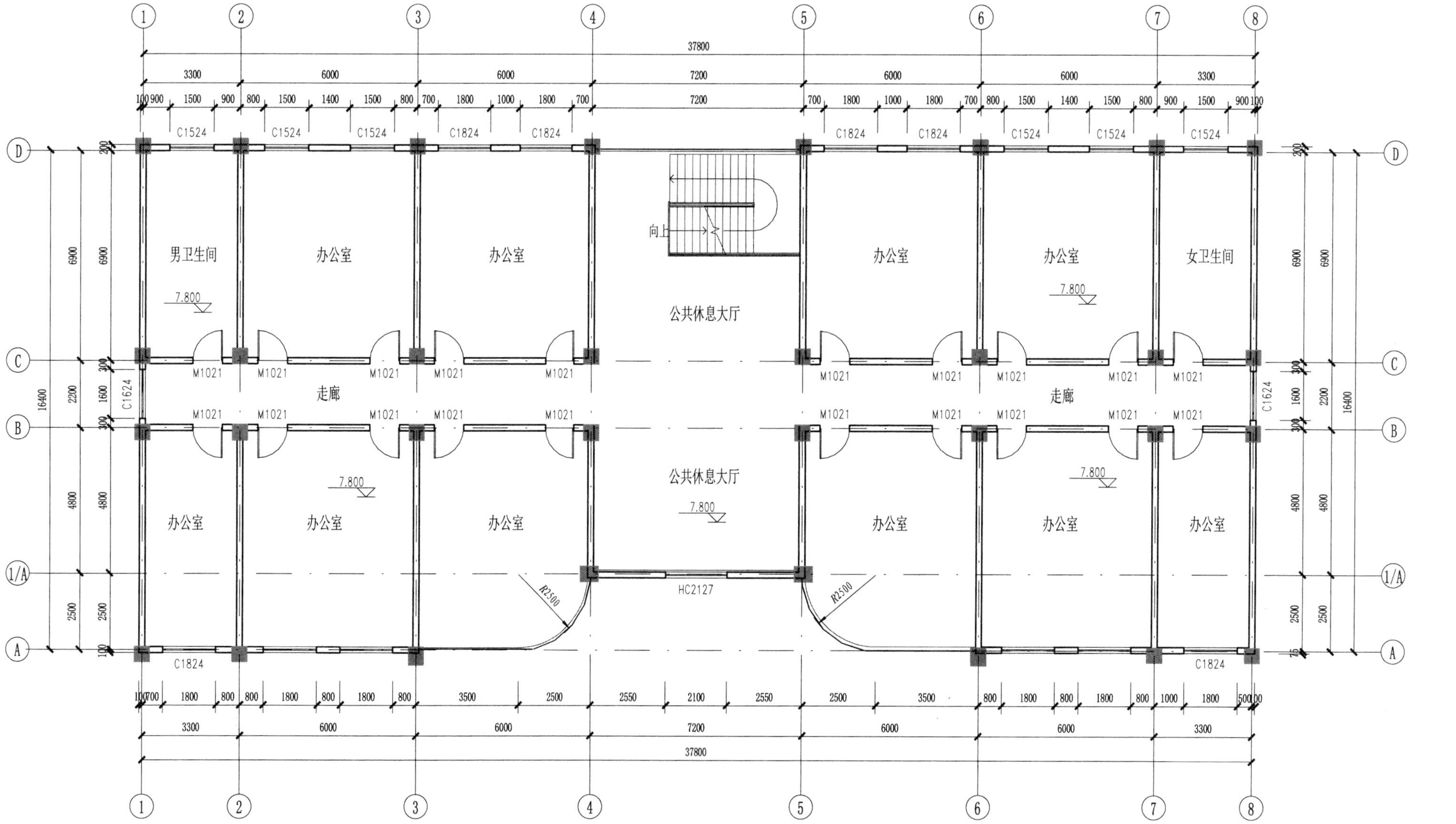

三层平面图1:100

实训案例			B3_ZH_AR_3F 带弧形幕墙办公楼	
班 级	×××	三层平面图	图号	B03
学 生	×××		图别	建施
指导教师	×××		日期	09/05/22

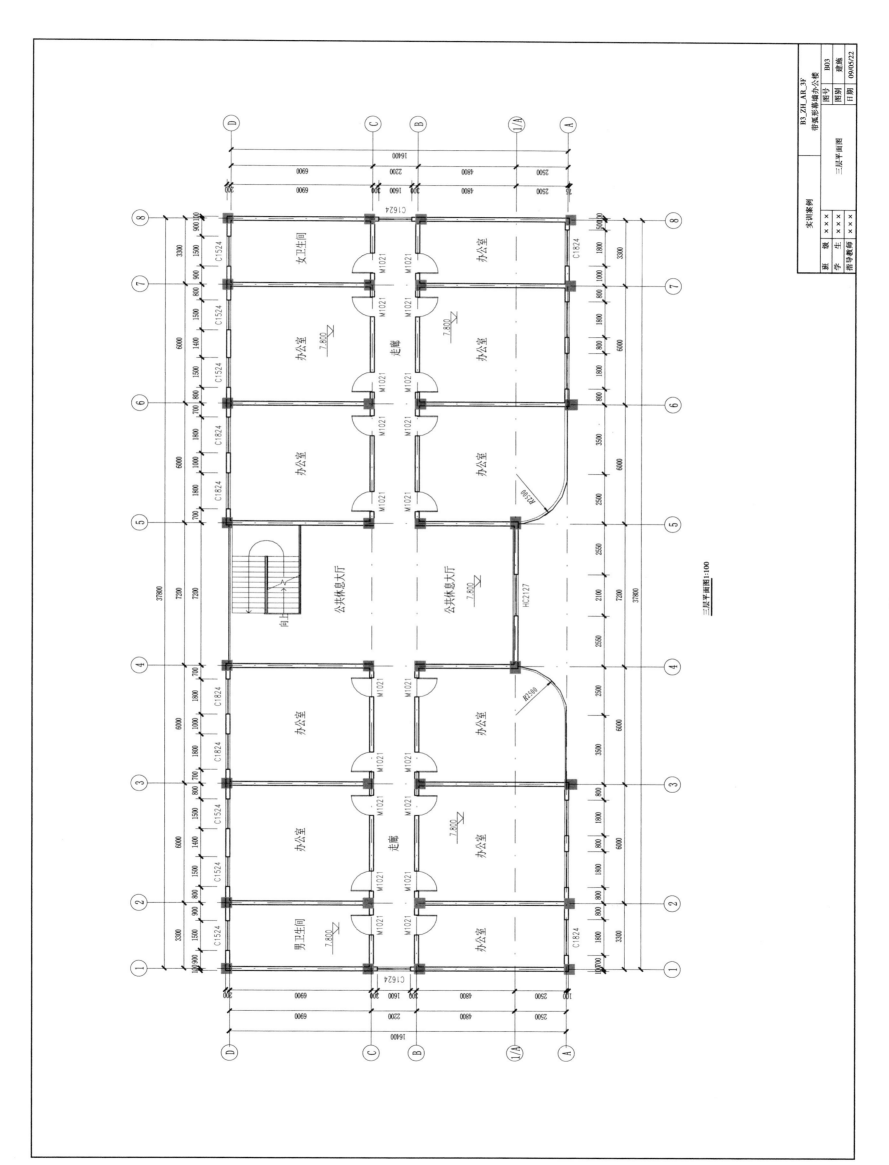

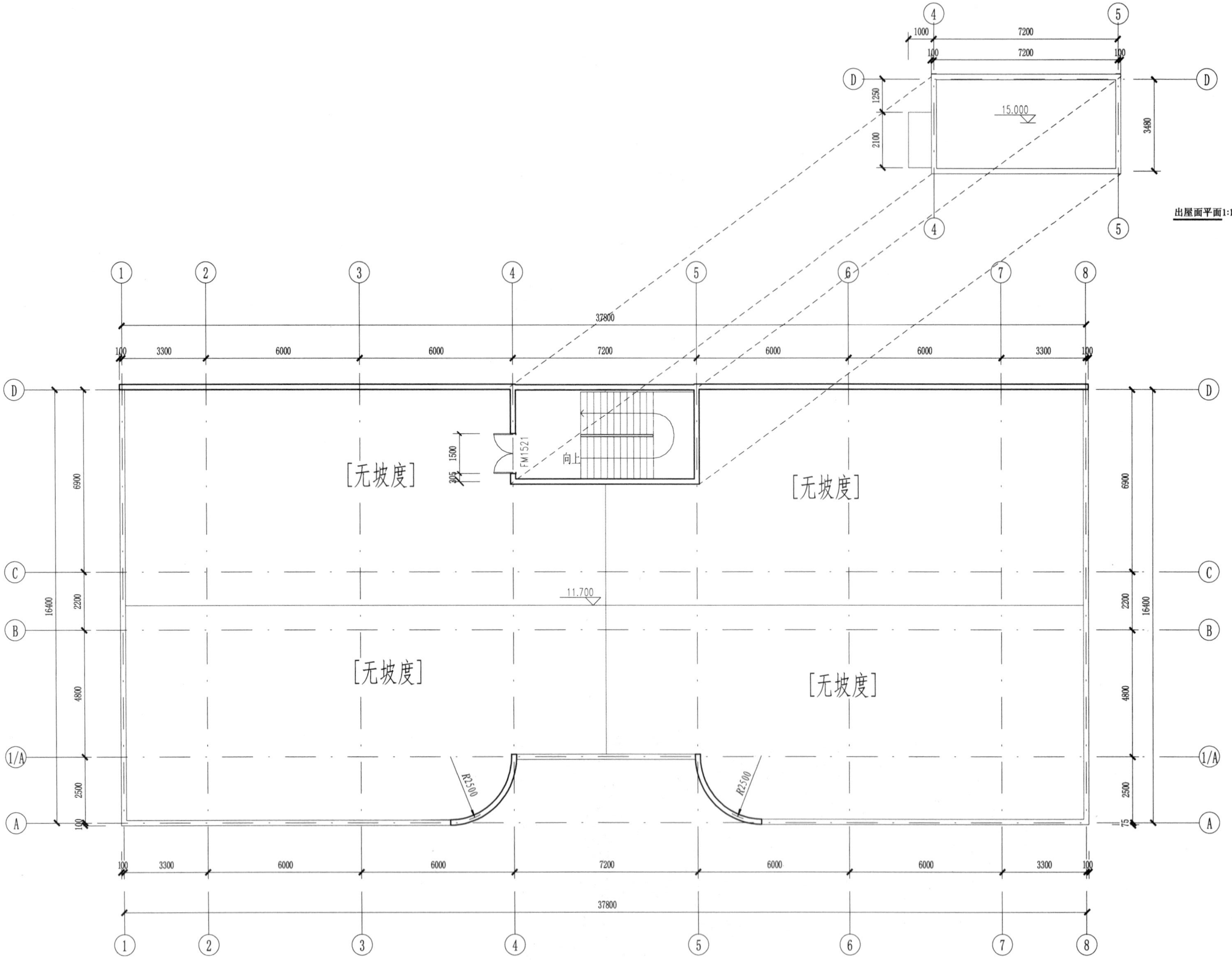

出屋面平面1:100

屋顶平面图1:100

实训案例			B3_ZH_AR_3F 带弧形幕墙办公楼	
班　级	×××	屋顶平面图	图号	B04
学　生	×××		图别	建施
指导教师	×××		日期	09/05/22

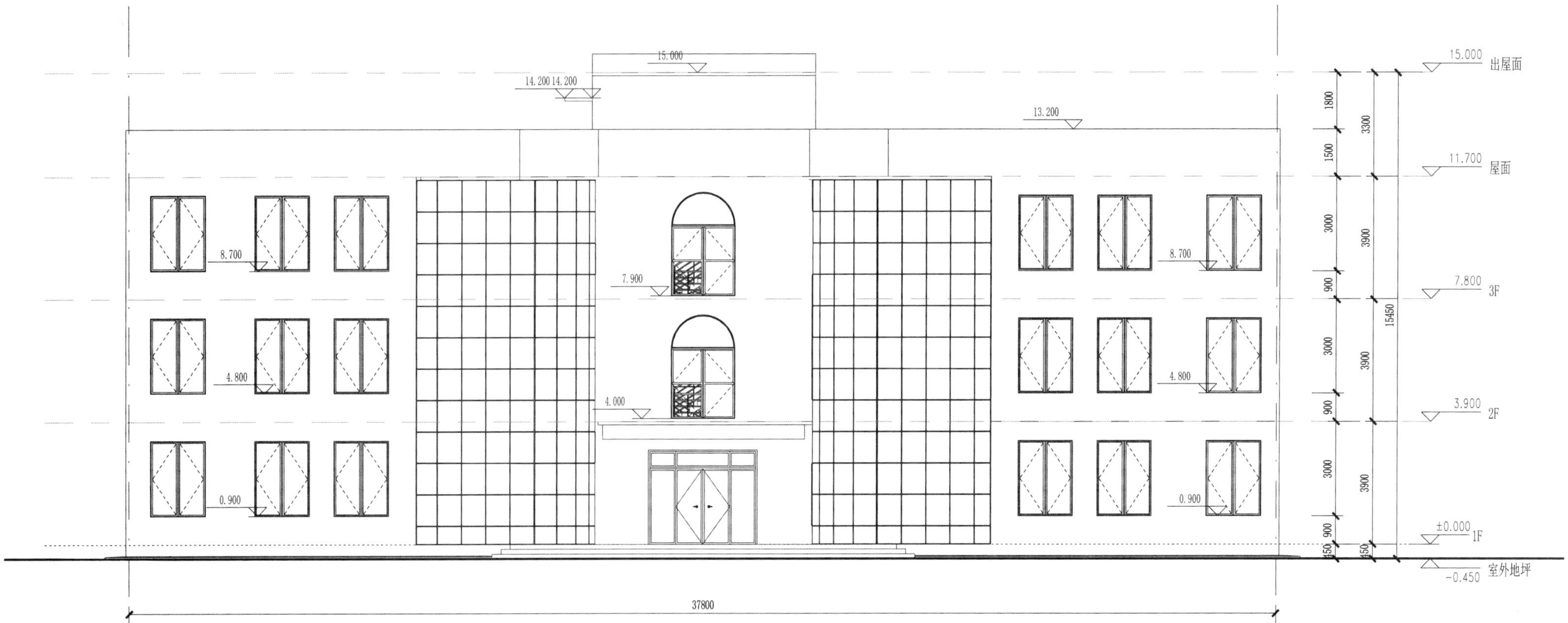

南立面 1:100

三维_3 1:1

实训案例		B3_ZH_AR_3F 带弧形幕墙办公楼	
班　级	×××	图号	B05
学　生	×××	图别	建施
指导教师	×××	日期	06/08/21

南立面图、渲染图

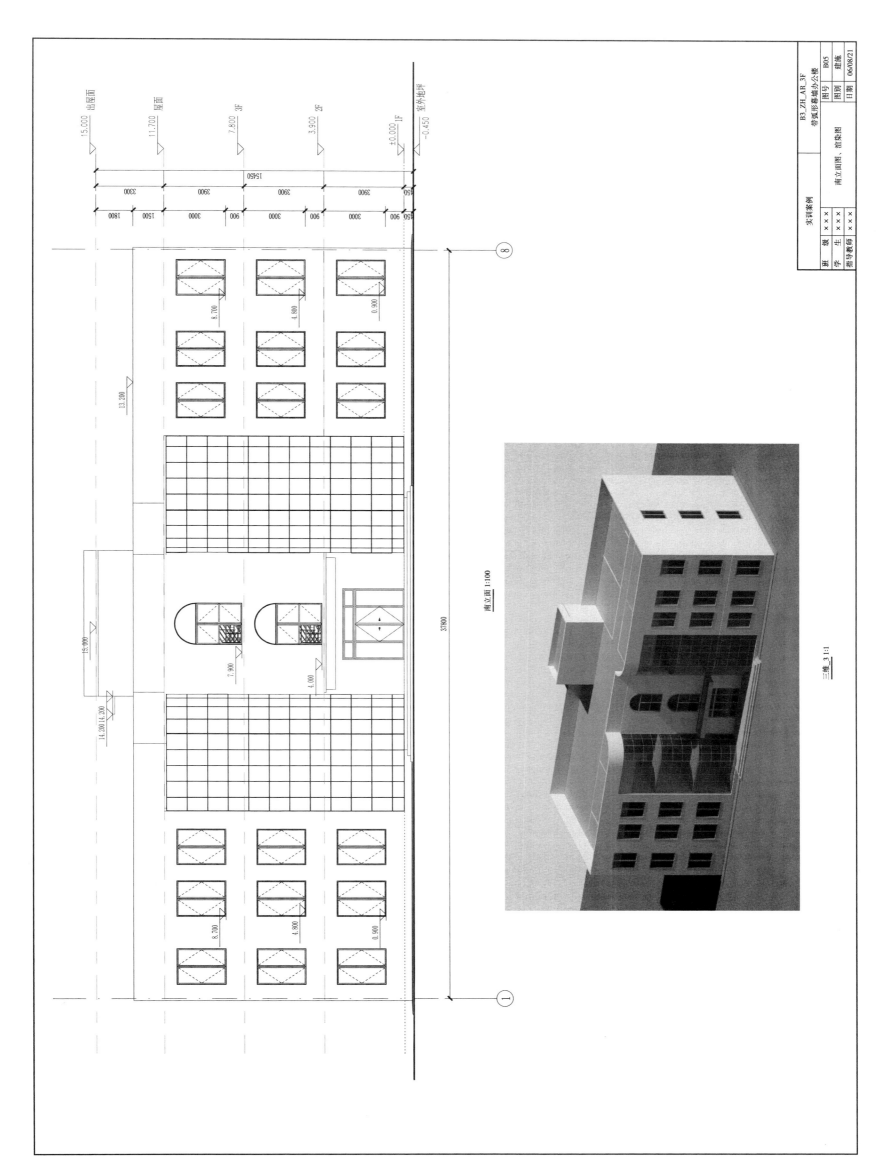

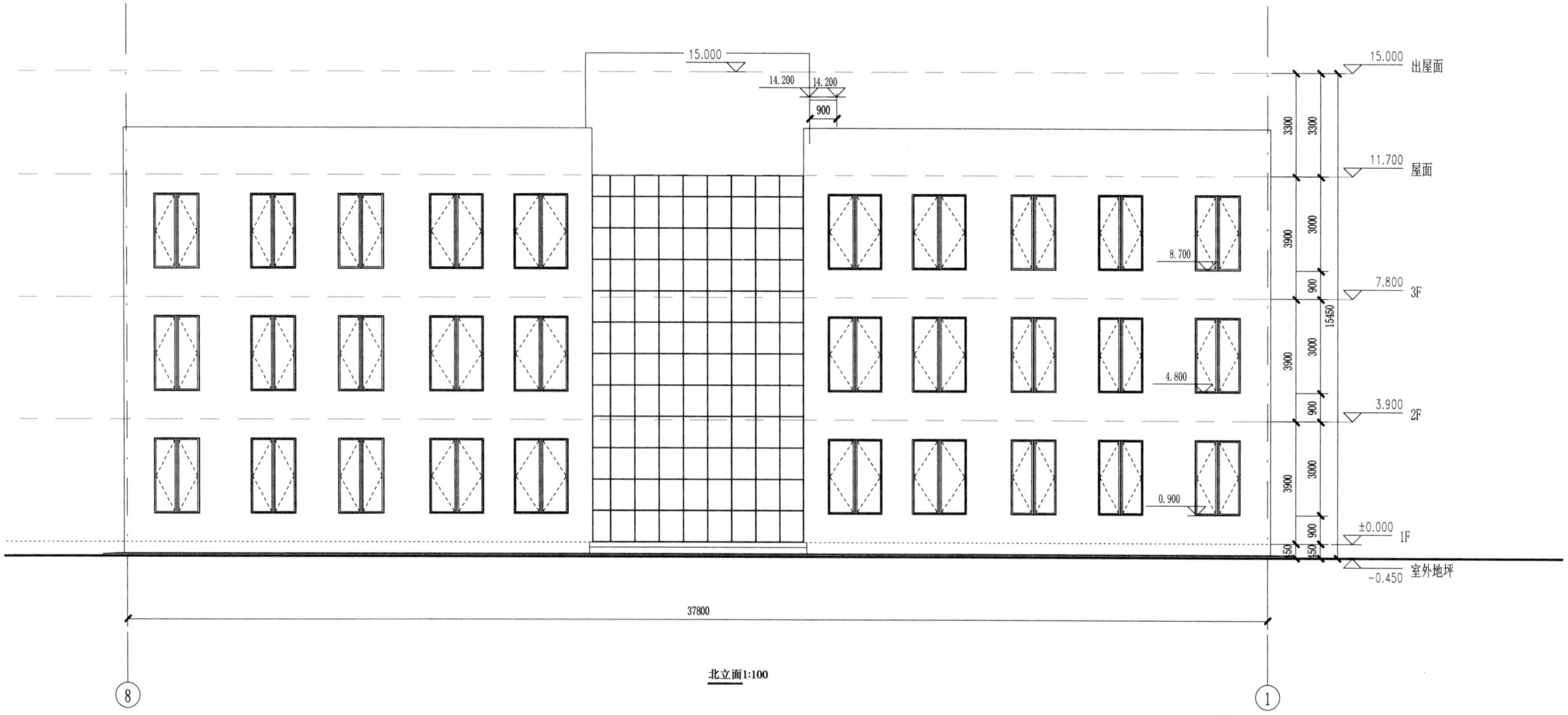

北立面1:100

实训案例		B3_ZH_AR_3F 带弧形幕墙办公楼		
班　级	×××	北立面图	图号	B07
学　生	×××		图别	建施
指导教师	×××		日期	09/05/22

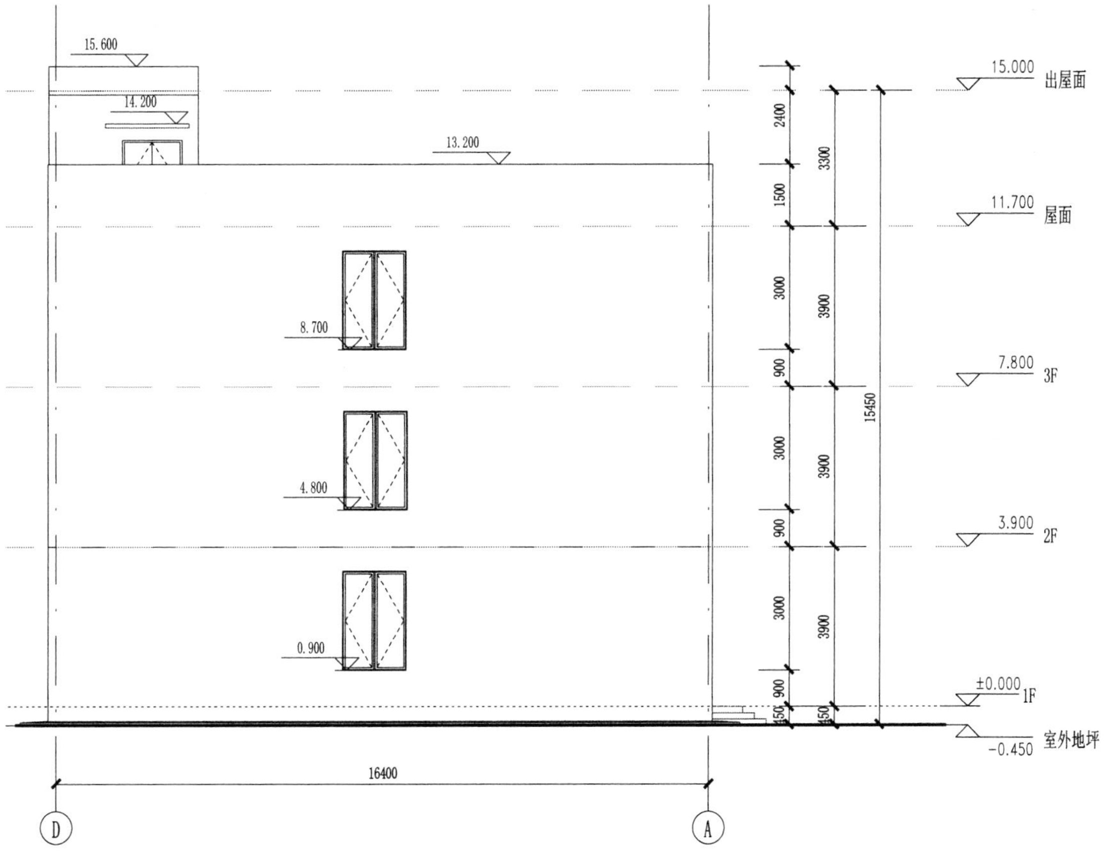

西立面1:100

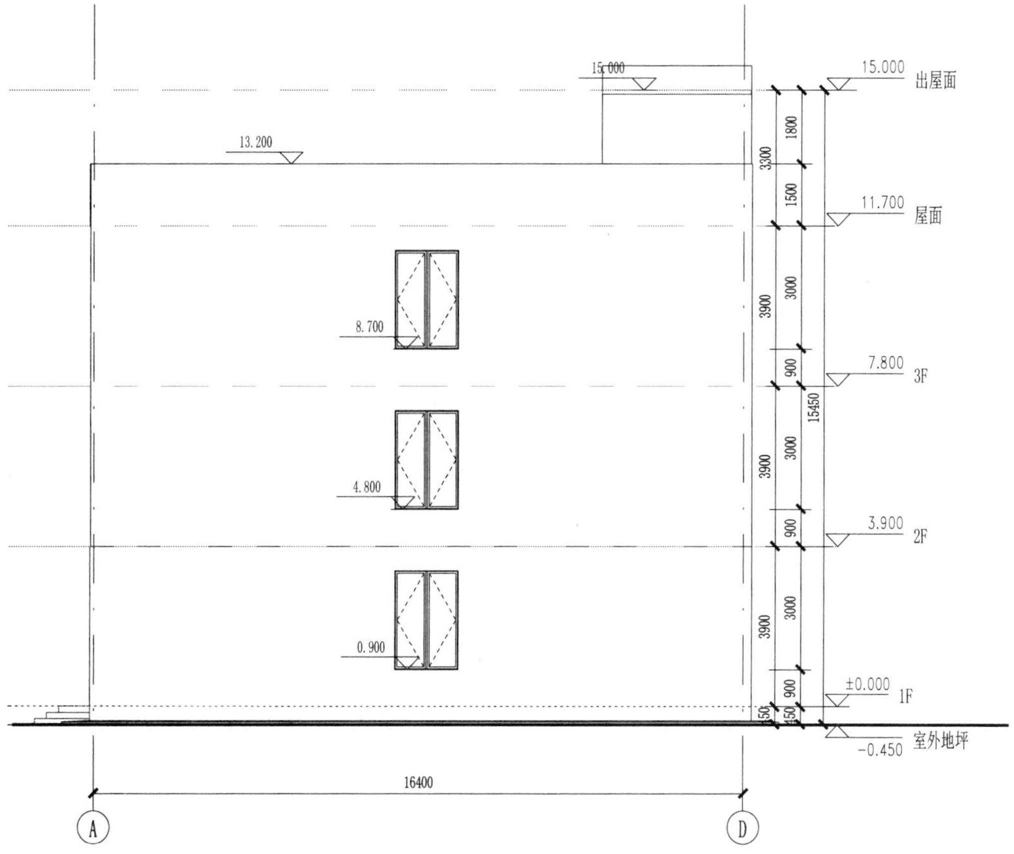

东立面1:100

实训案例		B3_ZH_AR_3F 带弧形幕墙办公楼		
班　级	×××	东、西立面	图号	B08
学　生	×××		图别	建施
指导教师	×××		日期	09/05/22

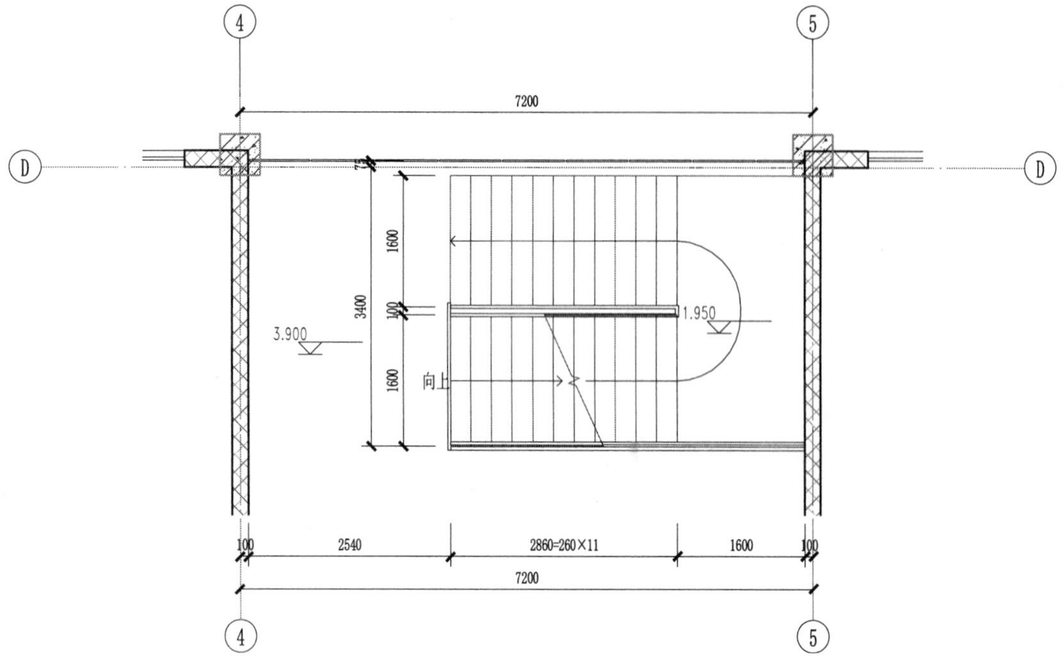

楼梯平面详图 1:50

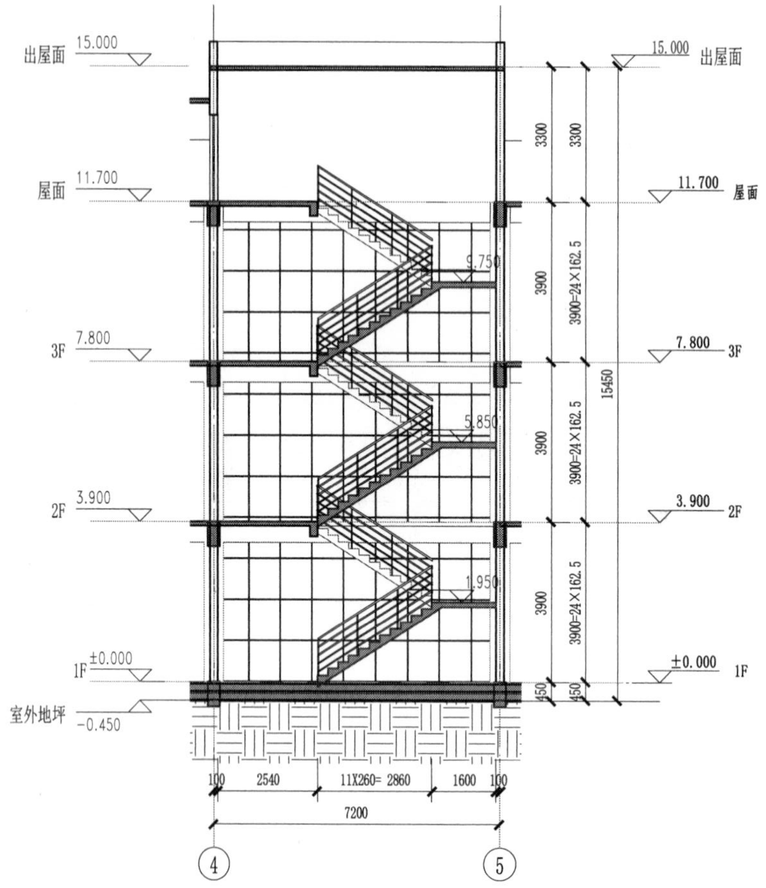

剖面1 1:100

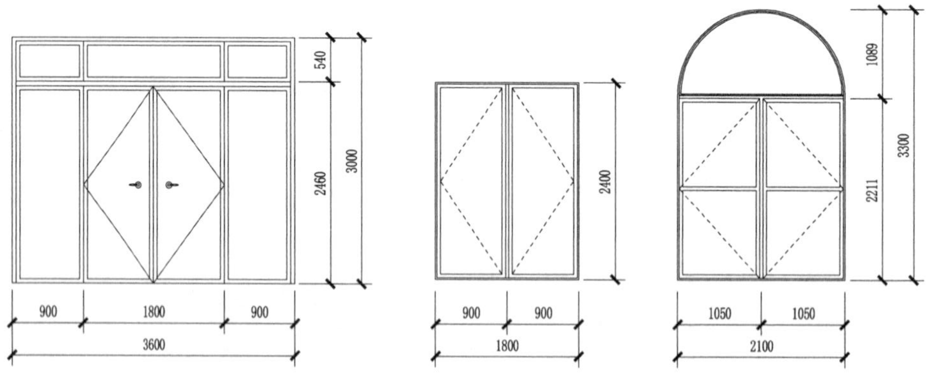

门窗大样 1:50

窗表

门窗编号	宽度/mm	高度/mm	数量/樘	族
C1524	1500	2400	18	平开窗_双扇
C1624	1600	2400	6	平开窗_双扇
C1824	1800	2400	30	平开窗_双扇
HC2127	2100	2700	2	组合窗-双层单列(双扇平开)-上部单扇
总计			56	

门表

类型标记	宽度/mm	高度/mm	数量/樘	族
FM1521	1500	2100	1	双扇防火门(甲)
M1021	1000	2100	60	单嵌板木门 1
MLC3630	3600	3000	1	门联窗-铝合金-四扇-双向平开玻璃门-带亮子
总计			62	

实训案例		B3_ZH_AR_3F 带弧形幕墙办公楼	
班　级	×××	图号	B09
学　生	××× 楼梯平面、剖面图及门窗大样	图别	建施
指导教师	×××	日期	09/05/22

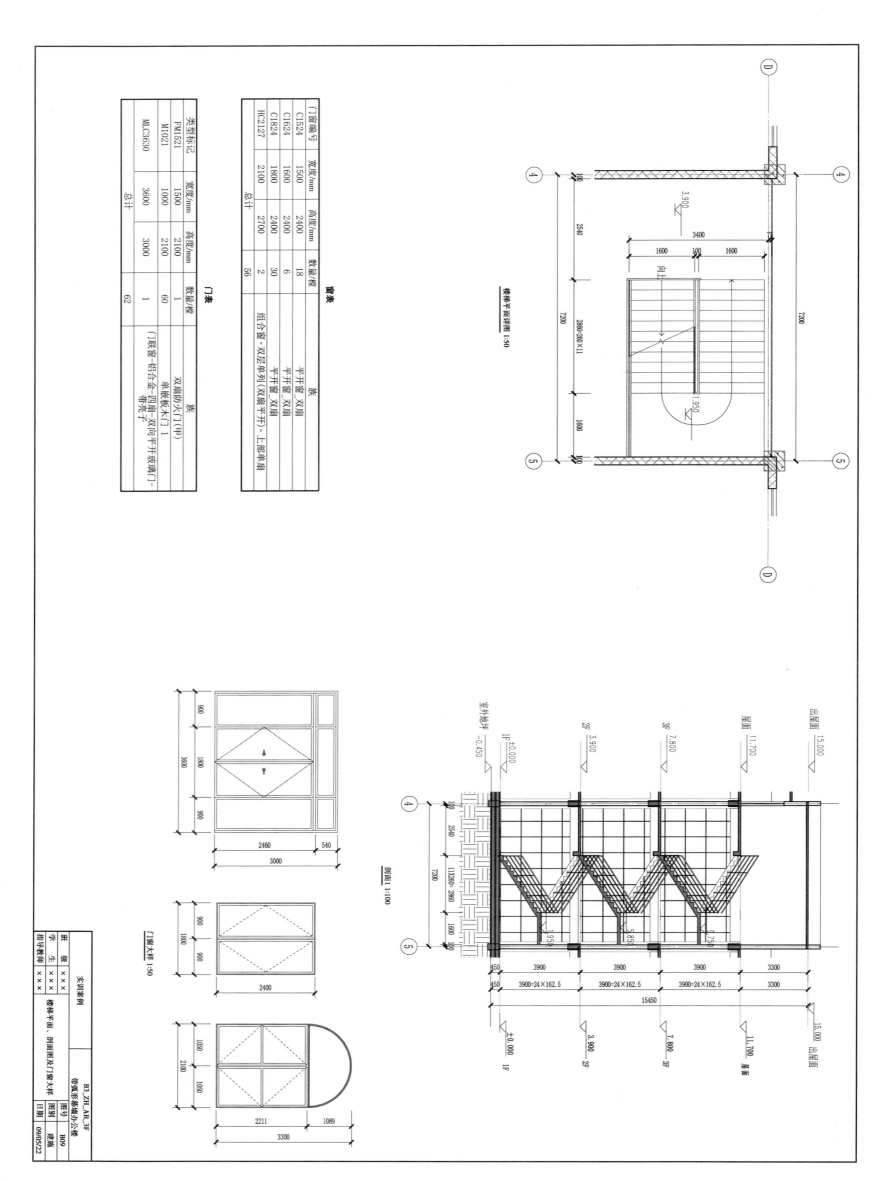

附件 4.2.4 B4_ZH_AR_2F_综合办公楼图纸

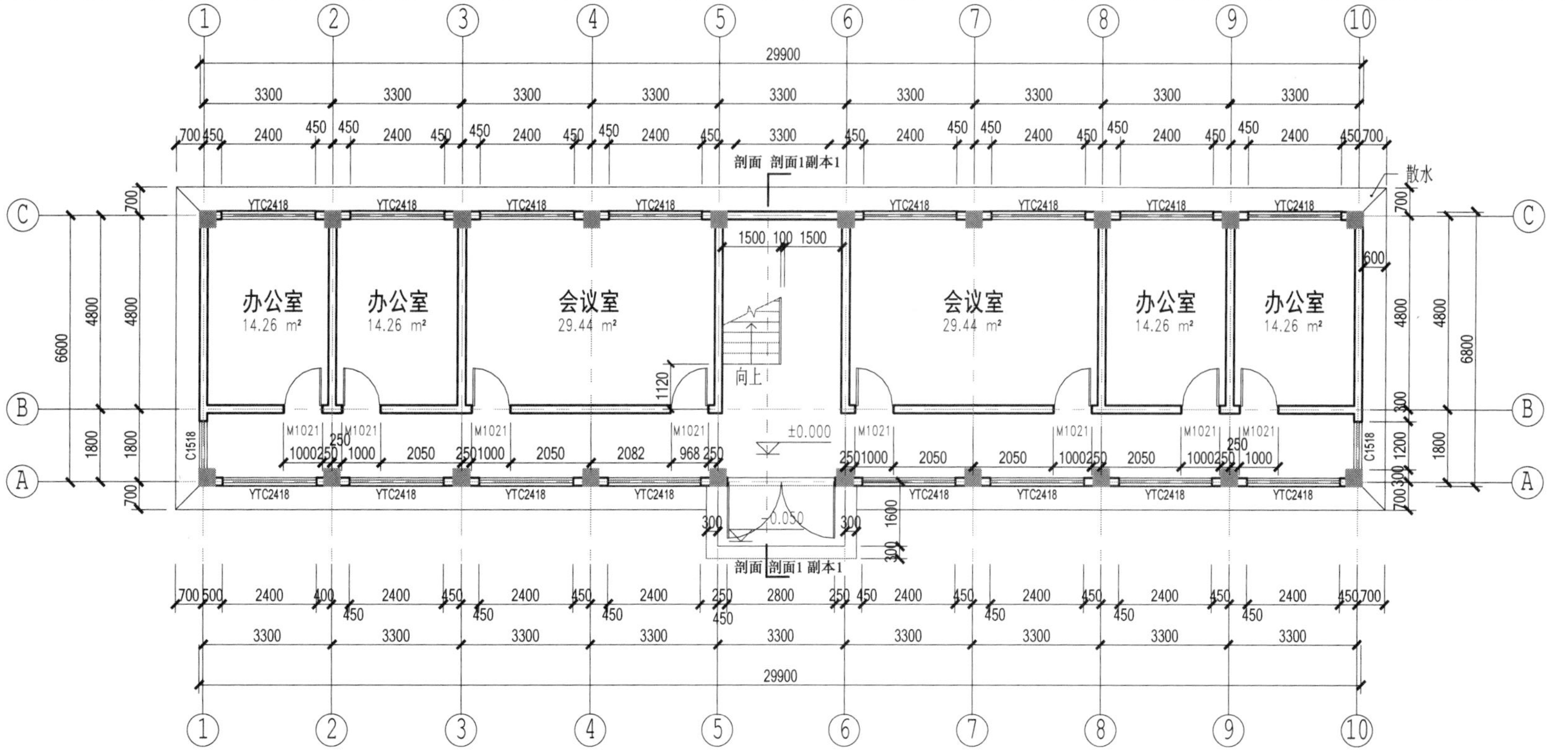

一层平面图1:100

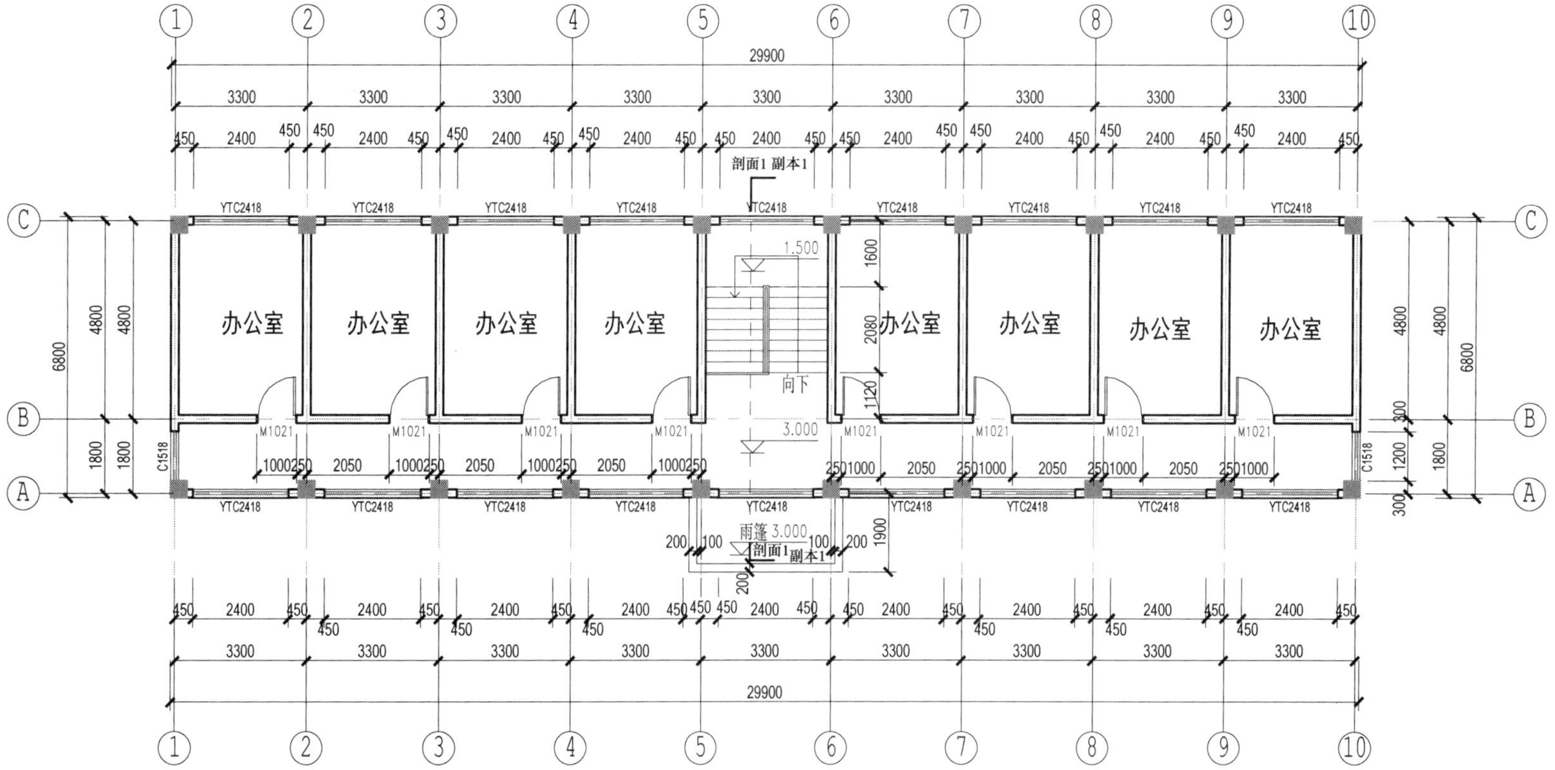

二层平面图1:100

实训案例		B4_ZH_AR_2F 综合办公楼		
班　级	×××	一、二层平面图	图号	A01
学　生	×××		图别	建施
指导教师	×××		日期	22/01/01

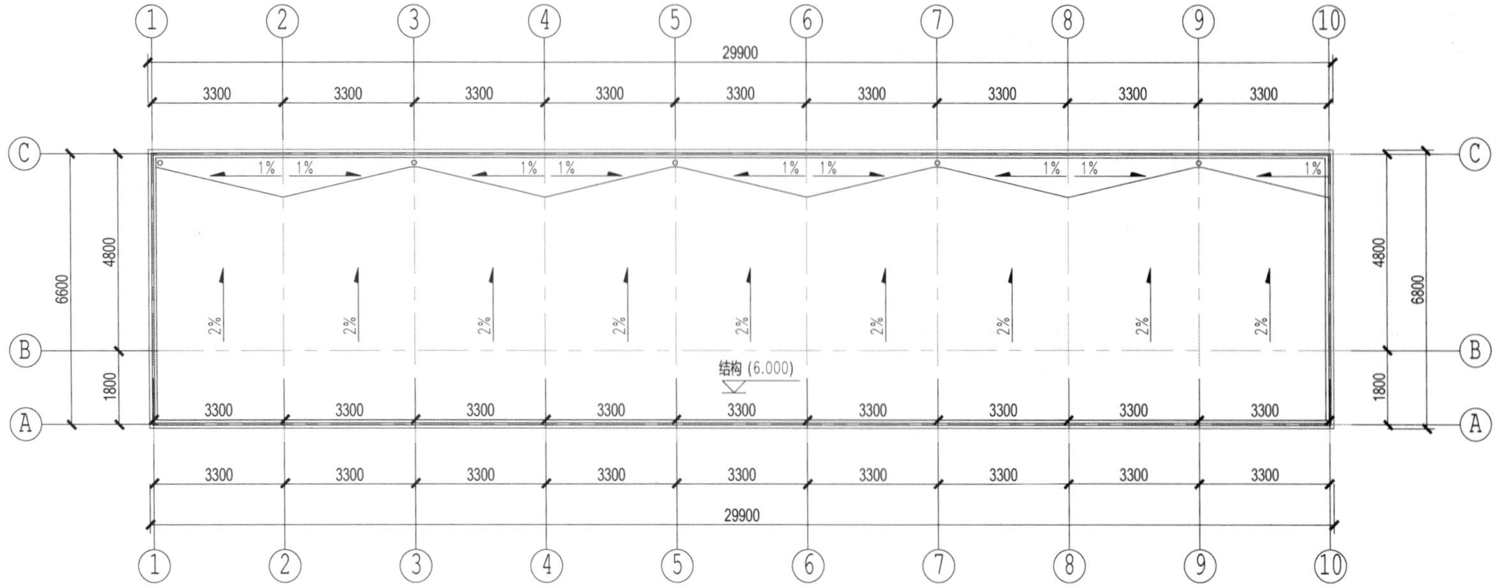

屋顶平面图 1:100

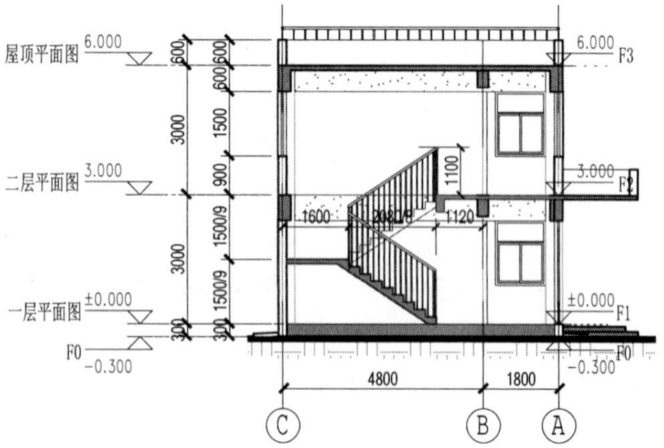

剖面1 1:100

三维视图 1:1

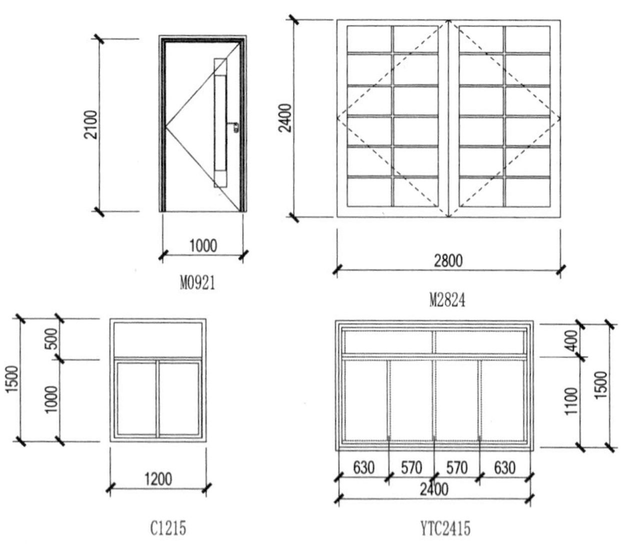

门窗大样图 1:50

窗明细表

设计编号	洞口尺寸		樘数		备注
	宽度/mm	高度/mm	总数/樘	标高	
C1518	1200	1500	2	一层平面图	
C1518	1200	1500	2	二层平面图	
YTC2418	2400	1500	16	一层平面图	塑钢固定竖格阳台窗带亮子
YTC2418	2400	1500	18	二层平面图	塑钢固定竖格阳台窗带亮子

门明细表

设计编号	洞口尺寸		樘数		备注
	宽度/mm	高度/mm	总数/樘	标高	
M1021	1000	2100	8	一层平面图	
M1021	1000	2100	8	二层平面图	
M1023	2800	2400	1	一层平面图	

实训案例		屋面层平面、门窗大样、楼梯剖面图	B4_ZH_AR_2F 综合办公楼	
班级	×××		图号	A02
学生	×××		图别	建施
指导教师	×××		日期	22/01/01

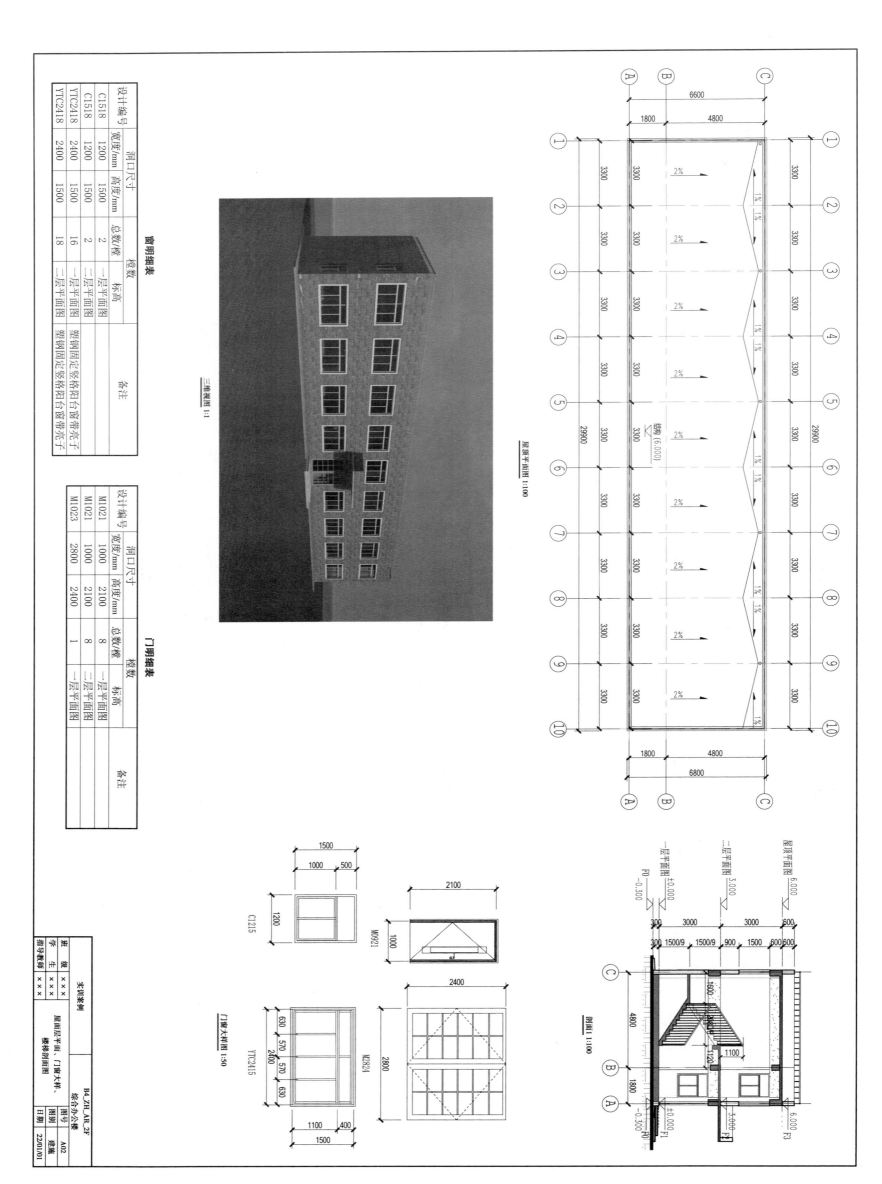

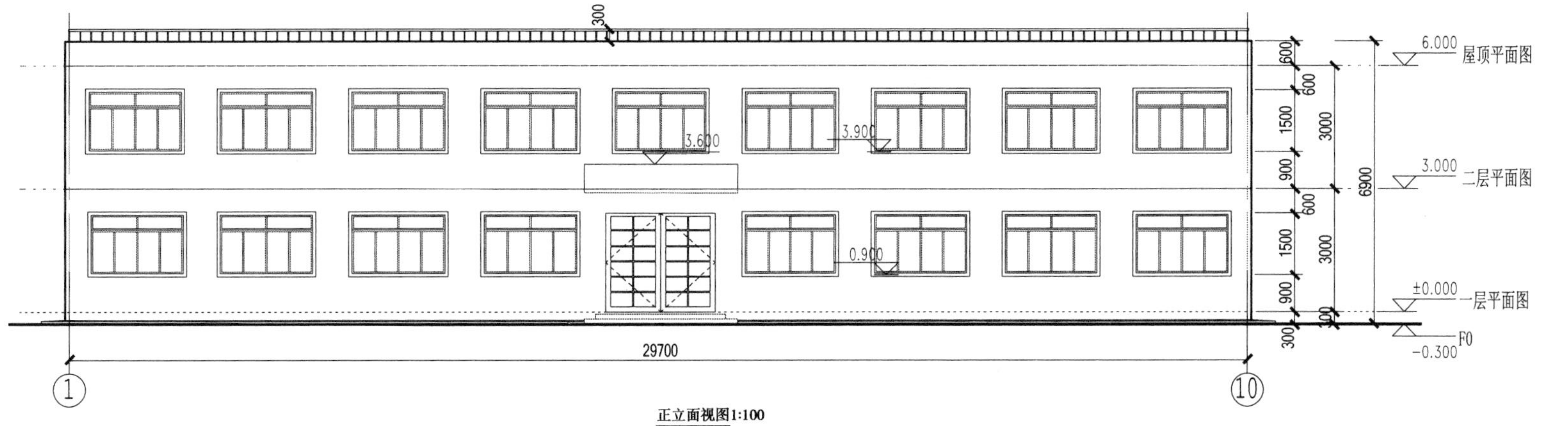

正立面视图1:100

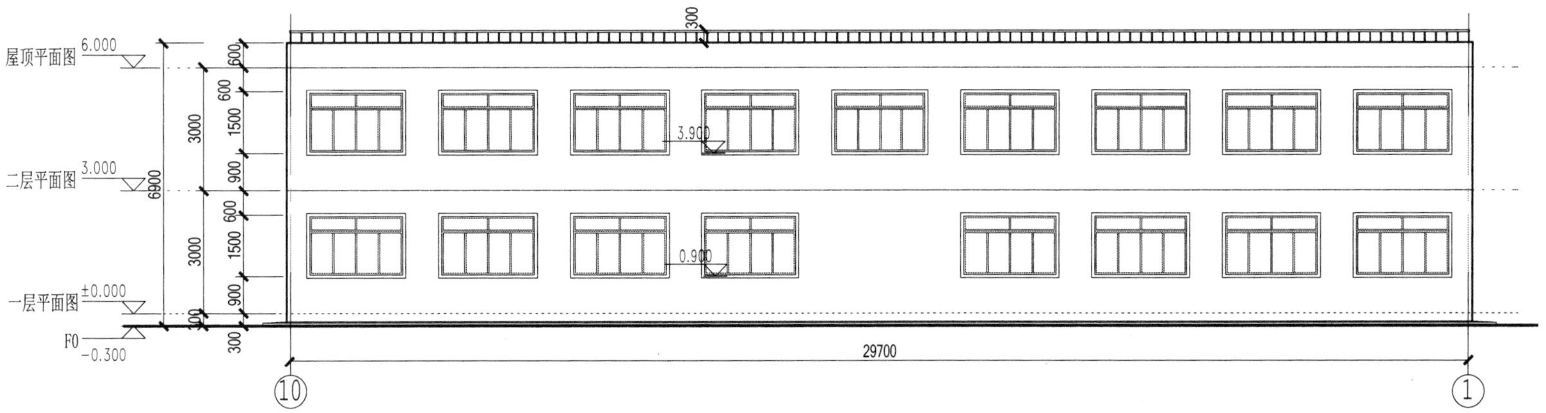

背立面视图1:100

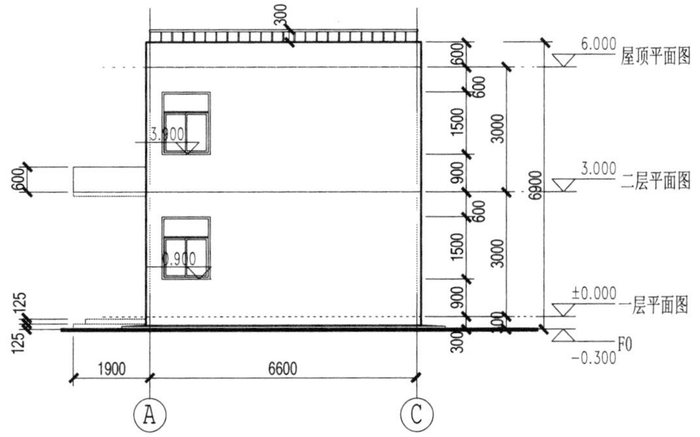

右立面视图1:100

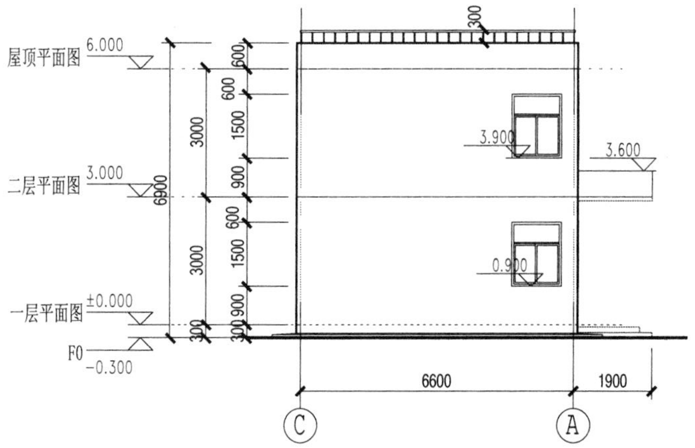

左立面视图1:100

实训案例		B4_ZH_AR_2F 综合办公楼		
班　级	×××	立面图	图号	A03
学　生	×××		图别	建施
指导教师	×××		日期	22/01/01

附件 4.2.5 B5_ZH_AR_2F_配送调度综合楼图纸

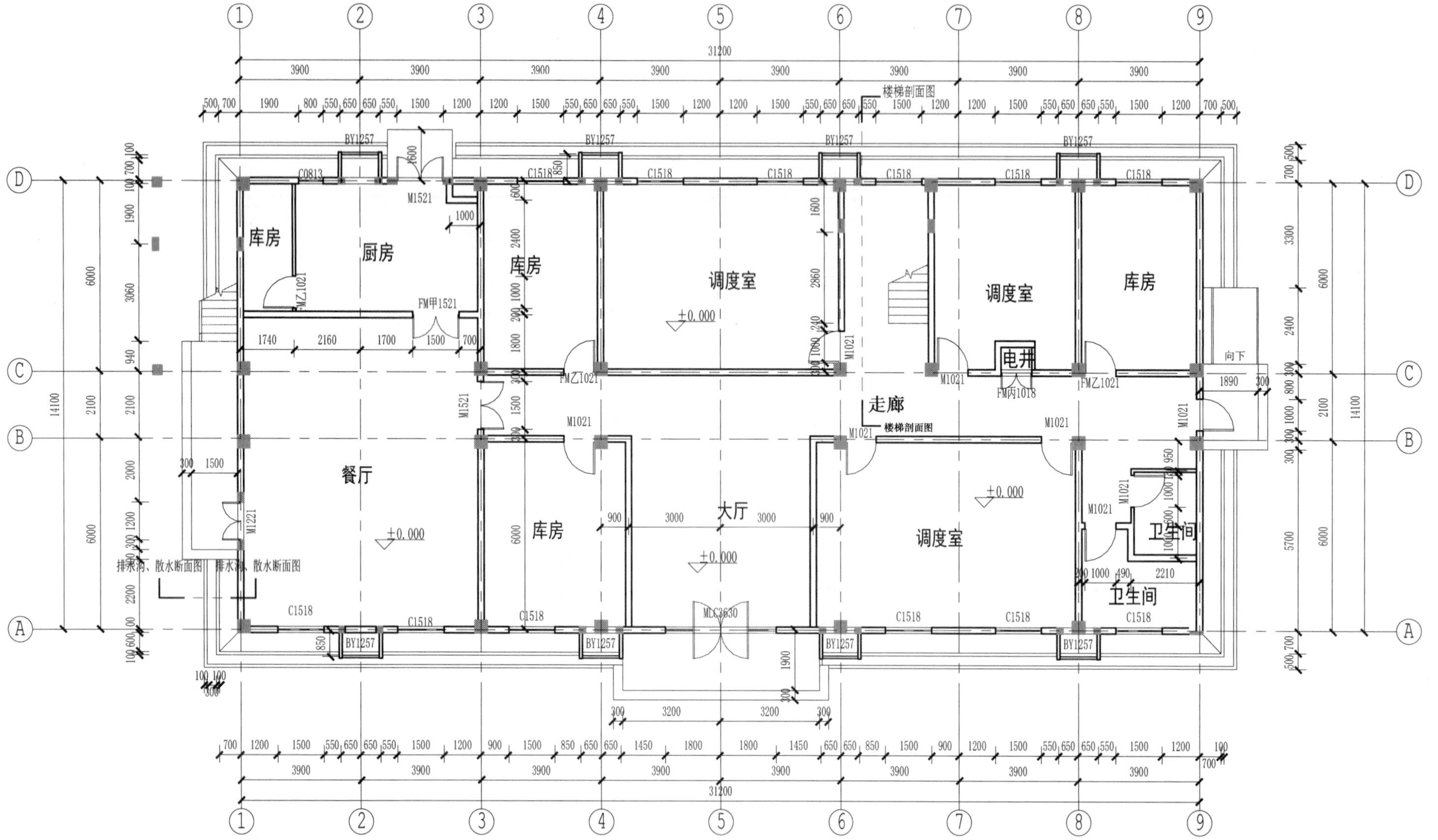

一层平面图1:100

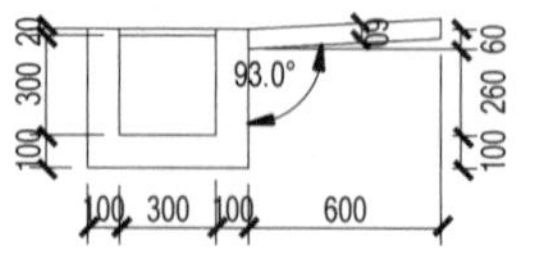

排水沟、散水断面图1:25

门表

类型标记	宽度/mm	高度/mm	族
FM丙1018	1000	1800	丙级
FM乙1021	1000	2100	乙级
FM甲1521	1500	2100	双扇钢质防火门
M0821	800	2100	单扇-与墙齐
M1021	1000	2100	单扇-与墙齐
M1221	1200	2100	双面嵌板木门 5
M1521	1500	2100	双面嵌板木门 5
MLC3630	3600	3000	门联窗-铝合金-四扇-双向平开玻璃门-带亮子

窗表

类型标记	宽度/mm	高度/mm	底高度/mm	族
BY1257	1200	5700	900	单樘百叶窗
C0813	800	1300	900	单扇平开窗1-带贴面
C1518	1500	1800	900	推拉窗5-带贴面
C1518	1500	1800	900	组合窗-双层双列(平开+固定)-上部单扇

实训案例		B5_ZH_AR_2F 配送调度综合楼		
班　级	×××	一层平面图	图号	A01
学　生	×××		图别	建施
指导教师	×××		日期	22/01/01

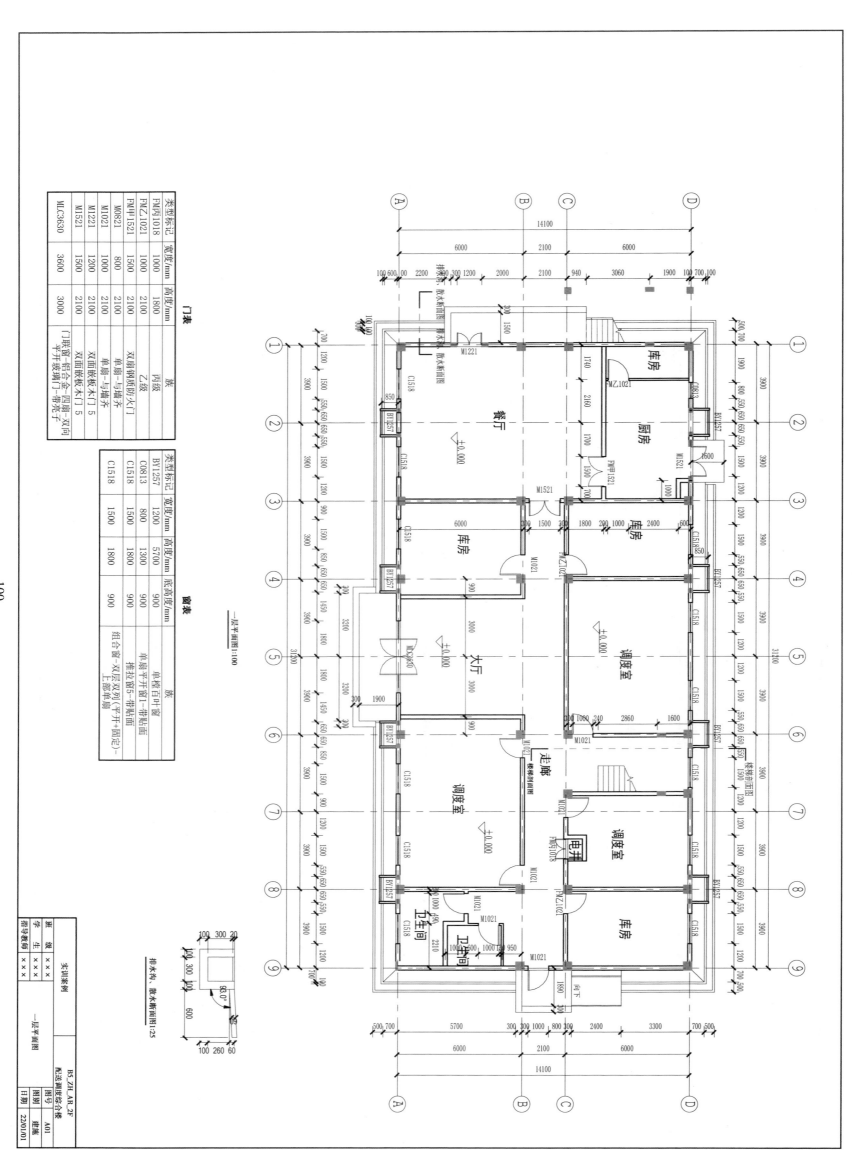

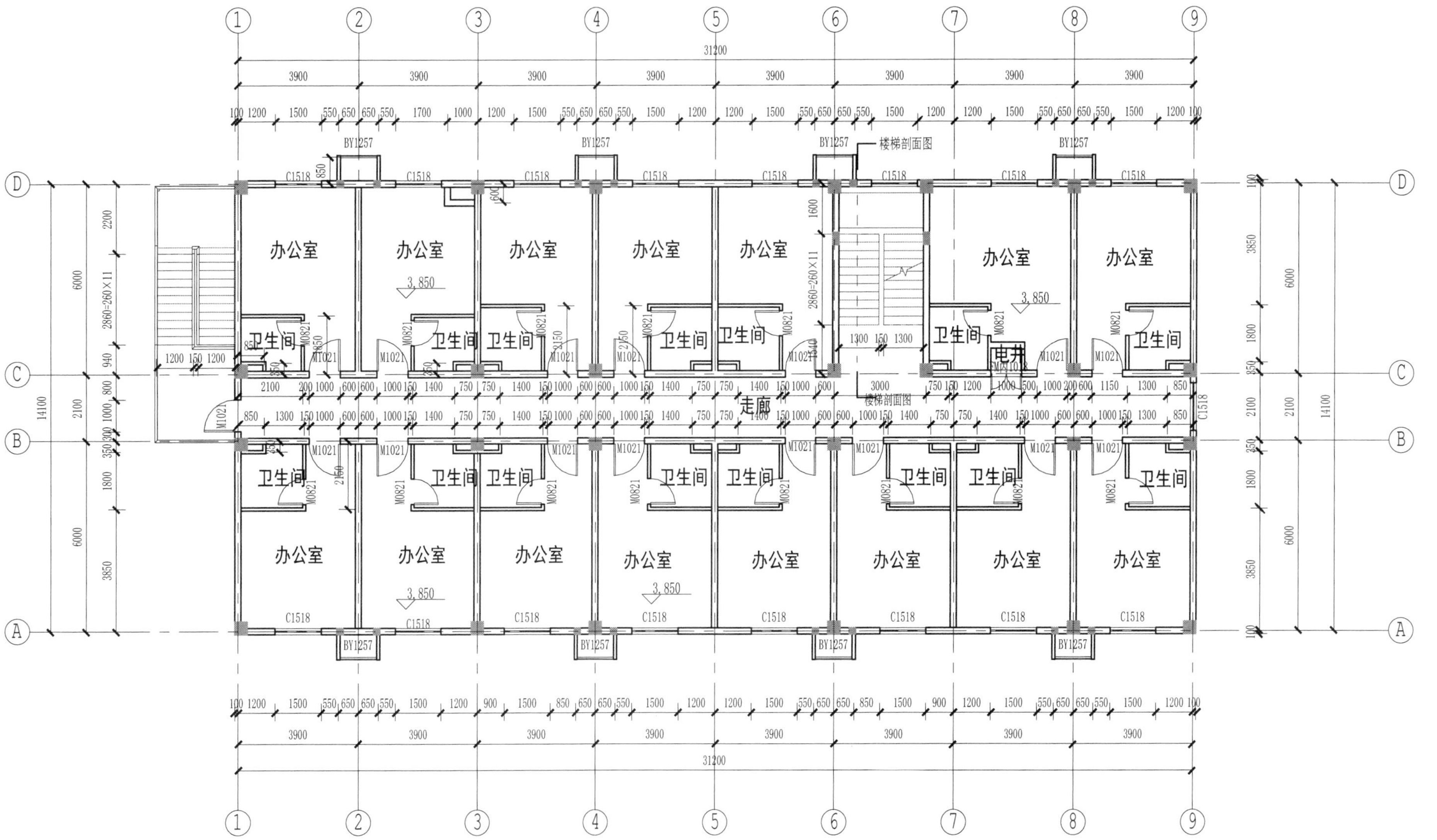

二层平面图1:100

实训案例		B5_ZH_AR_2F 配送调度综合楼		
班级	×××	二层平面图	图号	A02
学生	×××		图别	建施
指导教师	×××		日期	22/01/01

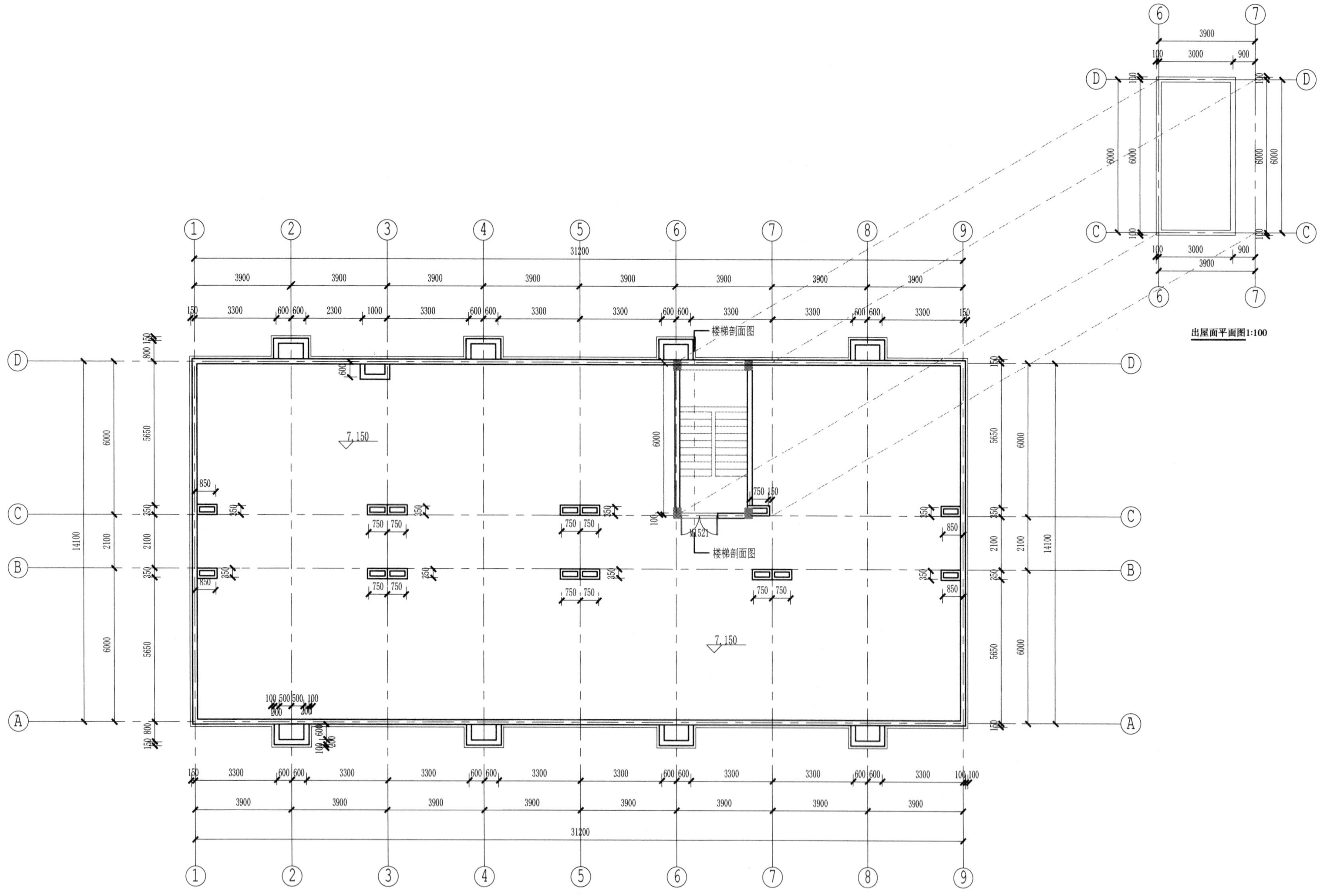

出屋面平面图1:100

屋顶平面图1:100

实训案例		B5_ZH_AR_2F 配送调度综合楼		
班　级	×××	屋顶平面图	图号	A03
学　生	×××		图别	建施
指导教师	×××		日期	22/01/01

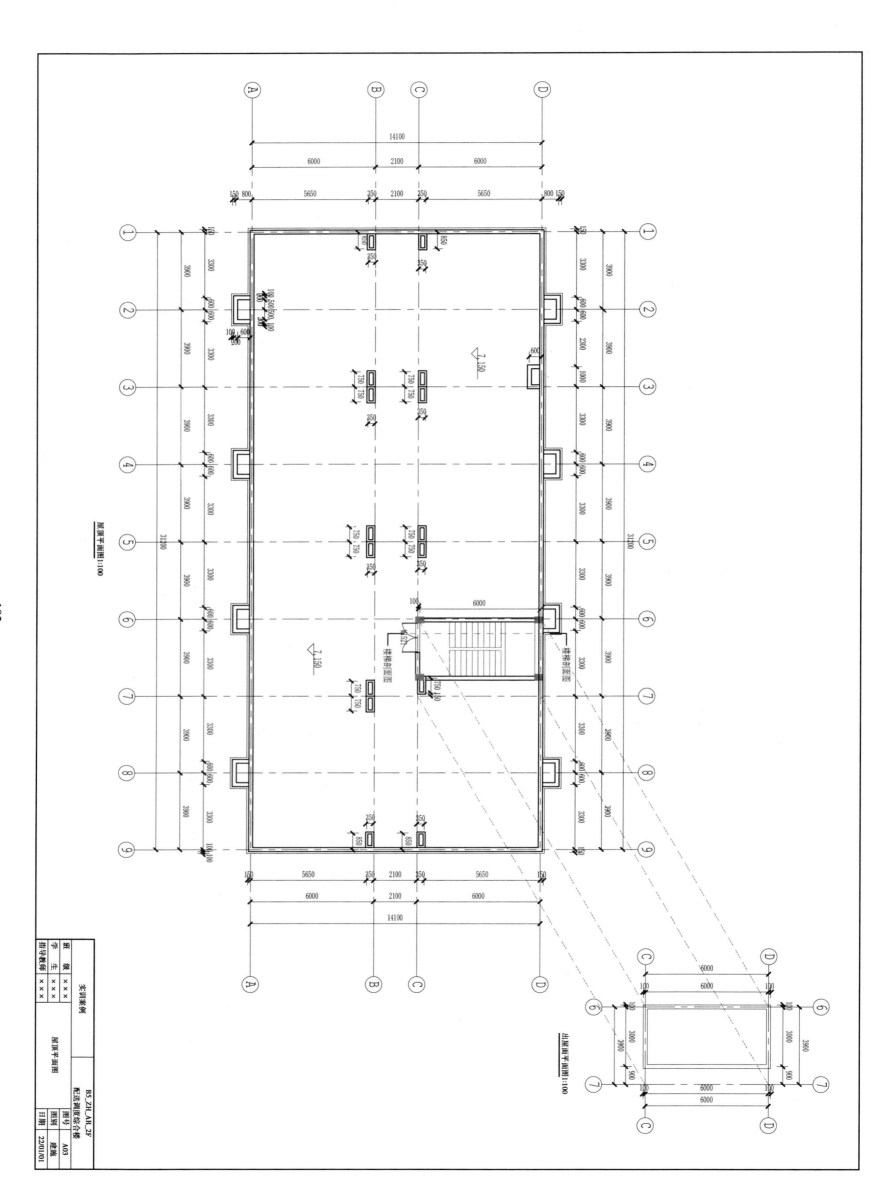

北立面图1:100

南立面图1:100

实训案例		B5_ZH_AR_2F 配送调度综合楼		
班　级	×××	南、北立面图	图号	A04
学　生	×××		图别	建施
指导教师	×××		日期	22/01/01

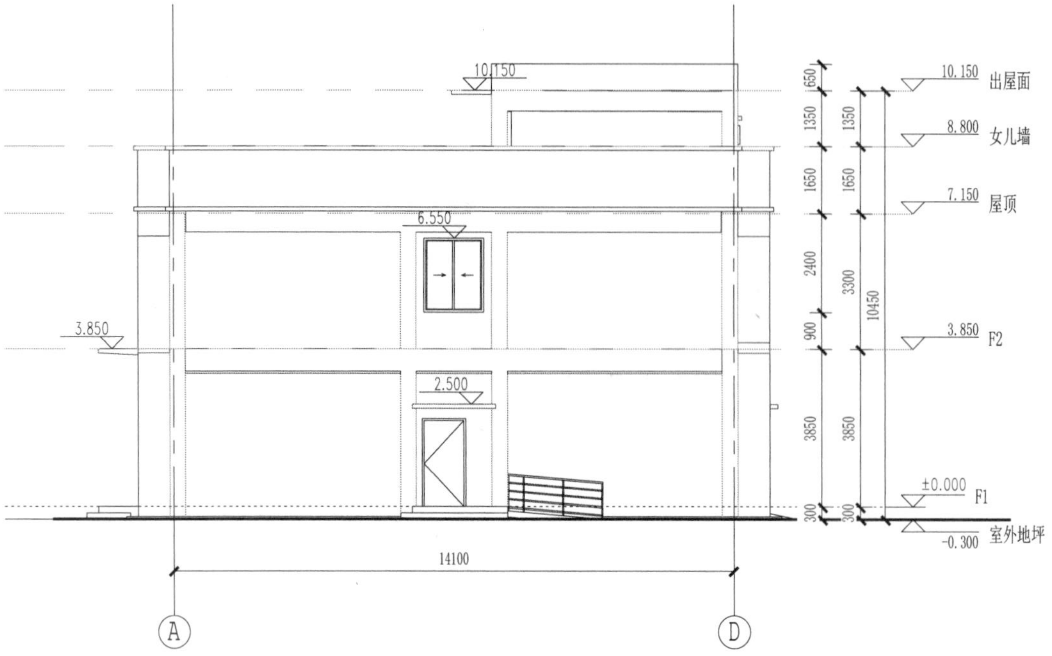

东立面图1:100

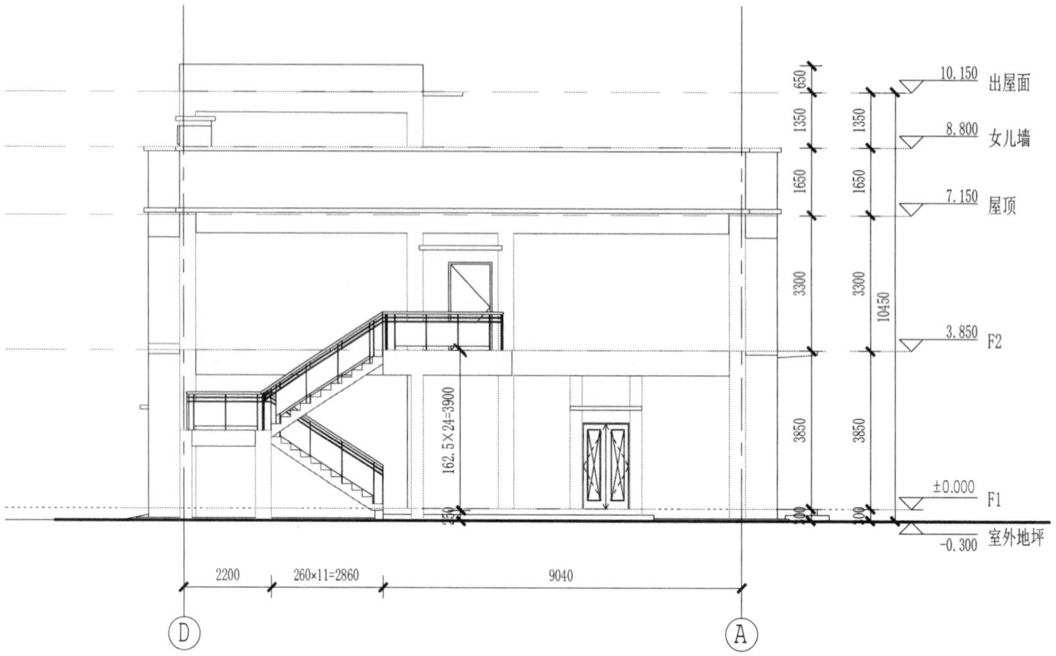

西立面图1:100

三维视图1:1

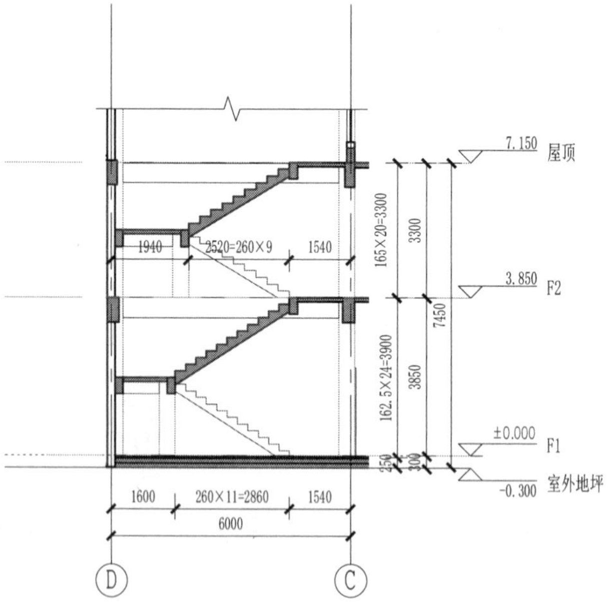

楼梯剖面图1:100

实训案例		B5_ZH_AR_2F 配送调度综合楼	
班级	×××	东、西立面、楼梯剖面图	图号	A05
学生	×××		图别	建施
指导教师	×××		日期	22/01/01

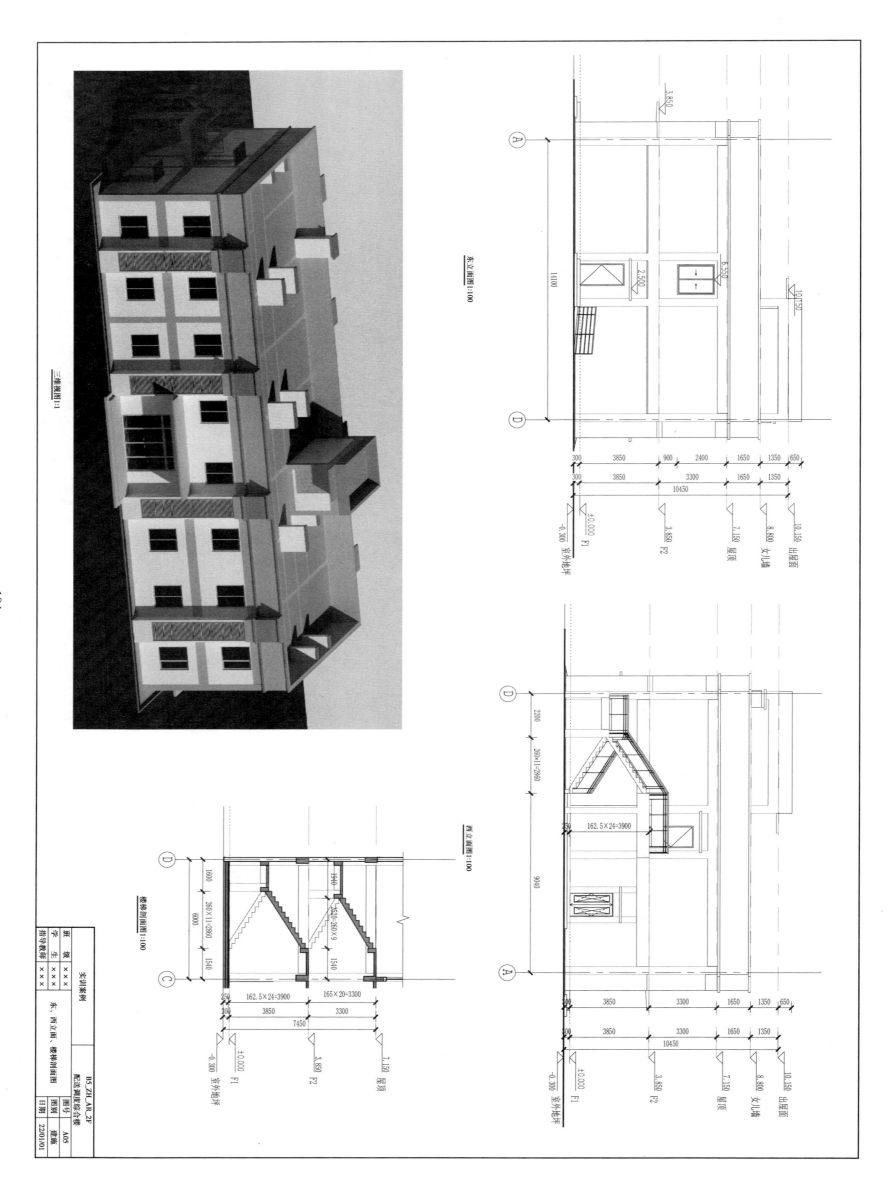

结构设计总说明

一、工程概况
本工程位于四川省遂宁市安居区，三层钢框架结构，房屋高度为13.35 m。
二、自然条件
1.基本风压：W_0=0.30 kN/m²(50年一遇)，地面粗糙度为B类。
2.基本雪压：不考虑。
3.抗震设防烈度为6度，设计基本地震加速度为0.05g，设计地震分组为第一组，特征周期为0.35 s。结构阻尼比为0.04，水平地震影响系数(多遇地震作用下)最大值为0.04。抗震类别为丙类。
4.建筑场地类别：Ⅱ类。
三、建筑结构安全等级及设计使用年限
1.建筑结构安全等级：二级。
2.设计合理使用年限：主构件25年。
3.建筑抗震设防类别：丙类。
4.地基基础设计等级：丙级。
5.建筑物的耐火等级：二级。主要结构构件的耐火极限：柱2.5 h；梁1.5 h；楼板1.0 h。
四、本工程±0.000标高由业主与施工单位现场设定
五、本工程设计计算采用的程序为PKPM中STS模块，中国建筑科学研究院编制，PKPM2010新规范版
六.本工程设计遵循的主要标准、规范、规程
《建筑结构荷载规范》(GB 50009—2012)
《建筑抗震设防分类标准》(GB 50223—2008)
《建筑抗震设计规范》(GB 50011—2010)2016年版
《钢结构设计规范》(GB 50017—2003)
《冷弯薄壁型钢结构技术规范》(GB 50018—2002)
《钢结构工程施工质量验收规范》(GB 50205—2001)
《钢结构高强螺栓连接的设计，施工及验收规程》(JGJ 82—2011)
《钢结构焊接规范》(GB 50661—2011)
《建筑结构可靠度设计统一标准》(GB J50068—2001)
《建筑结构制图标准》(GB/T 50105—2010)
《压型金属板设计与施工规程》(YBJ216—88)
《钢结构防火涂料应用技术规范》(CECS24：90)
《砌体结构设计规范》(GB 50003—2011)
《建筑地基基础设计规范》(GB 50007—2011)
《钢筋焊接及验收规程》(JG J18—2012)
《建筑设计防火规范》(GB 50016—2014)
《冷扎带肋钢筋混凝土结构技术规程》(JG J95—2011)
《混凝土结构设计规范》(GB 50010—2010)2015年版
《建筑桩基技术规范》(JG J94—2008)
本工程按现行国家设计标准进行设计，施工时除应遵守本说明及各设计图纸说明外，尚应严格执行现行国家及工程所在地区的有关规范或规程。
七、设计采用的活荷载标准值(kN/m²)

序号	楼面用途	活荷载标准值			
1	上人屋面	2.0			
2	不上人屋面	0.5			
3	办公用房、会议室、宿舍	2.0			
4	卫生间	2.5			
5	门厅、走廊	2.5			
6	楼梯	3.5			

1.不上人屋面、雨棚的施工或检修集中荷载(人和小工具的自重)取1.0 kN。
2.楼梯栏杆的水平荷载取1.0 kN/m。
3.未叙述者均按GB 50009—2012执行，施工和使用过程中不得超过上述荷载。
八、地基与基础：说明详基础图
九、材料
1.钢结构钢材：钢材的屈服强度实测值与抗拉强度实测值的比值不应大于0.85；钢材应有明显的屈服台阶，且伸长率应大于20%；钢材应有良好的可焊性和合格的冲击韧性。承重结构采用的钢材应具有抗拉强度、伸长率、屈服强度和硫、磷含量的合格保证；对焊接结构尚应具有碳含量的合格保证。焊接承重结构以及重要的非焊接承重结构采用的钢材还应具有冷弯实验的合格保证。
(1)主钢构柱、梁：采用Q345B钢，其各项技术指标须符合GB/T 1591—2008的有关规定。
(2)型钢：采用Q235B钢，其各项技术指标须符合GB/T 700—2006的有关规定。
2.连接材料：
(1)高强度螺栓：采用10.9级高强度螺栓摩擦型连接。本工程高强度螺栓公称直径为20 mm，一个高强度螺栓的预拉力P=155 kN，高强度螺栓应符合国家标准《钢结构用高强度大六角头螺栓》(GB/T 1228~1231—2006)的规定。
(2)普通螺栓：采用4.6级普通螺栓(C级)。
(3)锚栓：采用符合国家标准《碳素结构钢》(GB/T 700—2006)规定的Q235B钢制成。
3.钢筋：HPB300（Φ）、HRB400（Φ）。钢筋的强度标准值应具有不小于95%的保证率。钢筋的代换，应经设计复核认可，并办理设计变更文件。
4.焊条：按《钢筋焊接及验收规程》（JG J18—2012)执行。
(1)手工焊：Q235B钢之间及Q235B钢和Q345B钢焊接，HPB300级钢筋之间及HPB300级钢筋与HPB400级焊接采用E43XX焊条。Q345B号钢之间焊接，HPB400级钢筋之间搭接电弧焊采用E50XX焊条。
(2)埋弧自动焊：CHW-S2-H08A(用于Q235B及Q235B和Q345B之间焊接)。CHW-S2-H08MnA(用于Q345B之间焊接)。
(3)质量检验：E43XX型焊条，其性能应符号《非合金钢及细晶粒钢焊条》(GB/T 5117—2012)的规定。E50XX型焊条，其性能应符合《热强钢焊条》(GB/T 5118—2012）的规定。
5.预埋铁件：Q235B。
6.吊钩：采用未经冷加工的HPB300级钢筋制作。
7.混凝土：C30(除注明者外)
(1)结构的环境类别及耐久性的基本要求：地梁、基础、卫生间、浴室环境类别为二a类，其他为一类。结构混凝土耐久性的基本要求详见"表1"。

表1　结构混凝土耐久性的基本要求

环境类别	最大水胶比	最低强度等级	最大氯离子含量/%	最大碱含量kg/m³
二 a	0.55	C25	0.2	3.0
一	0.60	C20	0.3	不限制

注：①氯离子含量是指占水泥用量的百分率。
②当使用非碱性活性骨料时，对混凝土中的碱含量可不作限制。
(2)最外层钢筋的混凝土保护层厚度应符合表2中的要求。

表2　混凝土保护层厚度

环境类别	板、墙、壳	梁、柱、杆
一	15	20
二a	20	25

注：①混凝土强度等级不大于C25时，表中保护层厚度数值应增加5 mm。
②基础承台底板有垫层时为4　0。
(3)本工程采用商混凝土及预拌砂浆。
8.非承重填充墙体：施工质量量等级为B级。
(1)底层墙体一律为M5水泥砂浆砌MU5页岩多孔砖(容重≤13 kN/m³)
(2)二-顶层墙体除注明外，一律为M5水泥砂浆砌MU3.5页岩空心砖(容重≤85 kN/m³)。卫生间为N5水泥砂浆砌MU5页岩多孔砖(容重≤8.5 kN/m³)。女儿墙为M5水泥砂浆砌MU10页岩多孔砖(容重≤8.5 kN/m³)。
(3)填充墙构造及施工要求见框架轻质填充墙构造图集《西南15G701—3》，按照6度设防选用。
a.填充墙与柱网间的拉结钢筋应按建筑施工图的位置预留，凡与填充墙连接的柱沿高度在柱中设2φ6@500的拉结筋，拉结筋锚入柱中≥30 d或与钢柱单面焊不小于10 d，伸进填充墙的长度为通长。
b.在填充墙的转角处以及墙长≥5 m(长度范围内无柱)时，每3 m左右设置一个钢筋混凝土构造柱；填充墙的转角和端部均应设置钢筋混凝土构造柱。在构造柱上下端与楼板相交部位，施工楼板时应留出相应的插筋。
c.宽度≥2m或设雨棚的门窗洞边墙体墙和单片填充墙端头应设稳定柱。除图中注明外，稳定柱见图1。
d.构造柱一般应设置在结构的主次梁上，构造柱的配筋(除图中注明外)见图2，未注明的构造柱截面为墙厚×200(且≥墙厚)。
e.构造柱的钢筋绑扎完毕后，应先砌墙后浇注。填充墙原则上应在主体结构施工完毕后，由上而下逐层砌筑，以防止下层梁承受上层梁及以上的荷载。未经设计许可，不得随意改变填充墙的位置、墙厚或增加填充墙。
f.填充墙砌至梁、板下100~150时，应待墙体沉实(一般约5 d时间)后，在砌体与上部梁、板之间用砌块斜砌填实。
g.填充墙的净高≥4.0 m时，在1/2墙高处设置断面为墙厚×120的钢筋混凝土卧梁一道，梁配筋：4Φ12纵向钢筋，箍筋中Φ6@200。卧梁的主筋锚入钢筋混凝上柱或墙中的长度应≥30 d。

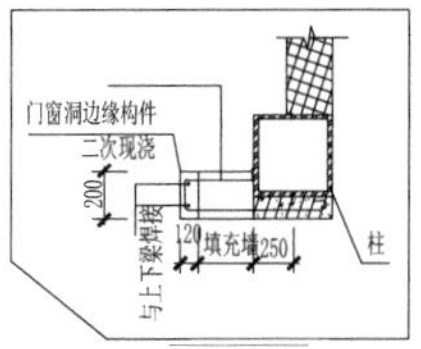

图1 稳定柱

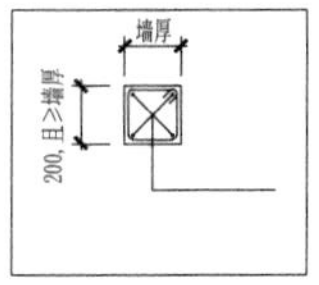

图2 填充墙构造柱

h.填充墙中敷设管线时，采用机械切割开槽，敷设完毕，在槽面铺设钢丝网，然后抹灰找平。
i.门窗洞口的顶标高不在梁底标高时，均应设置钢筋混凝土过梁，不得采用钢筋砖过梁或直接在门窗框上砌砖。过梁平面位置及标高结合建筑施工图确定，其截面尺寸及配筋按预制过梁图集《西南15G301(一)》非承重过梁选用。
j.门窗洞口的顶标高不在梁底标高时，均应设置钢筋混凝土过梁，不得采用钢筋砖过梁或直接在门窗框上砌砖。
k.女儿墙构造柱(200×200，4Φ12，Φ6@200)间距为2.0 m。
l.填充墙与梁、柱相交处增设400 mm宽(10×10×0.9)镀锌钢丝网片，钢柱挂钢丝抹灰。
十、制作安装
1.钢结构应严格按照《GB 50205—2001》进行，各种构件必须放1:1大样加以校核，尺寸无误后方可下料加工，出厂前需进行预装配检查。
2.钢材加工前应进行校正使之平直。
3.单个构件制作完毕后，应立即编号分类放置。
4.钢结构的焊接要求：
(1)钢框架：
a.框架梁端翼缘板与柱的连结焊缝应采用全熔透对接焊缝。
b.框架刚接梁柱节点处加劲板与柱翼缘板的连结焊缝应采用全熔透对接焊缝。
c.框架梁与柱刚性连接时，柱在梁翼缘上下各500 mm的节点范围内采用全熔透坡口焊缝。
d.柱翼缘与柱腹板间或箱形柱壁板间的连接焊缝应采用全熔透焊缝。
e.箱型柱在与梁翼缘连接处设置的隔板不应采用电渣焊。
以上焊缝应达到二级焊缝，并按规范进行探伤检验，其他焊缝均按三级质量要求。
(2)施焊时，应选择合理的焊接顺序，或采用预热、锤击及其他有效方法以减少焊接应力和焊接变形。
(3)工字型断面当翼缘或腹板因板长不够而需对接时，翼缘与腹板的对接焊缝间的相对位置应错开200 mm以上，拼接焊缝为二级焊缝。
(4)未注明的贴角焊缝，其焊脚尺寸h等于较薄构件的厚度，焊缝长度沿构件搭接全长满焊。
5.除锈和防锈：
(1)钢结构表面处理：工厂制作涂装前，其表面应采用喷射或抛射除锈方法，除锈等级不应低于Sa2.5，并按照《涂装前钢材表面锈蚀等级和涂装等级》(GB 8923)规定执行。
钢结构除锈和涂装工程应在构件制作质量经检验合格后进行。表面处理后到涂底漆的时间间隔不应超过4 h，处理后的钢材表面不应有焊渣、灰尘、油污、水和毛刺等。
(2)钢材摩擦面的抗滑移系数μ不应小于0.45，涂层连接面的抗滑移系数μ不应小于0.35。
(3)钢结构在使用过程中应定期进行油漆，维护。
(4)本设计按钢框架结构建筑要求设计，如生产中有腐蚀性气体或高温高湿时，金属构件应另作防腐处理。
(5)钢结构油漆处理：
a.防锈漆品种：
底漆：铁红环氧脂底漆或云母氧化铁底漆；面漆：品种与底漆配套。
b.防锈漆底漆+面漆总厚度室内外钢结构漆膜干膜总厚度分别不宜小于125μm和150μm。如建筑选有防火涂料，则钢构件可只涂底漆(干膜厚度75μm)。
(6)高强螺栓连接的摩擦面(注明者除外)、埋入混凝土的钢构件表面、工地焊接部位及两侧100 mm，且要满足超声波探伤要求的范围内，但工地焊接部位需进行不影响焊接的除锈处理，除锈后涂刷防锈保护漆。
(7)钢结构安装完毕后，应对工地焊接部位、紧固件以及防锈受损的部位进行补漆。
(8)非临时性工程用压型钢板均应采用热浸镀锌板作基板，镀锌压型钢板镀锌量不小于275g/m²(双面)；压型钢板配套使用的钢质连接件及固定支架必须进行镀锌防护。
(9)防火措施：按建筑物耐火等级及构件耐火时限(详建施)，根据《钢结构防火涂料应用技术规范》选用防火涂料及构造做法。防火涂料必须选用通过国家检测机关检测合格，消防部门认可的产品，且需与底漆配套，所选用防火涂料的性能、涂层厚度、质量要求应符合现行国家标准《钢结构防火涂料》(GB 14907) 和现行国家标准《钢结构防火涂料应用技术》(CECS24)的规定。
(10)焊接记录：焊接必须做好记录，施工结束后，应准备一切必要的资料以备检查。
十一、钢结构的安装
1.结构安装前应对构件进行全面检查，如构件数量、长度、垂直度、平整度等是否符合设计要求和规范要求。
2.板件下料后，对需要进行边缘加工的板件，其刨剩量不应小于2 mm。
3.每一节钢柱子的定位轴域必须从地面控制线引出，以免产生累积误差。
4.结构吊装时应采取适当措施防止产生过大的扭转变形和失稳。
5.柱、主梁等大型构件安装时应立即进行校正。
6.为了减少安装偏差和焊接应力，平面上应从建筑物中间向四周扩散安装。
7.钢结构单元在逐次安装过程中，应及时调整消除累计偏差，使总安装偏差最小，以符合设计要求，任何螺栓孔不得随意割扩，不得更改螺栓直径。
8.当连接中采用栓焊接时应先栓接后焊接。
9.所有上部结构的安装必须在下部结构调整就位，并固定好后进行。
10.地脚螺栓应在安装前将油污洗净，并在安装前预埋好，丝口应用塑料薄膜包好。
11.构件重焊应先去掉构件上的油漆再焊，除锈后钢构件表面用两道铁红环氧脂底漆或云母氧化铁底漆打底。
12.端头板用高强度螺栓连接节点应封闭，用腻子沿端头板连接缝满打。
十二、钢结构的运输及堆放
1.钢构件在运输车辆上的支点，两端伸出长度及绑扎的方法均应保证钢构件不产生变形、不损伤涂层。
2.钢构件存放场地应平整坚实、不积水，钢结构运输到现场放置时，钢构件底层垫枕应有足够的支承面，以防止支点下沉。
3.构件应分规格各型号分类堆放。
4.压型钢板现场堆放应严格按施工要求进行堆放。
十三、成品保护措施
1.除锈和防锈：在搬运材料、设备时，不得直接在地坪上拖拉，要垫上木板等；不得直接在地坪上进行气割作业，必须垫上钢板、铁皮等物件。
2.钢构件成品进入现场后应采取防护措施，以免表面损伤。
十四、其他
1.钢材进场时须有钢材出厂证明及各项指标的合格证。
2.本设计未考虑采暖、通风、空调、动力等其他专业对钢结构的要求。
3.钢柱柱脚必须用C20素混凝土包裹住，包裹混凝土离钢柱最小厚度为70 mm，且包裹高度为300 mm。
4.要维持钢结构的正常使用，每年组织进行一次检查， 若发现缺陷进行维修，且必须按涂装材料的使用寿命进行按时油漆。
十五、未经设计许可，不得改变结构的用途和使用环境
十六、未尽事宜依据国家现行的施工、验收规范、规程执行

采用标准图集目录

序号	图集名称	图集号	备注
1	混凝土结构施工图平面整体表示方法制图规则和构造详图	国标16G101—1	通用图
2	钢与混凝土组合楼（屋）盖结构构造	国标05SG522	通用图
3	钢筋混凝土灌注桩	国标10SG813	通用图
4	混凝土结构常用施工详图(现浇混凝土板、非框架梁配筋构造)	国标13SG903—1	通用图
5	混凝土结构轻质填充墙构造图集(第三分册 烧结空心砖填充墙)	西南15G701—3	通用图
6	钢筋混凝土过梁(用于烧结普通砖、灰砂砖、粉煤灰砖砌体)	西南15G301—1	通用图

实训案例			B1_ZH_STR_3F 带幕墙综合楼	
班　级	×××	结构设计总说明	图号	01
学　生	×××		图别	结施
指导教师	×××		日期	11/01/22

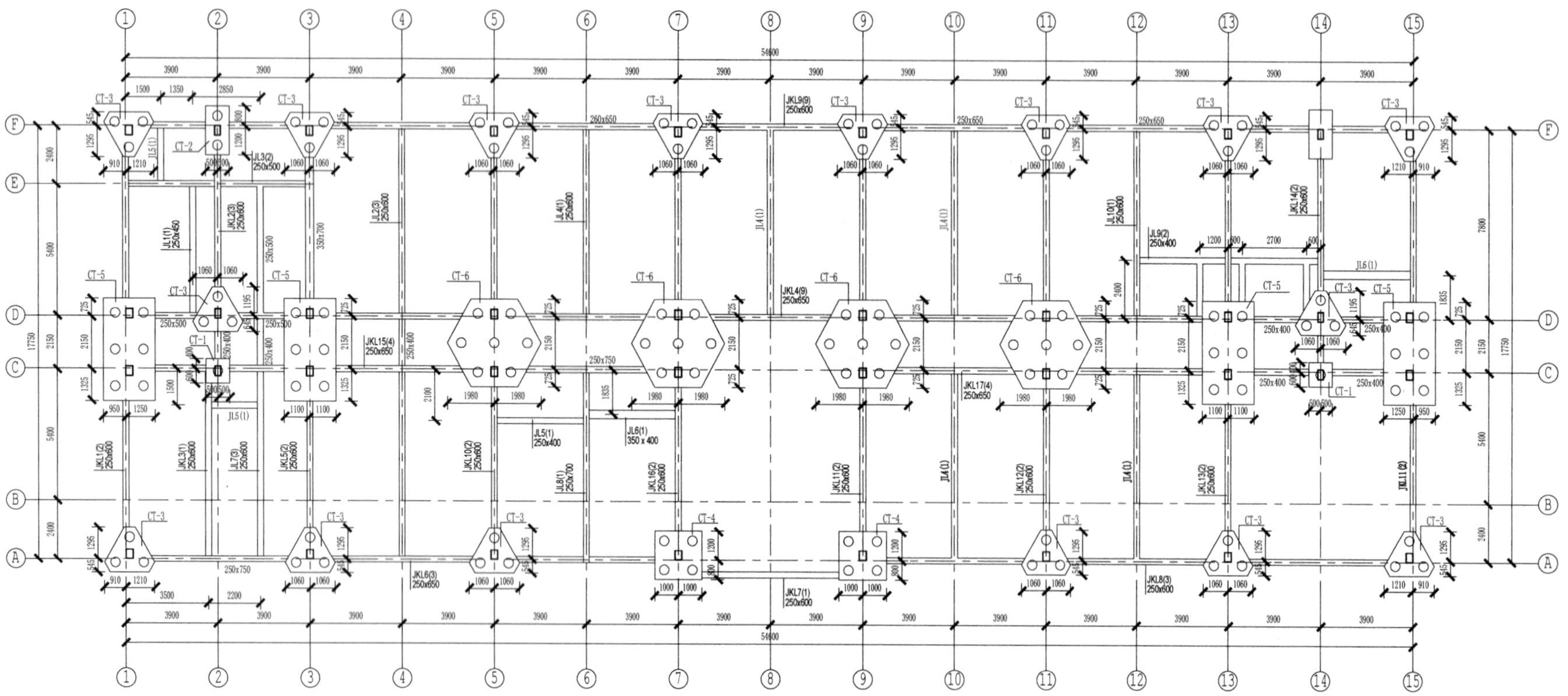

基础平面图 1:100

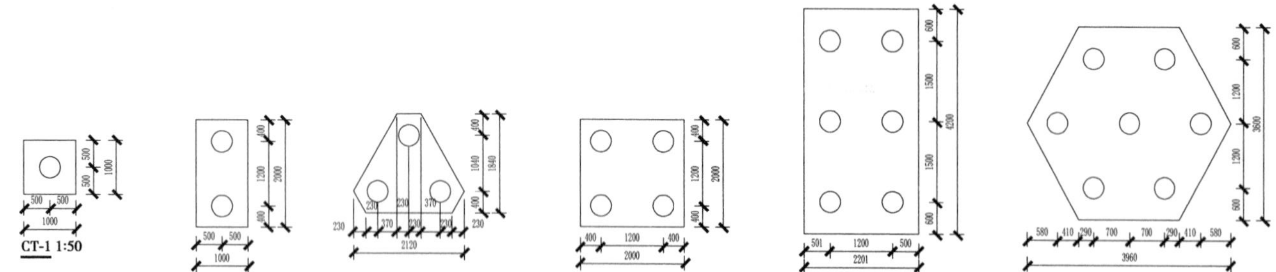

CT-1 1:50　CT-2 1:50　CT-3 1:50　CT-4 1:50　CT-5 1:50　CT-6 1:50

桩基说明：

1. 本图尺寸除注明外，均以毫米计，标高以米计。
2. 承台、基础梁混凝土强度等级采用C30。
3. 承台及桩钢筋混凝土保护层厚度50mm。
4. 根据地质资料和墙柱受力，本工程桩基础采用钻孔灌注桩，钻孔灌注桩的桩径采用400 mm；混凝土等级为C25，桩身做法详10SG813图集第12页。桩长根据地勘报告结合现场实际情况设定。最小桩长不得小于6 m。
5. 钻孔灌注桩桩端持力层为中风化泥岩。其他极限端阻力标准值2.5 MPa，单桩承载力特征值取为450 kN；桩端嵌入持力层的深度大于等于3倍的桩径。
6. 要严格按钻孔灌注桩施工规范、规程及10SG813图集要求进行施工。
7. 钻孔灌注施工完毕后，应根据当地质量检查管理部门和有关规范规程和要求进行检测，合格后方能进行下一道工序，否则不准进行承台、基础梁及上部结构的施工。

附注：

1. 地梁标高一律为 −0.800。
2. 基础梁按照国标《16G101—1》绘制。
3. 框架梁抗震等级为四级。
4. 未注明梁的定位一律以轴线居中。
5. ±0.00以下砖砌体采用M10水泥砂浆砌MU15页岩实心砖。

实训案例			B1_ZH_STR_3F 带幕墙综合楼	
班　级	×××	基础平面图	图号	02
学　生	×××		图别	结施
指导教师	×××		日期	11/01/22

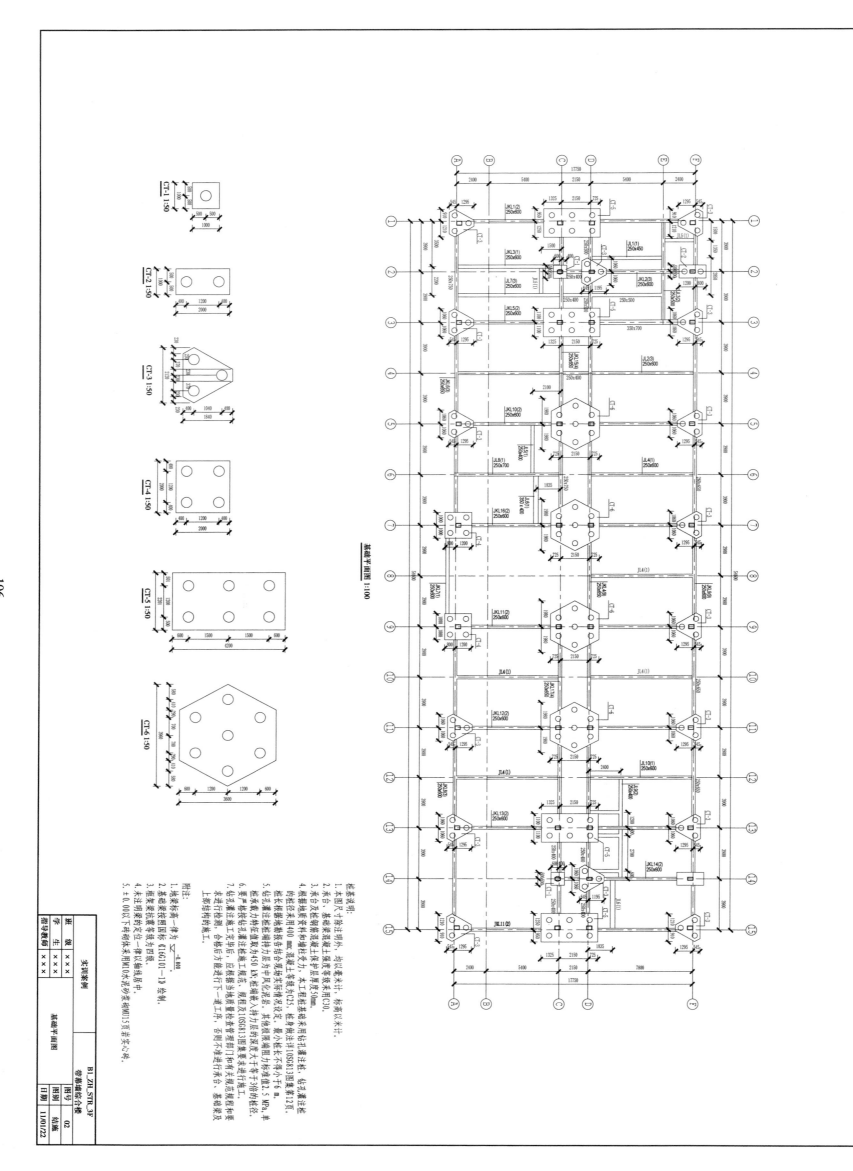

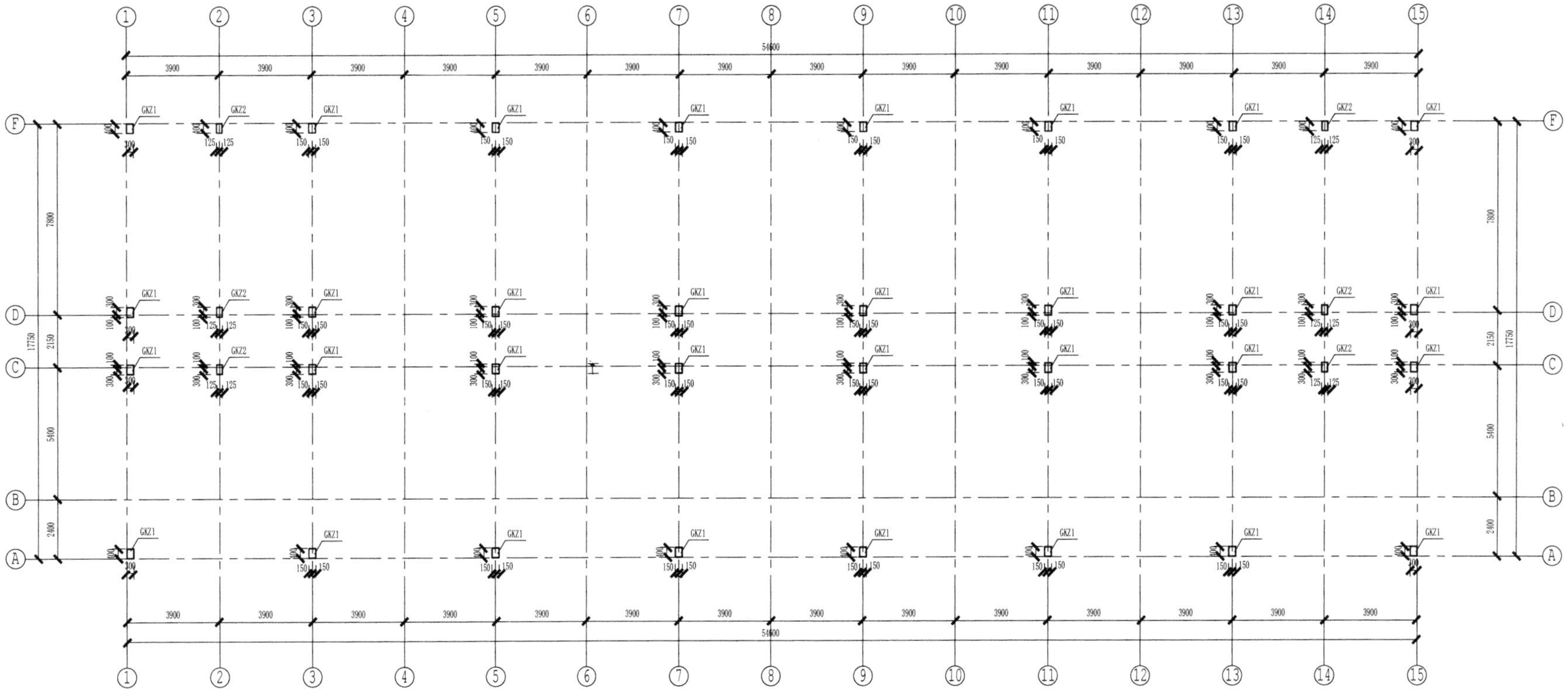

钢柱平面图1:100

实训案例		B1_ZH_STR_3F 带幕墙综合楼		
班　级	×××	钢柱平面图	图号	03
学　生	×××		图别	结施
指导教师	×××		日期	11/01/22

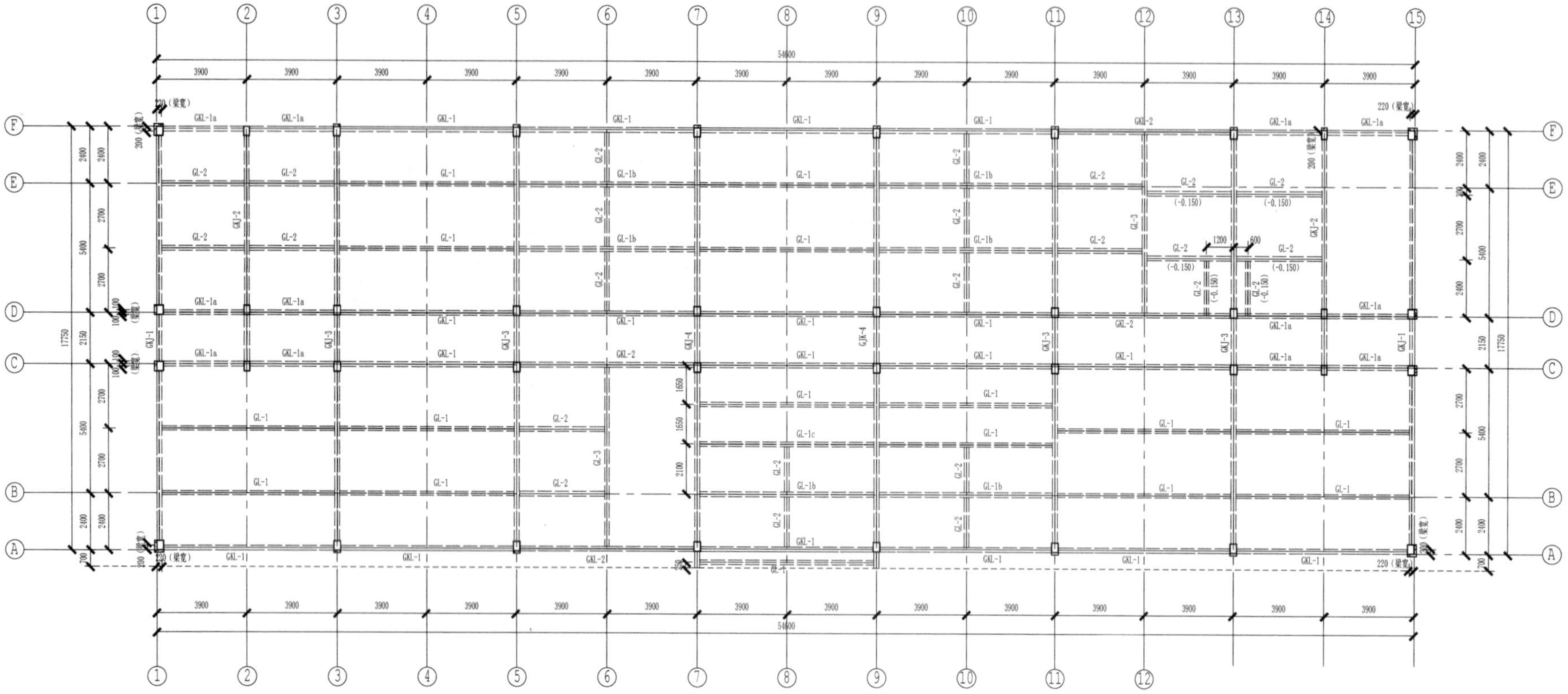

二层梁平面图1:100

GL-1 1:20　GL-1a 1:20　GL-1b 1:20　GL-1c 1:20　GL-2 1:20　GL-3 1:20　GL-4 1:20　GKL-1 1:20　GKL-1a 1:20　GKL-2 1:20

说明:

1. 材料:未特殊注明的钢板及型钢为Q345B钢，焊条为E50系列焊条。
2. 构件的拼接连接采用10.9级摩擦型连接高强度螺栓，连接接触面的处理采用钢丝刷清除浮锈。
3. 图中未注明的角焊缝最小焊脚尺寸6 m,一律满焊。
4. 所有钢构件在制作前均按1:1放大施工大样，复核无误后方可下料。
5. 未特别注明的钢梁定位一律以轴线居中。
6. 未特别注明楼面梁标高一律为 4.910。
7. 钢梁边标注的(-0.×××)标示比楼面梁标高 4.910 低0.×××。
8. CG:钢板及型钢为Q235B钢，ϕ60×3钢管。

实训案例		B1_ZH_STR_3F 带幕墙综合楼	
班　级	×××	图号	04
学　生	×××	图别	结施
指导教师	×××	日期	11/01/22
		二层梁平面图	

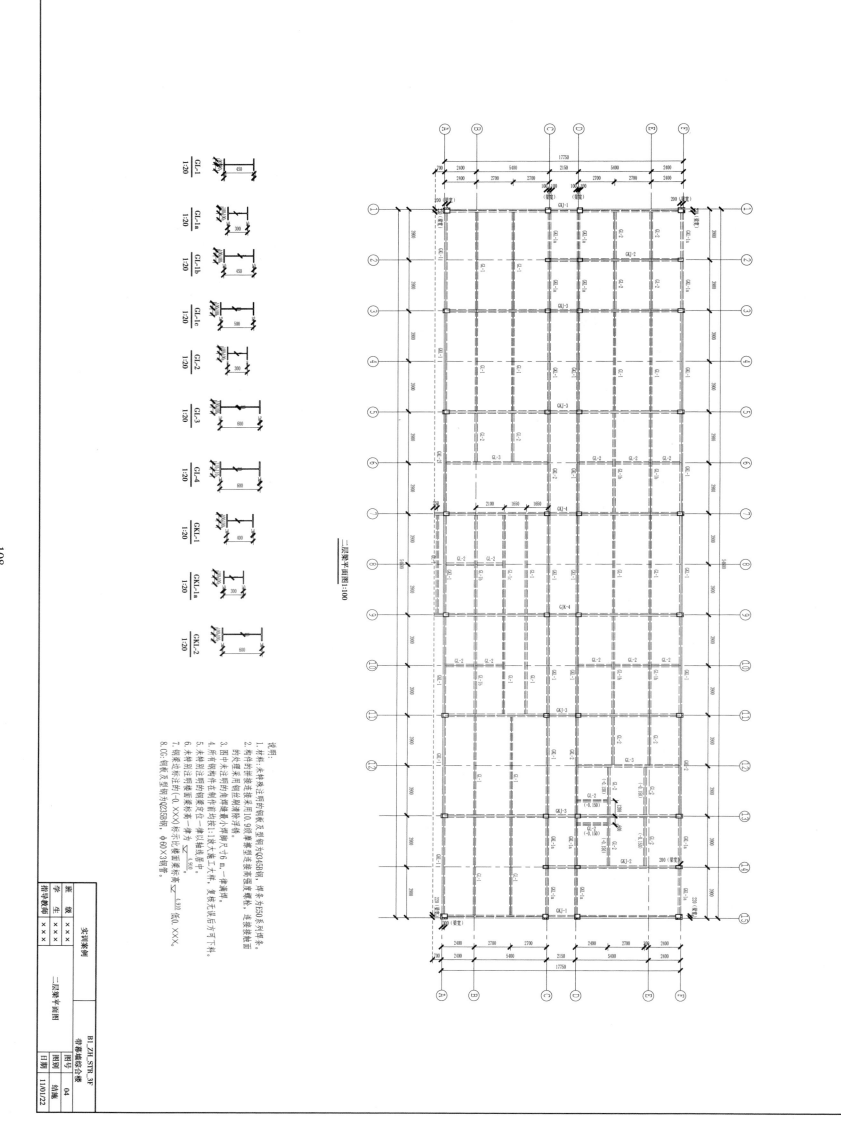

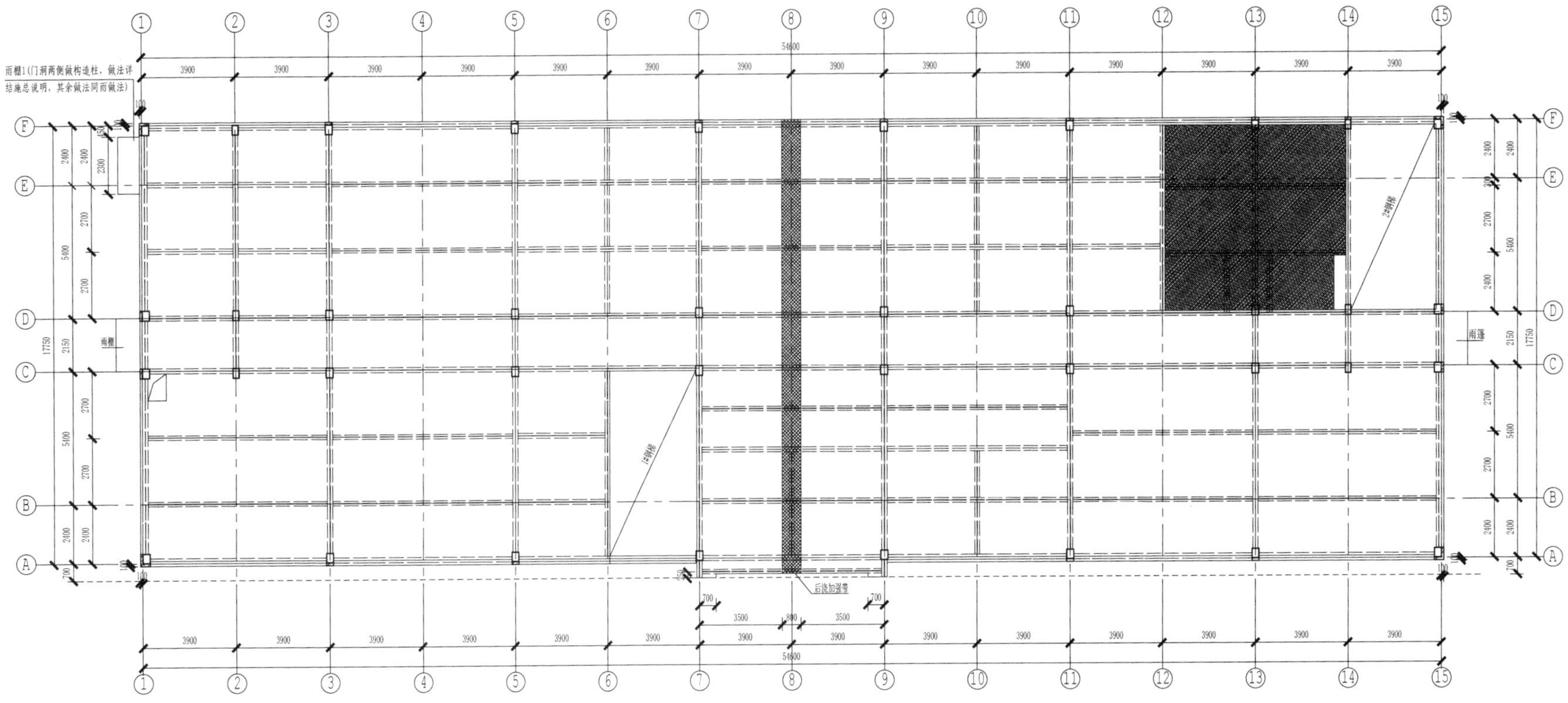

二层板平面图1:100

说明：
1. 楼板为C25钢筋混凝土，厚度140 mm，其余未注明的做法一律按照图集05SG522执行。
2. 未注明板标高为 5.050 。
3. ▓ 所示楼面标高为 4.900 。
4. 后浇带按图留出，后浇带在主体结构完工(不少于2个月)且沉降稳定后方可采用比设计混凝土强度提高一个等级的微膨胀混凝土封闭。

实训案例			B1_ZH_STR_3F 带幕墙综合楼	
班　级	×××	二层板平面图	图号	05
学　生	×××		图别	结施
指导教师	×××		日期	11/01/22

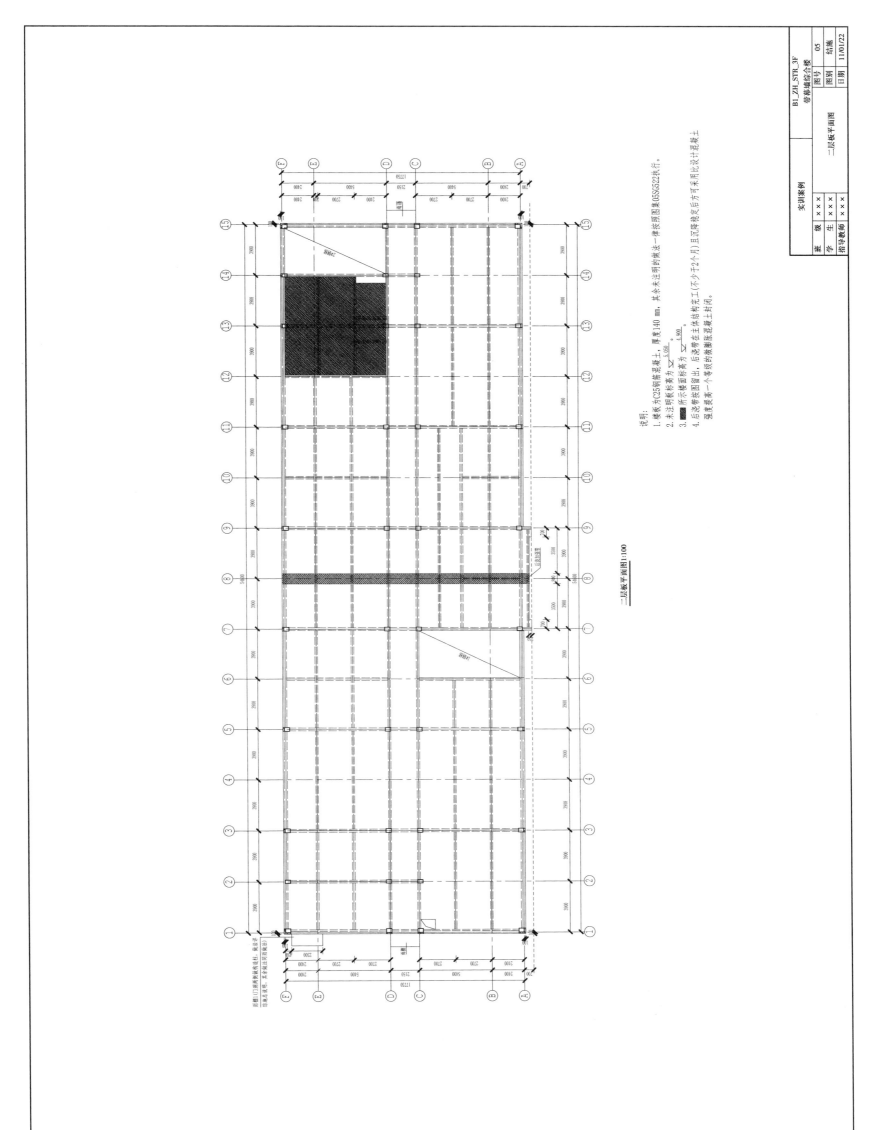

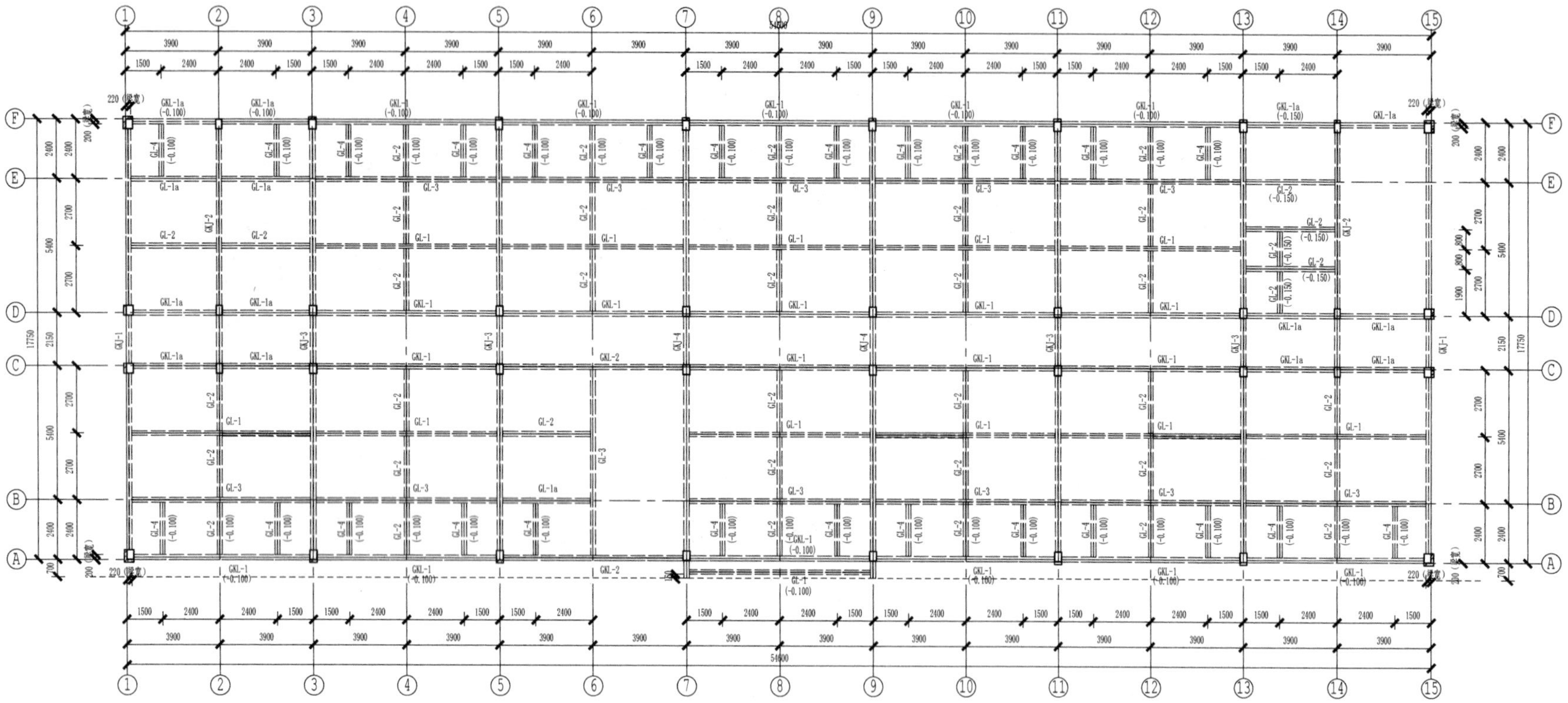

三层梁平面图1:100

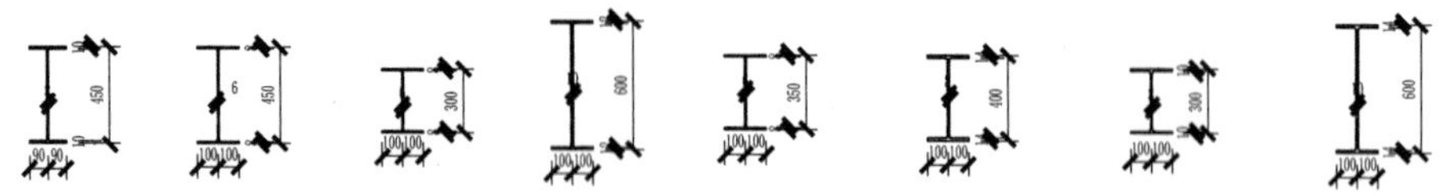

GL-1 1:20　GL-1a 1:20　GL-2 1:20　GL-3 1:20　GL-4 1:20　GKL-1 1:20　GKL-1a 1:20　GKL-2 1:20

说明：

1. 材料：未特殊注明的钢板及型钢为Q345B钢，焊条为E50系列焊条。
2. 构件的拼接连接采用10.9级摩擦型连接高强度螺栓，连接接触面的处理采用钢丝刷清除浮锈。
3. 图中未注明的角焊缝最小焊脚尺寸6 mm，一律满焊。
4. 所有钢构件在制作前均按1:1放大施工大样，复核无误后方可下料。
5. 未特别注明的钢梁定位一律以轴线居中。
6. 未特别注明楼面梁标高一律为 8.810。
7. 钢梁边标注的(-0.×××)标示比楼面梁标高 8.810 低0.×××。

实训案例		B1_ZH_STR_3F 带幕墙综合楼	
班　级	×××	三层梁平面图	图号	06
学　生	×××		图别	结施
指导教师	×××		日期	11/01/22

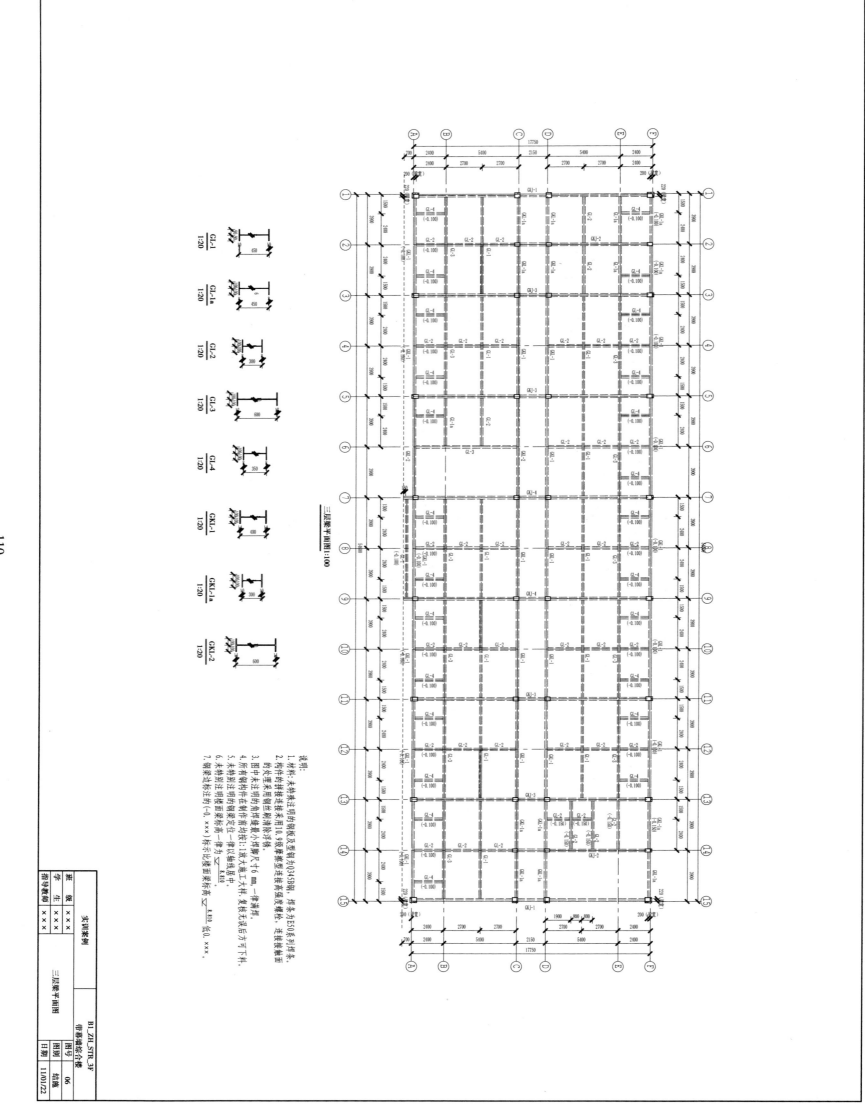

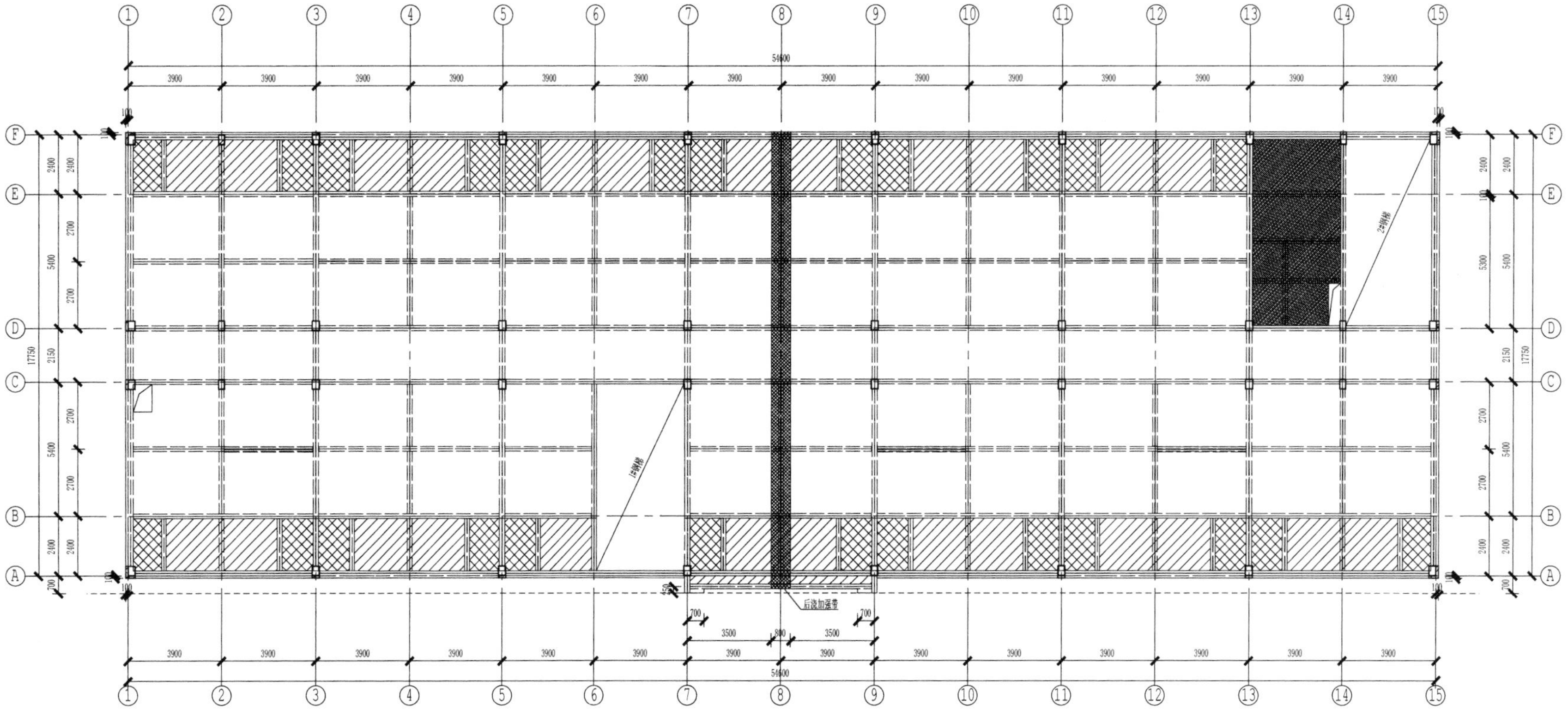

三层板平面图1:100

说明:

1. 楼板为C25钢筋混凝土，厚度140 mm，其余未注明的做法一律按照图集05SG522执行。
2. 未注明板标高为 8.950。
3. ▨所示楼面标高为 8.850，■所示楼面标高为 8.800，⊠所示楼面标高为 8.650。
4. 后浇带按图留出，后浇带在主体结构完工(不少于2个月)且沉降稳定后方可采用比设计混凝土强度提高一个等级的微膨胀混凝土封闭。

实训案例			B1_ZH_STR_3F 带幕墙综合楼	
班　级	×××	三层板平面图	图号	07
学　生	×××		图别	结施
指导教师	×××		日期	11/01/22

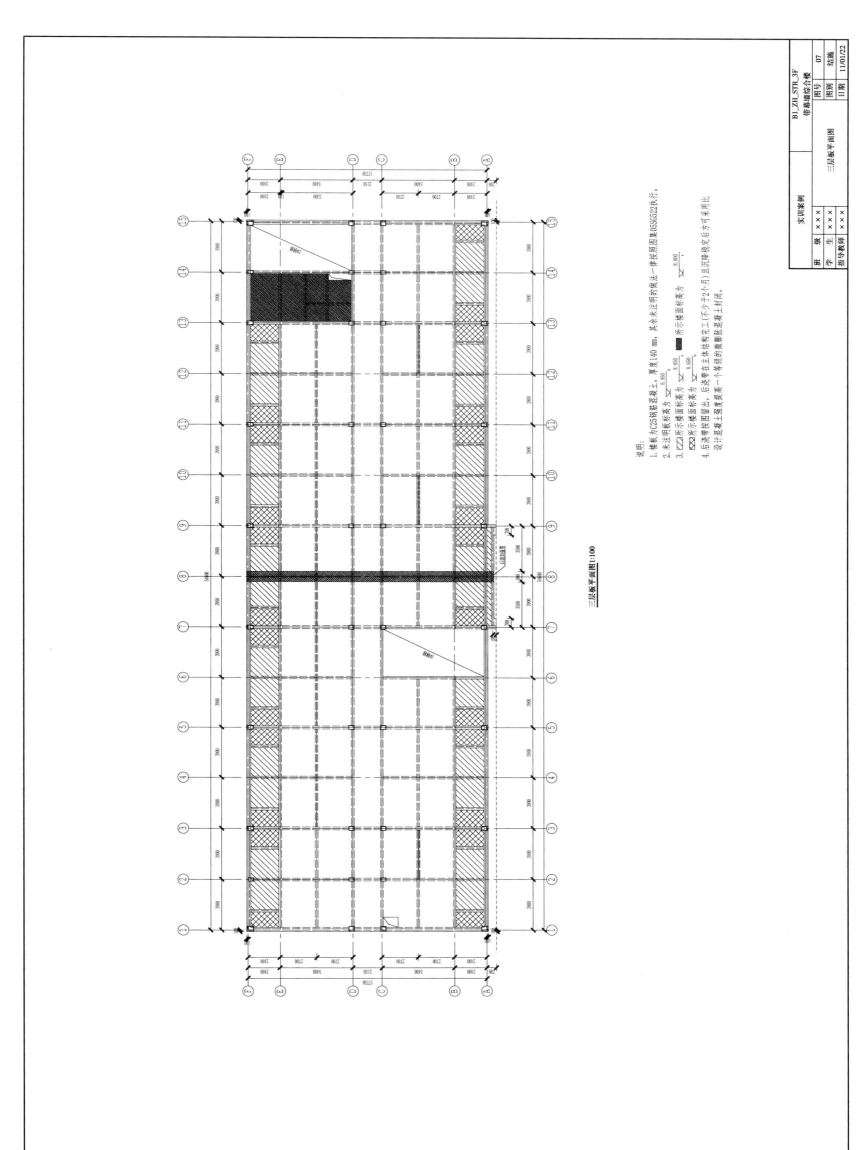

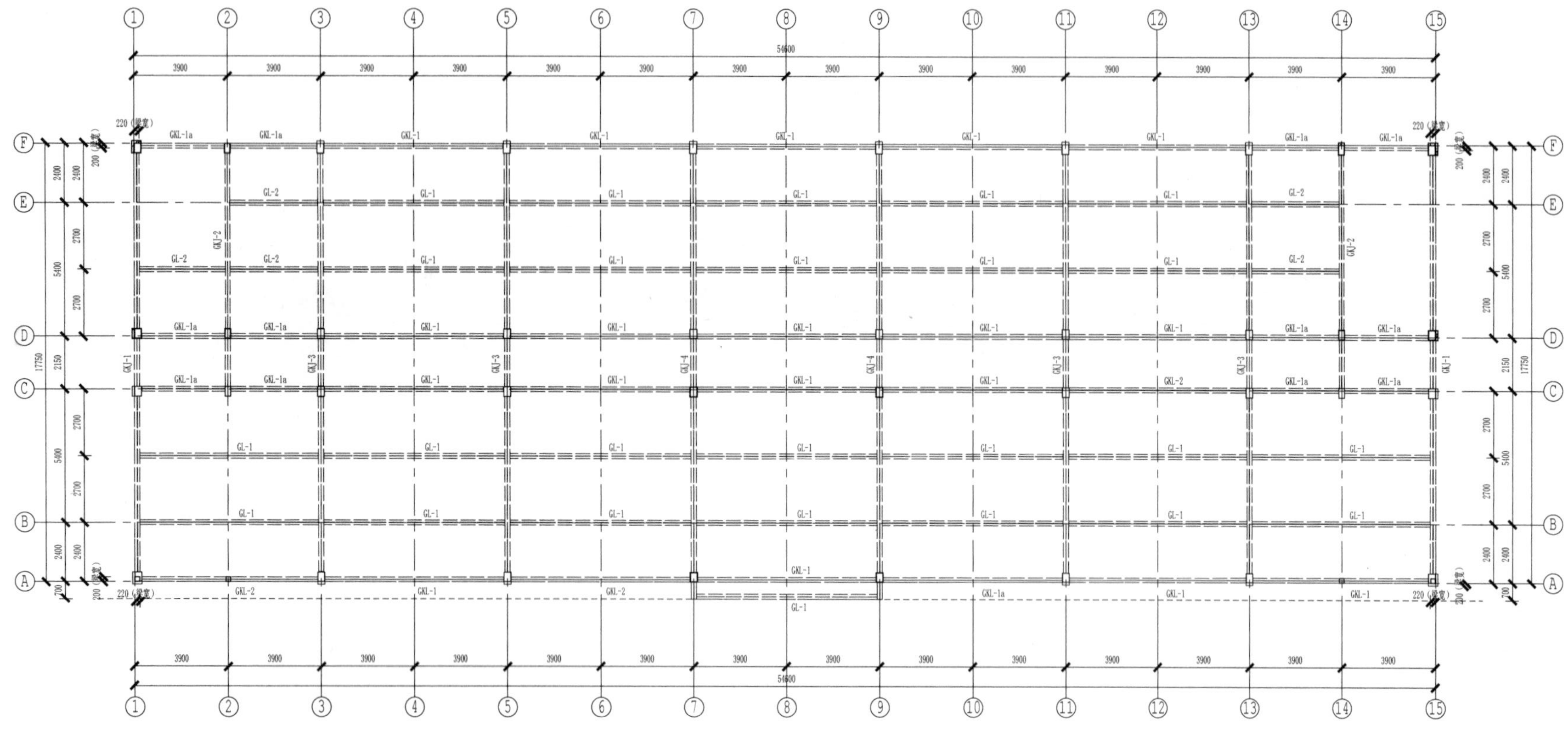

顶层梁平面图1:100

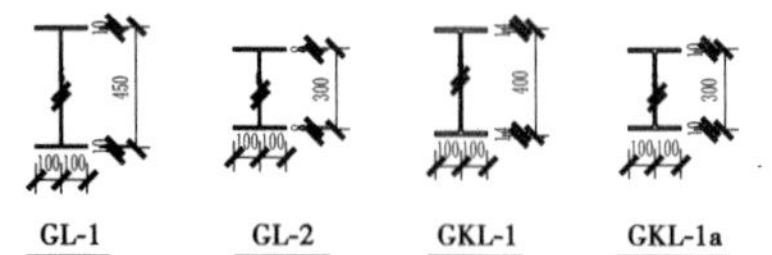

说明：

1. 材料：未特殊注明的钢板及型钢为Q345B钢，焊条为E50系列焊条。
2. 构件的拼接连接采用10.9级摩擦型连接高强度螺栓，连接接触面的处理采用钢丝刷清除浮锈。
3. 图中未注明的角焊缝最小焊脚尺寸6 mm，一律满焊。
4. 所有钢构件在制作前均按1:1放大施工大样，复核无误后方可下料。
5. 未特别注明的钢梁定位一律以轴线居中。
6. 未特别注明楼面梁标高一律为 12.710。
7. 钢梁边标注的(-0.×××)标示比楼面梁标高 12.710 低0.×××。
8. CG：钢板及型钢为Q235B钢，φ60×3钢管。

实训案例		B1_ZH_STR_3F 带幕墙综合楼	
班　级	×××	顶层梁平面图	图号 08
学　生	×××		图别 结施
指导教师	×××		日期 11/01/22

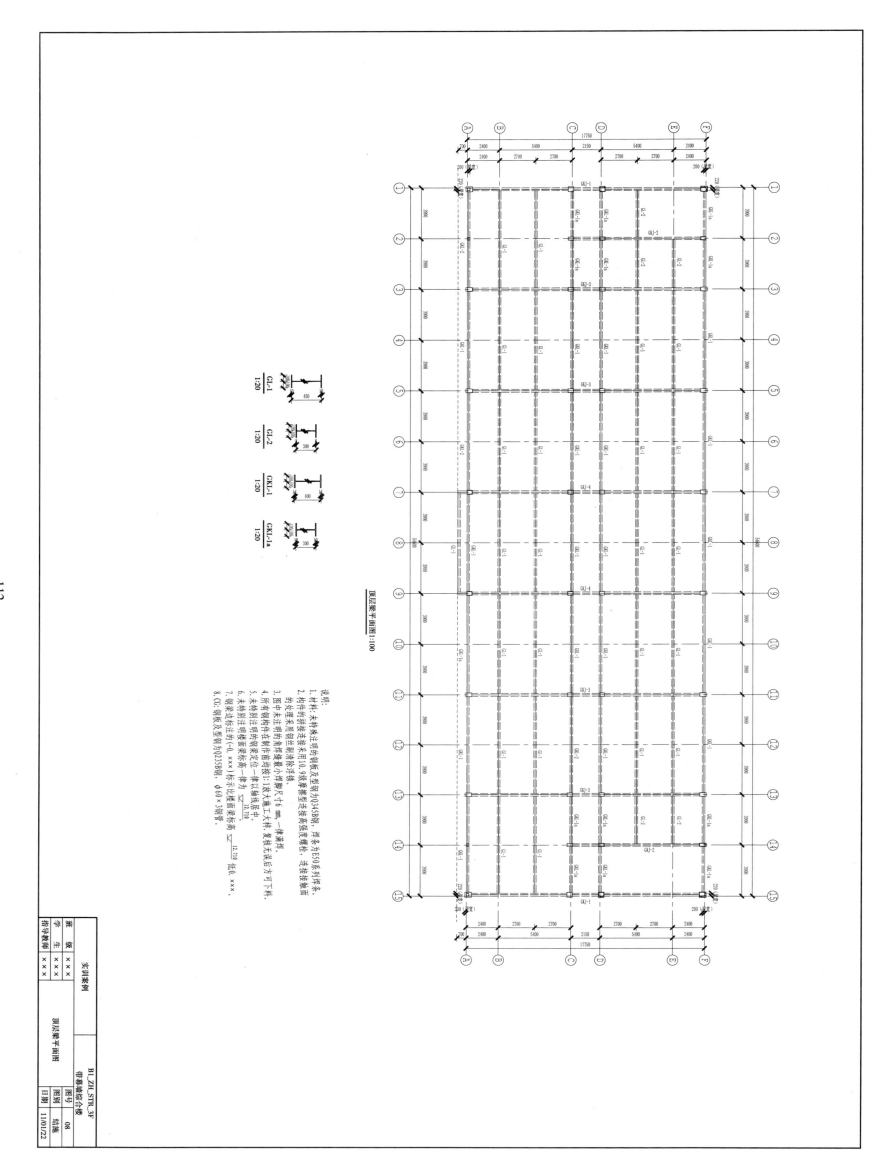

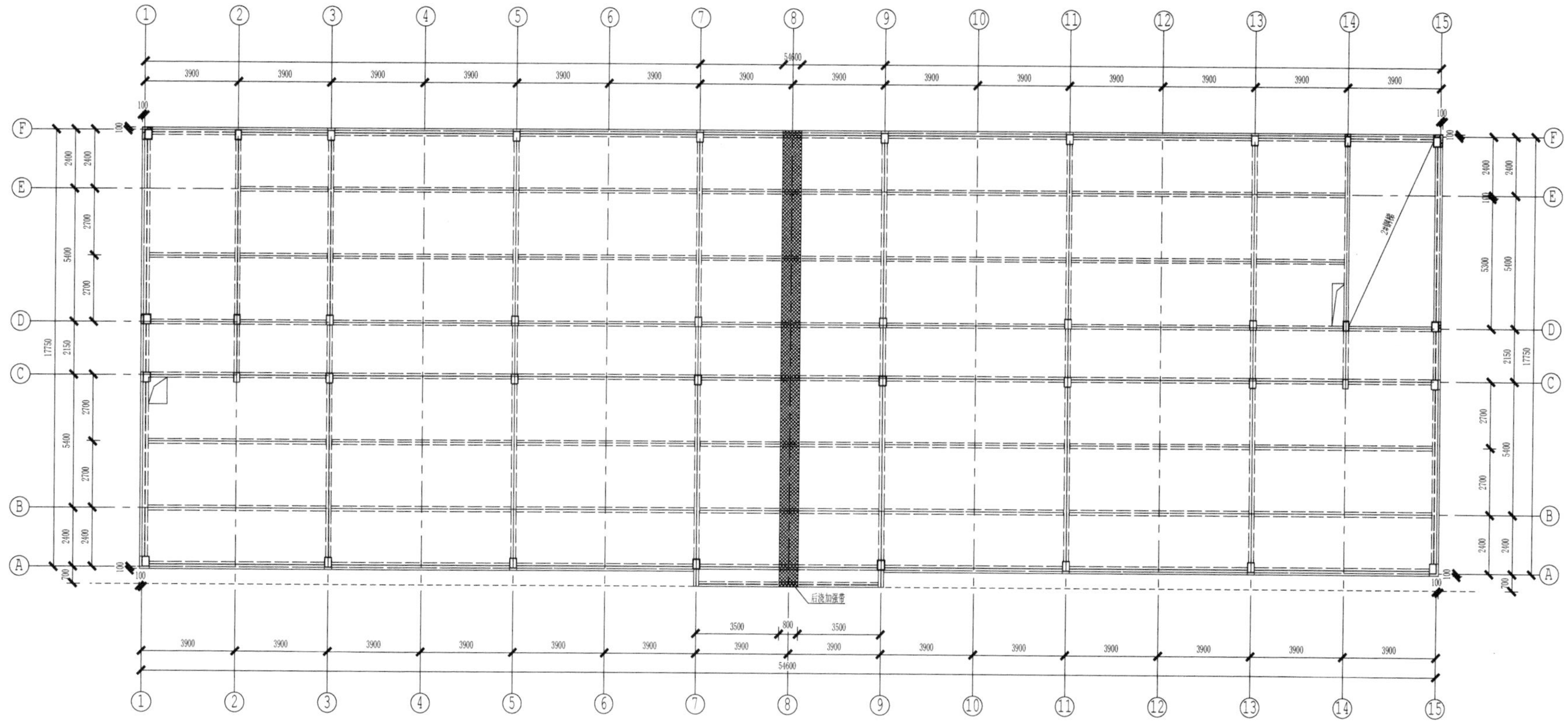

顶层板平面图1:100

说明：
1. 楼板为C25钢筋混凝土，厚度140 mm，其余未注明的做法一律按照图集05SG522执行。
2. 未注明板标高为 12.850。
3. 后浇带按图留出，后浇带在主体结构完工(不少于2个月)且沉降稳定后方可采用比设计混凝土强度提高一个等级的微膨胀混凝土封闭。

实训案例		B1_ZH_STR_3F 带幕墙综合楼	
班　级	×××	图号	09
学　生	×××	图别	结施
指导教师	×××	日期	11/01/22
		顶层板平面图	

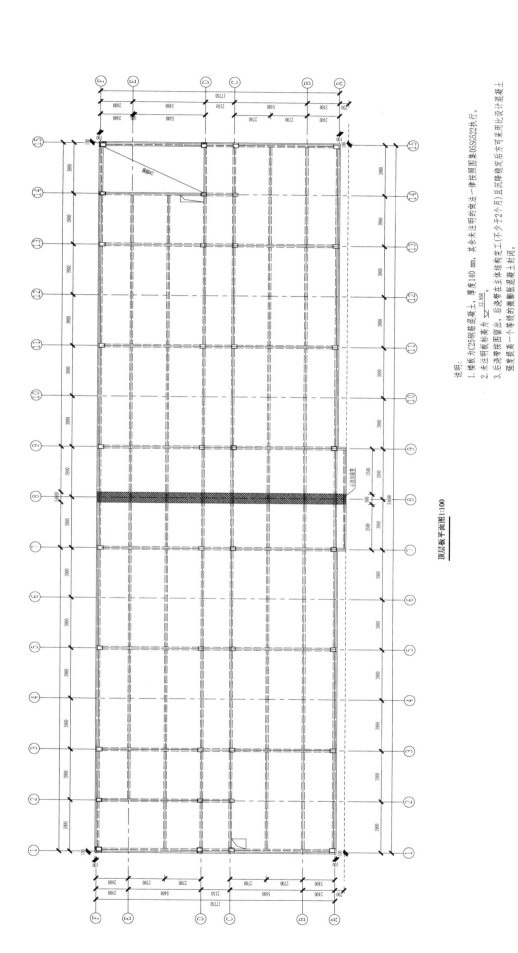

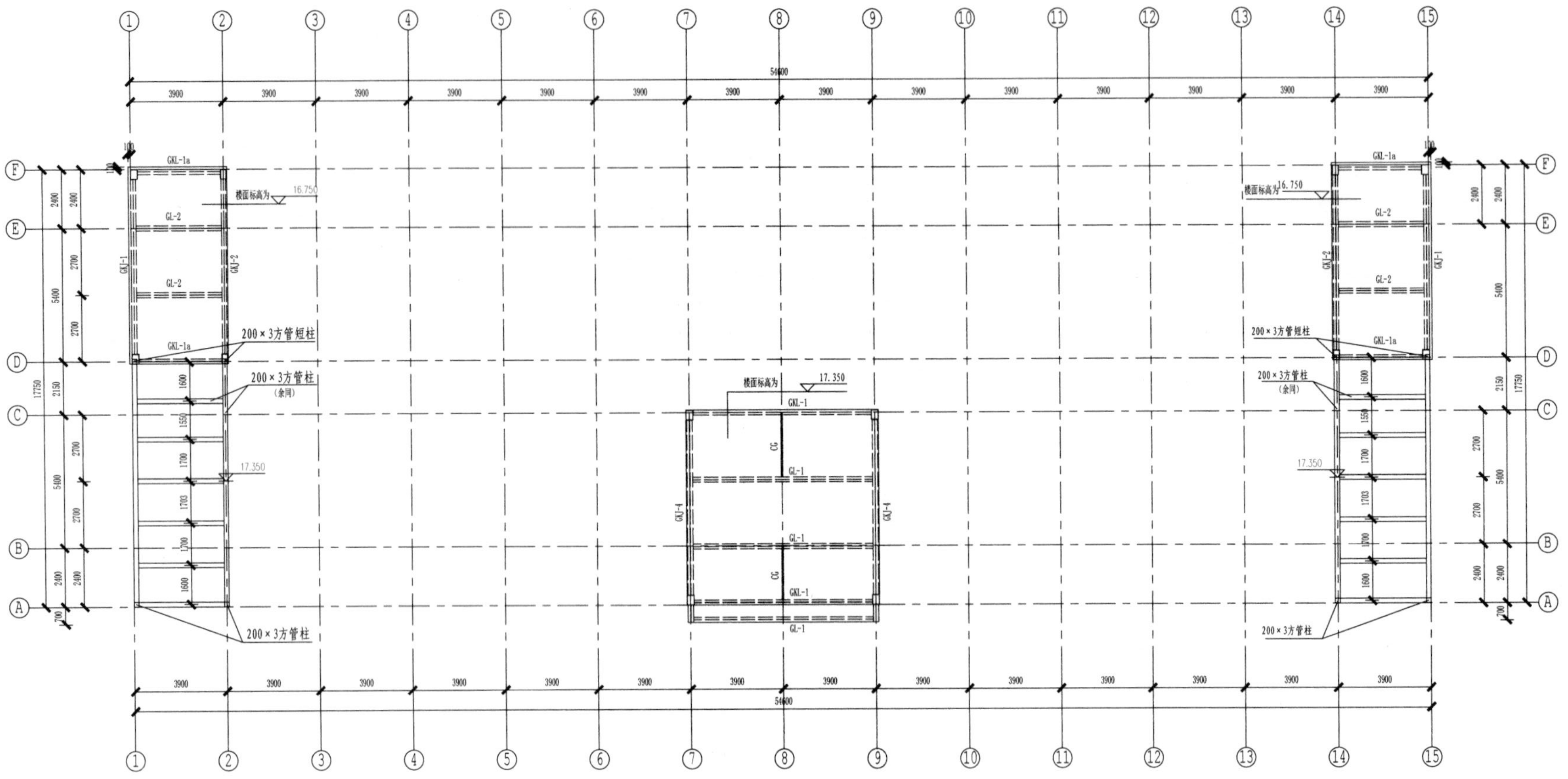

屋面结构图1:100

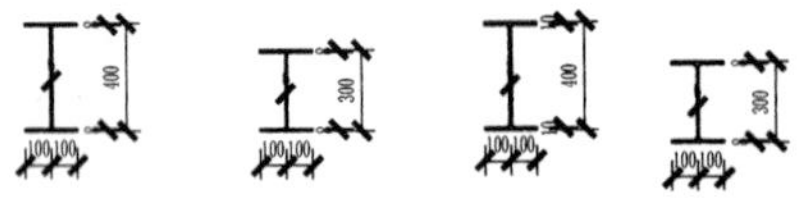

GL-1 1:20　　GL-2 1:20　　GKL-1 1:20　　GKL-1a 1:20

说明:
1. 材料:未特殊注明的钢板及型钢为Q345B钢，焊条为E50系列焊条。
2. 构件的拼接连接采用10.9级摩擦型连接高强度螺栓，连接接触面的处理采用钢丝刷清除浮锈。
3. 图中未注明的角焊缝最小焊脚尺寸为6 mm,一律满焊。
4. 所有钢构件在制作前均按1:1放大施工大样。复核无误后方可下料。
5. 未特别注明的钢梁定位一律以轴线居中。
6. 楼板为C25钢筋混凝土，厚度140 mm，其余未注明的做法一律按照图集05SG522执行。
7. 板标高详见平面标注。
8. CG:钢板及型钢为Q235B钢，$\phi60\times3$钢管。

实训案例		B1_ZH_STR_3F 带幕墙综合楼		
班　级	×××	屋面结构图	图号	10
学　生	×××		图别	结施
指导教师	×××		日期	11/18/22

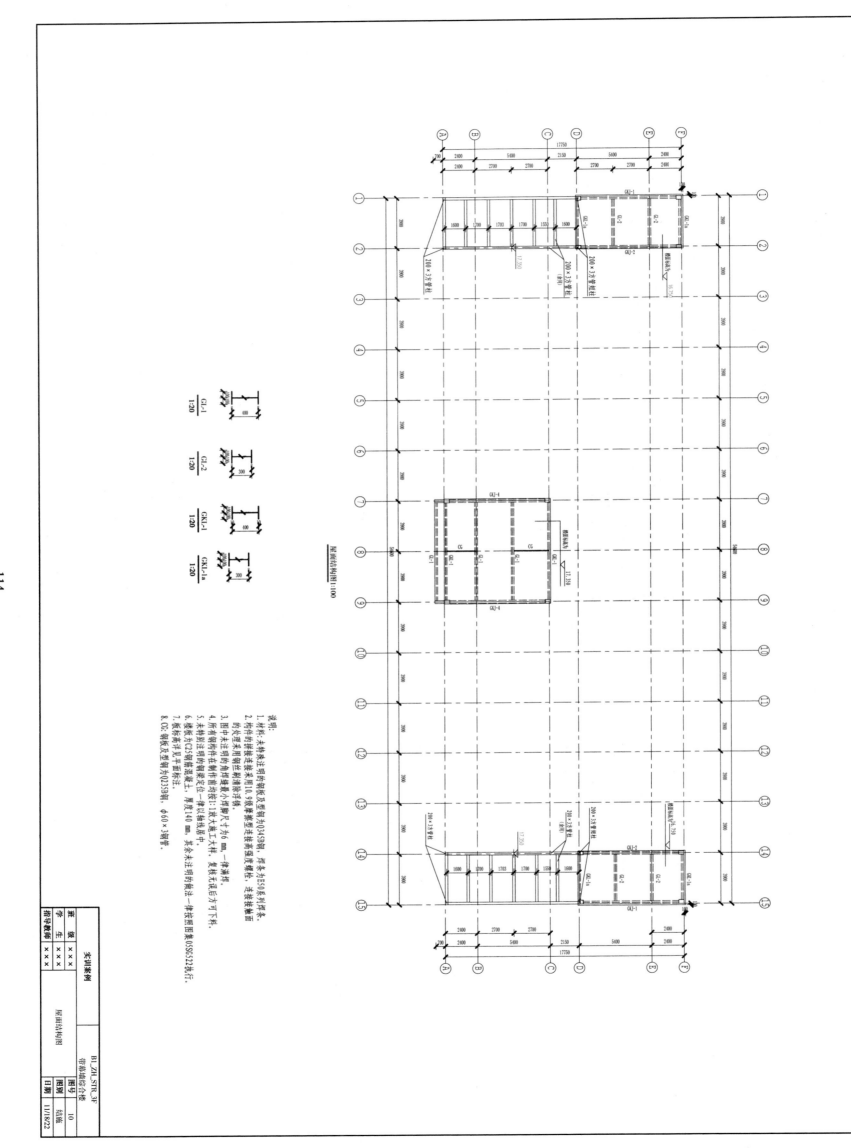

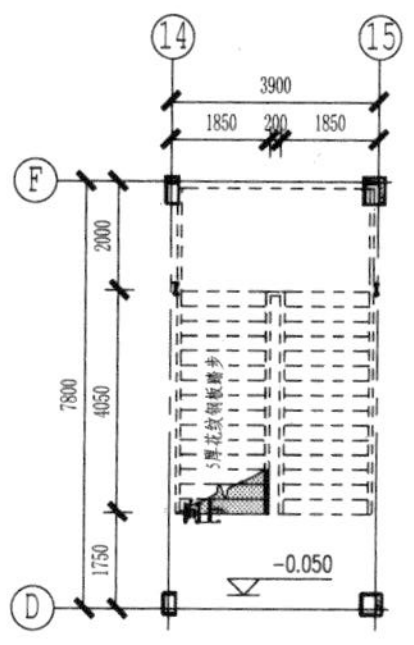

2#楼梯底层平面图
1:100

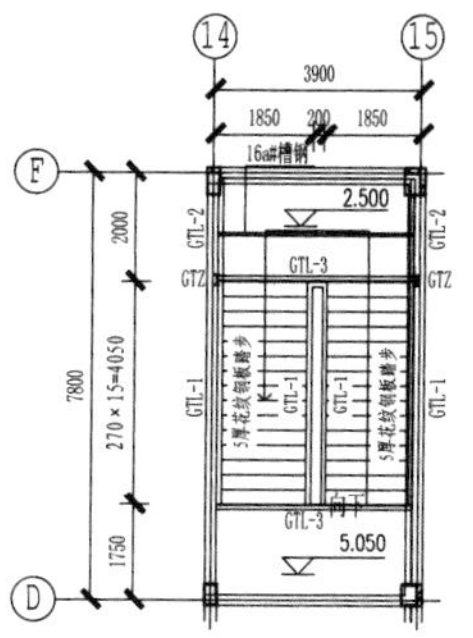

2#楼梯二层平面图
1:100

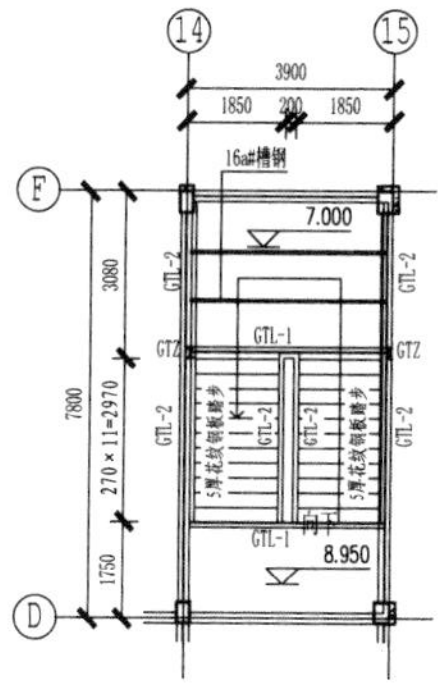

2#楼梯三层平面图
1:100

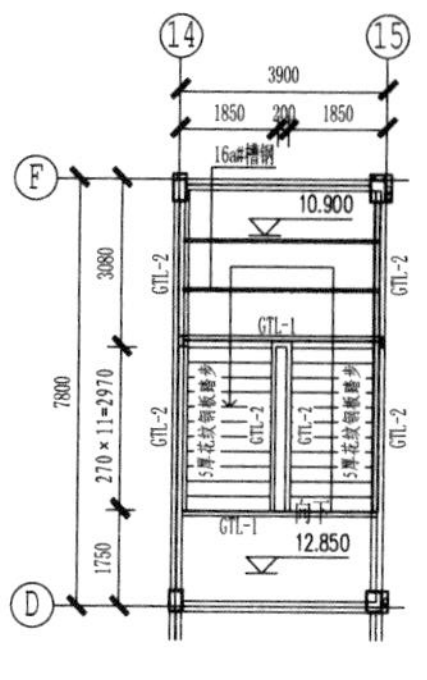

2#楼梯顶层平面图
1:100

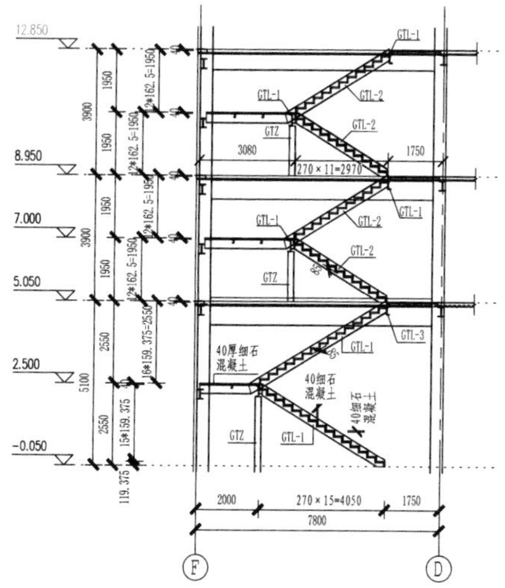

2#楼梯剖面图
1:100

注：图中踏步宽高尺寸表示钢板踏步宽高尺寸，不包含40后细石混凝土

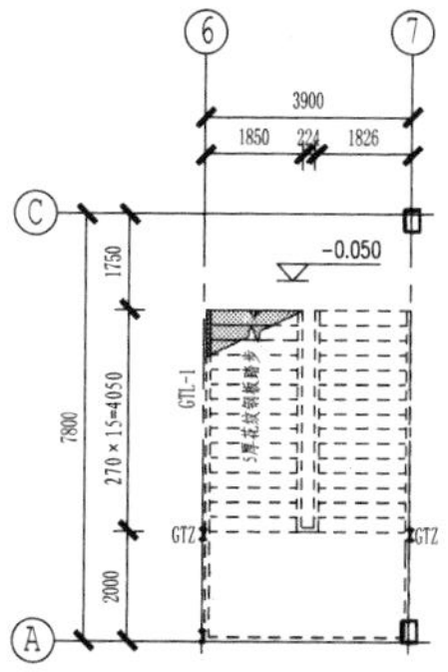

1#楼梯底层平面图
1:100

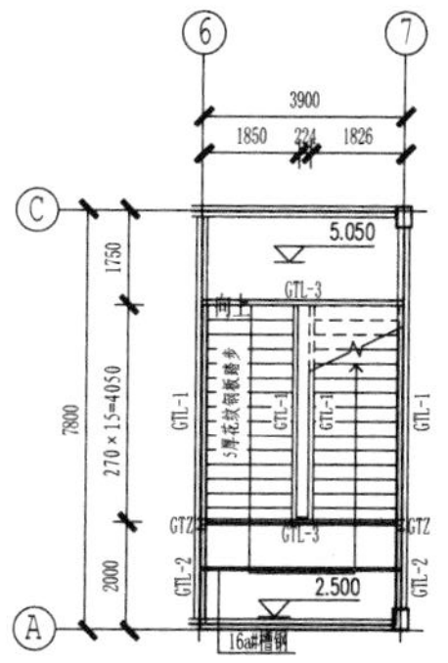

1#楼梯二层平面图
1:100

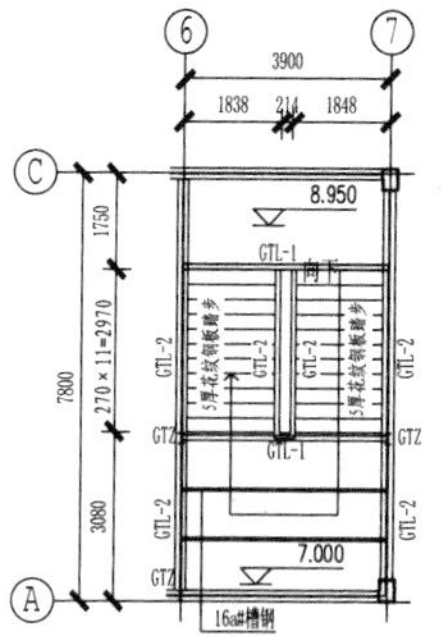

1#楼梯顶层平面图
1:100

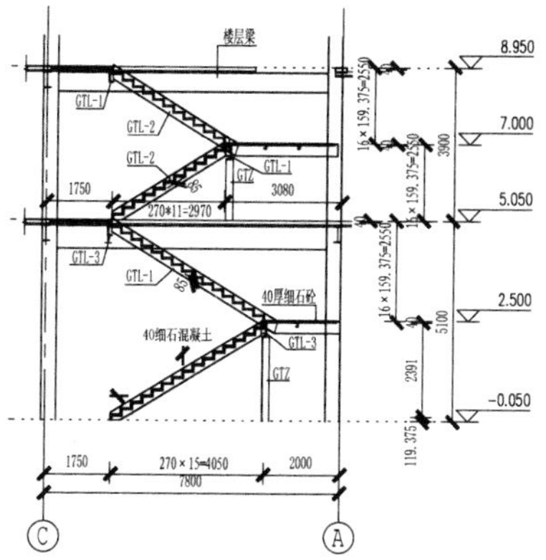

1#楼梯剖面图
1:100

注：图中踏步宽高尺寸表示钢板踏步宽高尺寸，不包含40 mm后细石混凝土

编号	型号	材质
GTZ	20a成品工字钢200×100×7×11.4	Q235B
GTL-1	32a成品槽钢320×88×8×14	Q235B
GTL-2	28a成品槽钢280×82×7.5×12.5	Q235B
GTL-3	36a成品槽钢360×96×9×16	Q235B

说明：
1. 楼梯平台板采5 mm厚花纹钢板。
2. 材料：未特殊注明的钢板及型钢为Q235B钢，焊条为E43系列焊条。
3. 5 mm厚花纹钢板踏步板及平台板安装好后，后浇C25细石混凝土。
4. 图中未注明的角焊缝最小焊脚尺寸为5 mm，一律满焊。
5. 所有钢构件在制作前均按1:1放大施工大样，复核无误后方可下料。
6. 钢结构的制作和安装需按照钢结构工程施工及验收规范(GB 50205)的有关规定进行施工。

实训案例		B1_ZH_STR_3F 带幕墙综合楼	
班　级	×××	楼梯结构图	图号 11
学　生	×××		图别 结施
指导教师	×××		日期 11/18/22

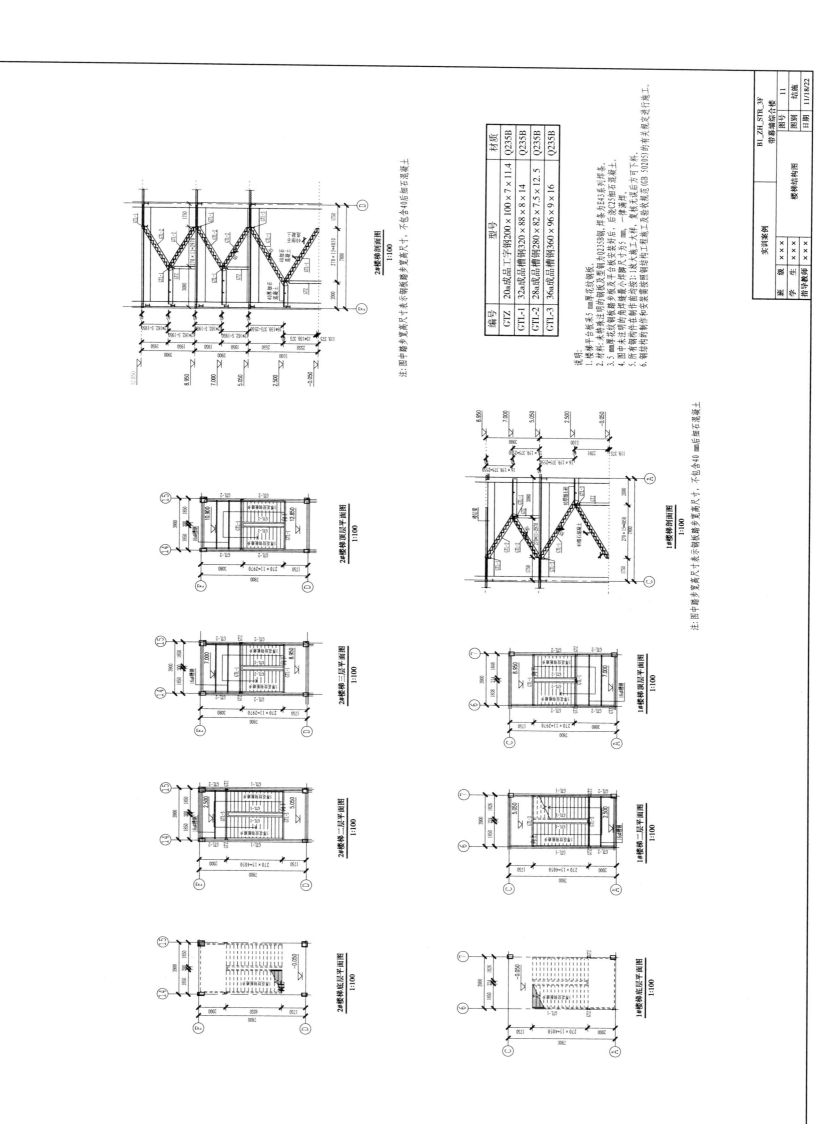

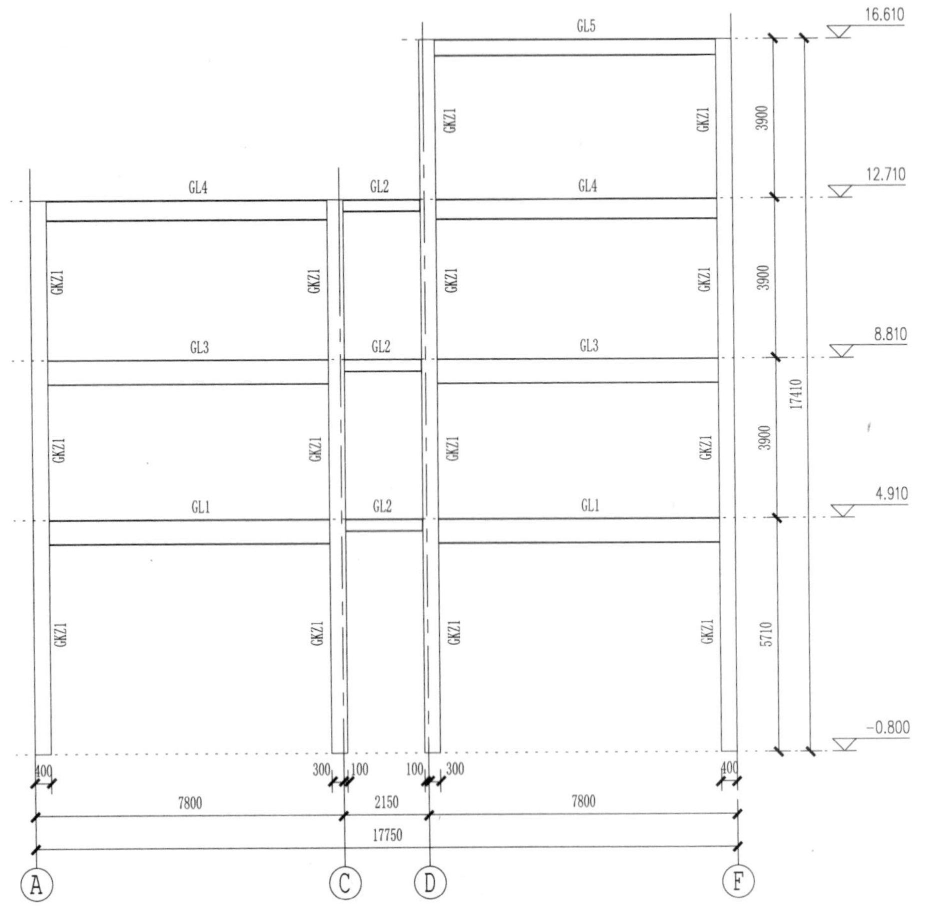

GKJ-1结构立面布置图1:100

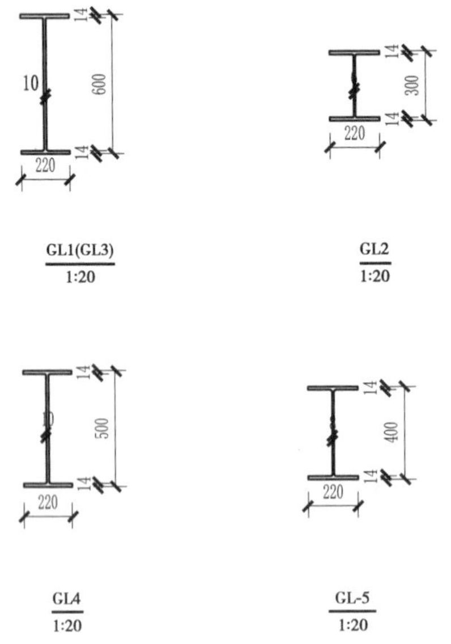

GL1(GL3) 1:20

GL2 1:20

GL4 1:20

GL-5 1:20

说明:

1. 材料:未特殊注明的钢板及型钢为Q345B钢，焊条为E50系列焊条。
2. 构件的螺栓连接采用10.9级摩擦型连接高强度螺栓，连接接触面的处理采用钢丝刷清除浮锈。
3. 柱脚基础混凝土强度等级为C30,锚栓钢号为Q345B钢。
4. 图中未注明的角焊缝最小焊脚尺寸为6 mm,一律满焊。
5. 对接焊缝的焊缝质量不低于二级。
6. 钢结构的制作和安装需按照钢结构工程施工及验收规范(GB 50205)的有关规定进行施工。
7. 钢构件表面的防火等级按建筑要求处理。

实训案例			B1_ZH_STR_3F 带幕墙综合楼	
班　级	×××	GKJ-1	图号	12
学　生	×××		图别	结施
指导教师	×××		日期	11/17/22

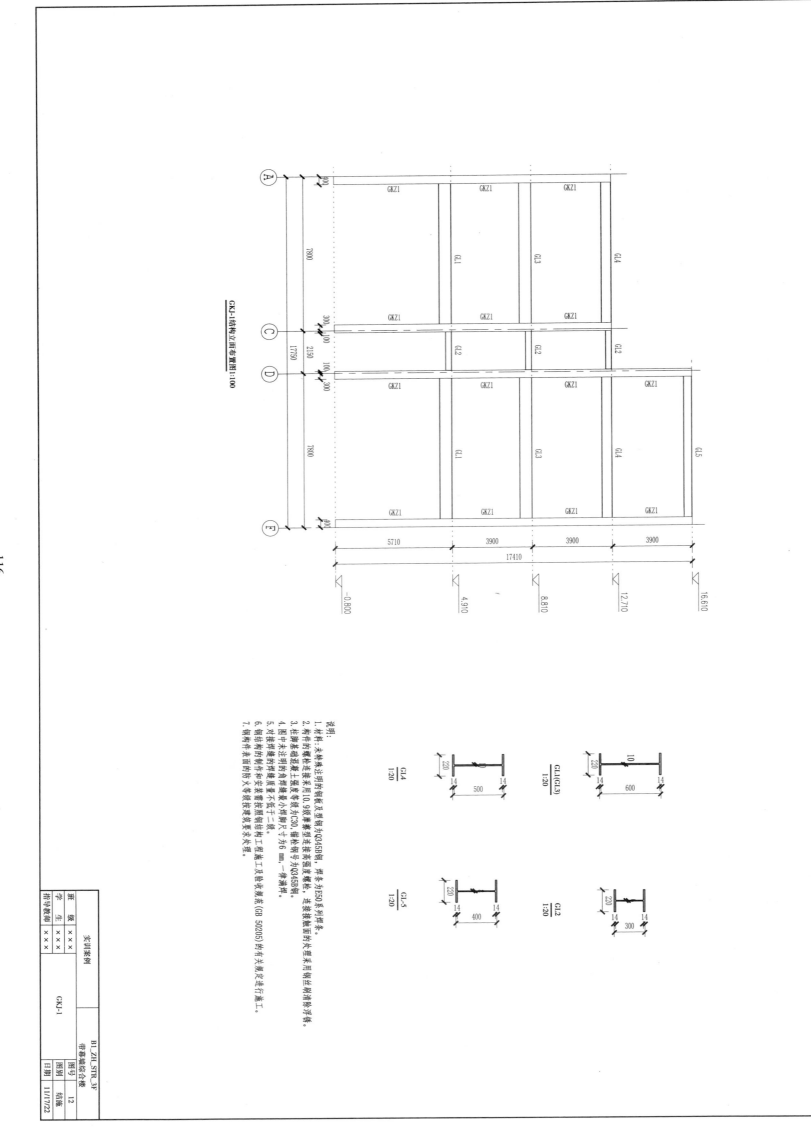

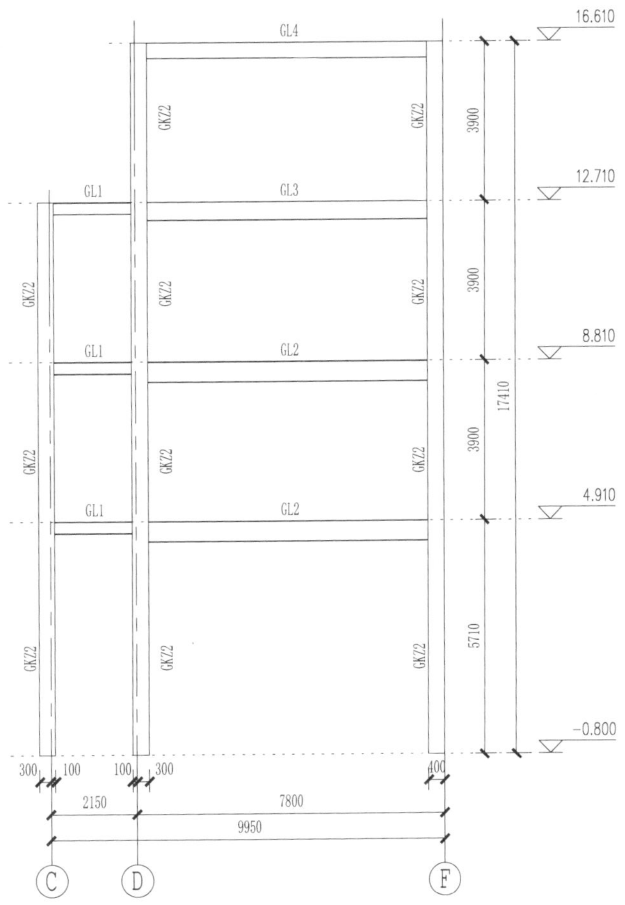

GKJ-2结构立面布置图1:100

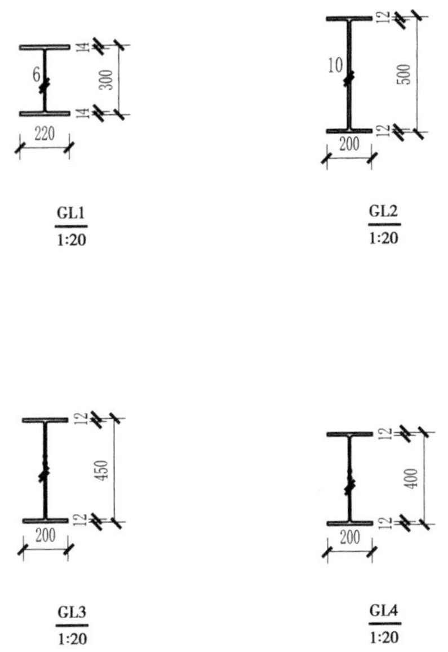

说明:
1. 材料:未特殊注明的钢板及型钢为Q345B钢,焊条为E50系列焊条。
2. 构件的螺栓连接采用10.9级摩擦型连接高强度螺栓,连接接触面的处理采用钢丝刷清除浮锈。
3. 柱脚基础混凝土强度等级为C30,锚栓钢号为Q345B钢。
4. 图中未注明的角焊缝最小焊脚尺寸为6 mm,一律满焊。
5. 对接焊缝的焊缝质量不低于二级。
6. 钢结构的制作和安装需按照《钢结构工程施工及验收规范》(GB 50205)的有关规定进行施工。
7. 钢构件表面的防火等级按建筑要求处理。

实训案例		B1_ZH_STR_3F 带幕墙综合楼		
班　级	×××	GKJ-2	图号	13
学　生	×××		图别	结施
指导教师	×××		日期	11/01/22

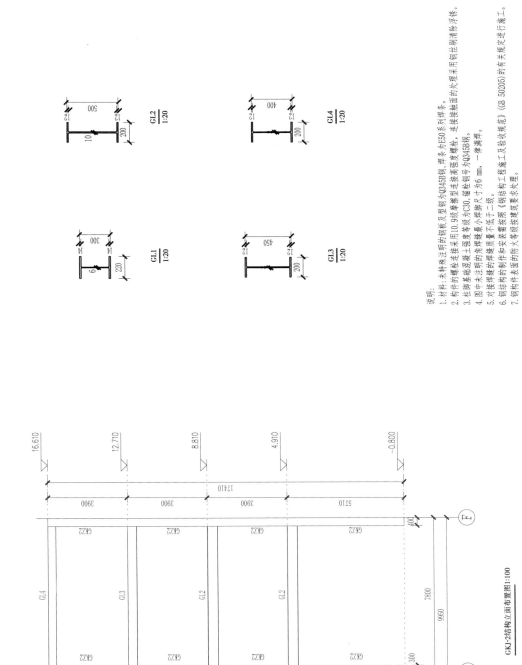

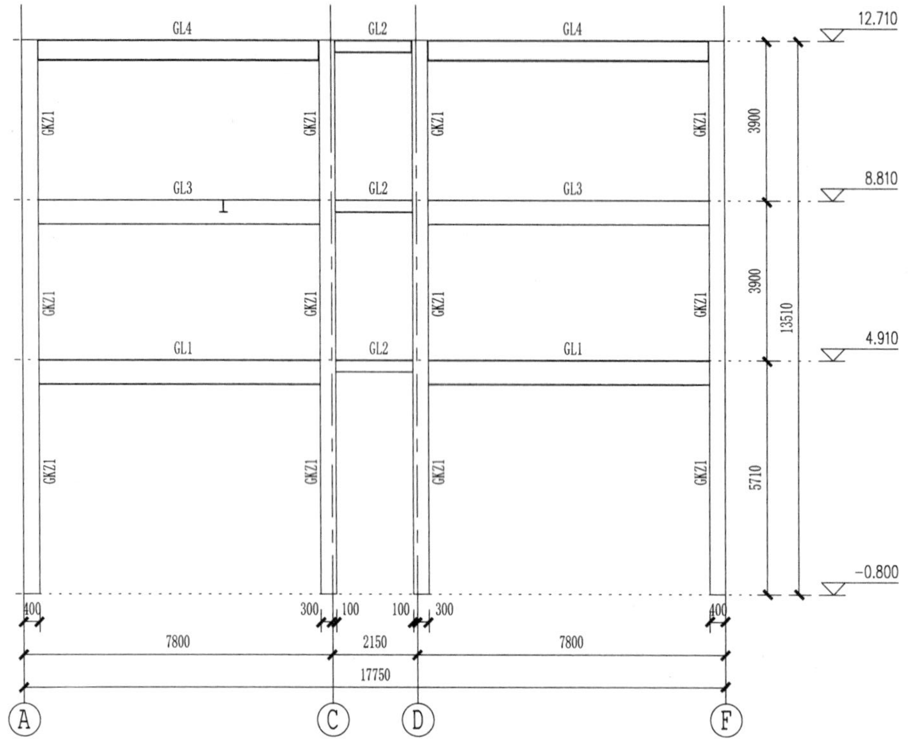

GKJ-3结构立面布置图1:100

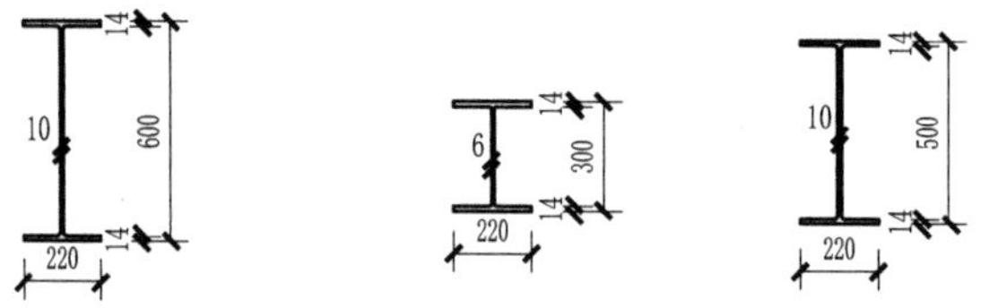

GL1(GL3)
1:20

GL2(GL5)
1:20

GL4
1:20

说明:

1. 材料:未特殊注明的钢板及型钢为Q345B钢，焊条为E50系列焊条。
2. 构件的螺栓连接采用10.9级摩擦型连接高强度螺栓，连接接触面的处理采用钢丝刷清除浮锈。
3. 柱脚基础混凝土强度等级为C30,锚栓钢号为Q345B钢。
4. 图中未注明的角焊缝最小焊脚尺寸为6 mm,一律满焊。
5. 对接焊缝的焊缝质量不低于二级。
6. 钢结构的制作和安装需按照《钢结构工程施工及验收规范》(GB 50205)的有关规定进行施工。
7. 钢构件表面的防火等级按建筑要求处理。

实训案例		GKJ-3	B1_ZH_STR_3F 带幕墙综合楼	
班　级	×××		图号	14
学　生	×××		图别	结施
指导教师	×××		日期	11/01/22

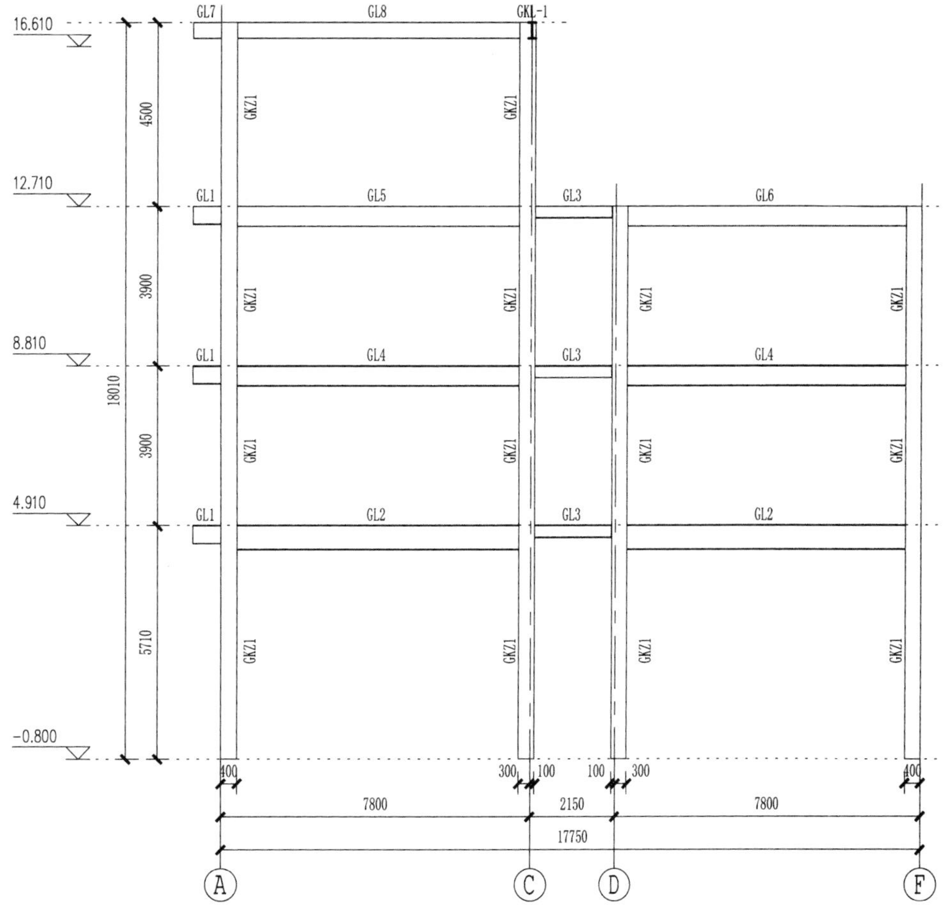

GKJ-4结构立面布置图1:100

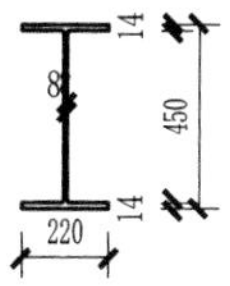

GL1
1:20

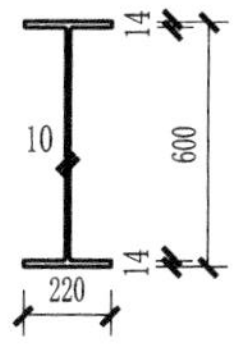

GL2(GL4)
1:20

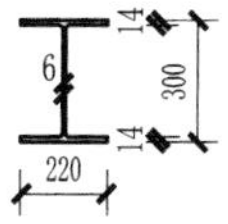

GL3
1:20

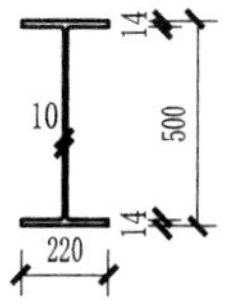

GL5(GL6)
1:20

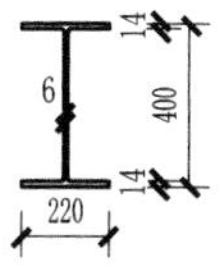

GL7(GL8)
1:20

说明:
1. 材料:未特殊注明的钢板及型钢为Q345B钢，焊条为E50系列焊条。
2. 构件的螺栓连接采用10.9级摩擦型连接高强度螺栓，连接接触面的处理采用钢丝刷清除浮锈。
3. 柱脚基础混凝土强度等级为C30,锚栓钢号为Q345B钢。
4. 图中未注明的角焊缝最小焊脚尺寸为6 mm,一律满焊。
5. 对接焊缝的焊缝质量不低于二级。
6. 钢结构的制作和安装需按照钢结构工程施工及验收规范(GB 50205)的有关规定进行施工。
7. 钢构件表面的防火等级按建筑要求处理。

实训案例			B1_ZH_STR_3F 带幕墙综合楼	
班　级	×××	GKJ-4	图号	15
学　生	×××		图别	结施
指导教师	×××		日期	11/15/22

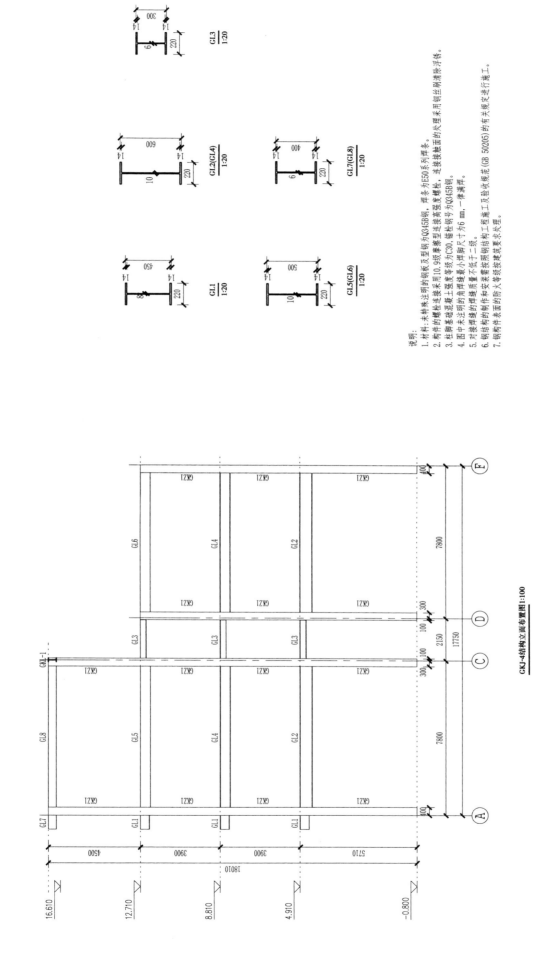

结构设计总说明

一、设计条件

1.地震烈度：重庆市地震基本烈度为6度，本工程按抗震设防分类标准划分为丙类，本工程单体结构的抗震设防烈度为6度。本工程建设场地处于二类场地土，主体结构抗震等级为四级。

2.本工程的结构安全等级为二级，在设计考虑的环境类别下的结构设计的合理使用年限为50年。

3.风荷载：根据《建筑结构荷载规范》(GB 50009—2001)，本工程风压高度变化系数按B类地面粗糙度取值，基本风压为0.40 kN/m²。

4.本建筑物应按建筑图中注明的功能要求进行使用，未经技术鉴定或设计许可的，不得改变结构的用途和使用环境。

二、采用现行设计规范、规程和标准

《建筑结构制图统一标准》(GB/T 50105—2001)

《建筑结构设计统一标准》(GB/T 50001—2001)

《建筑结构荷载规范》(GB 50009—2001)

《混凝土结构设计规范》(GB 50010—2002)

《建筑抗震设计规范》(GB 50011—2001)

《建筑地基基础设计规范》(GB 50007—2002)

《建筑地基基础设计规范》(DBJ50-047—2006)

《冷轧带肋钢筋砼结构技术规程》(JGJ95-2003J254—2003)

《混凝土结构施工图平面整体表示方法制图规则和构造详图》(03G101—1，03G101—2，04G101—4)

三、设计活荷载标准值

1.楼(屋)面活荷载标准值：

二层2.0 kN/m²	消防疏散楼梯3.5 kN/m²
卫生间2.0 kN/m²	屋面(上人屋面)2.0 kN/m²

2.其他设备用房等按实际荷重计算。

3.施工荷载按各层相应的楼(屋)面活荷载取值。

四、主要结构材料(基础部分见基础施工图说明)

所有结构用材均应有质量保证书和合格证明，且符合设计要求。

1.混凝土强度等级：

柱C30	梁、板C30
楼梯C30	过梁、构造柱C20

2.钢材：

钢筋：Φ表示HPB235级(f_y=210 MPa)

Φ表示HRB335级(f_y=300 MPa)

Φ表示HRB400级(f_y=360 MPa)

3.填充墙

(1)根据建施图所示墙体位置，外隔墙200 mm厚；内隔墙100 mm厚，容重1 349.0 kN/m³的页岩空心砖，M5混合砂浆砌筑。

(2)±0.00标高以下，采用MU10页岩砖，M5水泥砂浆砌筑。

4.楼(屋)面地面填充材料：

(1)地面层及室内局部垫高等，采用容重≤10kN/m³陶粒混凝土。

(2)地面：地坪垫层以下及基础底面标高以上的压实填土，压实系数不小于0.94。

五、钢筋混凝土结构构造要求

本说明和施工图上未表示的钢筋混凝土构造做法，见《建筑物抗震构造详图》(03G329—1)和《混凝土结构施工图平面整体表示方法制图规则和构造详图》(03G101—1)。

1.钢筋锚固长度和搭接长度：

锚固长度及搭接长度：参见国标03G101—1第33-35页执行。

2.钢筋的接头：

(1)接头的形式及要求：

①受力钢筋直径大于22 mm时采用机械连接。

框架梁的，通长负筋以及纵向钢筋接长，优先采用对焊接头，其次采用双面搭接焊接头。

②焊接接头的质量标准应符合现行《砼结构工程施工质量验收规范》(GB 50204—2002)和《钢筋焊接及验收规程》(JGJ 18—2003)，机械连接接头的质量应符合《钢筋机械连接通用技术规程》(JGJ 107—2003)的要求且应进行接头试验。

(2)接头位置及接头数量：

①柱、梁纵向受力钢筋接头位置详见图集03G101—1。

②接头位置宜设置在受力较小处，在同一根钢筋上应不超过3个接头。

③同一构件中相邻纵向受力钢筋的绑扎搭接接头宜相互错开。钢筋绑扎搭接接头连接区段的长度为1.3倍搭接长度。受拉钢筋搭接接头的长度按《03G101—1》第34页取值。

表1　接头区段内受力钢筋接头面积的容许百分率/%

接头形式	受拉区	受压区
绑扎搭接接头	25	50
焊接接头	50	不限

(3)梁的底部纵向钢筋接长在支座或支座两侧1/3跨度范围内，不应在跨中1/3范围内接头；梁的上部纵向钢筋可选择在跨中1/3跨度范围内接长，不应在支座处接长；悬臂梁上部钢筋不得有接头。

3.钢筋混凝土：

(1)板内筋的位置：

单向板 — 板面筋：受力筋在上，分布筋在下；板底筋：受力筋在下，分布筋在上

双向板 — 板面筋：长向筋在下，短向筋在上；板底筋：长向筋在上，短向筋在下

双向板和单向板相邻时，共用筋以受力大者为准；双向板相邻区格长短向不一致时，以区格大者为准。

(2)楼面设备孔洞，请密切与设备专业配合预留，不得事后开洞。

(3)楼面孔洞的处理：

①当孔洞D≤200(圆洞)或≤200×200(方洞)，矩形洞长边≤250时，洞边不另设加强筋，洞口处的受力筋绕过洞口位置，不得切断，见图1。

②当200<圆洞直径D≤1 000或(200×200)<(方洞)≤1 000×1 000；200<(矩形洞长边)≤1 000时，按图2~4配洞口加强筋。加强筋面积同时不少于截断的受力筋面积，锚固长度≥40d(从钢筋交叉点起算)。

③当洞口尺寸超过以上值时由设计图上另行处理。

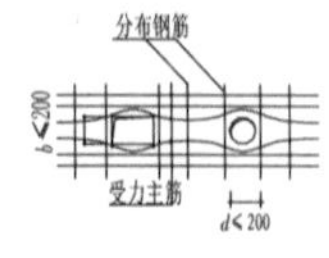

图1

板上洞≤200的钢筋加固

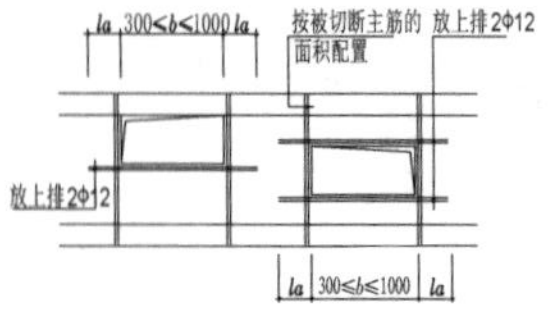

图2

板上300≤b≤1000的矩形孔洞钢筋加固

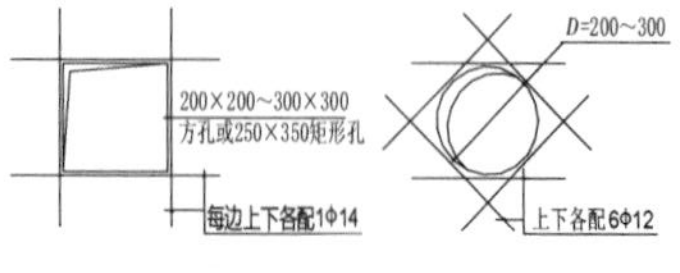

图3

楼板上小洞口周边构造

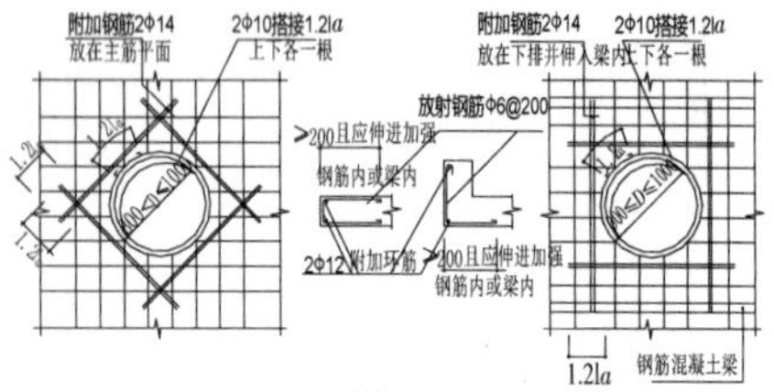

图4

4.钢筋混凝土梁：

(1)框架梁内纵向钢筋绑扎搭接长度范围内箍筋间距应加密至@100。

(2)当梁跨度大于4 m时应按施工规范起拱，大于6 m时应起拱0.003L。

(3)框架梁(或主梁)上有次梁的位置吊筋和附加箍筋按图5处理(设计图中注明者除外)。

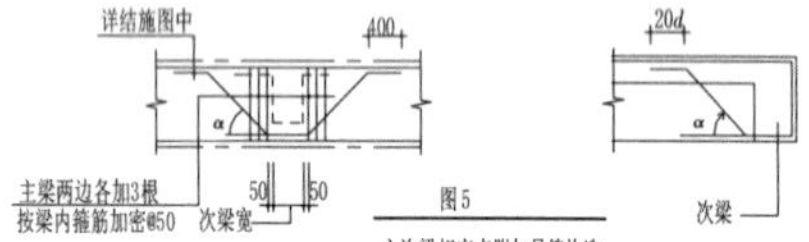

图5

主次梁相交点附加吊筋构造

(梁高≤800时，取α=45°，梁高>800，取α=60°)

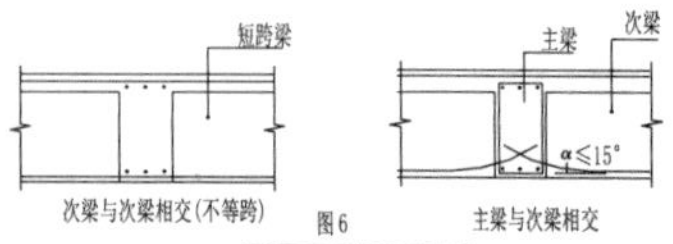

图6

等高主次梁相交点纵筋构造

(4)等高主次梁相交节点处纵筋布置见图6。

(5)主梁与次梁等高相交时，主梁箍筋贯通设置，次梁箍筋距主梁边50 mm开始设置。次梁与次梁等高相交时，相交处梁边各附加两道箍筋，原梁箍筋在较短梁中贯通布置，另一方向不布置，详见图7。

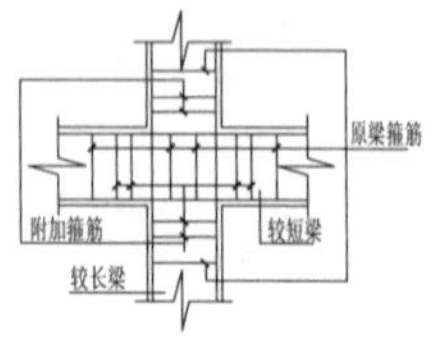

图7

等高梁相交点箍筋布置大样

(6)凡梁高≥550的梁应沿梁高每隔200 mm设2Φ12的腰筋，各图中注明者除外；腰筋在梁跨中1/3区段接头，腰筋在支座处应按受拉钢筋锚固。

(7)梁上预留孔洞：所有梁上除结构图中已注明的孔洞外，不得任意开洞；如确需开洞时必须征得结构设计人员的同意，并采取加强措施。对套管外径D≤200 mm的处理如下：

①穿管位置：在梁跨中的L/3区段内，梁高中部h/3高度范围内。

②穿管处必须埋设钢套管，套管外径≤200 mm，壁厚≥6 mm，按图8(a)处理。

③管中心距顺梁跨方向不小于梁高。当套管外径≤150 mm时，按图8(b)处理。

④梁高h≤400 mm时，不允许穿管。

⑤套管与梁内钢筋焊接定位。

⑥当梁内腰筋或水平筋被套管切断时，应在套管上下另加补充筋，直径同腰筋，且与被切断筋交搭≥40d。

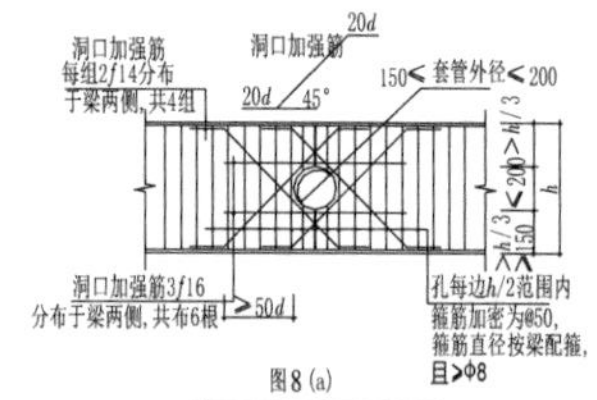

图8(a)

梁上圆形孔洞周边配筋构造1

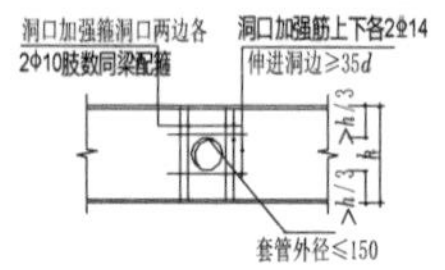

图8(b)

梁上圆形孔洞周边配筋构造2

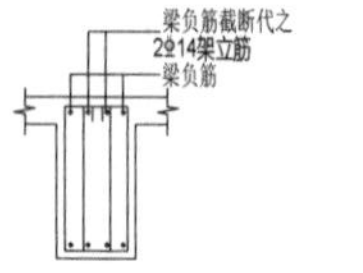

图9

梁顶负筋未拉通构造

(8)凡梁截面支座负筋未拉通设置时，均采用2Φ14筋与负筋搭接35d作为架立筋详见图9。梁面负筋数不少于箍筋肢数。

5.钢筋混凝土柱：

(1)框架柱纵向钢筋绑扎搭接长度内，箍筋加密至间距100 mm。

(2)框架柱纵向钢筋不得与箍筋、拉筋及预埋件等焊接。

(3)柱箍筋在节点核心区内加密箍可为外圈封闭箍内圈开口箍或外圈封闭箍内圈拉筋的做法。节点布箍时应注意先扎柱箍筋后穿梁筋。

(4)柱与两种及两种以上梁顶标高的梁连接时，节点核心区的高度应为最低梁下皮至最高梁上皮。

实训案例		B2_ZH_STR_2F T字形综合楼		
班　级	×××	结构设计总说明	图号	01
学　生	×××		图别	结施
指导教师	×××		日期	22/11/22

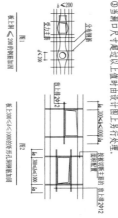

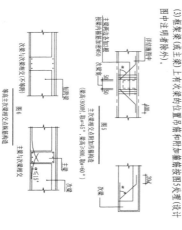

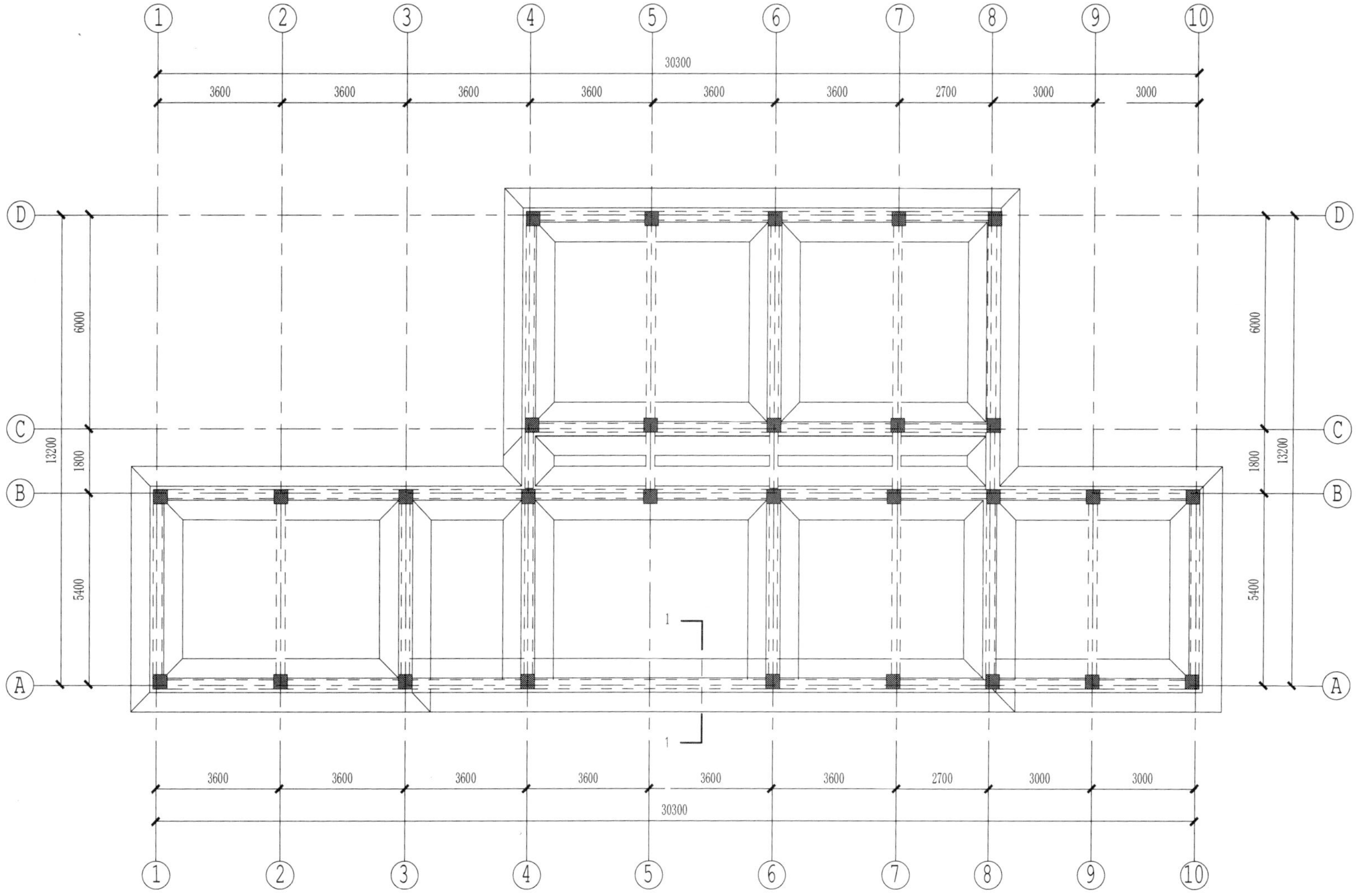

基础施工图1:100

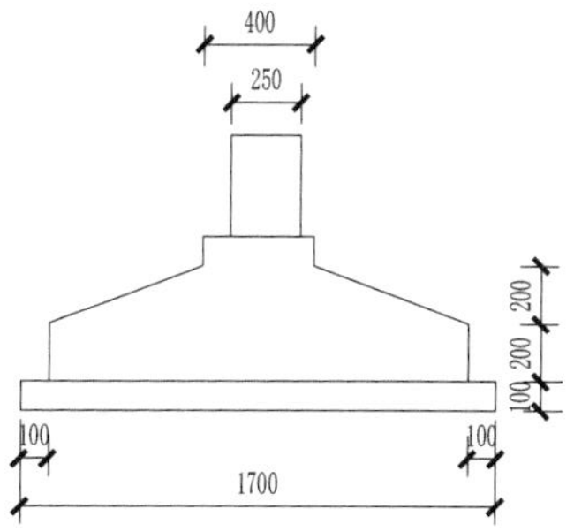

1—1
1:25

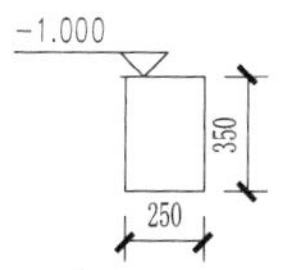

DL1
1:25

基础说明:

由于地质条件较差，大部分处于回填土区域，为避免不均匀沉降，根据地勘资料建议，采用柱下条形基础。柱下条形基础应设置在天然地基上，基础埋深不小于1.5 m，上层回填土应夯实。

1. 本基础按地基承载力f_{ak}=200 kPa进行设计，基础嵌入持力层30 mm。
2. 材料：墙下混凝土基础C25混凝土，基础下设C10混凝土垫层。柱下条形基础，混凝土：C25，基础下设C10混凝土垫层。地梁，C25混凝土。
3. 所有需穿越基础的管道，须配合相应工种施工图预埋孔洞，不许事后开槽打孔。
4. 基槽开挖至设计标高后，应经相关部门验收合格后才能进入下一步施工工序。
5. 如实际土层承载力较低时，基础埋置深度及基础底面宽度应予以调整。
6. 卫生间内隔墙下基础处理见详图。
7. 施工时还须严格按照国家现行有关施工及验收规范执行。

实训案例		B2_ZH_STR_2F T字形综合楼		
班 级	×××	基础施工图	图号	02
学 生	×××		图别	结施
指导教师	×××		日期	22/11/22

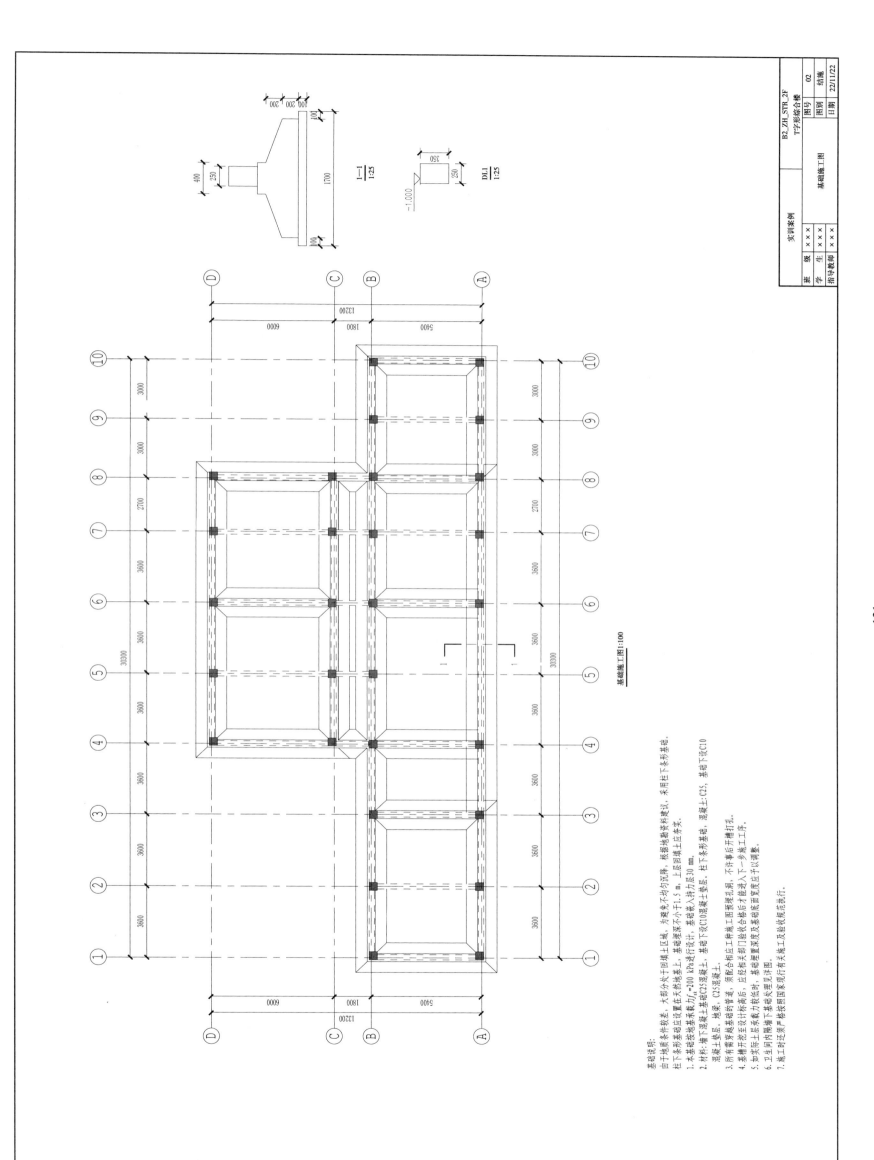

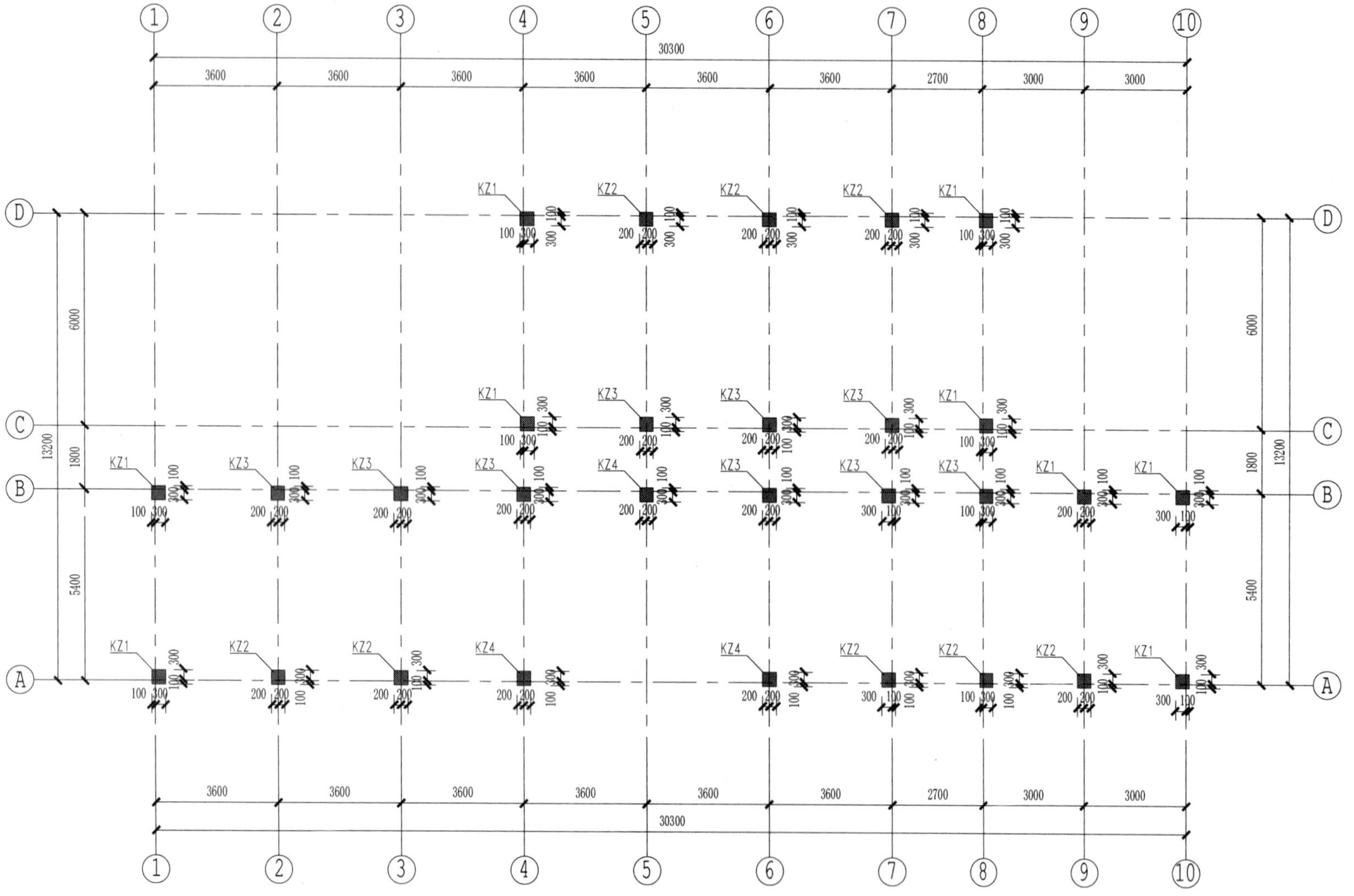

柱平法施工图1:100

实训案例		B2_ZH_STR_2F T字形综合楼		
班　级	×××	柱平法施工图	图号	03
学　生	×××		图别	结施
指导教师	×××		日期	22/11/22

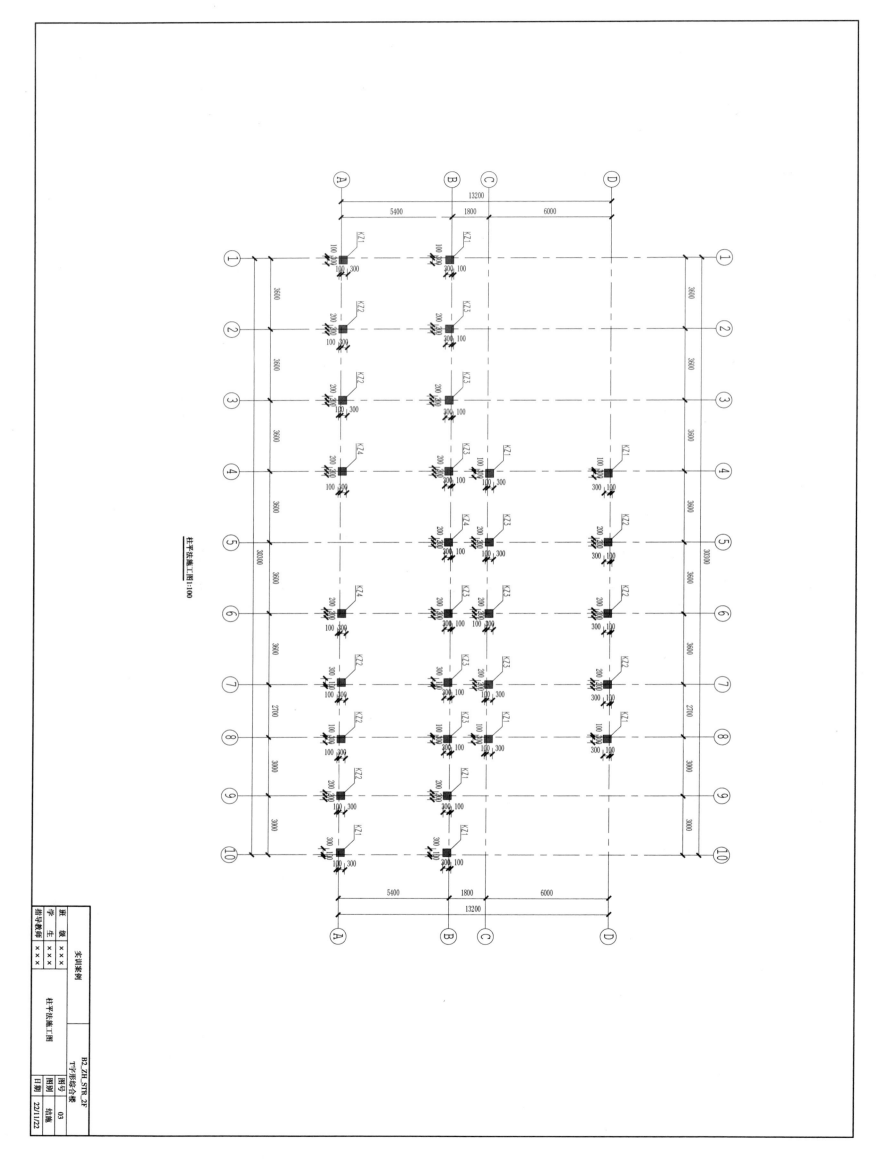

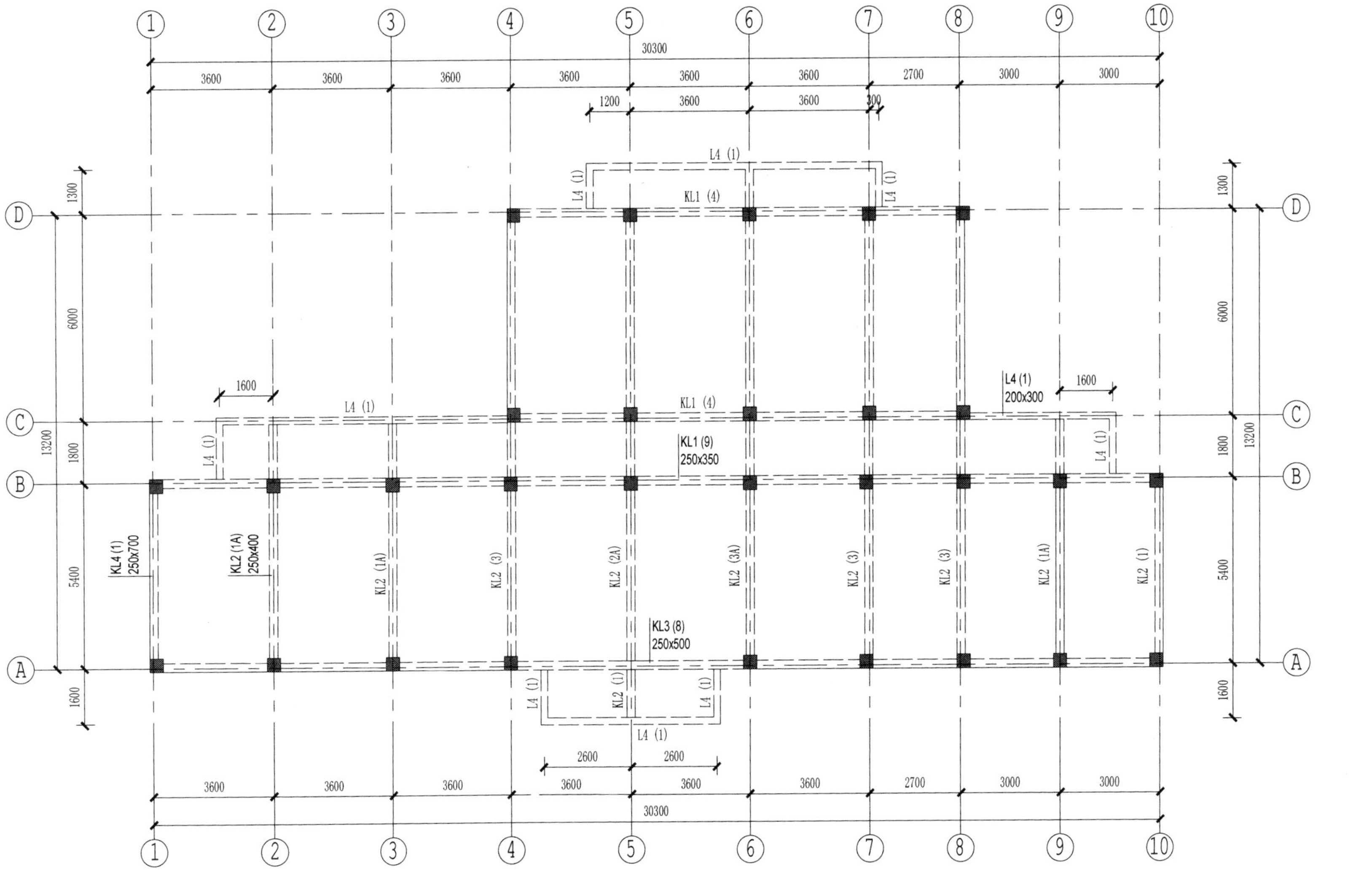

3.600 m梁平法施工图1:100

实训案例		B2_ZH_STR_2F T字形综合楼		
班　级	×××	3.600 m梁平法施工图	图号	04
学　生	×××		图别	结施
指导教师	×××		日期	22/11/22

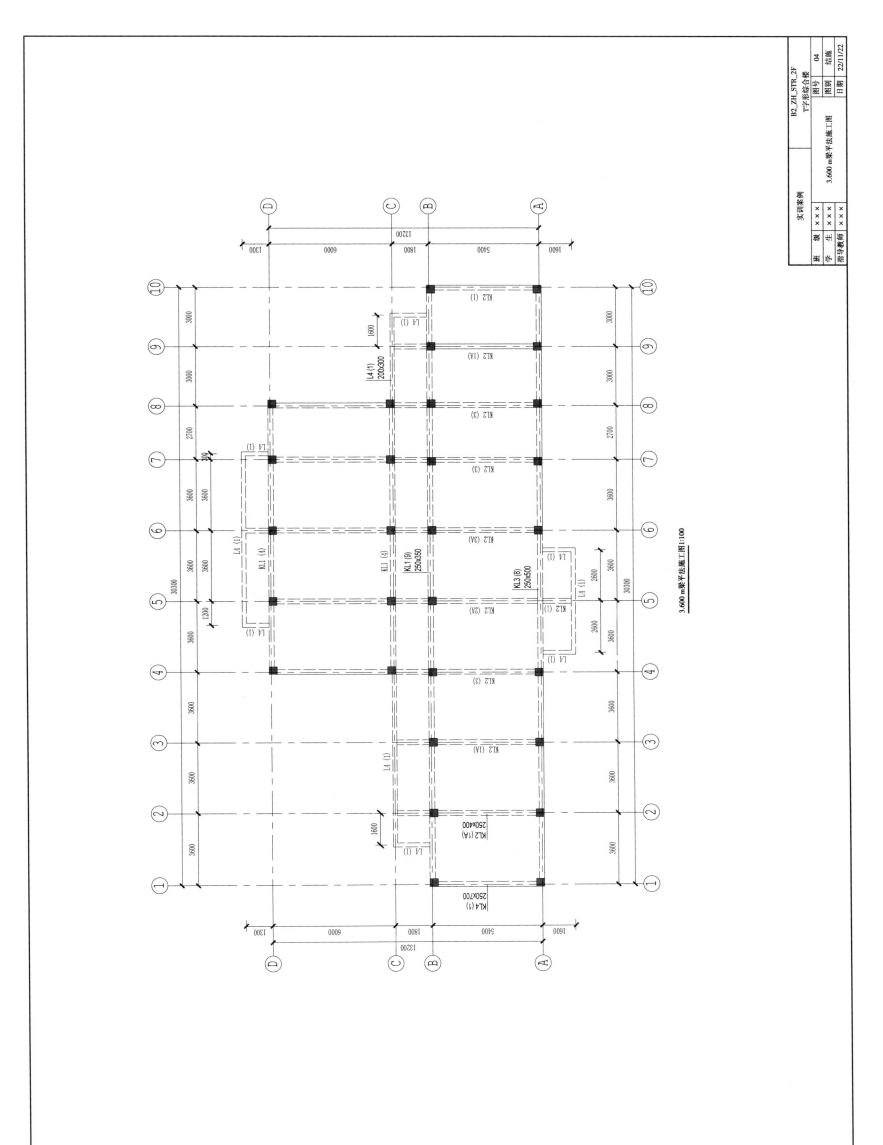

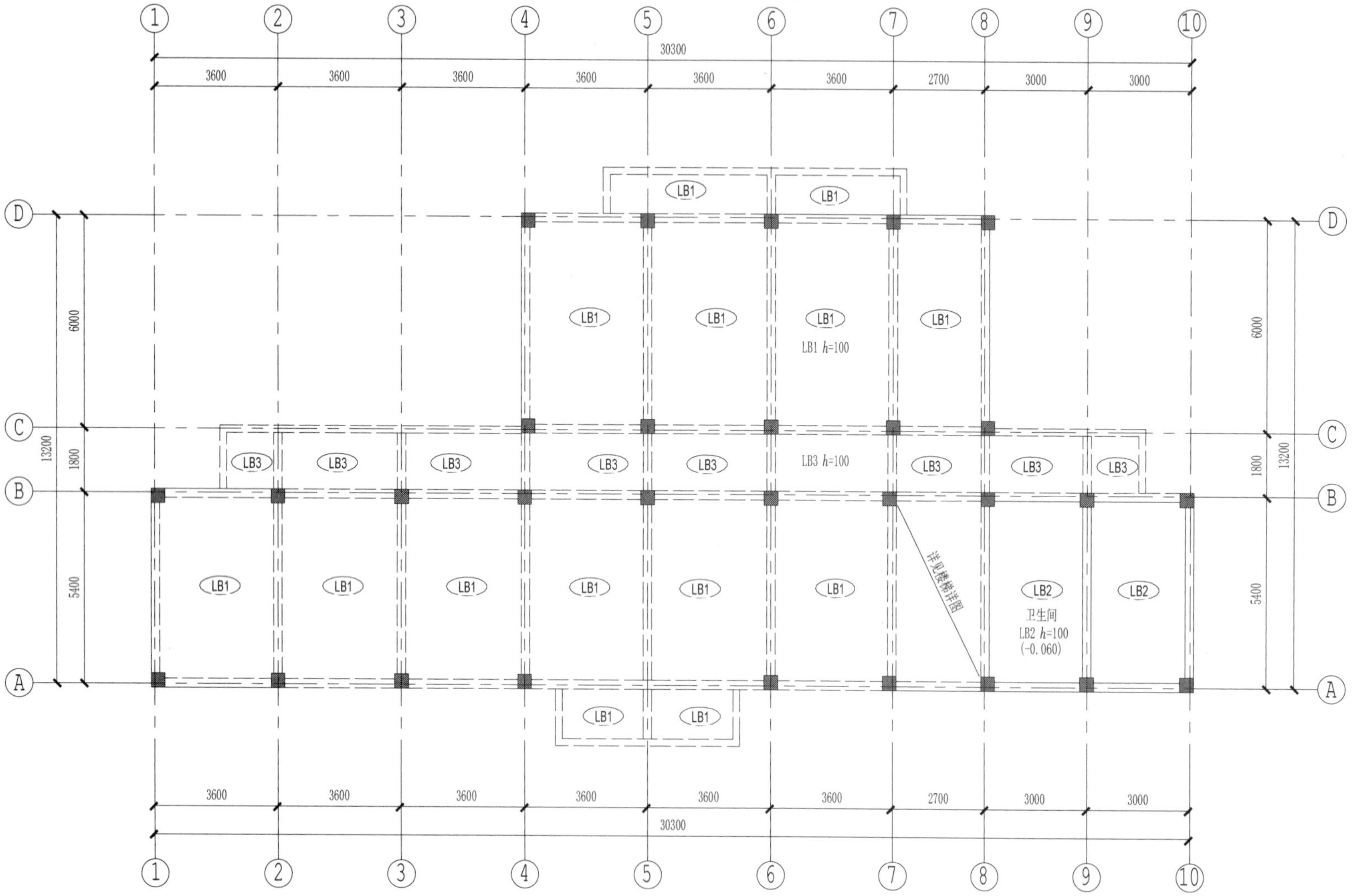

3.600 m板平法施工图1:100

说明:
1.楼板施工图采用平法图集04G101—4绘制。
2.除图中注明外，梁均沿定位轴线居中或齐柱边布置，柱、墙定位详柱墙定位图。
3.未特别注明的板块，板厚均为120 mm；楼面板板面标高3.600 m。
4.混凝土强度等级：梁、板均为C30。
5.除注明外，楼板、墙体应配合水、电、通施工图预留孔洞或套管，不得事后打洞。
6.结构中各预制空调板板厚80 mm。
7.其余未说明部分，请详见结构设计总说明。

实训案例		B2_ZH_STR_2F T字形综合楼		
班　级	×××	3.600 m板平法施工图	图号	05
学　生	×××		图别	结施
指导教师	×××		日期	22/11/22

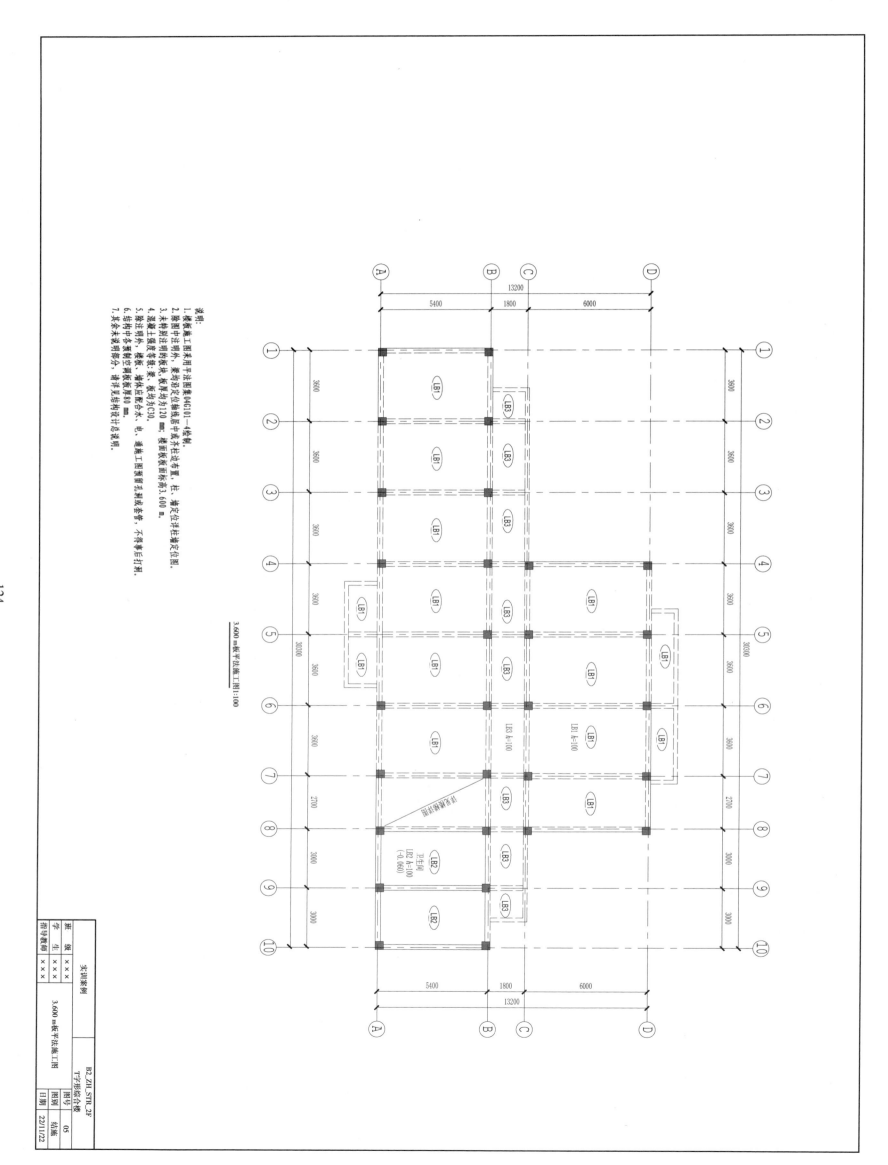

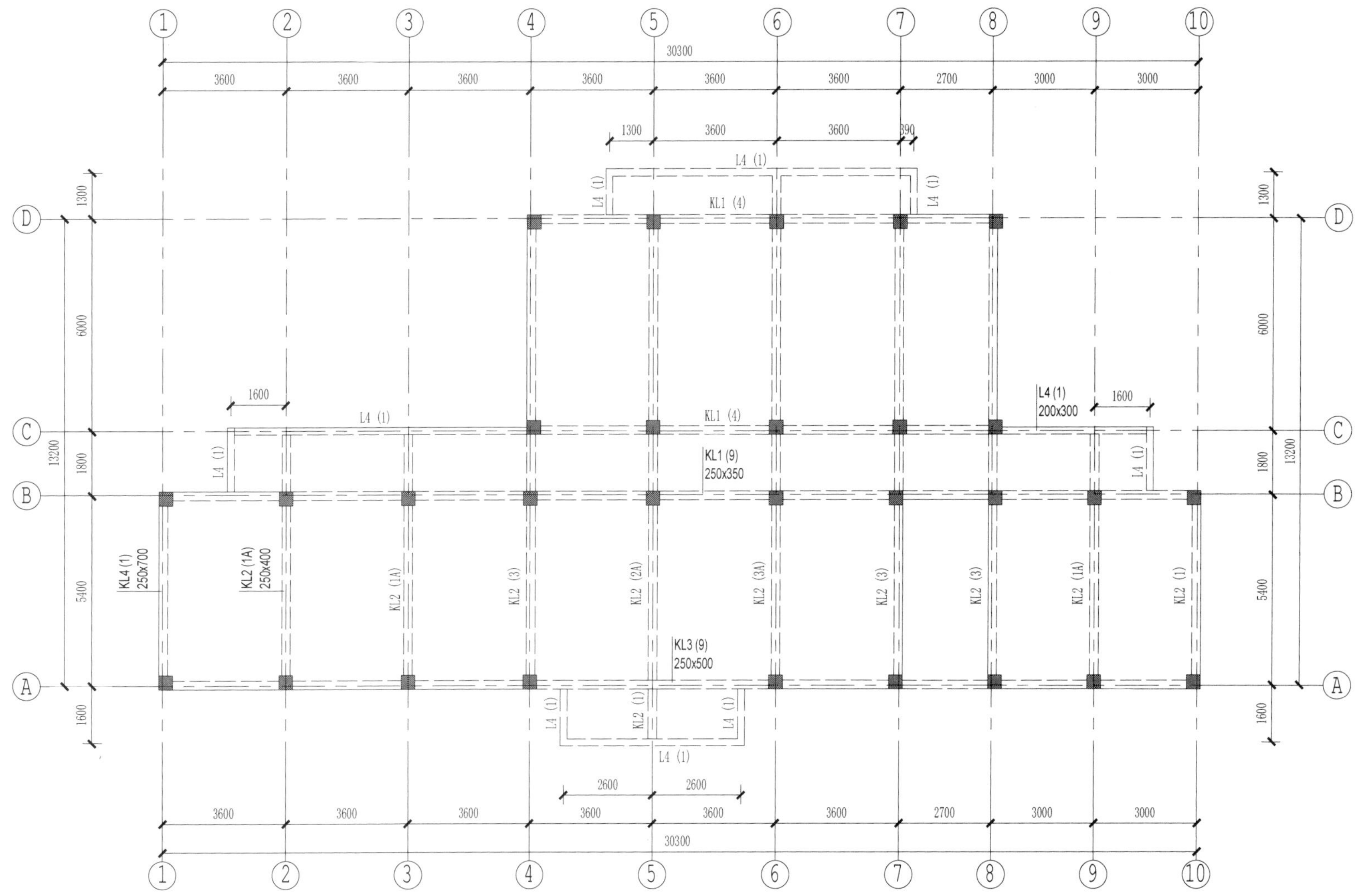

7.200 m梁平法施工图1:100

实训案例		B2_ZH_STR_2F T字形综合楼	
班　级	×××	图号	06
学　生	×××	图别	结施
指导教师	×××	日期	22/11/22

7.200 m梁平法施工图

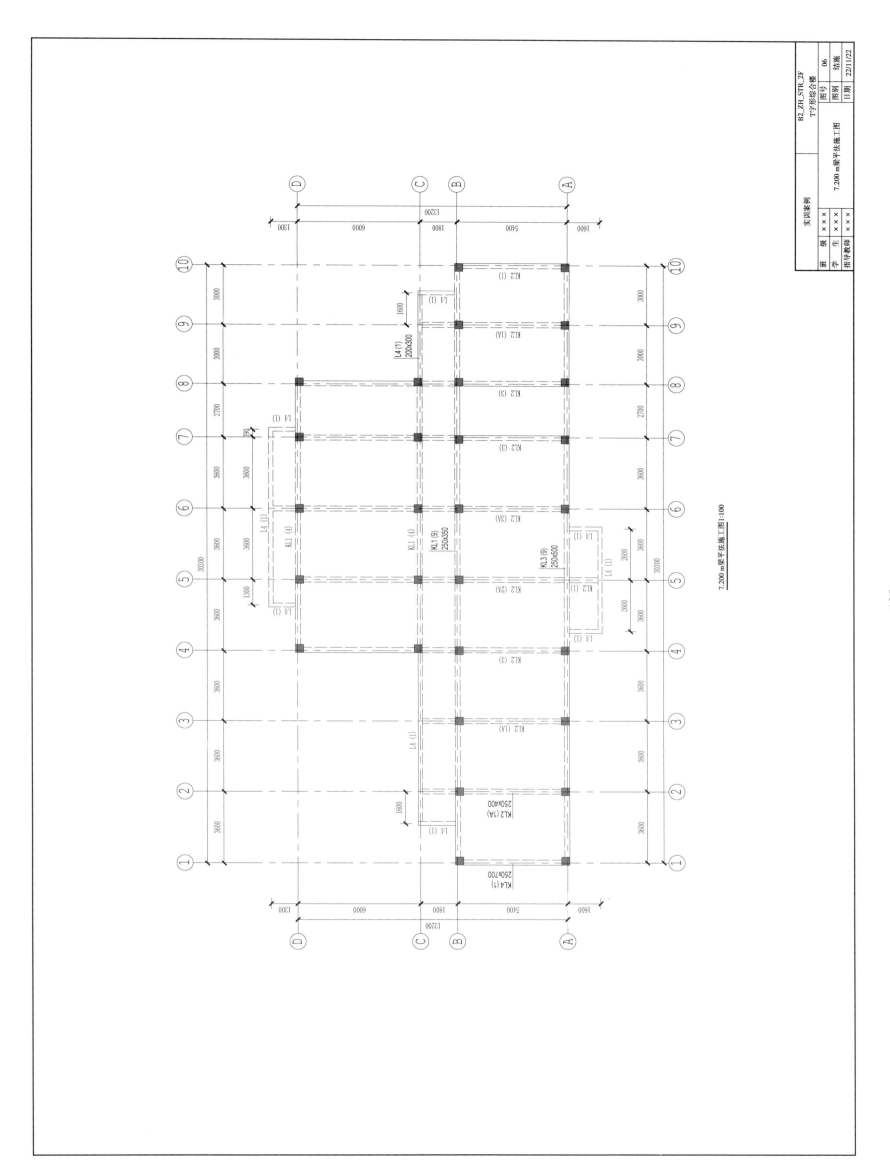

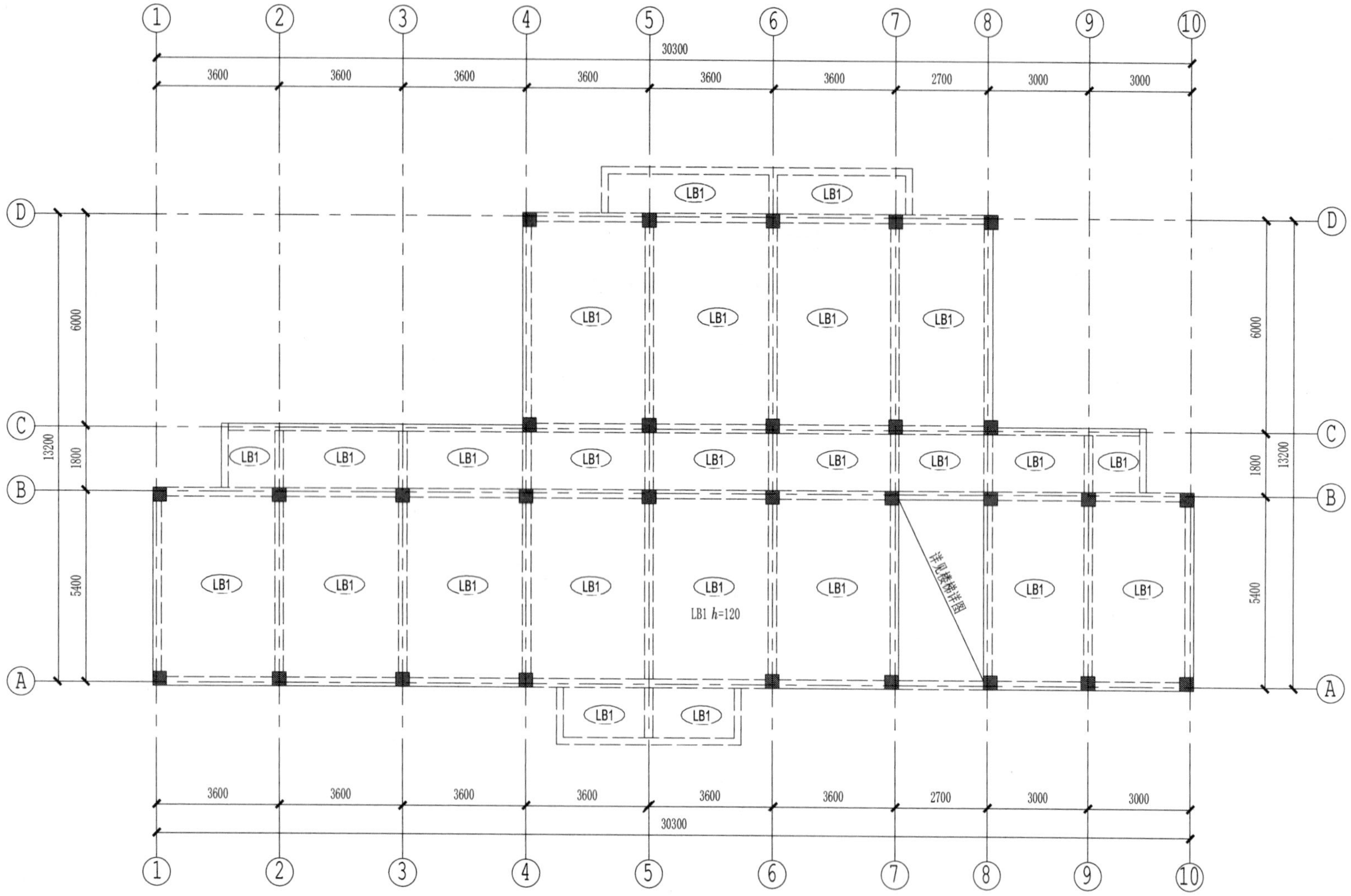

7.200 m板平法施工图1:100

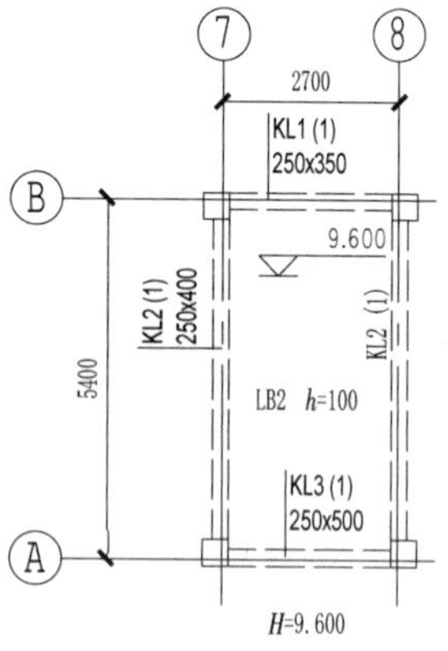

楼梯间屋顶施工图1:100

说明:
1.楼板施工图采用平法图集04G101—4绘制。
2.除图中注明外，梁均沿定位轴线居中或齐柱边布置，柱、墙定位详柱墙定位图。
3.未特别注明的板块，板厚均为120 mm；楼面板板面标高7.200 m。
4.混凝土强度等级:梁、板均为C30。
5.除注明外，楼板、墙体应配合水、电、通施工图预留孔洞或套管，不得事后打洞。
6.结构中各预制空调板板厚80 mm。
7.其余未说明部分，请详见结构设计总说明。

实训案例		B2_ZH_STR_2F T字形综合楼	
班　级	×××	图号	07
学　生	×××	图别	结施
指导教师	×××	日期	22/11/22

7.200 m板平法施工图

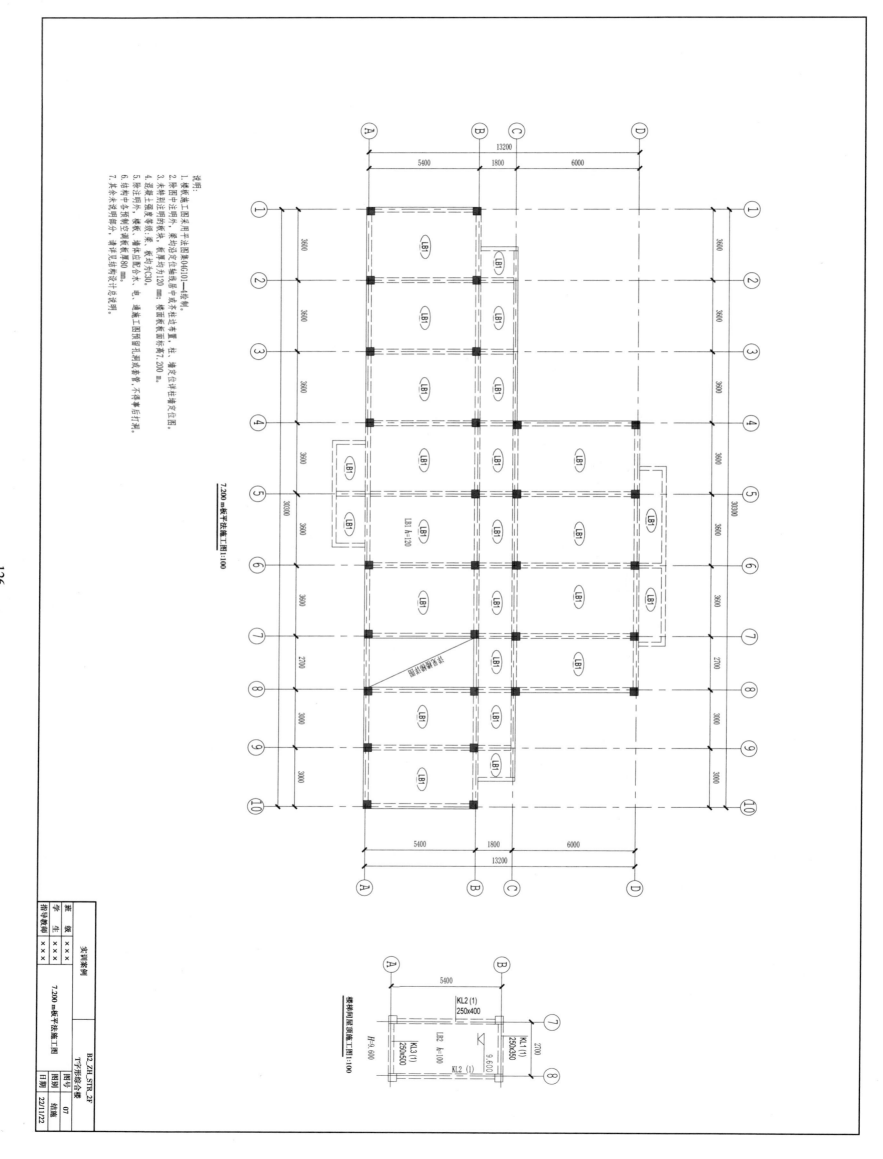

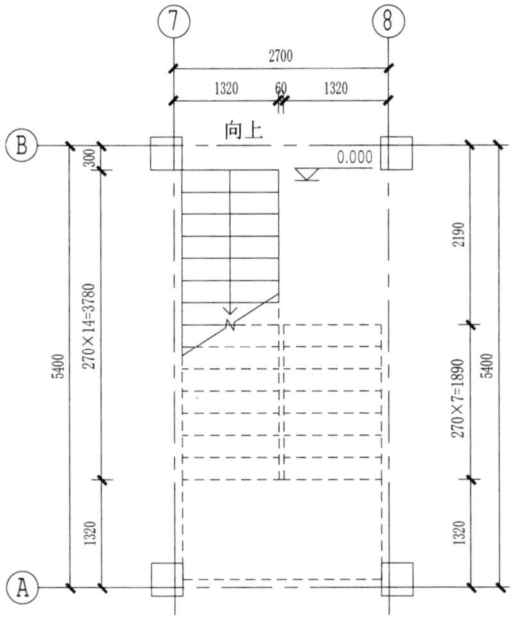

一层楼梯平面详图1:50

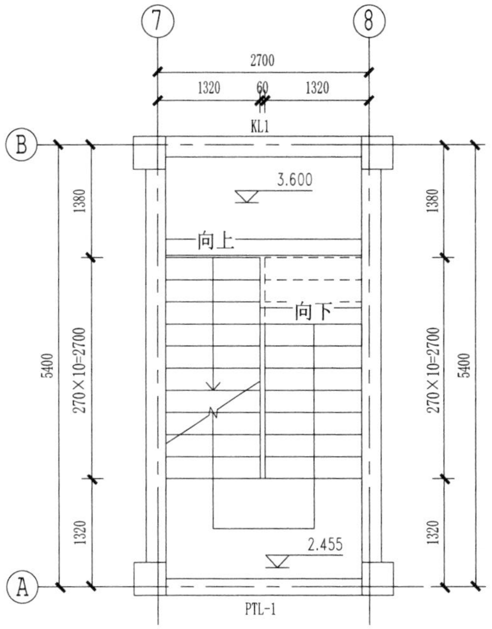

二层楼梯平面详图1:50

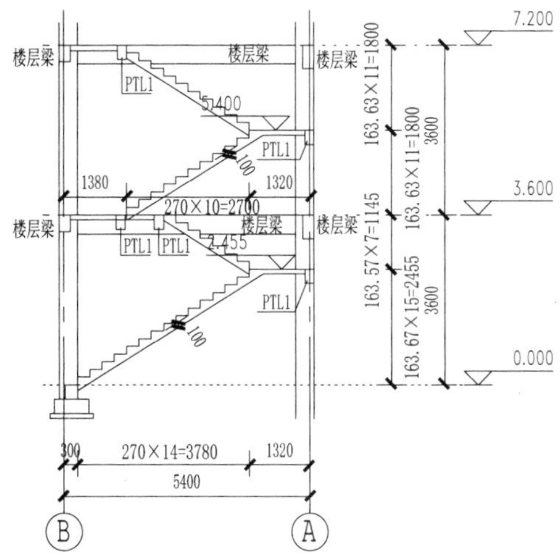

楼梯剖面图1:100

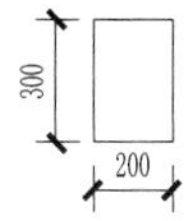

PTL1
1:20

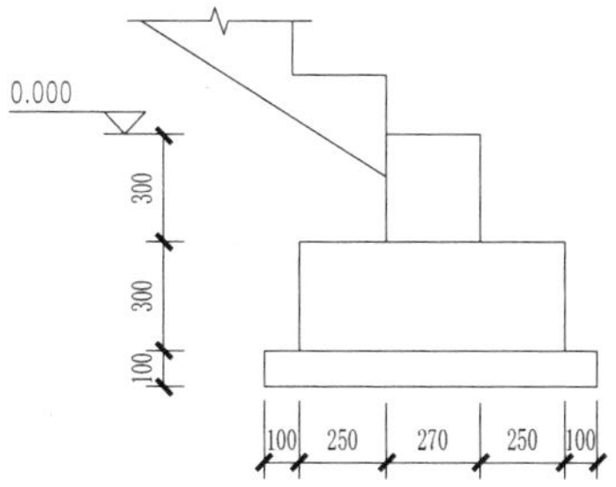

楼梯起步基础1:20

说明:
1.混凝土强度等级均为C30。
2.单位:标高为米，其余均为毫米。
3.固定楼梯栏杆的预埋件及其埋设位置应按建施图有关图纸施工。
4.梯梁下设置构造，具体做法参考《混凝土结构设计规范》(GB 50010—2002)。

实训案例			B2_ZH_STR_2F T字形综合楼	
班　级	×××	楼梯结构图	图号	08
学　生	×××		图别	结施
指导教师	×××		日期	22/11/22

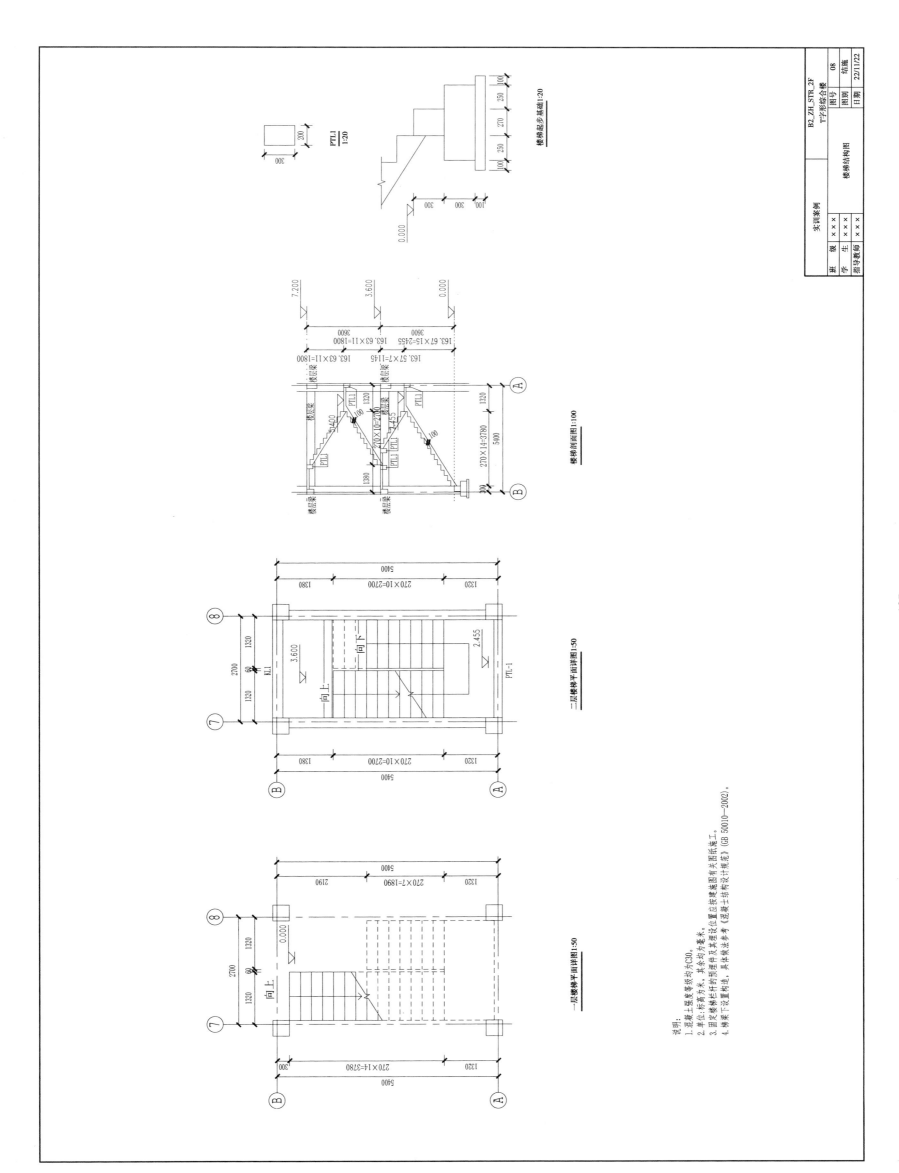

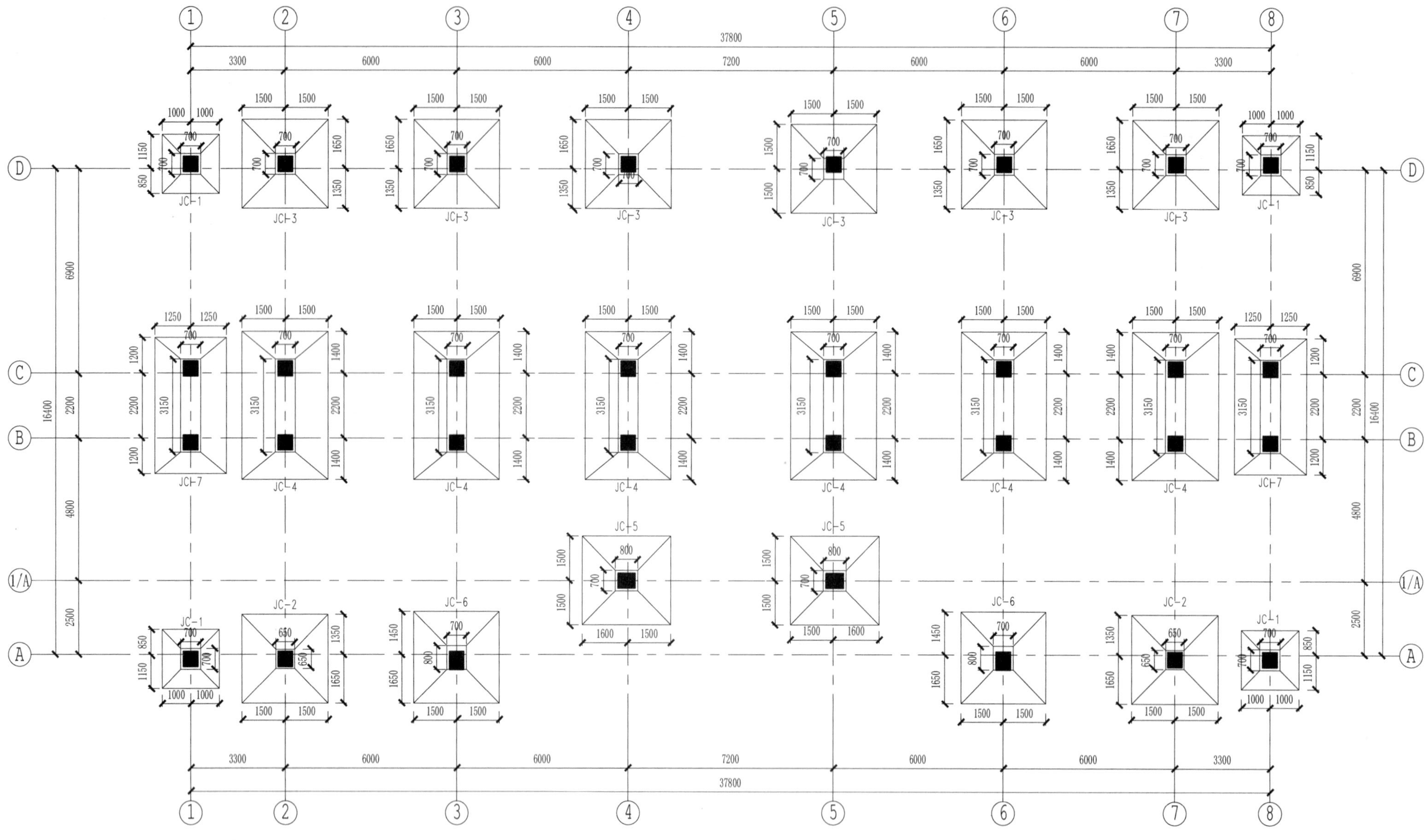

基础平面图1:100

实训案例		B3_ZH_STR_3F 带弧形幕墙办公楼		
班　级	×××	基础平面图	图号	01
学　生	×××		图别	结施
指导教师	×××		日期	22/11/23

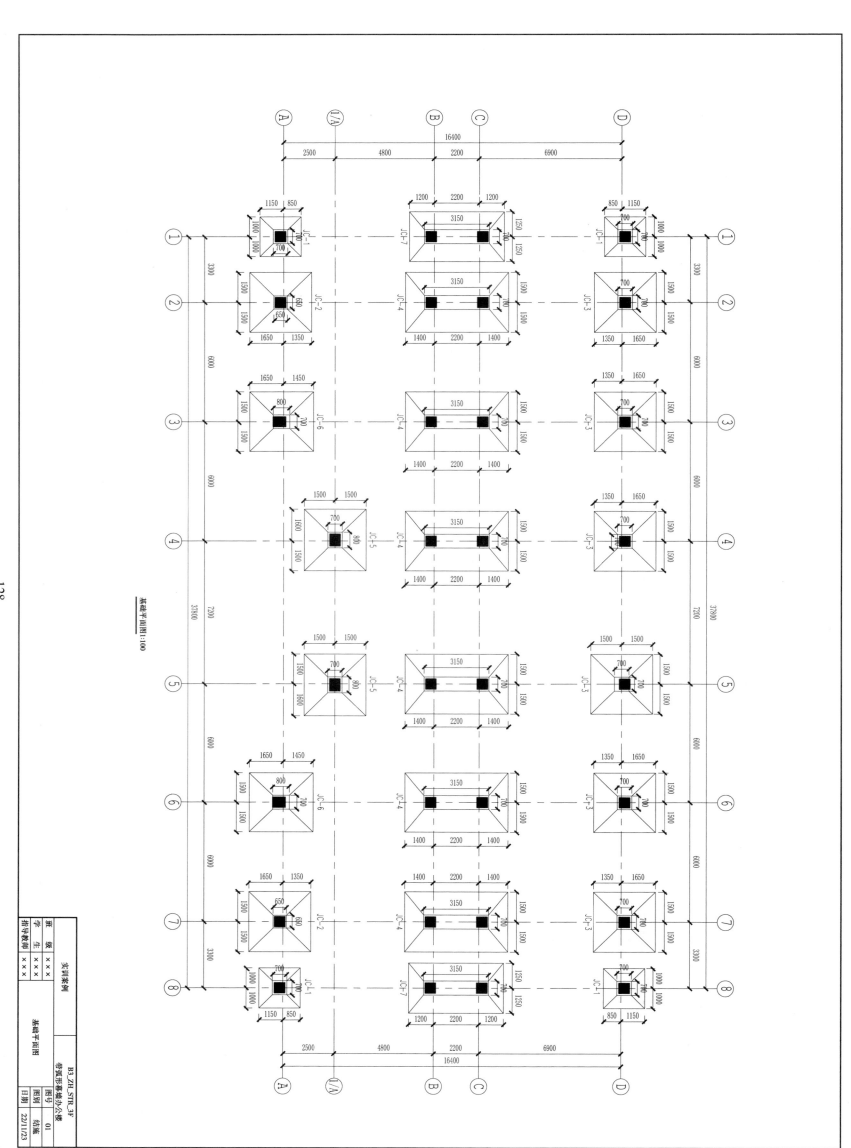

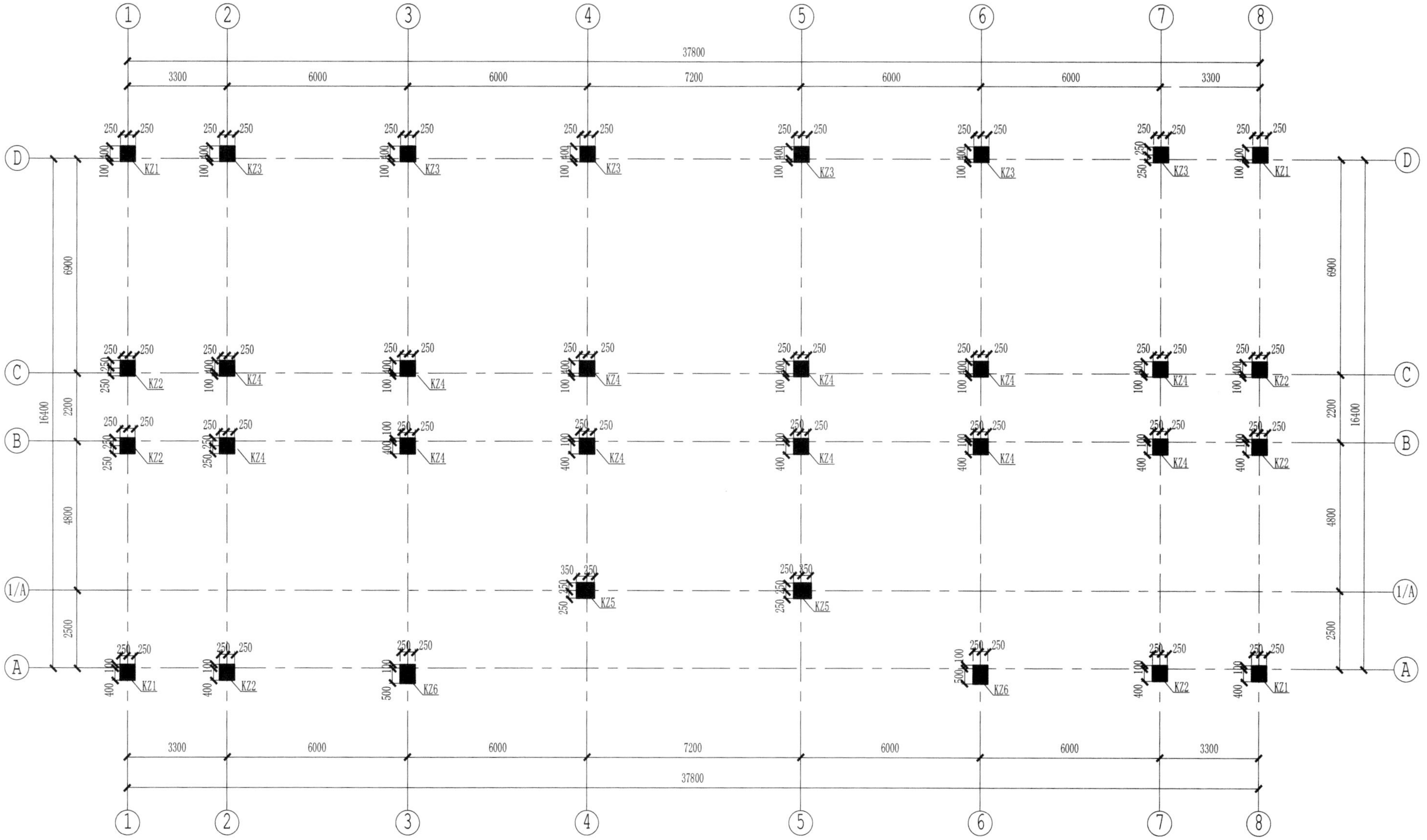

楼层	标高
屋面	15.000 m
F3	10.000 m
F3	5.000 m
F1	0.000 m
基础底	-3.650 m

柱平面布置图1:100

-3.000～15.000 m

实训案例			B3_ZH_STR_3F 带弧形幕墙办公楼	
班　级	×××	柱平面图	图号	02
学　生	×××		图别	结施
指导教师	×××		日期	22/11/23

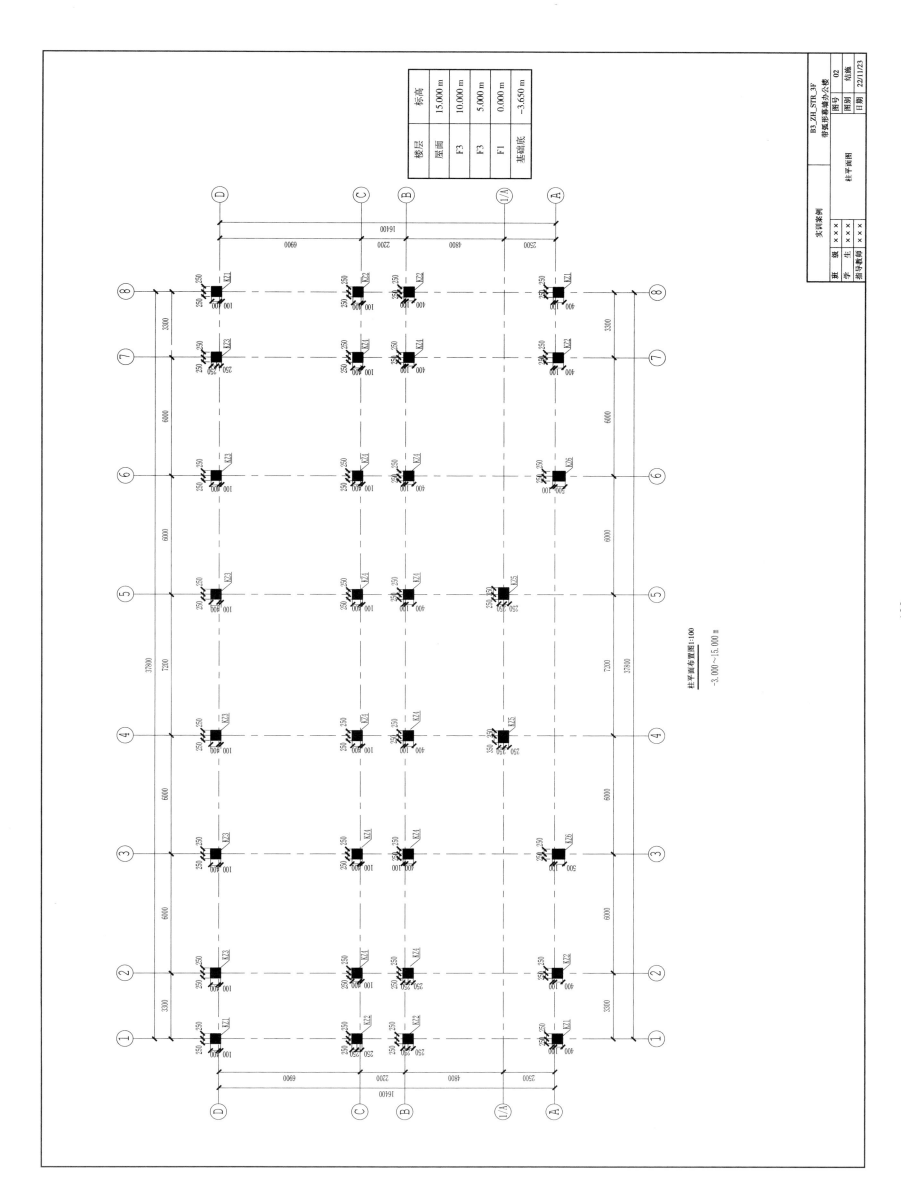

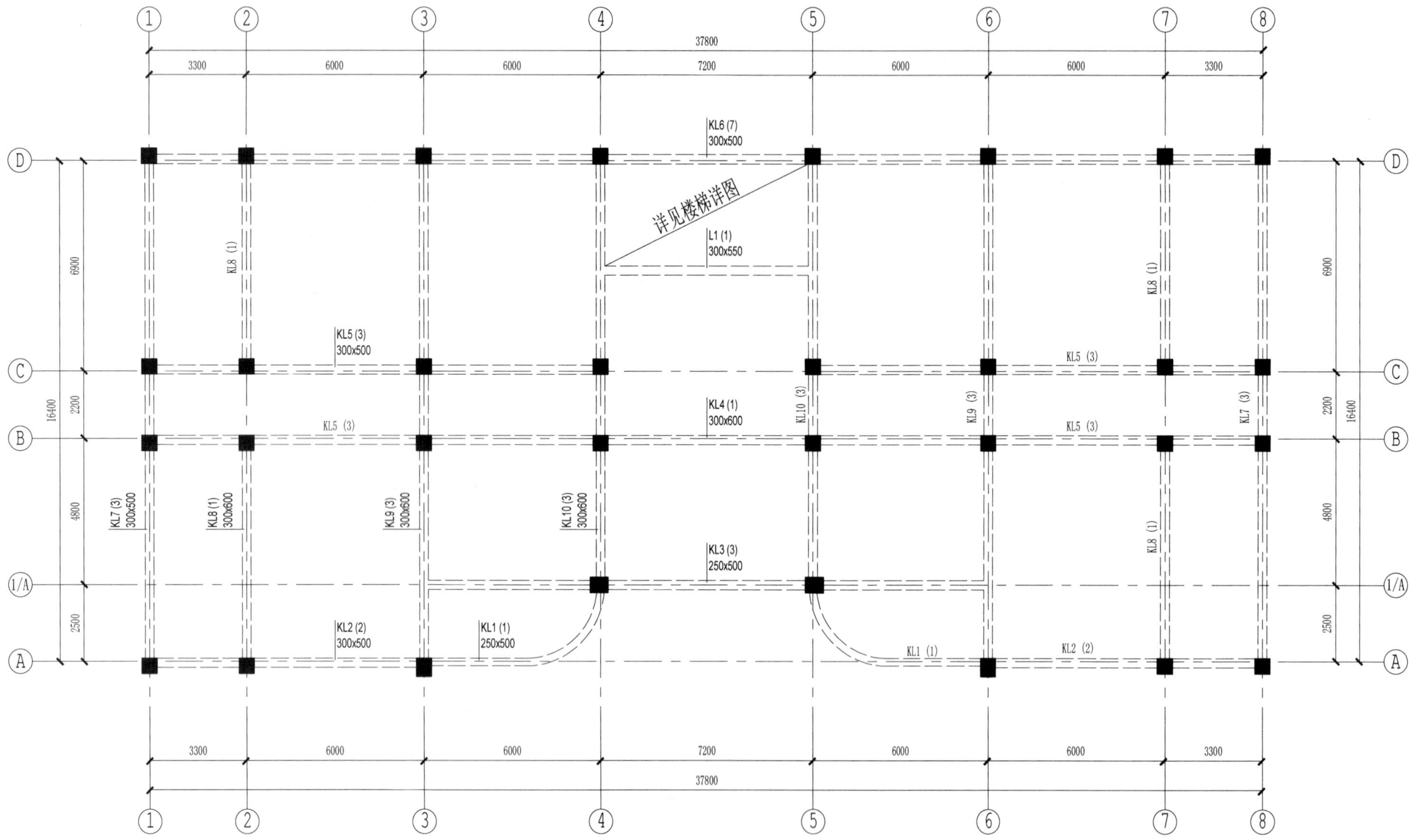

一层梁板平面图1:100

未注明板标高为H,板厚为10 mm。

实训案例			B3_ZH_STR_3F 带弧形幕墙办公楼	
班　级	×××	一层梁板平面图	图号	03
学　生	×××		图别	结施
指导教师	×××		日期	22/11/23

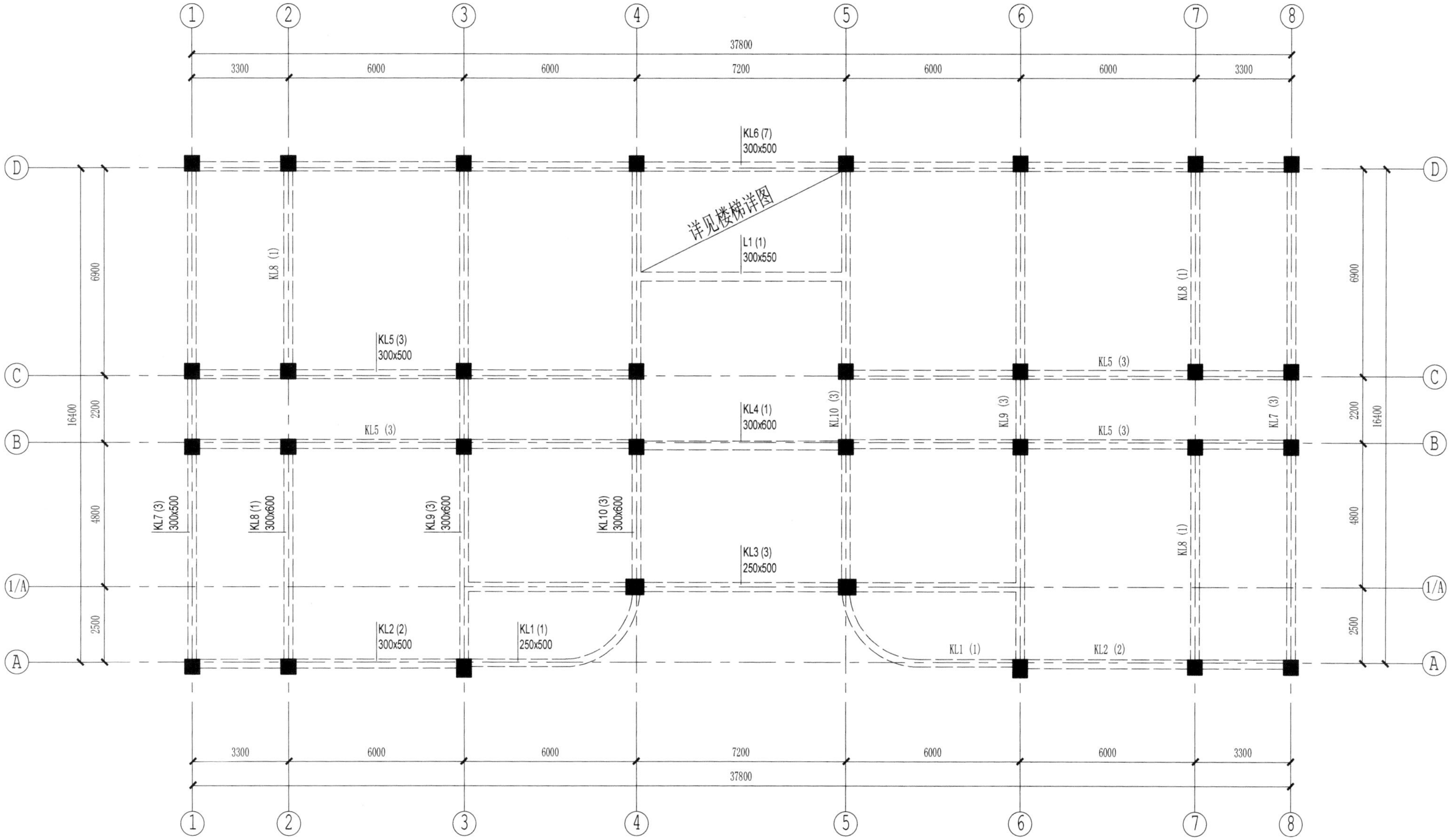

二层梁板平面图1:100

未注明板标高为*H*,板厚为100 mm。

实训案例			B3_ZH_STR_3F 带弧形幕墙办公楼	
班　级	×××	二层梁板平面图	图号	04
学　生	×××		图别	结施
指导教师	×××		日期	22/11/23

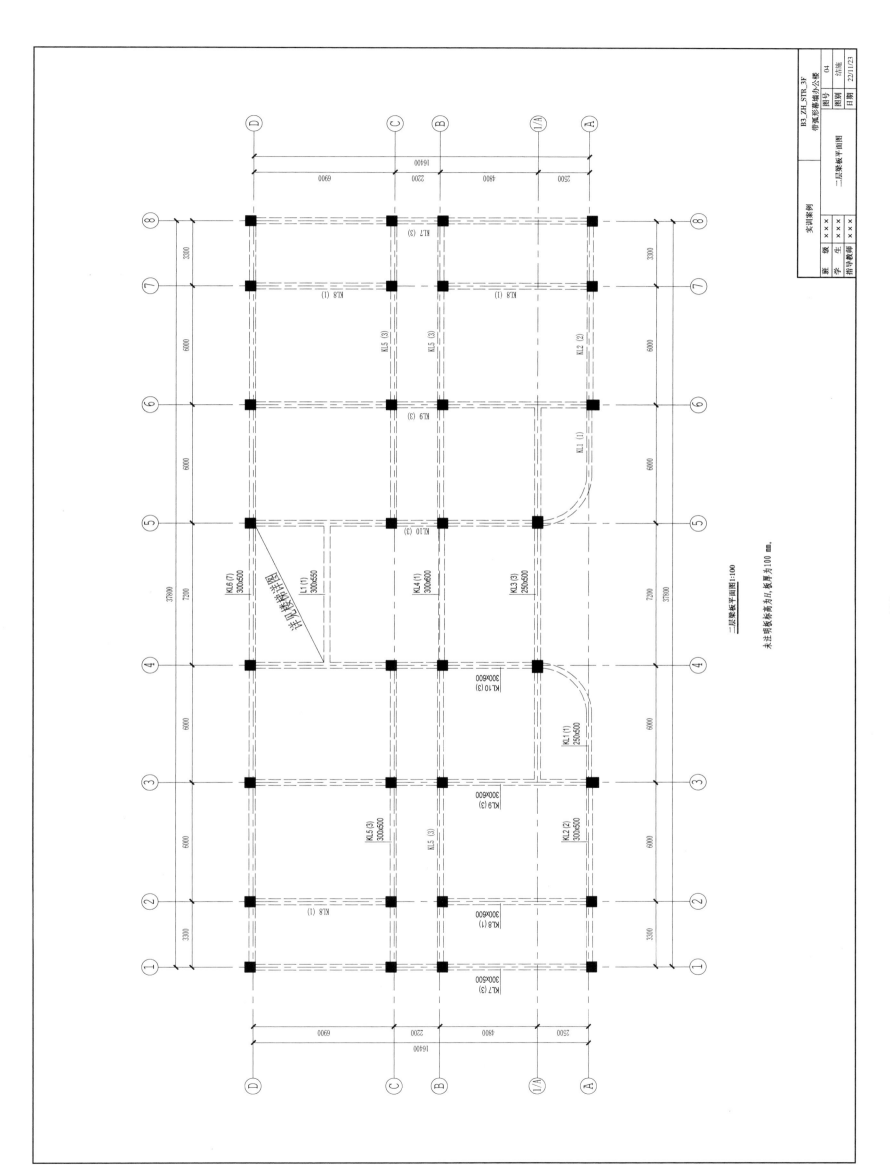

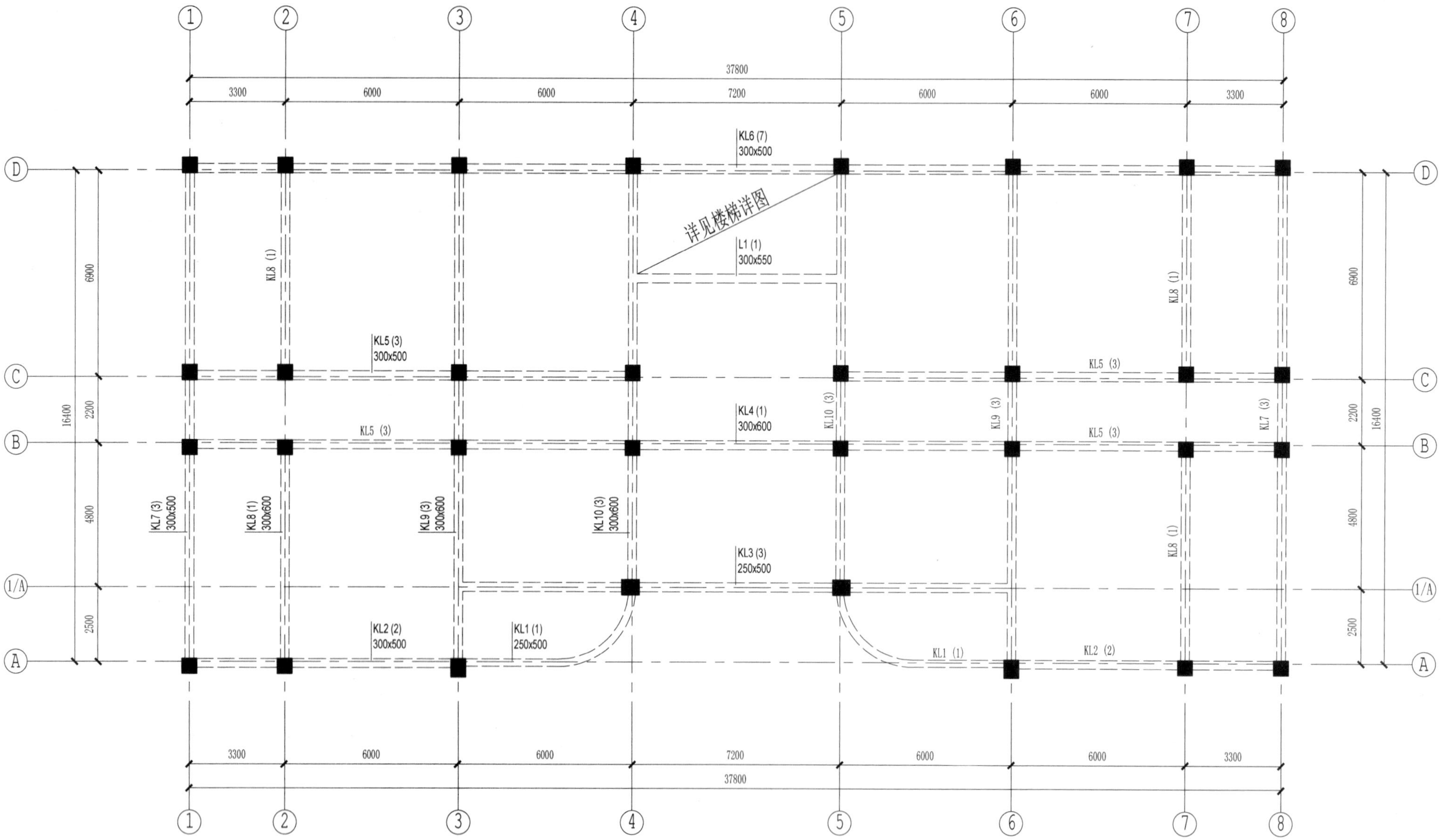

三层梁板平面图1:100

未注明板标高为*H*,板厚为100 mm。

实训案例			B3_ZH_STR_3F 带弧形幕墙办公楼	
班　级	×××	三层梁板平面图	图号	05
学　生	×××		图别	结施
指导教师	×××		日期	22/11/23

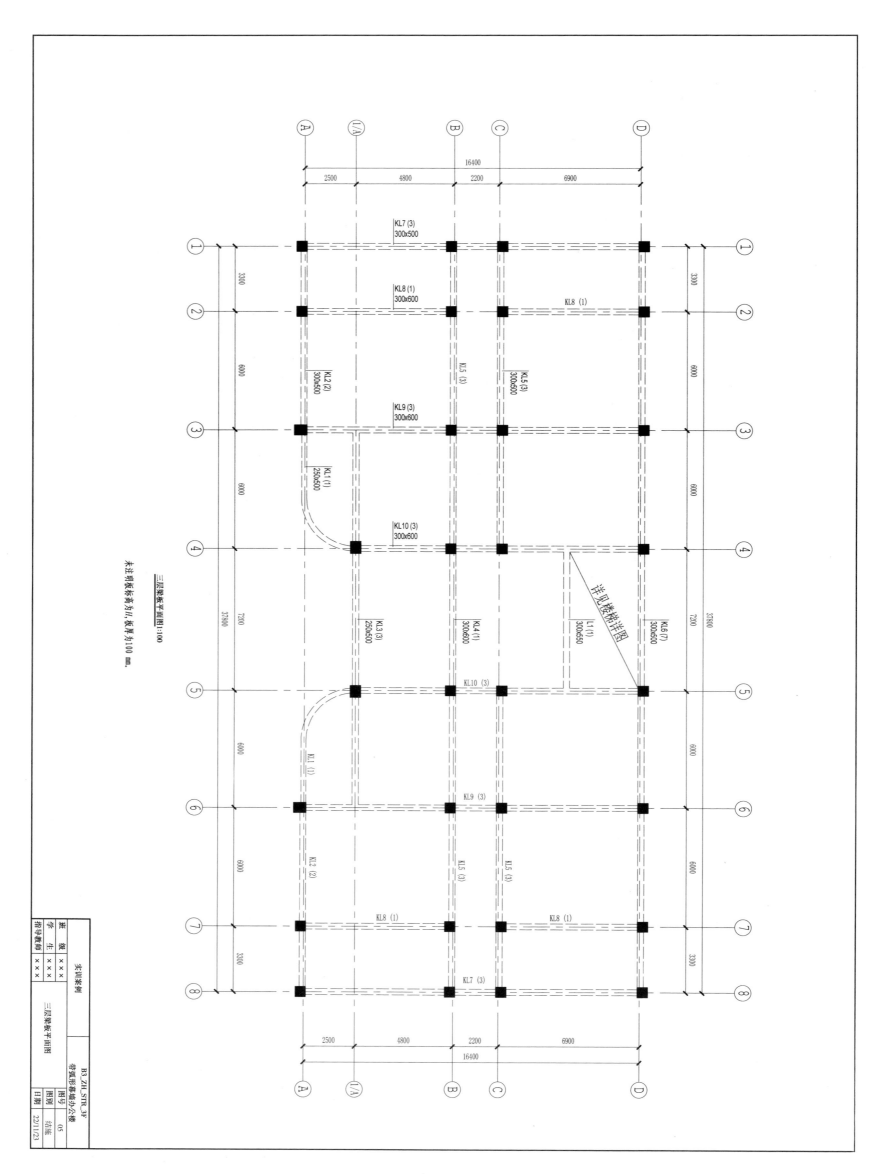

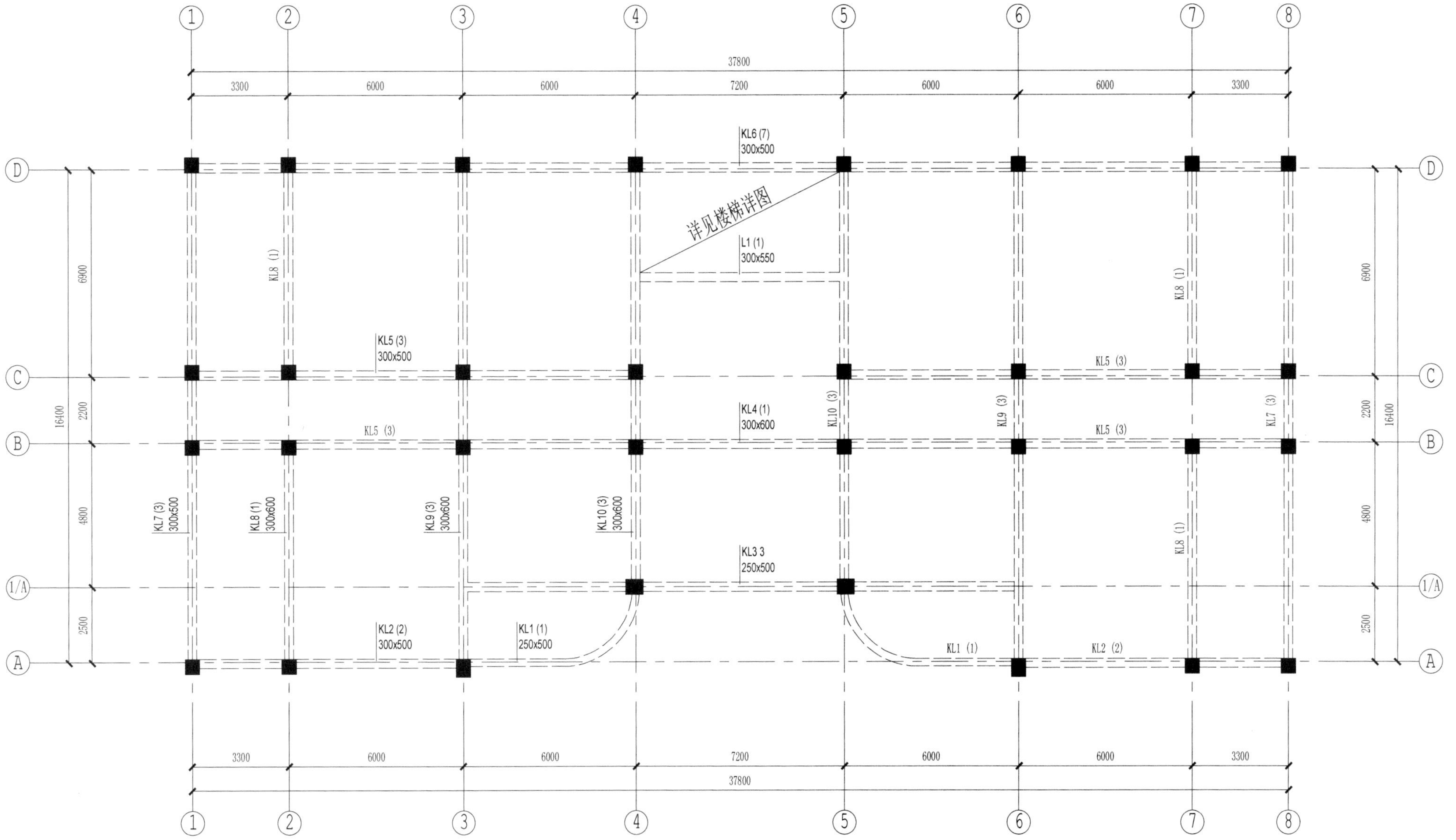

屋面梁板平面图1:100

未注明板标高为H,板厚为100 mm。

实训案例		B3_ZH_STR_3F 带弧形幕墙办公楼	
班　级	×××	屋面梁板平面图	图号 06
学　生	×××		图别 结施
指导教师	×××		日期 22/11/23

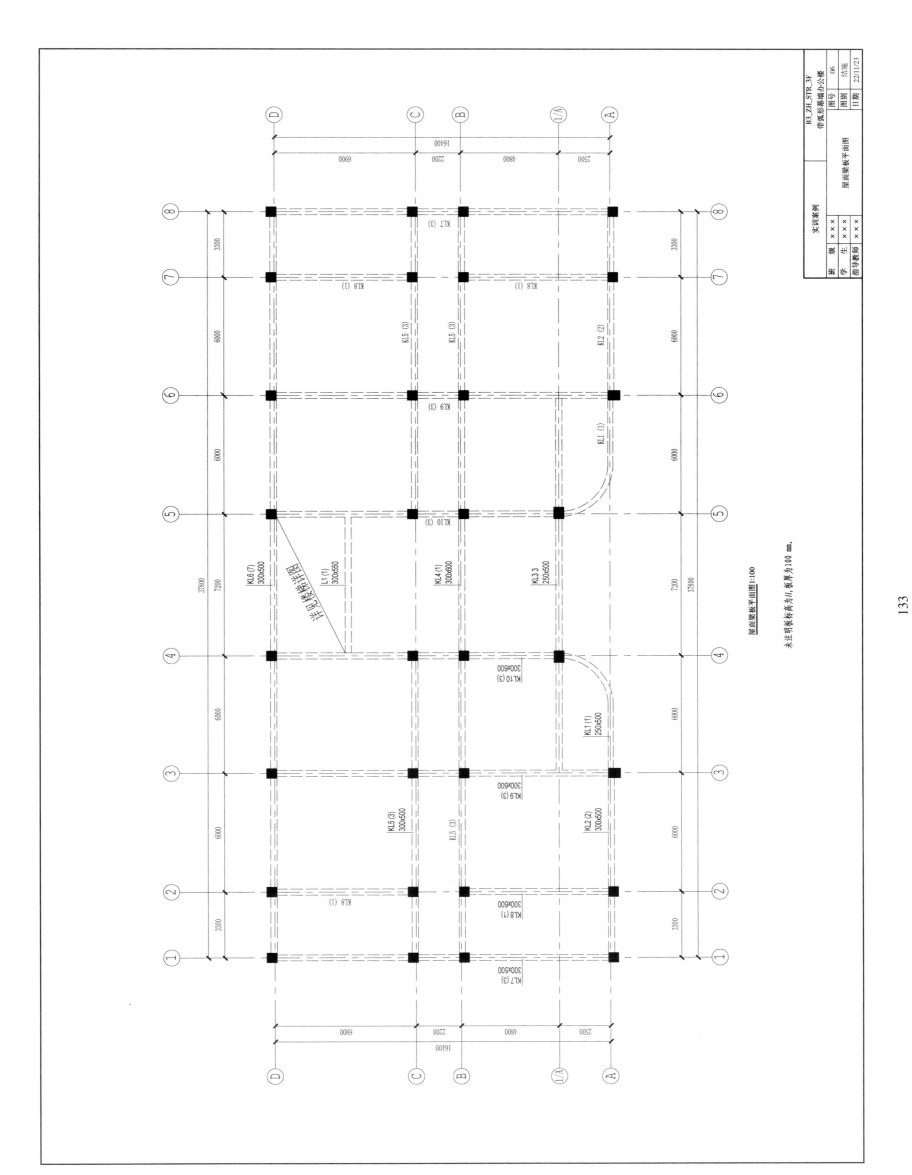

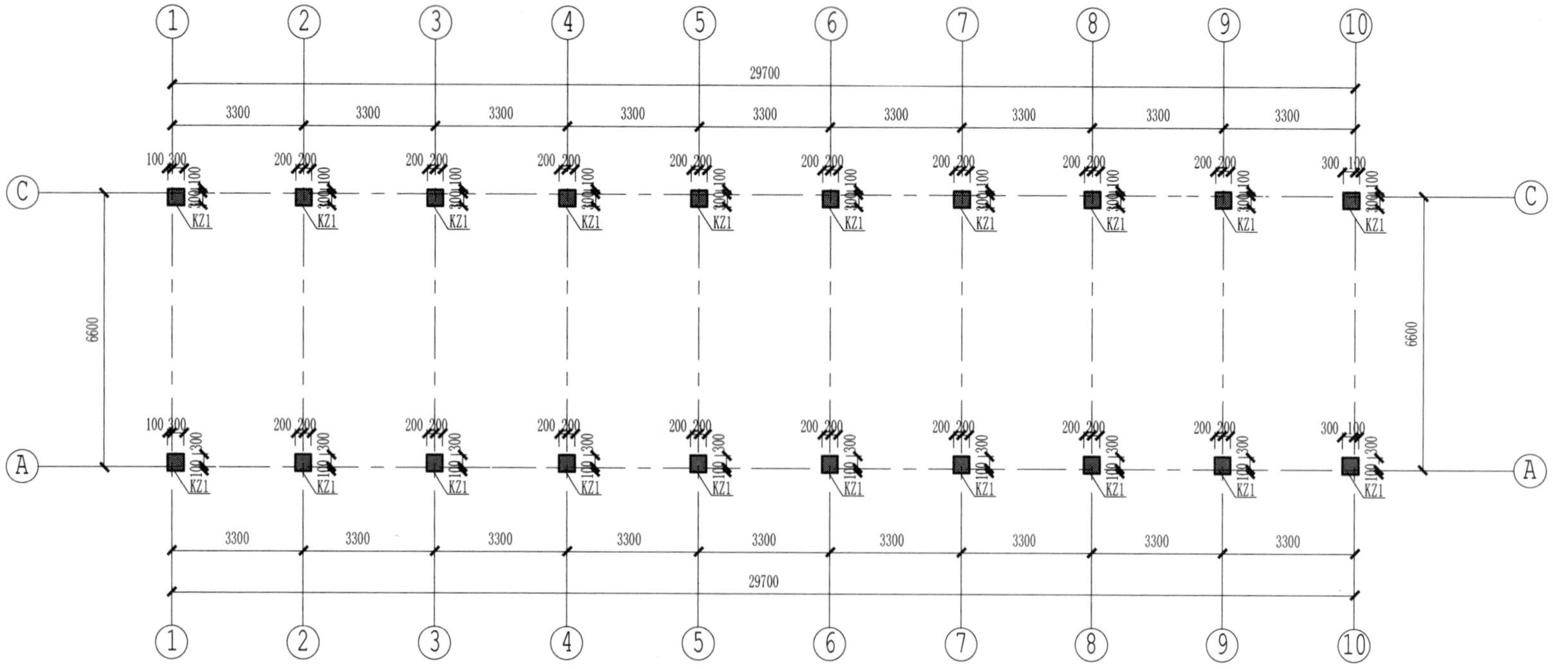

楼层	标高/m
屋面	6.000
F2	3.000
F1	0.000
F0	−0.300

柱平面图1:100

实训案例			B4_ZH_STR_2F 综合办公楼	
班　级	×××	柱平面图	图号	01
学　生	×××		图别	结施
指导教师	×××		日期	22/11/25

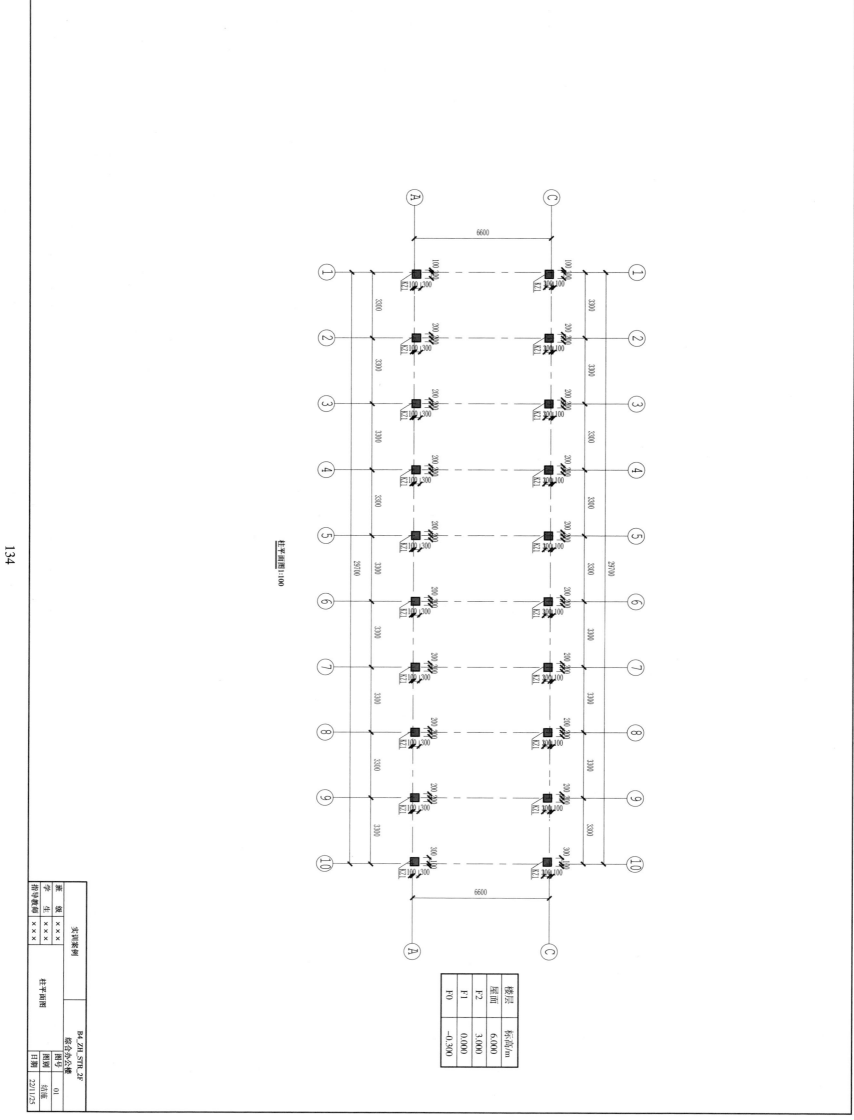

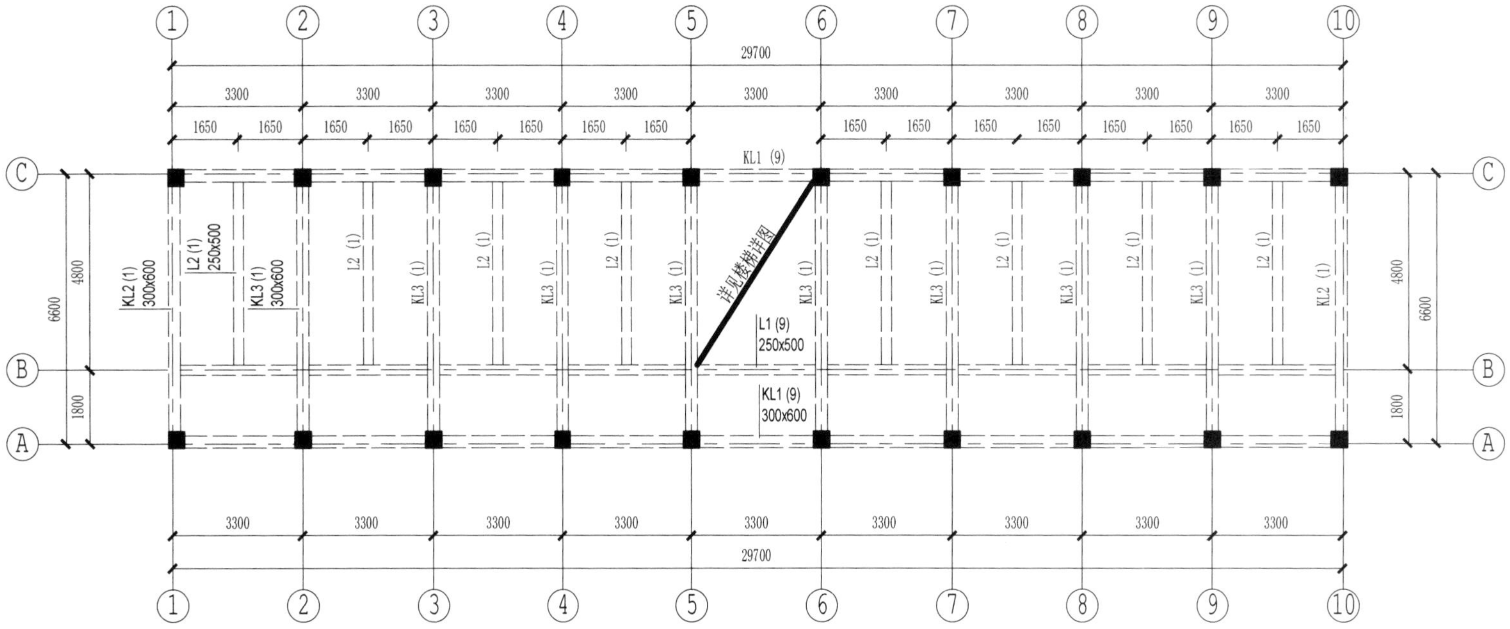

二层梁板平面1:100

未注明板标高为H,板厚为100 mm。

实训案例			B4_ZH_STR_2F 综合办公楼	
班　级	×××	二层梁板平面图	图号	02
学　生	×××		图别	结施
指导教师	×××		日期	22/11/25

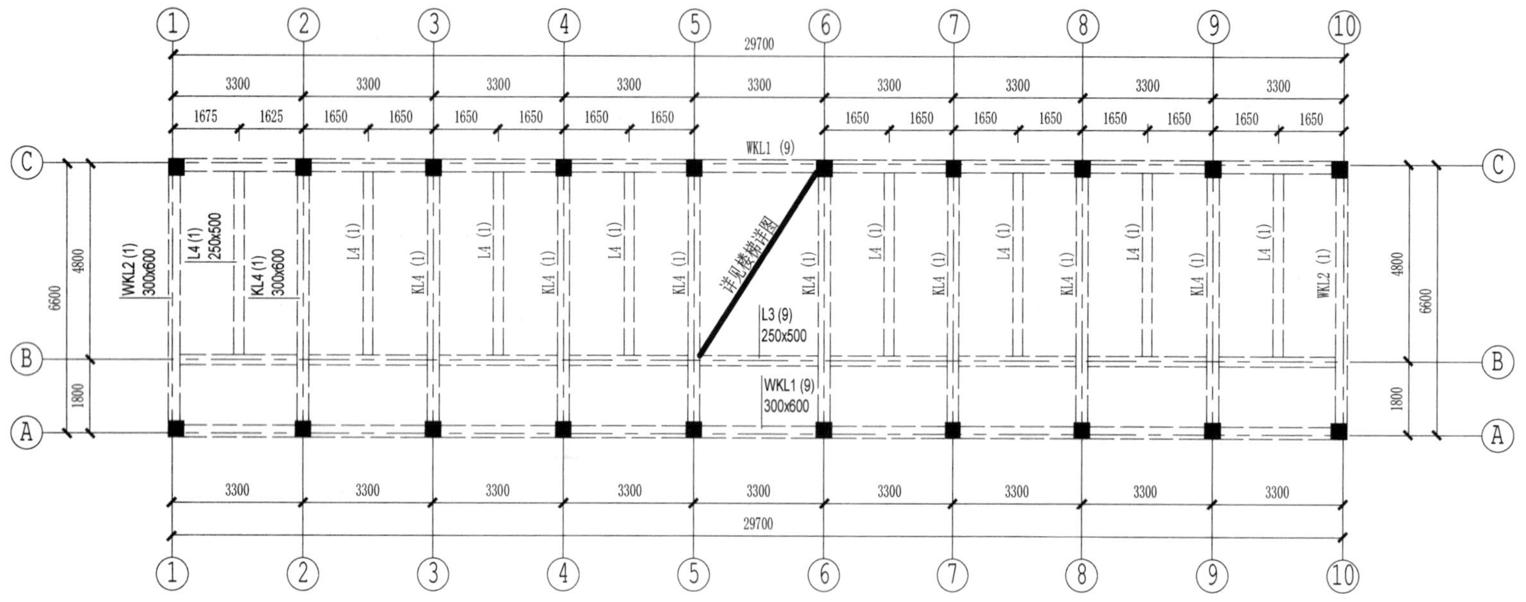

屋面梁平面图1:100

未注明板标高为H,板厚为100 mm。

实训案例			B4_ZH_STR_2F 综合办公楼	
班　级	×××	屋面梁板平面图	图号	03
学　生	×××		图别	结施
指导教师	×××		日期	22/11/25

结构设计总说明

一、总则

1. 除应执行本说明和施工图说明外，尚应执行国家有关施工验收规范。
2. 凡分项施工图中无规定者，均按本说明施工；分项施工图有规定者以分项施工图为准。
3. 施工单位在施工前，应结合建筑、设备等专业施工图进行核对，各专业施工图如有不符，请及时通知设计进行处理。施工时，各工种应配合预留孔洞、管道及预埋件的留设，浇注前应仔细检查是否遗漏，位置是否准确，检查无误后方可浇注混凝土，不得事后在基础、墙体、柱、梁、板上打洞、凿槽。
4. 设计荷载除注明者外，均按国家标准《建筑结构荷载规范》(GB 50009—2012)选用，施工荷载及使用荷载不得超过设计荷载。
5. 请施工单位施工前认真阅读图说，若对设计有疑义处应及时通知设计单位研究解决，不得自行处理。
6. 未经技术鉴定或设计许可的，不得改变结构的用途和使用环境。
7. 本项目混凝土工程所用平面表达式采用《混凝土结构施工图平面整体表示方法制图规则和构造详图》(16G101—1，16G101—2)。

二、工程概况

1. 本工程位于重庆市黔江区，混凝土工程由综合楼、门卫室、消防水池组成；钢结构工程由修理间及停车棚组成。钢结构部分详见钢结构施工图。
2. 本工程综合楼采用混凝土框架结构，结构最大层数2层，结构最大高度7.700 m；门卫房采用混凝土框架结构，结构层数1层，结构高度3.9 m；消防水池采用混凝土剪力墙结构，结构层数1层，结构高度3.4 m。结构嵌固端均取为基础项面。
3. 本工程+0.000标高所对应的绝对高程见建施图。

三、设计基本数据

1. 设计安全标准：

结构安全等级	二级	设计使用年限	50年
基础设计等级	乙级	结构耐火等级	二级

2. 抗震设计参数：

建筑抗震设防类别	丙类	地震设防烈度	7度
地震分组	第一组	场地类别	Ⅰ0（门房）、Ⅲ
建筑结构阻尼比	0.05	特征周期	0.20S、0.45S
设计基本地震加速度值		0.10g	
结构抗震等级	三级		

3. 结构构件所处环境：除施工图中特别规定者外，与土壤或水直接接触部分的梁、板、柱、墙、卫生间构件为二a类环境，其他部分构件均为一类环境。各构件根据其所处的环境类别按图集16G101—1确定混凝土保护层厚度。

四、设计依据及计算软件

1. 本工程设计所执行的主要标准、规范、规程和规定：
(1)《建筑结构可靠性设计统一标准》(GB 50068—2018)。
(2)《建筑结构荷载规范》(GB 50009—2012)。
(3)《混凝土结构设计规范》(GB 50010—2010)(2015年版)。
(4)《建筑抗震设计规范》(GB 50011—2010)(2016年版)。
(5)《建筑工程抗震设防分类标准》(GB 50223—2008)。
(6)《建筑地基基础设计规范》(GB 50007—2011)。
(7)《建筑地基基础设计规范》(DBJ50-047—2016)。
(8)《建筑地基处理技术规范》(JGJ79—2015)。
(9)《砌体结构设计规范》(GB 50003—2011)。
(10)《钢筋机械连接技术规程》(JG J107—2016)。
(11)《混凝土外加剂应用技术规范》(GB 50119—2013)。
(12)《钢结构设计标准》(GB 50017—2017)。
(13)《门式刚架轻型房屋钢结构技术规范》(GB 51022—2015)。
(14)《建筑设计防火规范》(GB 50016—2014)(2018年版)；
2. 本工程应严格执行下述重庆市的相关规定：
(1)《重庆市建设领域禁止、限制使用落后技术通告(2019年版)》。
(2)《重庆市房屋建筑和市政基础设施工程质量常见问题防治要点(2019年版)》。

注：本工程按现行国家设计标准进行设计，施工时除应遵守本说明及各设计图纸说明外，尚应严格执行现行国家及工程所在地区的有关设计、施工、验收规范或规程。

3. 根据2019年1月重庆川东南地质工程勘察设计院提供《中石油黔江配送中心项目工程地质勘察报告》(详细勘察)进行基础设计。
4. 本工程的计算程序：中国建筑科学研究院PKPM CAD工程部编制的《多层及高层建筑结构空间有限元分析与设计软件(墙元模型)-SATWE》(V4.3版)。

五、设计荷载

1. 楼面找平层和二次装修恒载标准值(kN/m²)

平屋面、露台	5.0	休息室、餐厅、调度室、库房、走道	2.0
卫生间	7.5(含回填)	厨房、阳台	2.5(含回填)

2. 墙体荷载(按实际墙厚及墙体材料计算)。
外墙3.2 kN/m²；内墙(厨房、卫生间除外) 2.8 kN/m²；厨房、卫生间墙体4.2 KkN/m²
3. 活荷载标准值(kN/m²)

上人屋面	2.0	不上人屋面	0.5	调度室、休息室	2.0	楼梯间	3.5
卫生间、走道、餐厅	2.5	厨房	4.0	档案室	5.0	休息室	2.0
栏杆顶部水平荷载	1.0 kN/m			挑檐、雨篷施工	1.0 kN/m		
栏杆顶部竖向荷载	1.2 kN/m			或检修荷载	(沿板宽)		

4. 基本风压：0.40kN/m²，地面粗糙度为B类，风荷载体型系数取1.3。

六、地基基础

基础详细说明见基础部分有关图纸说明。

七、结构材料

1. 全部材料均应有出厂合格证及在本地区备案，且符合现行国家标准和设计要求。对进场的材料，必须按照有关规定，做现场材料抽检，检验合格后方可使用，严禁先使用后补检。
2. 基础部分见基础施工图说明。
3. 上部主体结构混凝土强度等级见下表：

梁、板、柱	C30
楼梯、线条大样	C30
围护部分：过梁、构造柱、压顶、砌体中混凝土带等	C25
女儿墙、砖砌阳台栏板中的构造柱、压顶等混凝土构件	C25

4. 钢筋(钢筋强度标准值应具有不小于9%的保证率)及焊条：
Φ-HPB300；f_y=270N/mm²；f_{yk}=300/mm²；E43"型焊条
Φ-HRB400；f_y=360N/mm²；f_{yk}=400/mm²；E55"型焊条
5. 抗震等级一、二、三级的框架和斜撑构件(含楼梯的梯段)，纵向受力钢筋应采用抗震钢筋(带E标识的钢筋)，钢筋的抗拉强度实测值与屈服强度实测值的比值不应小于1.25；钢筋的屈服强度实测值与屈服强度标准值的比值不应大于1.30，且钢筋在最大拉力下的总伸长率实测值不应小于9%。
6. 填充砌体材料：
(1)首层高出地坪标高300 mm以下的填充墙体用M5水泥砂浆砌MU10烧结页岩砖。
(2)其余填充墙：外墙用M5水泥砂浆砌干容重≤10.0(kN/m³)的烧结页岩空心砖(MU≥5.0 MPa且应满足建筑节能要求)；内墙：厨房、卫生间采用M5水泥砂浆砌干容重≤14.0 kN/m³的烧结页岩多孔砖(MU≥5.0 MPa)，其余内隔墙采用M5水泥砂浆砌干容重≤9.0 kN/m³的烧结页岩空心砖(MIU≥3.5 MPa)；页岩空心砖为12孔以上，宽度方向孔洞排数≥5排，矩形孔，交错排列；管道井周边填充墙：采用M5水泥砂浆砌干容重≤14.0 kN/m³的烧结页岩多孔砖(MU≥5.0 MPa)；阳台砖砌栏板、女儿墙：采用M5水泥砂浆砌干容重≤14.0 kN/m³的烧结页岩多孔砖(MU10.0MPa)。
7. 结构混凝土材料应符合下表要求：

环境类别	最大水胶比	最大氯离子含量/%	最大碱含量/(kg·m⁻³)
一	0.60	0.30	不限制
二a	0.55	0.20	3.0
二b	0.50	0.15	3.0

8. 混凝土应通过选用最佳配合比，良好的骨料级配，合理的砂率和水胶比以及适度的振捣和加强养护来达到其强度要求，避免水泥用量过大而出现收缩裂缝。
9. 在混凝土初凝后终凝前应二次抹面，以防止混凝土表面产生干缩裂缝。
10. 当室内建筑标高与结构标高之差不超过50 mm时，用C20细石混凝土垫高；当高差超过50 mm时，用LC10陶粒混凝土(容重不大于10.0 kN/m³)垫高。

八、构造要求

1. 钢筋锚固、连接等构造：
(1)采用机械连接或焊接连接时，其接头类型和质量应符合国家现行有关标准的规定。
(2)受力钢筋接头宜设置在受力较小处。
(3)根据《重庆市建设领域禁止、限制使用落后技术通告(2019年版)》：直径≥16 mm的钢筋不得采用电弧搭接焊和闪光对焊；水平和倾斜钢筋(斜度大于4:1)以及直径≥28 mm竖向钢筋的连接不得采用电渣压力焊。本工程的钢筋直径≥16 mm的钢筋采用机械连接；直径小于12 mm的钢筋可采用绑扎搭接接头。
(4)梁下部受拉钢筋不宜有接头，当确需接长时，不应在跨中1/3区段内接头；梁上部通长筋可在跨中1/3区段内接头；悬臂梁上部筋不得有接头。同一连接区段内的接头数量不大于50%。每一连接区段的长度为35d且不小于500 mm，凡接头中点位于该连接区段长度内的接头均属于同一区段。
(5)抗震KZ边柱和角柱柱顶纵向钢筋构造详见图集16G101—1第67页注第2条说明，采用该页5节点并与1节点组合使用。
(6)纵筋锚固长度不够时可选用机械锚固。相关要求详见图集16G101—1。
(7)所有梁、柱、墙的拉筋均应位于纵横向钢筋的交点处并钩住外层钢筋，拉筋两端均应内弯135°。
(8)采用焊接接头时，焊缝长度：双面焊≥5d，单面焊≥10d。
(9)梁纵筋有两排时，箍筋弯钩按图8.1(一)构造。
(10)钢筋锚固、搭接长度及其他构造要求详见图集16G101—1。
2. 钢筋混凝土现浇板：
(1)板钢筋的锚固、连接等构造详见图集16G101—1第99、100页，错层处钢筋锚固同边支座。嵌固层、转换层转换范围板下部钢筋锚固长度应≥L_{aE}，直锚长度不够时，可伸至支座对边并弯锚15d；嵌固层、转换层转换范围板边支座上部钢筋应伸至支座对边并弯锚15d。其余未注明的板端部支座为梁、圈梁、砌体墙时，板按铰接设计；板下部钢筋伸入支座5d(采用冷轧带肋钢筋时为10d)，且应伸入到支座中心线。板底钢筋在跨内不宜接头。
(2)楼板面配置通长钢筋时，钢筋搭接构造见图集16G101—1第101、102页。
(3)双向板的钢筋，短跨钢筋置于外排，长跨钢筋置于内排。单向板的钢筋，受力钢筋置于外排，构造钢筋置于内排。相邻板共用筋时，以配筋较大者为外排，其他钢筋再按以上原则相应排布。
(4)设备管道井范围内待设备安装完毕后用C30混凝土封板，但应预留钢筋。
(5)楼面设备及管道孔洞，请密切与建筑及设备专业配合预留，不得事后随意开洞。当楼板内有管线穿过时，板面沿管线走向配450 mm宽Φ6@150双向钢筋网片，已配置双向受力钢筋的部位不再设置。对采用分离式配筋的板，当板短跨尺寸>3.9 m时，板面未配筋区域须设置温度收缩钢筋，板厚>140 mm时，设置Φ6@200双向钢筋网片。
(6)楼面孔洞的处理见图集16G101—1第110、111页；板上部加强筋短跨方向两端锚入板端支座L_a，板下部加强筋短跨方向两端锚入板端支座12d；板加强筋长跨方向从两端洞口边往板内锚入不小于L_a。
(7)当板跨≥4 000时，板跨中应起拱L/400。
(8)当板面标高高于梁顶标高时按图8.2(一)处理；板底比梁底低时按图8.2(二)处理。
(9)框架柱周边板面钢筋伸入板内的长度从柱边算起(图8.2(三))。
(10)墙体直接砌置于板上时板底按图8.2(四)设置加强筋。
(11)挑板上有墙(包括各种材料墙体)，且墙下无梁时，按图8.2(五)所示在墙下设置加强钢筋。
(12)关于板的其他未注明构造均按图集16G101—1执行。
3. 梁：
(1)当梁腹板高度h_w≥450 mm时，图中未标注时，应沿梁高配置纵向构造钢筋(有抗扭纵筋时可不再设置构造钢筋)，腹板高度h_w可大致按图8.3(一)示意采用。
(2)梁侧抗扭钢筋锚入支座内l_{aE}，梁侧构造钢筋锚入支座内15d。
(3)梁按施工规范要求起拱。
(4)梁上预留孔洞：所有梁上除结构图中已注明的孔洞外，不得任意开洞。如确需开洞时须经设计核准并采取加强措施，洞口均需设置套管。对孔径D<200 mm的孔洞处理原则如下：
①梁高h<500 mm时，不允许留孔径超过50 mm的孔洞。
②梁高h≥500 mm时：在征得结构设计人员同意后，梁高中部可以穿管，孔径与梁高关系尺寸应符合图8.3(二)的要求。孔边距支座边及次梁边应大于500 mm。多孔并排穿梁时，孔间净距不小于较大孔径的2倍且不小100 mm。
③孔径小于50 mm的孔边不作加强处理，否则按图8.3(二)作加强处理。
④留孔部位：连梁应在跨中截面，框架梁及次梁应在受力较小处。
(5)当次梁项标高高于主梁时次梁端部负筋锚固按图8.3(三)。
(6)梁边平墙、柱边时，梁纵筋在支座附近按1:25打弯锚入支座内，梁纵筋打弯范围设抗裂钢筋网，详图8.3(四)。
(7)主次梁高度相同时，次梁的下部纵向钢筋应按1:6弯折后置于主梁下部纵向钢筋之上。
(8)梁上托柱或墙时，梁的箍筋应沿托柱、墙范围连续设置，该部位箍筋应加密配置，箍筋直径同梁配箍，间距≤100 mm；加密范围取柱(墙)两侧500 mm以内，柱在梁中插筋范围内配置不少于2个Φ8的箍筋。
(9)梁上柱插筋必须置于梁钢筋内侧，构造要求按图集16G101—1第65页采用，其中l_{ab}改为l_{abE}。
(10)梁上柱当柱边平支撑梁边时构造详图8.3(五)。
(11)关于梁的其他未注明构造均按图集16G101—1执行。

九、填充砌体工程

1. 关于柱的其他未注明构造均按图集16G101—1执行。
内、外墙构造柱的布置详建施图(建施图未表示时，应通知设计处理)，女儿墙(除住宅及女儿墙有具体结构做法外)、阳台砖砌栏板构造柱布置按以下原则：
①下列部位女儿墙设置构造柱：a.墙体转角处；b.每段墙两端；c.当某段墙长度大于2 000 mm时，增设构造柱，间距不大于2 000 mm。
②下列部位阳台栏板设置构造柱：a.墙体转角处；b.每段墙两端，c.当某段墙长度大于3 000 mm时，增设构造柱，间距不大于2 500 mm。
2. 填充墙以下内容及做法要求详见《西南15G701—1》(用于加气混凝土砌块墙)及《西南15G701—3》(用于烧结页岩空心砖墙)。
①材料、砌筑要求、墙体抹灰等要求。
②砌体与钢筋混凝土主体结构及构造柱、边框等的连接构造、砌体墙转角或交接处的连接构造。其中，填充墙沿框架柱全高每隔500~600 mm设拉结筋，拉筋沿墙长全长贯通；其余情况每隔500~600 mm设拉结筋，拉结筋伸入墙内700 mm且不小于1/5墙体长度；墙厚不大于100 mm时拉结筋为1Φ6，墙厚不大于240 mm时拉结筋为2Φ6，墙厚大于240 mm时拉结筋为3Φ6。
③墙中混凝土现浇带(包括较高墙体、开(较)大洞口墙体等)的设置、尺寸、配筋等。
④门窗洞口过梁的设置、尺寸、配筋等；其中门、窗洞口净跨l_n≤2.7 m时，过梁按图集“填充墙过梁表”选用。若结构梁底与门窗洞口过梁有重合时，按图9(一)处理；门、窗洞口净跨2.7 m<l_n≤5.4 m时，过梁按图9(二)采用。
⑤门窗洞口边框的设置、尺寸和配筋，以及除特殊注明外构造柱的配筋。
⑥除特殊注明外的窗裙墙、窗台及窗裙墙构造柱的设置及配筋，除特殊注明外的女儿墙压顶、阳台栏板等；窗台、压顶等建筑实际尺寸与图集尺寸相差小于50 m时，结构做法参照图集施工。
⑦加气混凝土墙体应有防裂措施。
3. 所有非承重墙体所在位置不得任意移动，若要新增隔墙或移位时，必须通知设计院，经认可后方能实施。
4. 当洞边距混凝土墙柱小于250 mm时，过梁改为现浇，在柱(墙)内预埋钢筋或植筋。
5. 当相互垂直的门洞相距太近，采用预制过梁无法同时满足支承长度时，过梁改为整体现浇，将一个方向过梁纵筋锚入另一过梁内。
6. 混凝土与砌体接缝处及砌体墙上开槽(洞)处两侧各150 mm范围抹灰前挂Φ1.0孔径20 mm镀锌钢丝网，楼梯间和人流通道填充墙抹灰前应满挂Φ1.0孔径20镀锌钢丝网。砌体墙上的开槽(洞)，挂网前必须先用C20细石混凝土灌实墙上槽(洞)后方可进行。
7. 采用加气混凝土砌块且砌块体积密度为B07级时，参照B06级采用。
8. 楼梯间隔墙构造柱的设置：除墙两端外，当墙体长度大于高度时，中间增设构造柱。楼梯间及人流通道填充墙，应采用钢丝网砂浆面层加强：填充墙两面均沿墙全长贯通设置30 mm厚M5钢丝网砂浆面层，挂网材料采用规格0.8 m厚，9 mm×25 mm的热镀锌钢丝网，用钢钉(直径不小于4 mm，埋深不小于40 mm，间距不大于100 m)固定在混凝土墙柱上，钢丝网与填充墙的拉结做法详西南15G701—3第31页的做法。
9. 砌体部分施工质量控制等级为B级。

十、其他

1. 图中所示标高均为结构标高。
2. 图中所有尺寸，除标高以米计外，其余以毫米计。
3. 凡外露钢铁件必须在除锈后涂两道防锈漆，面漆详见建施，并注意定期维护。
4. 本图应经过施Ⅰ图审查合格后方可用于施工。
5. 图中直径Φ6(HPB300)的钢筋实际直径为Φ6.5。
6. 本工程应在施工期间及使用期间进行变形观测，沉降观测点设置在建筑四周角部。观测周期、观测时间、基准点等观测要求详见《建筑变形测量规范》及相关规范、规程。当建筑变形异常或出现裂缝时，应增加观测次数，并及时通知设计单位。
7. 结构层高、混凝土强度立面示意详平面图。
8. 在施工中，当需要以强度等级较高的钢筋替代原设计中的纵向受力筋时，应按照钢筋受拉承载力设计值相等的原则换算，并应满足最小配筋率、钢筋间距、挠度裂缝的要求。
9.《重庆市建设领域禁止、限制使用落后技术通告》(2019年版)、《重庆市房屋建筑和市政基础设施工程质量常见问题防治要点》(2019年版)且严格执行《重庆市房屋建筑和市政基础设施工程质量常见问题防治要点》(2019年版)。

十一、施工安全

1. 施工单位应按照国务院《建筑工程安全生产管理条例》要求组织施工，根据本工程具体情况，制订有针对性的安全技术措施。
2. 平场及基坑开挖注意事项：
施工前应根据地勘报告对场地的描述及所提供的边坡岩土参数，编制有针对性的平场及基坑开挖施工方案，应特别注意调查了解场地周边已有边坡及建筑物的情况，平场及基坑开挖不得影响已有边坡及建筑物的安全。

实训案例			B5_ZH_STR_2F 配送调度综合楼	
班　　级	×××	结构设计总说明	图号	01
学　　生	×××		图别	结施
指导教师	×××		日期	22/11/30

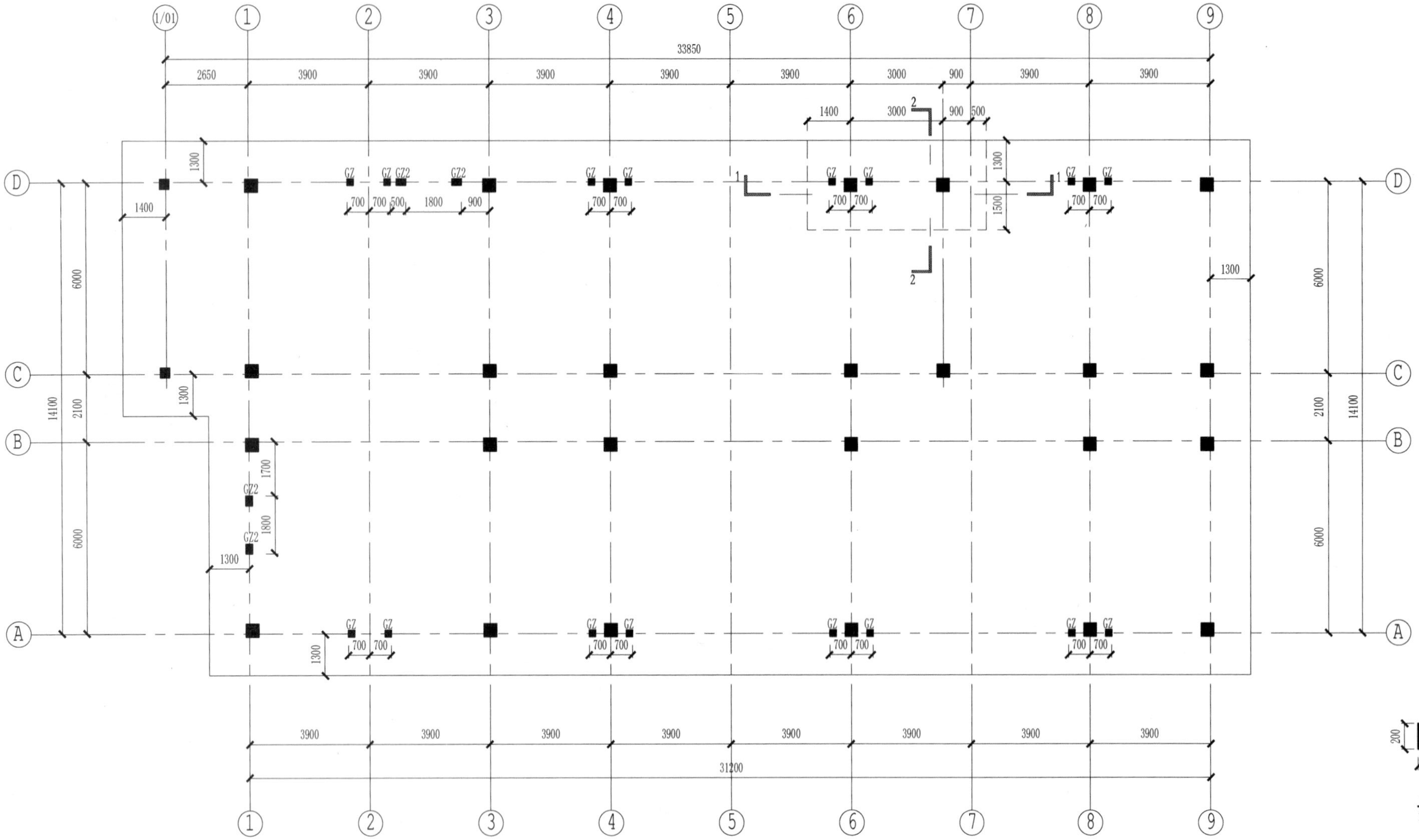

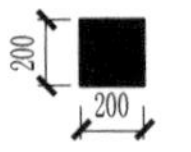

GZ
1:25

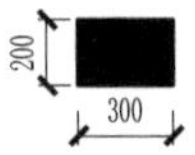

GZ2
1:25

基础设计说明：
一、本工程基础设计依据重庆川东南地质工程勘察设计院2019年1月提供的《中石油××配送中心项目工程地质勘察报告》（详细勘察）进行。
二、本工程建筑场地为Ⅲ类场地，安全等级二级，地基基础设计等级为乙级。
三、本工程±0.000相应的绝对标高详建施图。
四、主楼基础采用平板式筏板基础，基础顶标高详见基础平面布置图。采用压实处理地基，地基承载力特征值f_{ak}不小于180 kPa。基础底面均设置100 mm厚C15混凝土垫层，每边宽出基础不小于100 mm。
五、基础材料：
混凝土——筏板：C30筏板垫层：C15；
标高+0.000以下部分采用抗渗混凝土，抗渗等级P6。
六、保护层：
筏板：底部50 mm（设有垫层），板顶部30 mm；
地下室侧墙：挡土侧50 mm（考虑防水），临空侧25 mm。
七、本工程基础表达方式参考图集16G101—3，未特别注明的构造做法按该图集。
八、筏板混凝土：
1.基础大体积混凝土施工应合理选择混凝土配合比，宜选用水化热低的水泥、渗入适当微膨剂、控制水泥用量，并应作好养护和温度测量。混凝土内部温度与表面温度的差值、混凝土外表面和环境温度差值均不超过25 ℃。
2.本工程大体积筏板施工时采用跳仓施工方法，即按一定时间间隔、分区分格、间隔、跳仓浇注混凝土。
九、筏板厚度及标高变化处钢筋构造要求详见图集16G101—3第92页。
十、基础施工过程中应采取可靠措施作好场地及周边地下水和地面水的排放工作，防止地表水流入基坑、基槽内，基槽应清理干净，无积水。
十一、基础分别挖至设计标高或持力层时，请通知甲方会同勘察、监理、设计及有关质监人员共同验槽。如出现与地质资料不符或其他异常情况，应及时通知相关单位，以便共同研究解决。
十二、回填要求：基坑及地下室侧壁应采用集配良好的土夹石进行回镇，石子占全重40%~50%，并分层回填夯实，每层厚度不大于300 mm，压实系数≥0.94，回填土的等值内摩擦角不小于35°。基础周边应对称均匀回填夯实。
十三、设备洞口及预埋管线详见设备图，浇注混凝土前各专业应密切配合避免遗漏。所有需穿越结构构件的管道，必须配合相应工种施工图预埋套管或预留孔洞，不允许事后开槽打洞。
十四、按相关规范设置沉降观测点进行沉降观测。
十五、除上述说明外施工尚应符合国家现行有关的操作规程及施工验收规范要求。

基础平面布置图1:100

注：
1.主楼基础采用450 mm厚平板式筏板基础。
2.筏板的顶标高为-0.700 m；回填覆土厚度不得大于0.700 m。
3.筏板基础下有100 mm厚垫层，垫层各边比筏板基础宽100 mm。

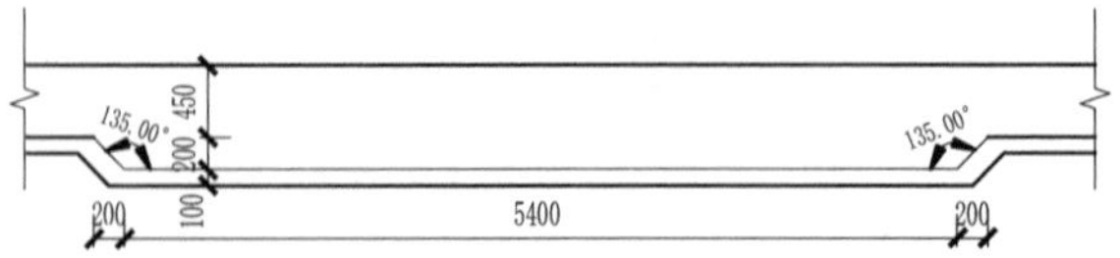

1—1
1:50

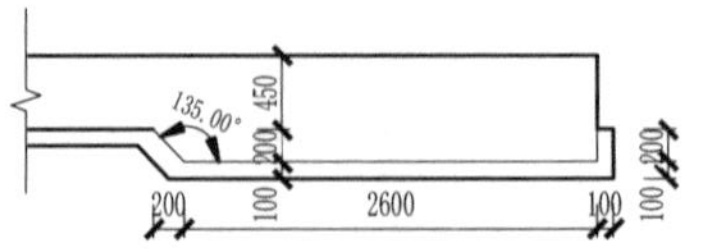

2—2
1:50

实训案例			B5_ZH_STR_2F 配送调度综合楼	
班　级	×××	基础平面布置图	图号	02
学　生	×××		图别	结施
指导教师	×××		日期	22/11/30

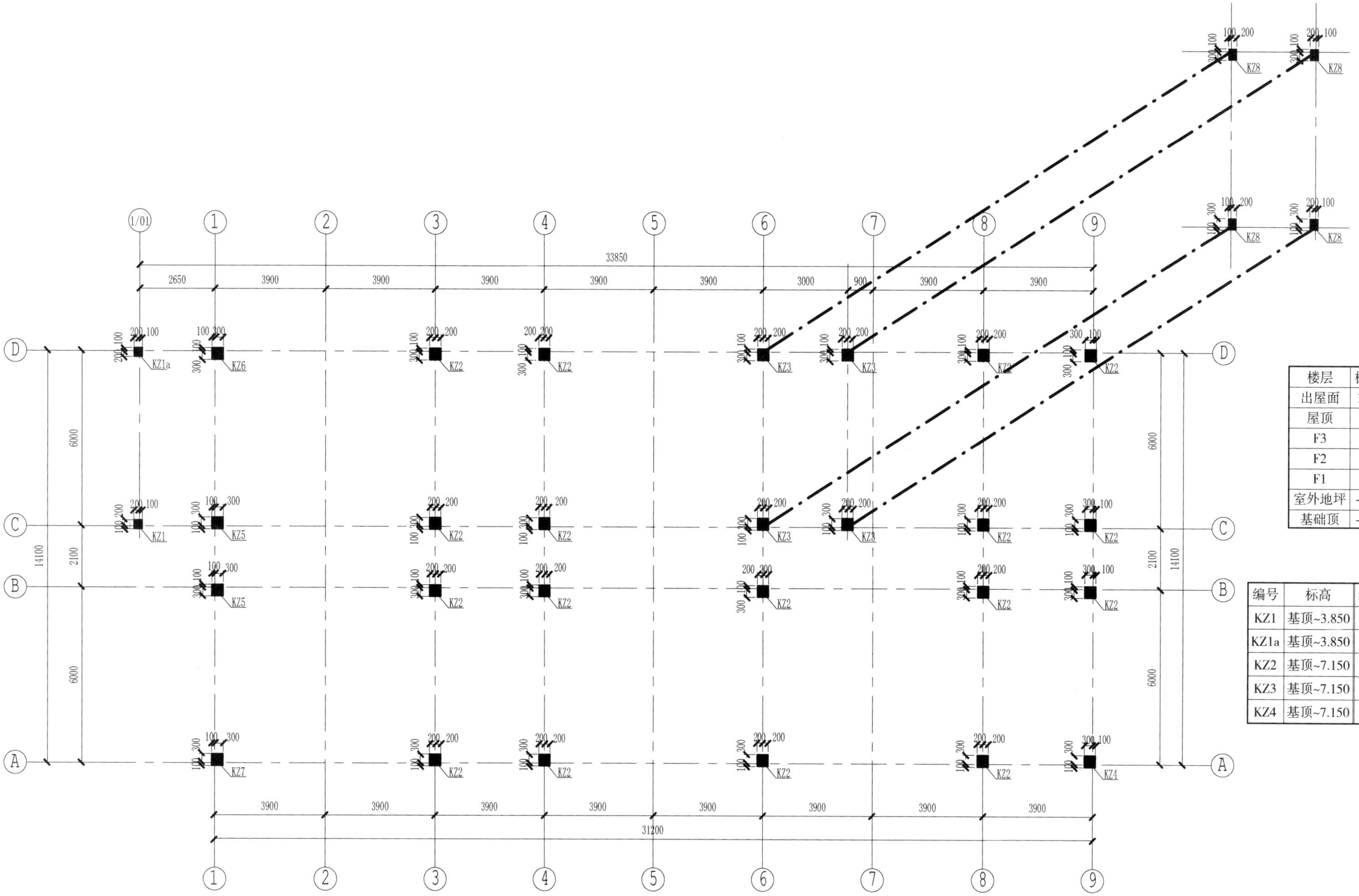

柱平面图1:100

楼层	标高/m
出屋面	10.150
屋顶	8.800
F3	7.150
F2	3.850
F1	0.000
室外地坪	−0.300
基础顶	−0.700

编号	标高	编号	标高
KZ1	基顶~3.850	KZ5	基顶~7.150
KZ1a	基顶~3.850	KZ6	基顶~7.150
KZ2	基顶~7.150	KZ7	基顶~7.150
KZ3	基顶~7.150	KZ8	7.150~10.150
KZ4	基顶~7.150		

实训案例		B5_ZH_STR_2F 配送调度综合楼		
班　级	×××	柱平面图	图号	03
学　生	×××		图别	结施
指导教师	×××		日期	22/11/30

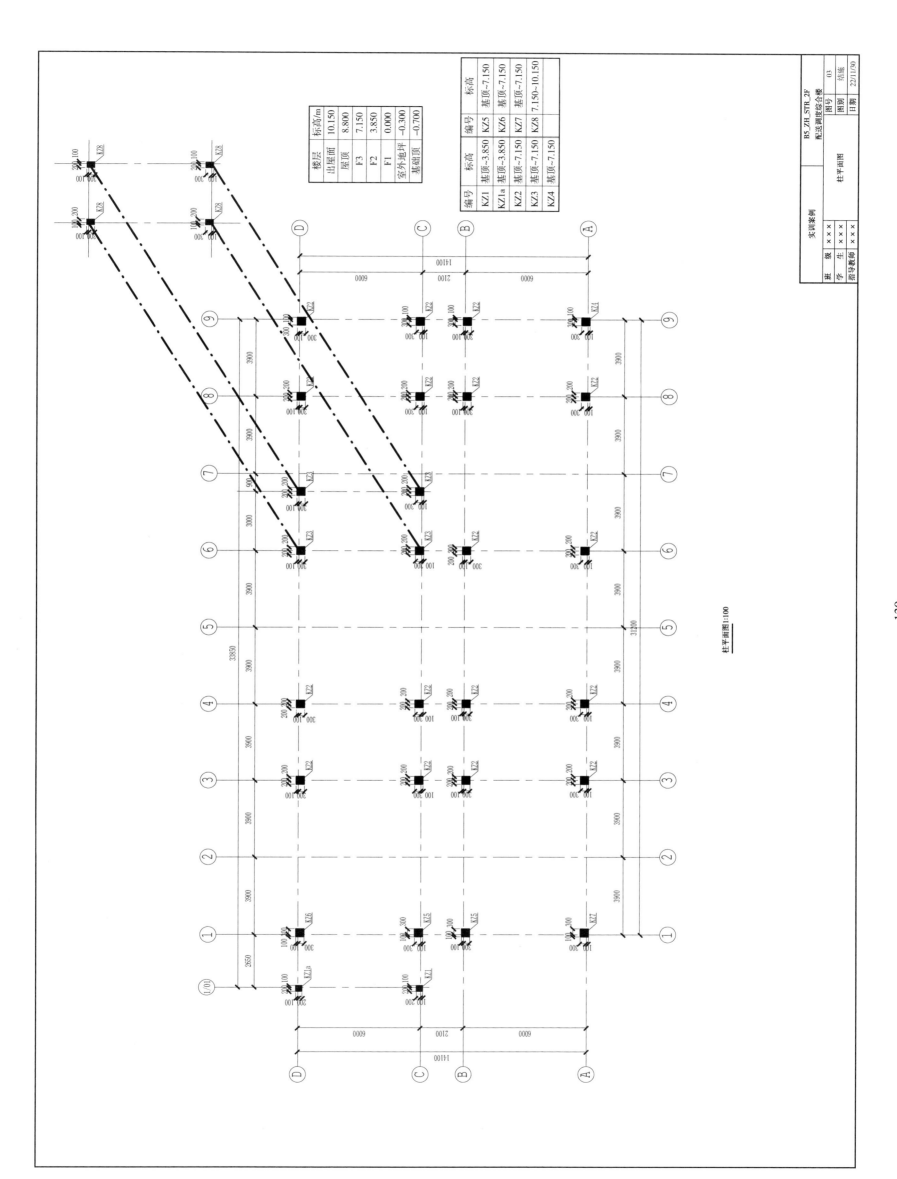

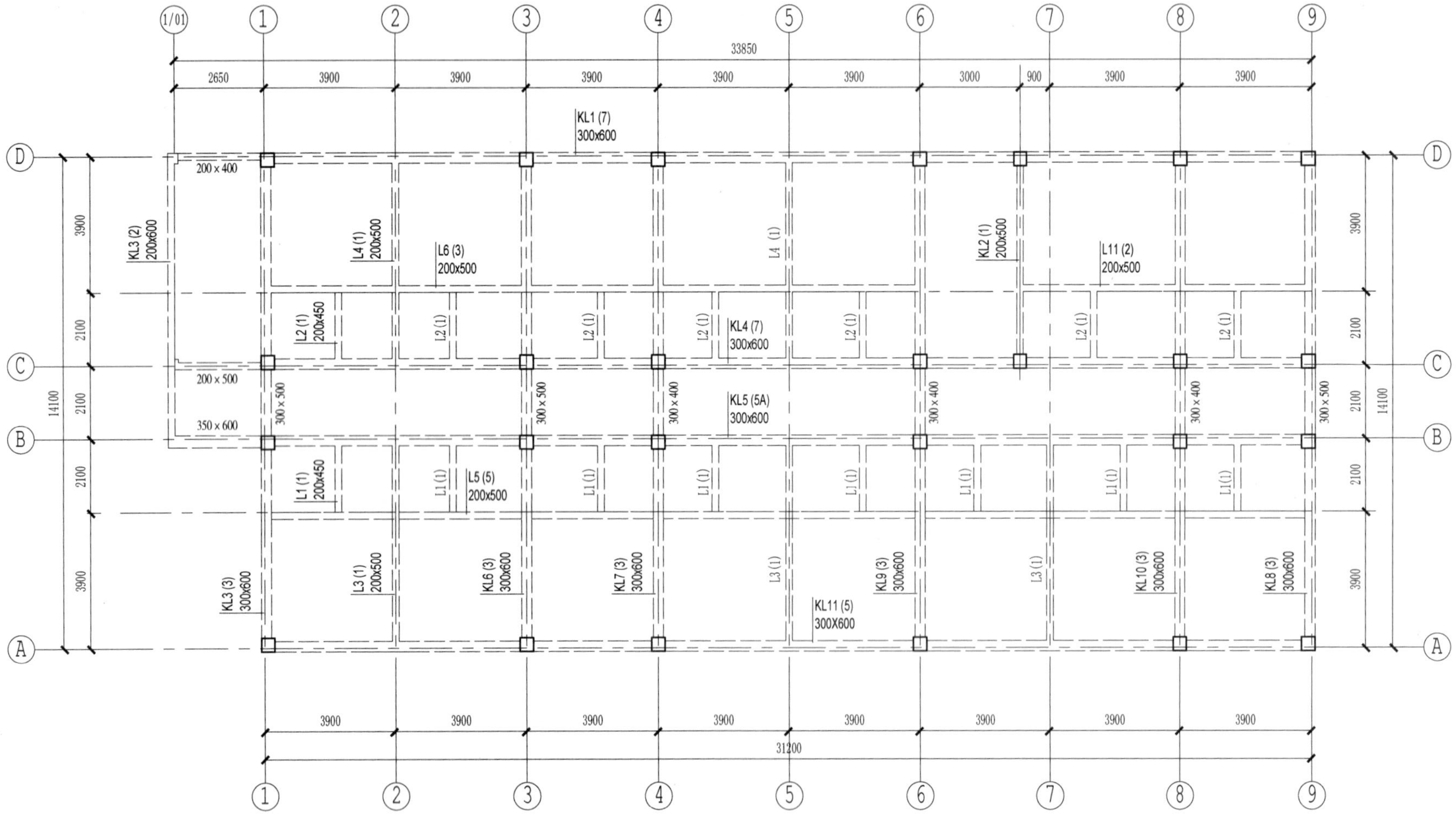

二层梁平面图1:100　H=3.850

梁附注:
1. 梁项标高同板面标高。
2. 本图需配合图集16G101—1使用。
3. 非框架梁箍筋标注加密区时，加密区范围图集按16G101—1第88页框架梁取值。
当框架梁支座为梁时，此框架在该支座纵筋锚固按非框架梁要求执行。
4. 当梁腹板高度超过450 mm且未注明梁腰筋时，应参照总说明设置梁侧面纵向构造钢筋。
5. 未注明梁标高为H，有两个标高则代表在相应标高上都有梁。
6. 其他要求见结构设计总说明。

实训案例		B5_ZH_STR_2F 配送调度综合楼	
班　级	×××	二层梁平面图	图号 04
学　生	×××		图别 结施
指导教师	×××		日期 22/1/30

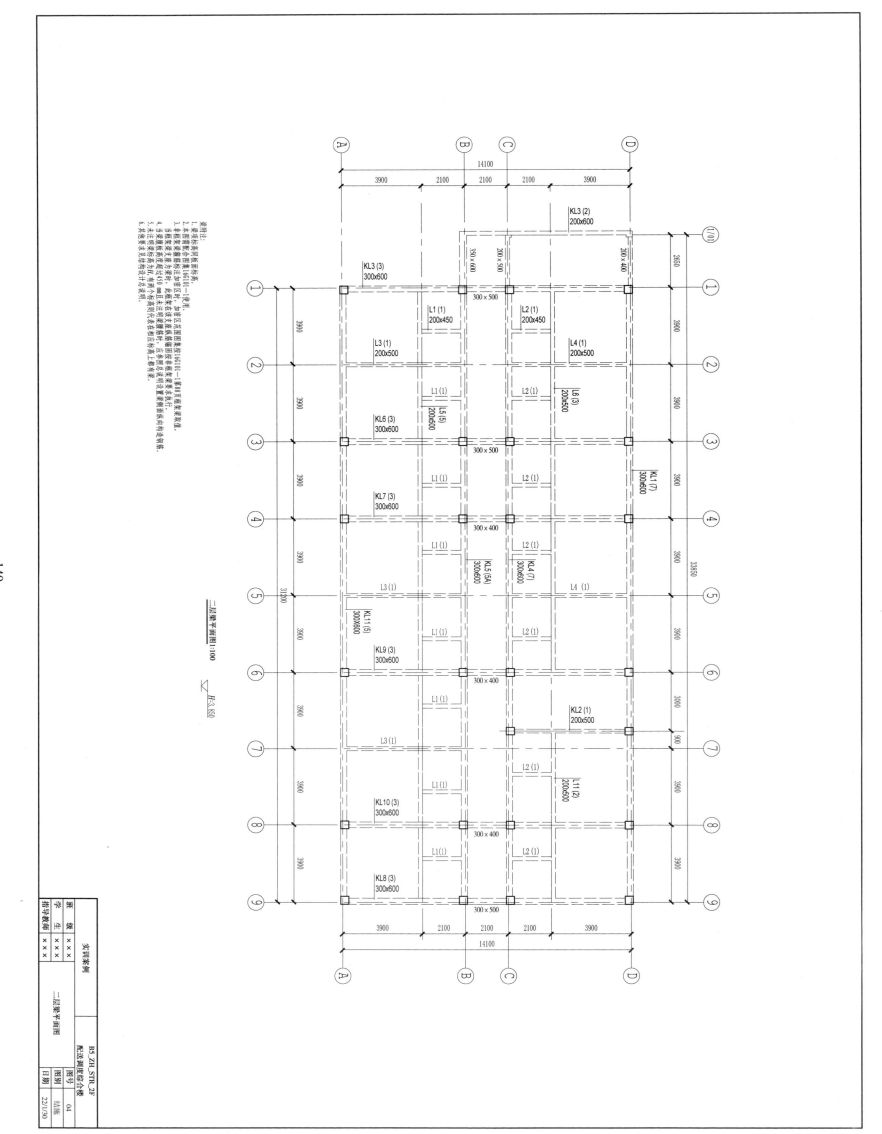

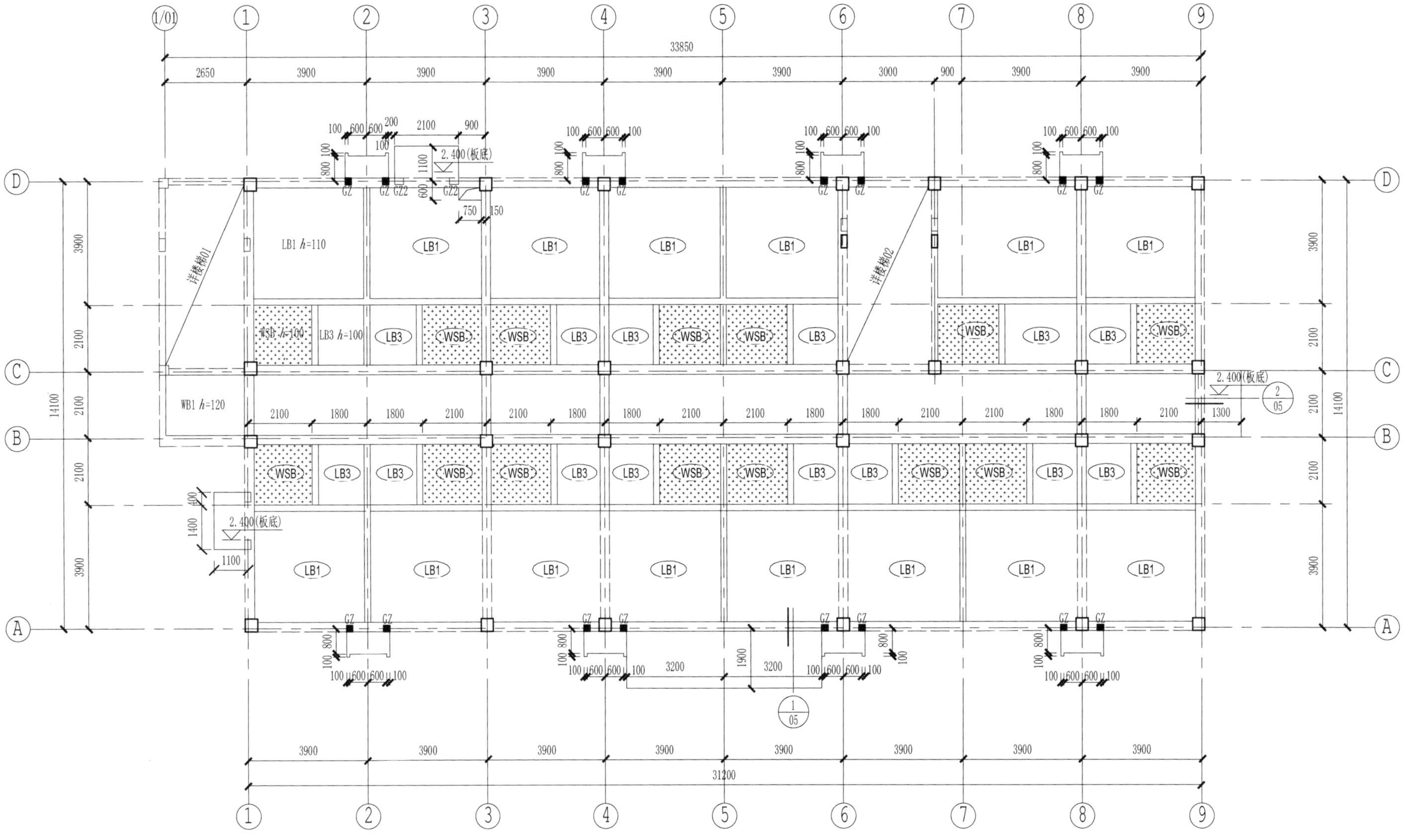

二层板平面图1:100

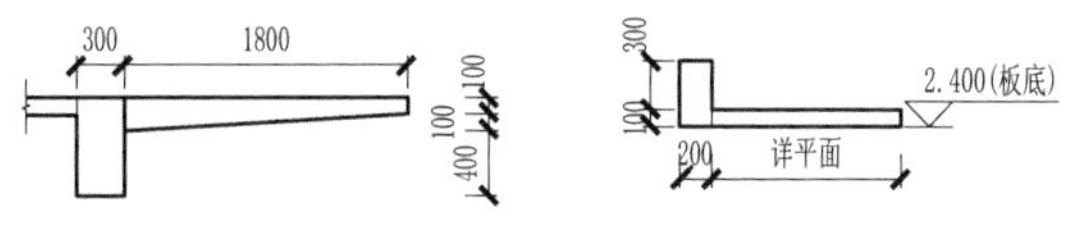

① 1:50

② 1:50

楼梯附注：
1. 本图板面标高及其他内容需配合结构模板图使用。
2. 本图需配合图集16G101—1使用。
3. [网点图例] 表示该区域楼板标高为H=350 mm;
4. 预留预埋配合相关专业图纸施工。
5. 其他要求见结构设计总说明。

实训案例		B5_ZH_STR_2F 配送调度综合楼		
班　级	×××	二层板平面图	图号	05
学　生	×××		图别	结施
指导教师	×××		日期	22/11/30

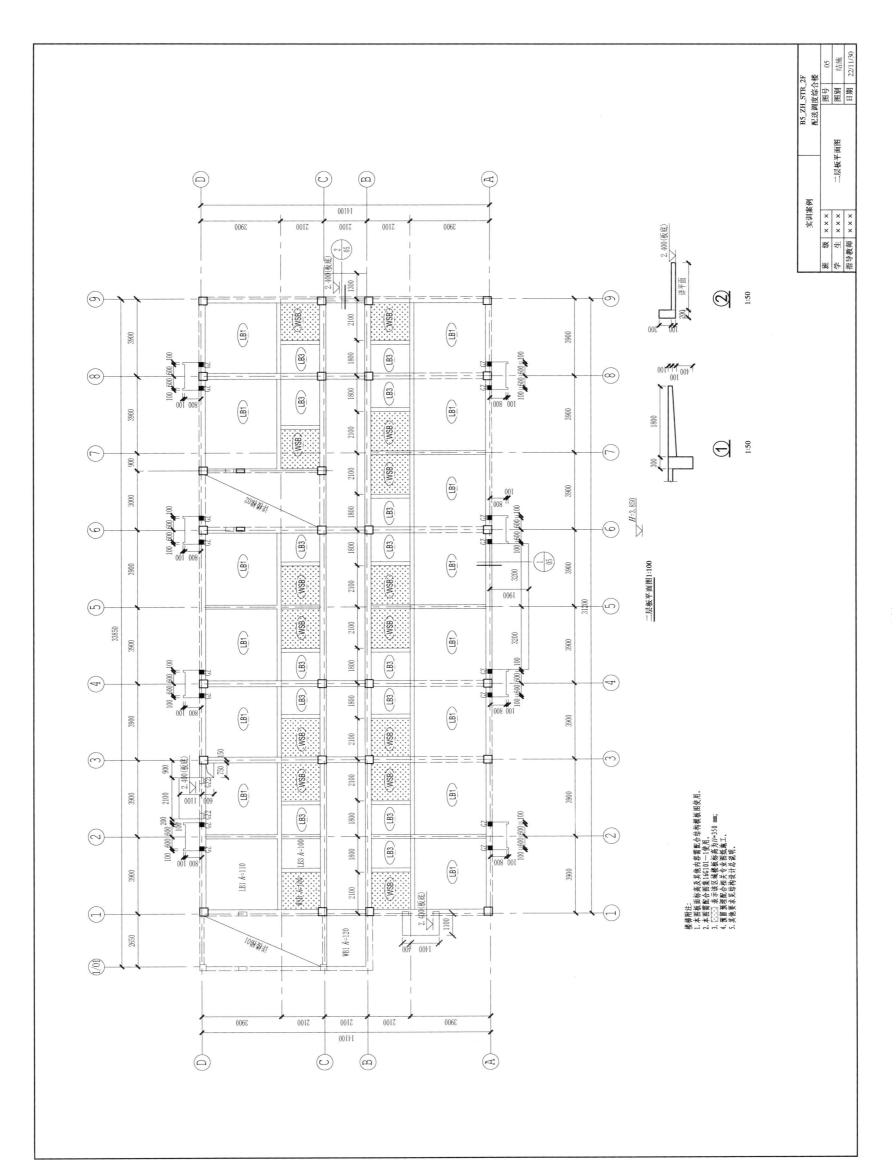

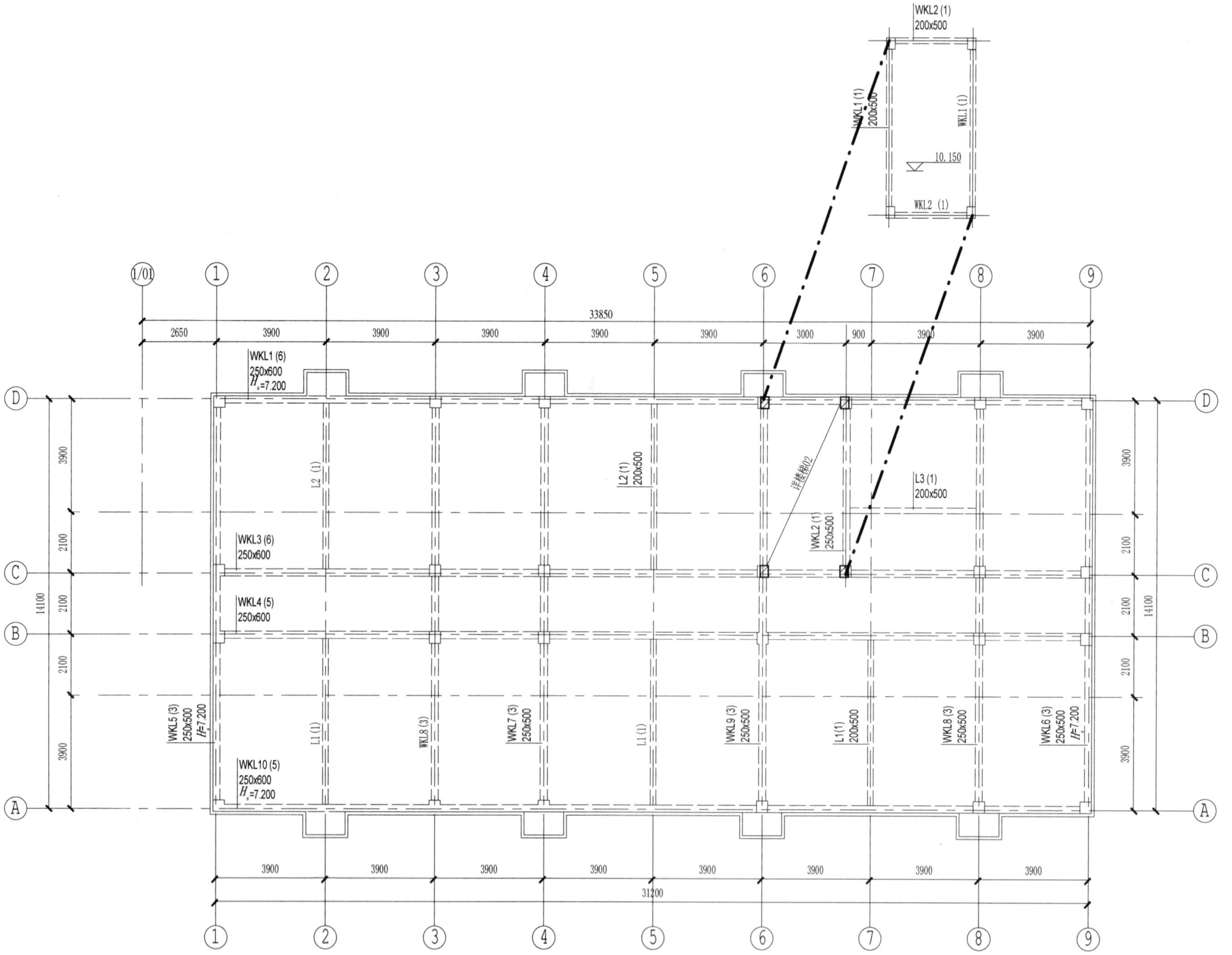

梁附注：
1. 梁顶标高同板面标高。
2. 本图需配合图集16G101—1使用。
3. 非框架梁箍筋标注加密区时，加密区范围按图集16G101—1第88页框架梁取值；当框架梁支座为梁时，此框架在该支座纵筋锚固按非框架梁要求执行。
4. 当梁腹板高度超过450 mm且未注明梁腰筋时，应参照总说明设置梁侧面纵向构造钢筋。
5. 未注明梁标高为*H*，有两个标高则代表在相应标高上都有梁。
6. 其他要求见结构设计总说明。

三层梁平面图1:100　　*H*=7.150

实训案例		B5_ZH_STR_2F 配送调度综合楼	
班　级	×××	三层梁平面图	图号	06
学　生	×××		图别	结施
指导教师	×××		日期	22/11/30

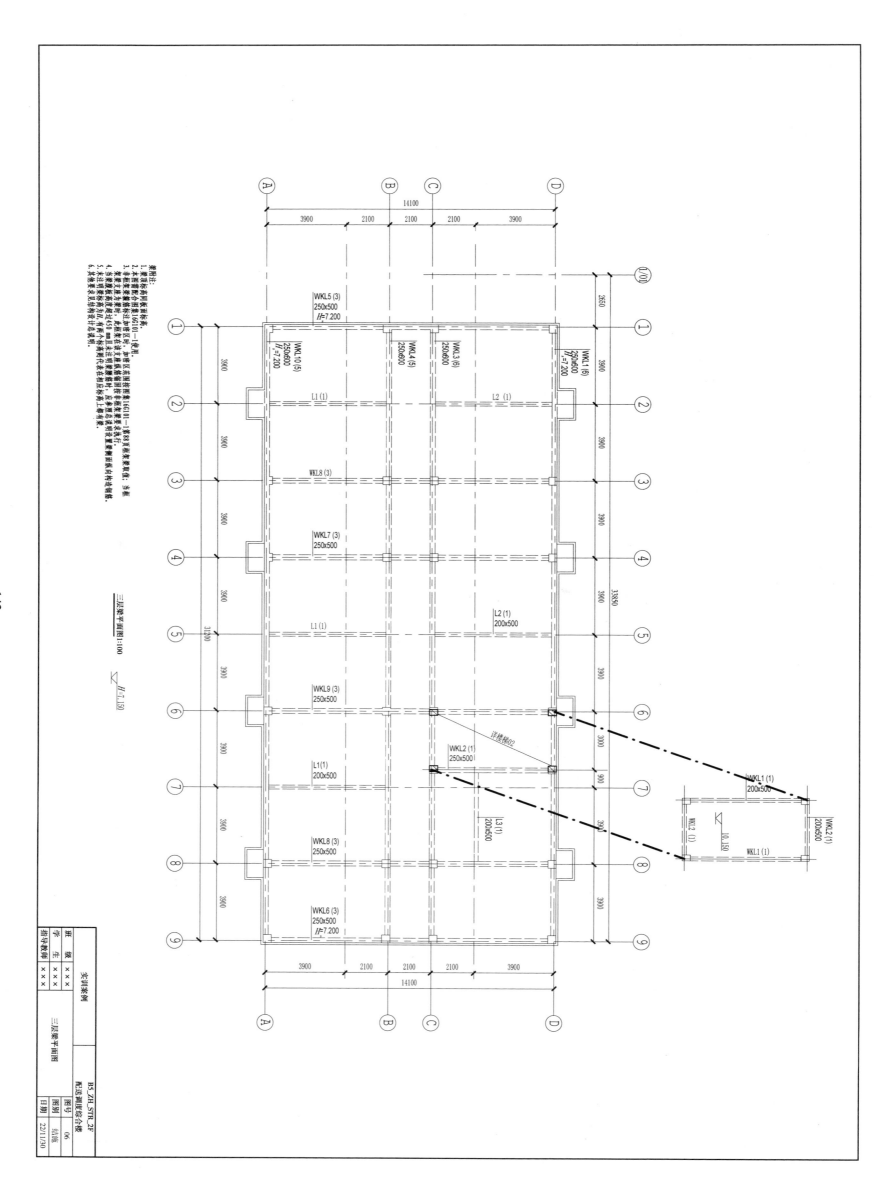

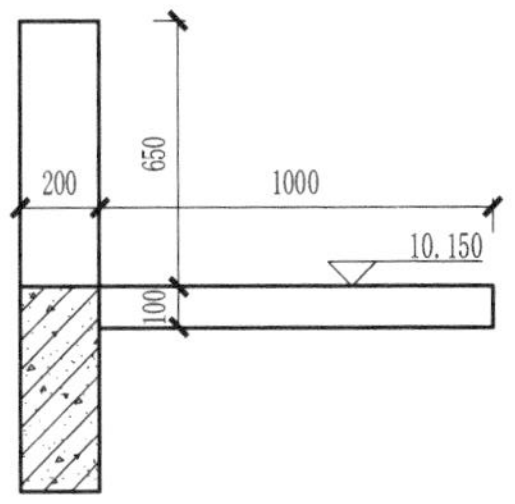

①
1:20

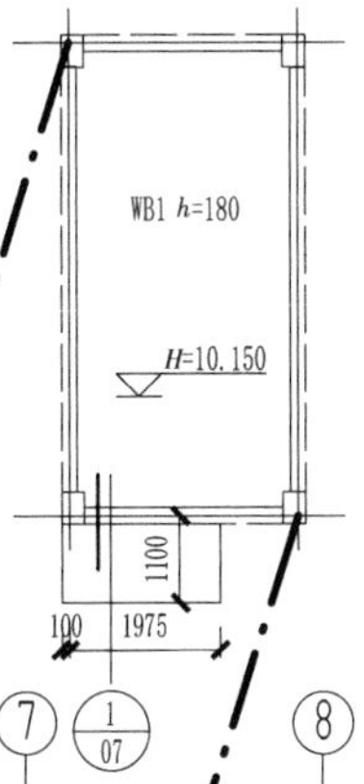

楼梯附注:
1.本图板面标高及其他内容需配合结构楼板图使用。
2.本图需配合图集16G101—1使用。
3.预留预埋配合相关专业图纸施工。
4.其他要求见结构设计总说明。

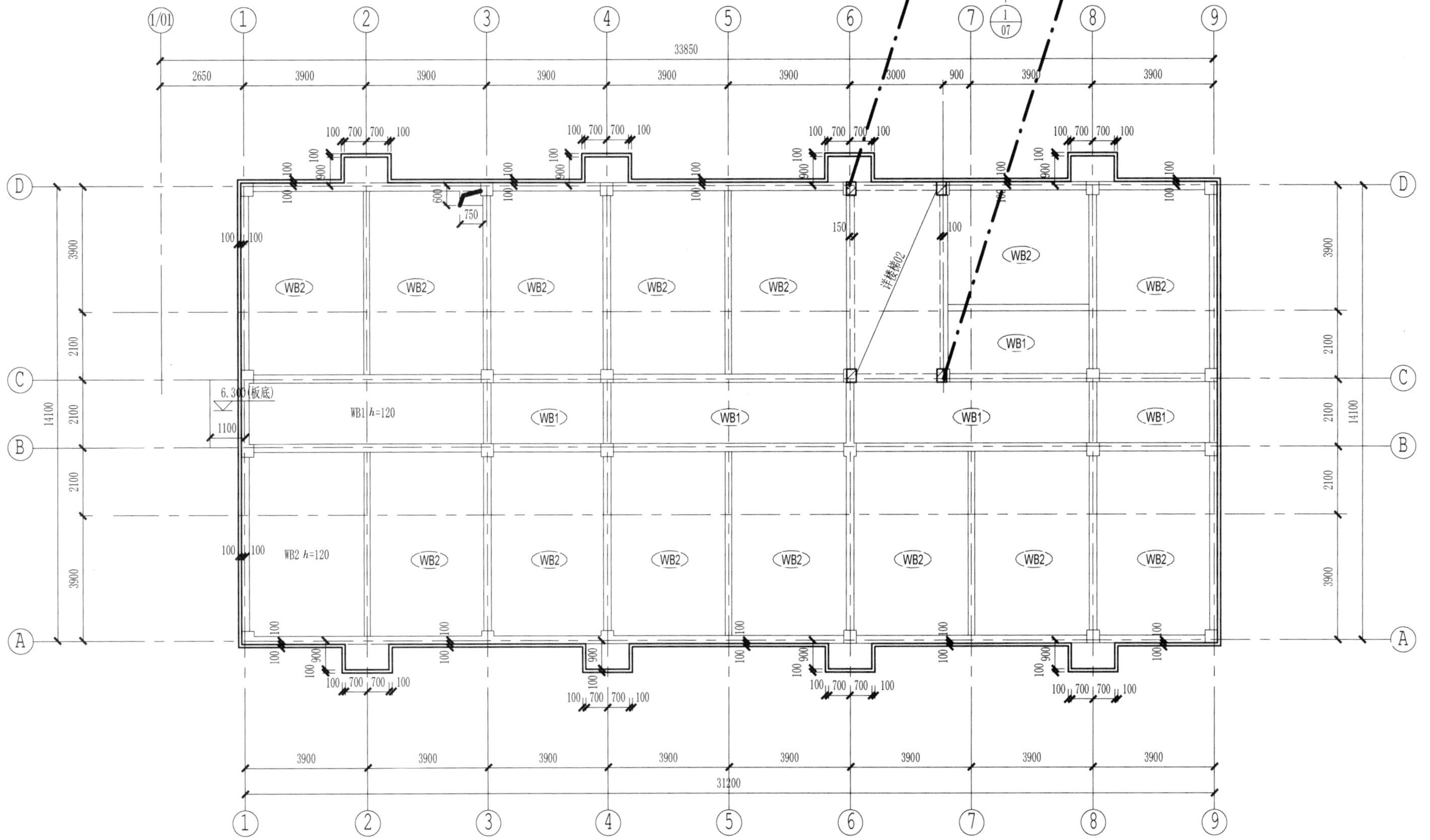

三层板平面图1:100 H=7.150

实训案例			B5_ZH_STR_2F 配送调度综合楼	
班 级	×××	三层板平面图	图号	07
学 生	×××		图别	结施
指导教师	×××		日期	22/11/30

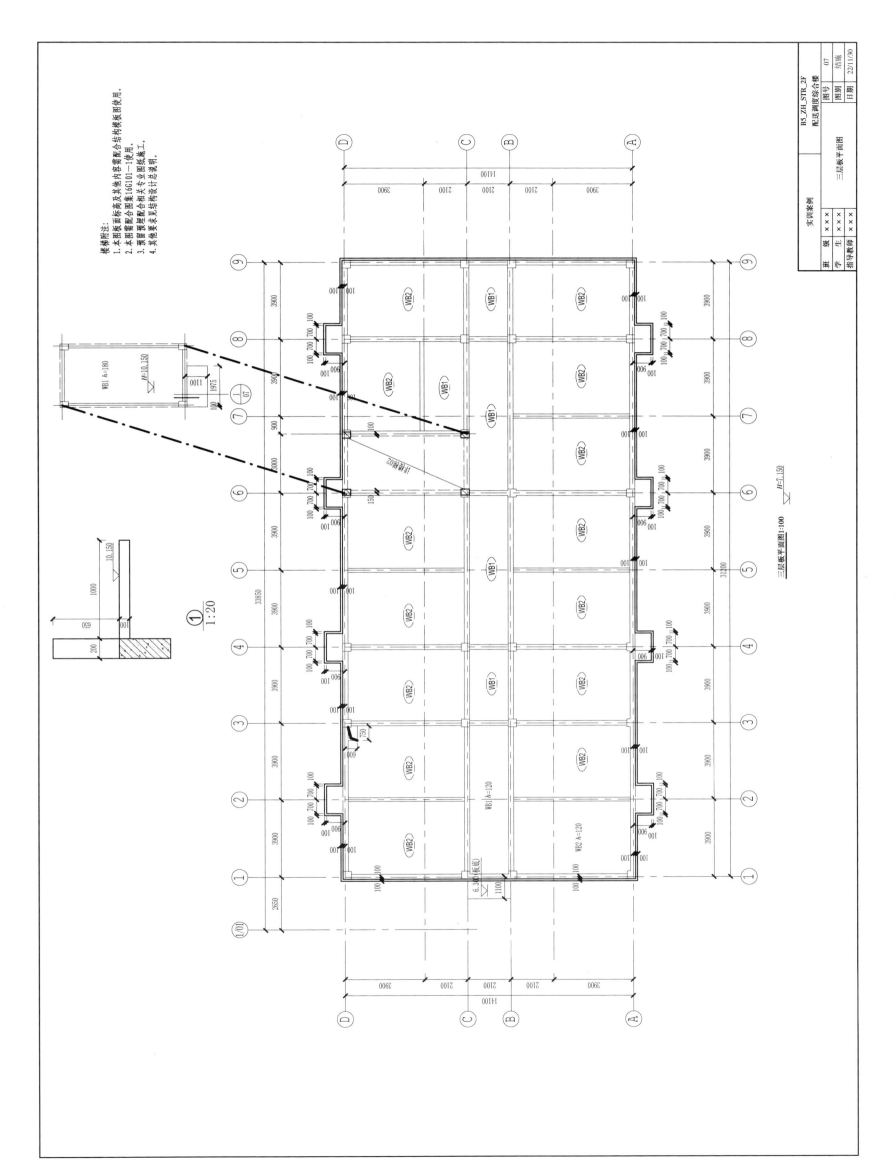

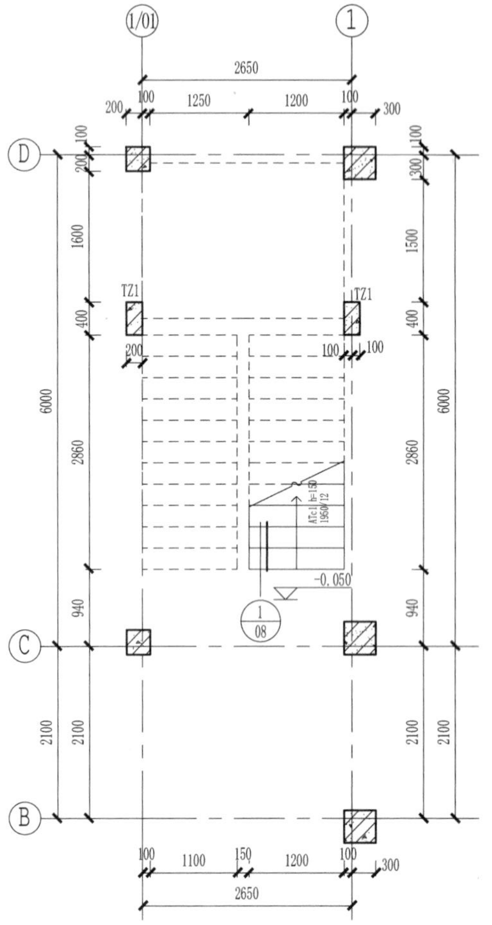

01#楼梯-0.050 m标高平面图1:50

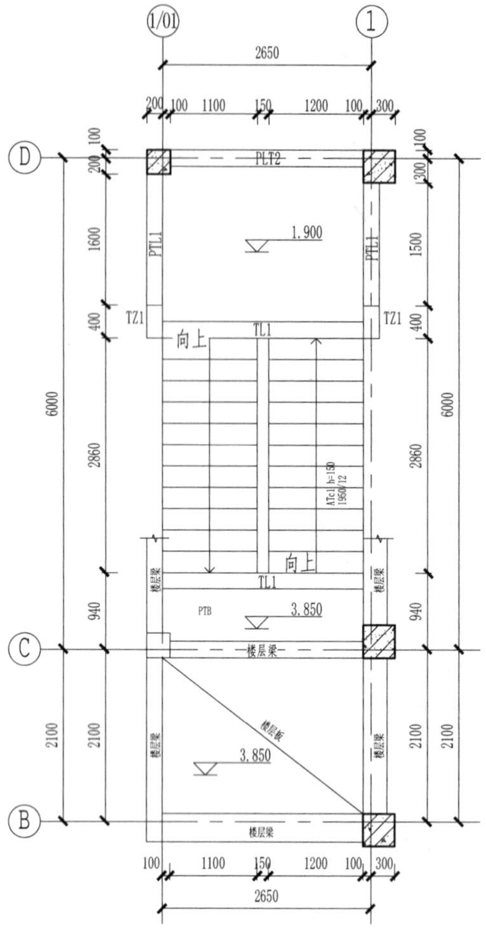

01#楼梯3.850 m标高平面图1:50

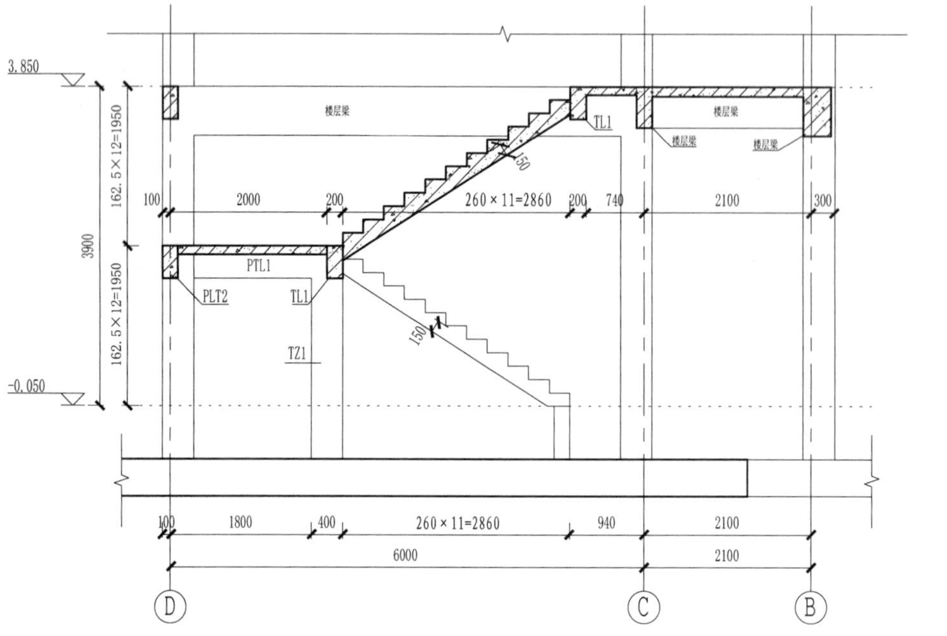

01#楼梯剖面图1:50

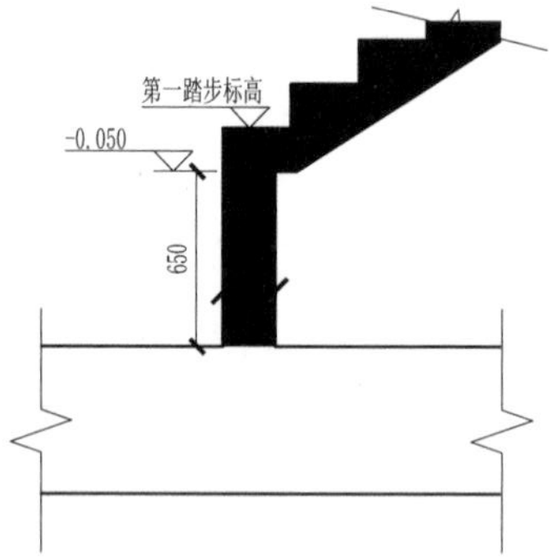

1/08 楼梯起步做法1:25

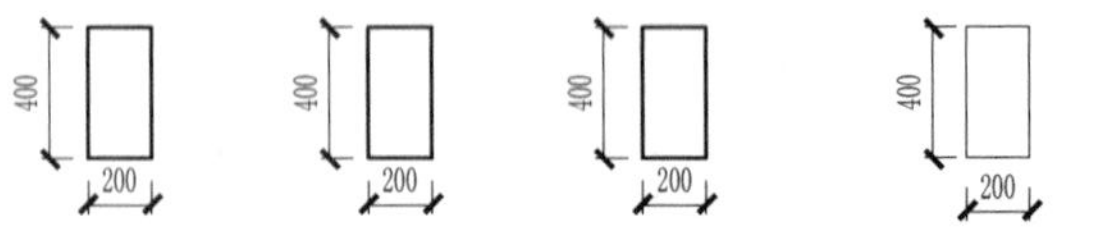

TL1 1:25　PTL1 1:25　PTL2 1:25　TL1 1:25

附注:
1. 梁、板、柱混凝土强度等级为C30。
2. 使用环境类别:二a类;抗震等级三级。
3. 单位:标高为米,其余均为毫米。
4. 固定楼梯栏杆的预埋件及其埋设位置应按建施有关图纸施工。
5. 钢筋保护层厚度:TLx、PTL-x为25, TZx为30。
6. 楼梯平台板(PTBx)除特别注明外,板厚取100 mm。
7. 楼梯应在放样确认无误后方可进行施工。
8. TL定位,除注明外均与轴线中线重合或轴线与梁边平齐。
9. 其余详结构总说明。
10. 钢筋均采用符合抗震性能要求的热轧钢筋(钢筋的抗拉强度实测值与强度实测值的比值不应小于1.25;钢筋的屈服强度实测值与屈服强度标准值的比值不应大于1.3,且钢筋在最大拉力下的总伸长率不应小于9%)。

实训案例		B5_ZH_STR_2F 配送调度综合楼		
班　级	×××	01#楼梯详图	图号	08
学　生	×××		图别	结施
指导教师	×××		日期	22/11/30

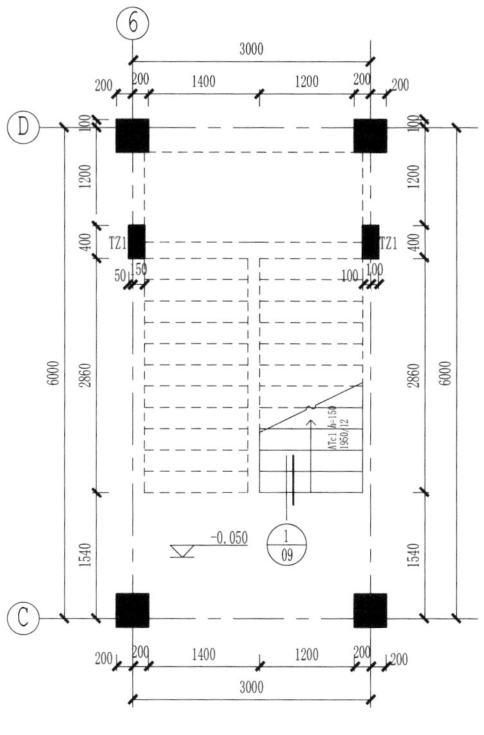

02#楼-0.050 m标高平面图1:50

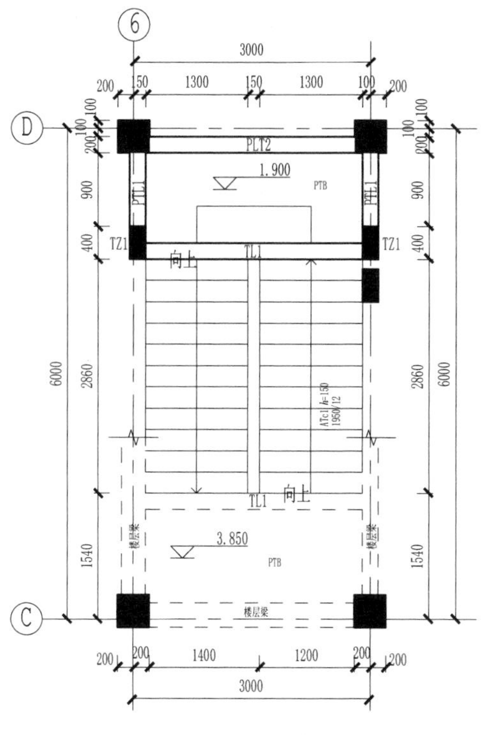

02#楼梯3.850 m标高平面图1:50

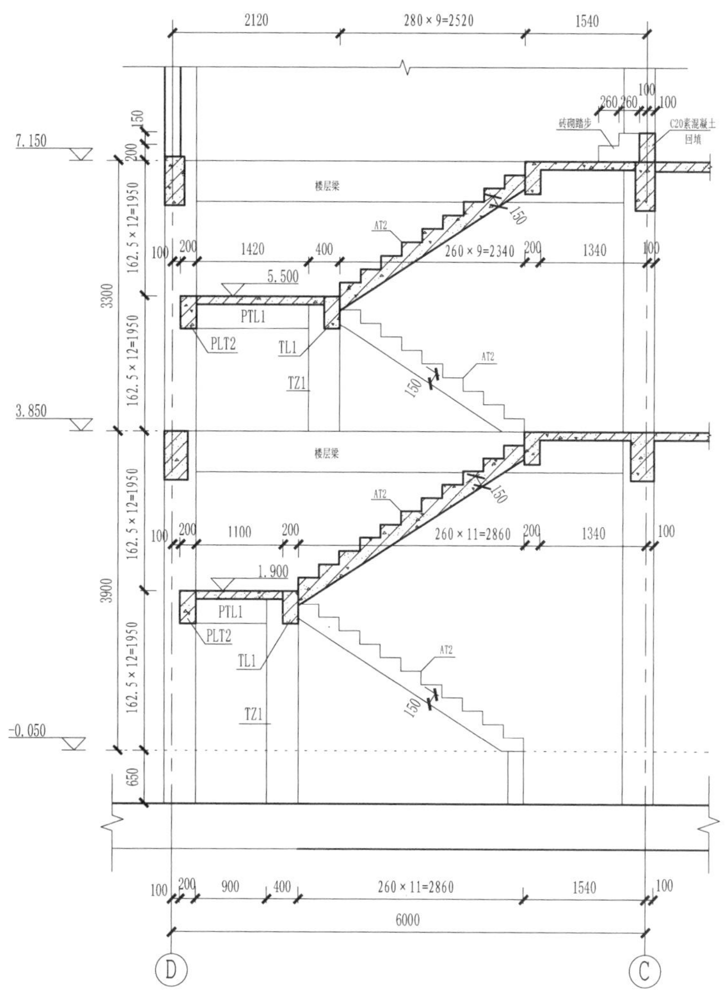

2#楼梯剖面图1:50

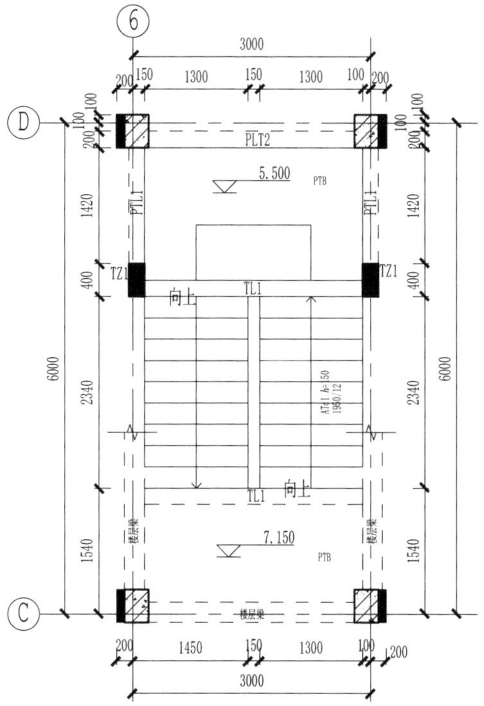

02#楼梯7.150 m标高平面图1:50

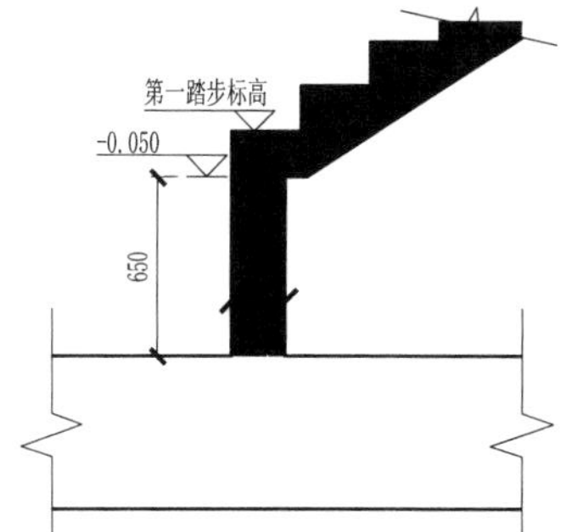

1/09 楼梯起步做法1:25

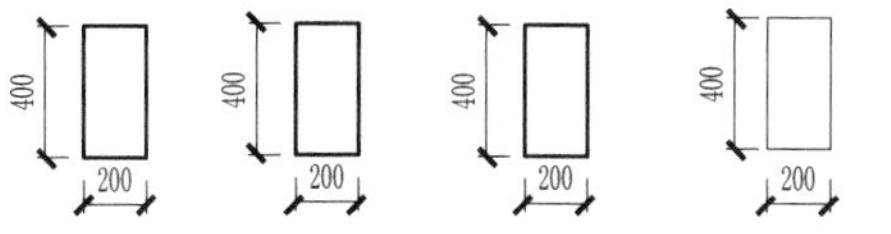

TL1 1:25　PTL1 1:25　PTL2 1:25　TZ1 1:25

附注:
1. 梁、板、柱混凝土强度等级为C30。
2. 使用环境类别:二a类;抗震等级三级。
3. 单位:标高为米,其余均为毫米。
4. 固定楼梯栏杆的预埋件及其埋设位置应按建施有关图纸施工。
5. 钢筋保护层厚度:TLx、PTL-x为25, TZx为30。
6. 楼梯平台板(PTBx)除特别注明外,板厚取100 mm。
7. 楼梯应在放样确认无误后方可进行施工。
8. TL定位,除注明外均与轴线中线重合或轴线与梁边平齐。
9. 其余详结构总说明。
10. 钢筋均采用符合抗震性能要求的热轧钢筋(钢筋的抗拉强度实测值与强度实测值的比值不应小于1.25;钢筋的屈服强度实测值与屈服强度标准值的比值不应大于1.3,且钢筋在最大拉力下的总伸长率不应小于9%)。

实训案例		B5_ZH_STR_2F 配送调度综合楼	
班　级	×××	02#楼梯详图	图号 09
学　生	×××		图别 结施
指导教师	×××		日期 22/11/30

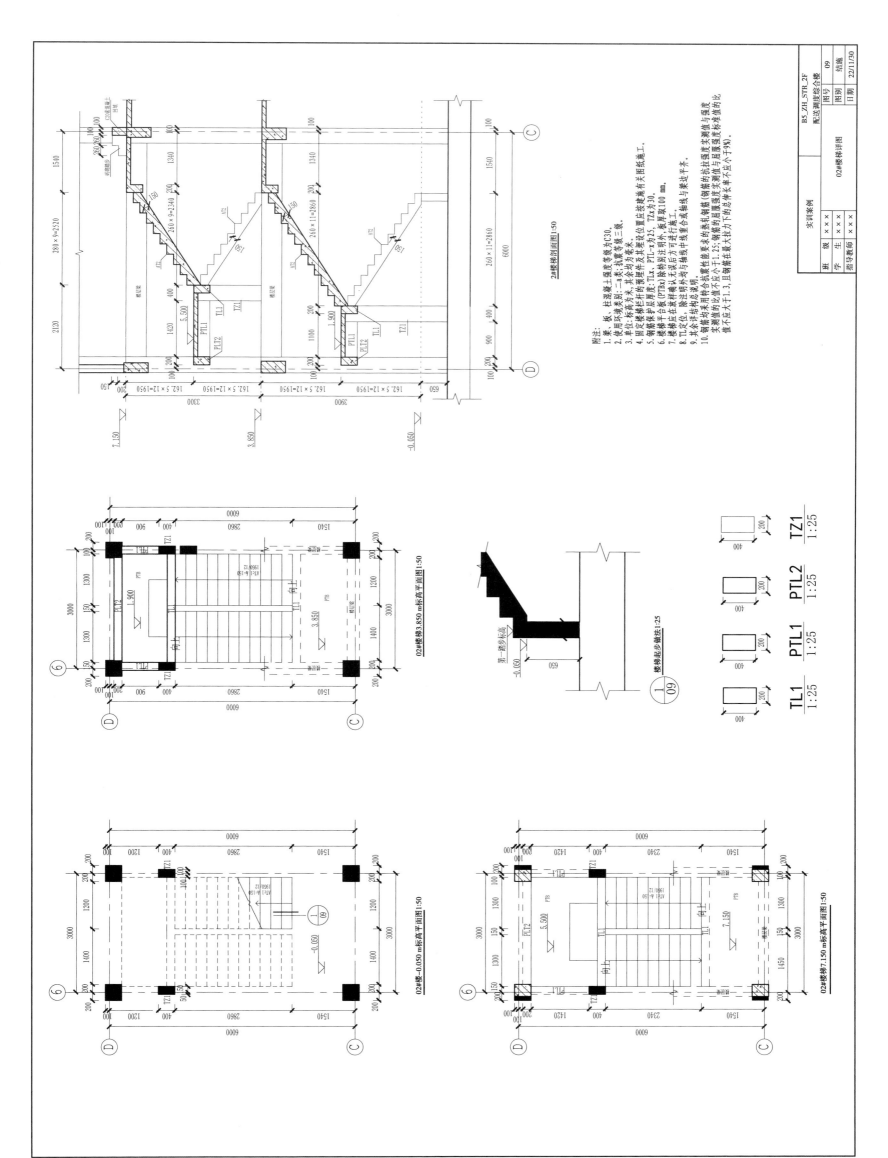

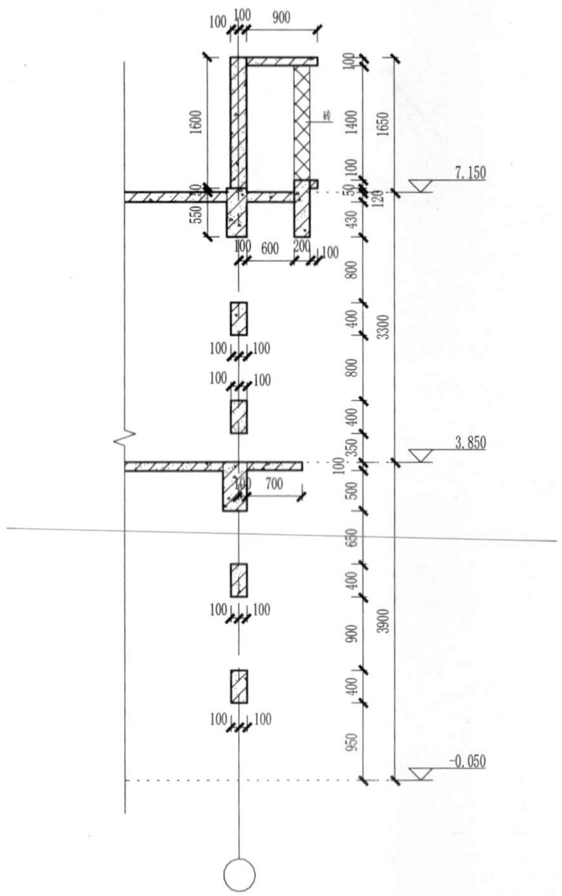

墙身大样1 1:50

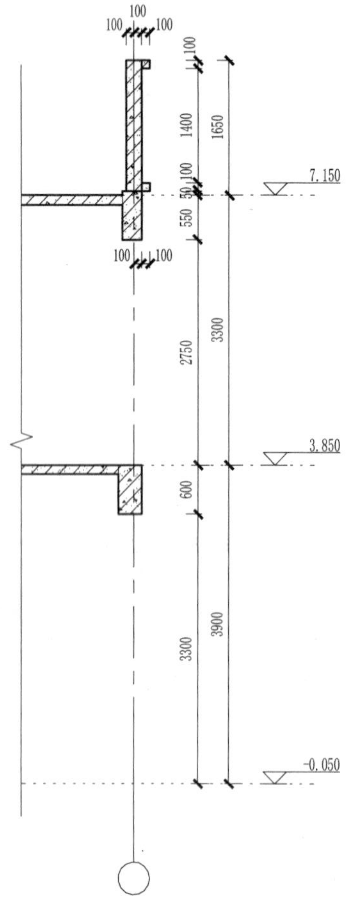

墙身大样2 1:50

实训案例			B5_ZH_STR_2F 配送调度综合楼	
班　级	×××	墙身大样	图号	10
学　生	×××		图别	结施
指导教师	×××		日期	22/11/30

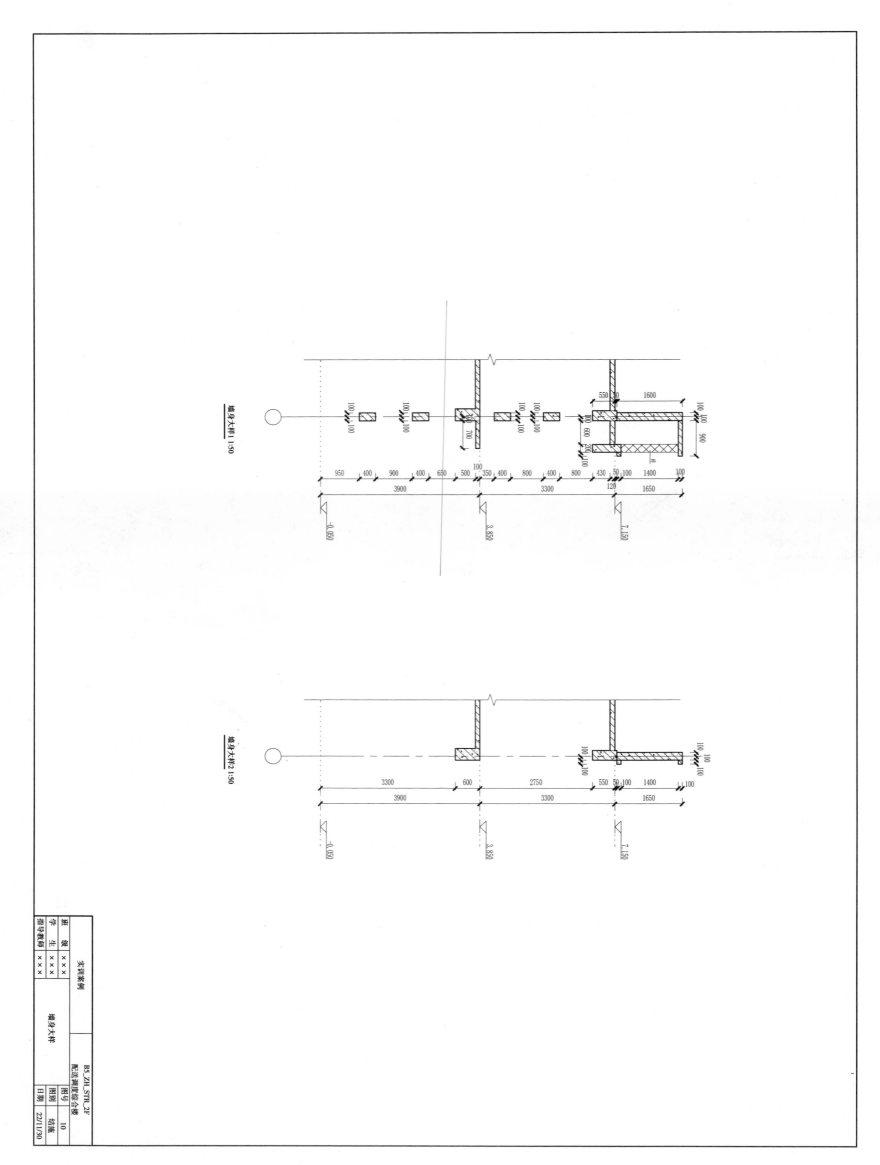